高等职业教育“十四五”规划教材

乡村振兴人才培养系列教材

禽病防制

钱景富　王雅华　化　军　主编

中国农业大学出版社
·北京·

内容简介

教材共分为五大模块14个学习项目，即养殖场生物安全体系、家禽传染病防制、家禽寄生虫病防制、家禽普通病防制、禽病防制职业技能训练。14个学习项目包括65个学习任务和16个职业技能实训，并配有相关临床病理图片、案例分析题、职业测试题以及部分教学录像、典型病例视频等数字化资源，有利于帮助学生理解和掌握相关理论知识。本教材为校企"双元"合作开发，充分融入职业要素，全书选用家禽临床常见疾病典型图片380余幅、视频40余个，直观易懂，能增强学习者对知识的感受力，加速对知识的理解和记忆。教材内容体现时代性，将思政元素、职业素养、知识与能力目标有机融合，重构教学内容，将家禽传染病部分按照症候群进行划分，实用性更强。

图书在版编目(CIP)数据

禽病防制／钱景富，王雅华，化军主编. --北京：中国农业大学出版社，2023.2(2025.1重印)

ISBN 978-7-5655-2947-4

Ⅰ.①禽…　Ⅱ.①钱…②王…③化…　Ⅲ.①禽病-防治-高等职业教育-教材　Ⅳ.①S858.3

中国国家版本馆CIP数据核字(2023)第018835号

书　　名　禽病防制
作　　者　钱景富　王雅华　化　军　主编

策划编辑　林孝栋　康昊婷　　**责任编辑**　康昊婷
封面设计　郑　川　李尘工作室
出版发行　中国农业大学出版社
社　　址　北京市海淀区圆明园西路2号　　**邮政编码**　100193
电　　话　发行部 010-62733489，1190　　编辑部 010-62732617，2618
出版部 010-62733440　　读者服务部 010-62732336
网　　址　http://www.caupress.cn　　**E-mail**　cbsszs@cau.edu.cn
经　　销　新华书店
印　　刷　涿州市星河印刷有限公司
版　　次　2023年2月第1版　2025年1月第2次印刷
规　　格　185 mm×260 mm　16开本　16.75印张　440千字
定　　价　59.00元

编审人员

主　编　钱景富　王雅华　化　军

副主编　贺永明　范俊娟　曹　晶　张文晶　孟令楠

编　者　（按姓氏笔画排列）

于　明（辽宁农业职业技术学院）
王育硕（青岛蔚蓝生物股份有限公司）
王雅华（辽宁农业职业技术学院）
化　军（河南农业职业学院）
史志鹏（天津瑞普生物技术股份有限公司）
吉尚雷（辽宁农业职业技术学院）
吕丹娜（辽宁农业职业技术学院）
买尔外提•波拉提（塔城职业技术学院）
李泽宇（新疆农业职业技术学院）
李春华（辽宁农业职业技术学院）
张文晶（辽宁农业职业技术学院）
张潇文（甘肃畜牧工程职业技术学院）
范俊娟（辽宁农业职业技术学院）
孟令楠（辽宁农业职业技术学院）
贺永明（辽宁农业职业技术学院）
钱景富（辽宁农业职业技术学院）
曹　晶（辽宁农业职业技术学院）
路卫星（辽宁农业职业技术学院）
潘昱婷（四川水利职业技术学院）

主　审　刘衍芬（辽宁农业职业技术学院）
史振兴（辽宁华飞药业有限公司）
姜凤丽（辽宁农业职业技术学院）

前言 Preface

本教材是根据《国家职业教育改革实施方案》(简称“职教二十条”)、《高等职业学校专业教学标准》以及《“十四五”职业教育规划教材建设实施方案》等相关文件精神编写而成。

随着养殖行业的快速发展，规模化、集约化、现代化的行业态势已基本形成，禽病防制在生产实践中均以疾病症候群方式防控；生物安全措施在养殖行业中的作用越来越凸显；特别是近几年国家出台并实施了一系列关于养殖业减抗、禁抗、产品无抗的行动计划，原有教材中禽病防控用药方案急需调整。因此，为适应行业发展需要，相关课程和教材改革势在必行。

本教材为校企“双元”合作开发，充分融入职业要素，引入职业资格标准和行业与企业技术标准，科学设计学习内容。全书选用家禽临床常见疾病典型图片 380 余幅、视频 40 余个，直观易懂，能增强学习者对知识的感受力，加速对知识的理解和记忆。党的二十大报告指出，育人的根本在于立德。教材内容体现时代性，将思政元素、职业素养、知识与能力目标有机融合，重构教材内容，全面贯彻党的教育方针，落实立德树人根本任务，培养德智体美劳全面发展的社会主义建设者和接班人。

全书共分为五大学习模块、14 个学习项目、65 个学习任务、16 个职业技能实训。家禽传染病部分按症候群划分编写，但多数家禽传染病具有多种临床表现，对此则以相对明显或重要的病症为主分别归类，实用性更强。教材配有典型临床病理图片、案例分析题、职业测试题、教学录像、典型病例视频等数字化资源。职业技能训练模块选取兼顾应用性、可操作性和先进性，注重培养学生动手操作能力、分析问题能力和解决问题能力，提高学生的综合职业能力。

本教材由多所职业院校教师和行业企业人员共同编写，教材中病理图片、典型病例视频等素材均由校企合作企业提供，确保素材原创性、典型性、真实性；同时将养殖场生物安全体系、近年来临床禽病特点及新病内容纳入教材中，与行业接轨，充分体现教材实用性和先进性。本教材可供职业院校相关专业的学生使用，还可作为家禽生产、技术服务和管理一线工作人员的参考书。

全书由钱景富统稿；由刘衍芬、史振兴和姜凤丽主审，并对结构体系和内容提出了宝贵意见；编者所在学校及合作企业对编写工作给予了大力支持，提供大量的高清图片和视频；编者在此表示衷心的感谢。同时编者也向本书参考文献的作者表示诚挚的谢意。

由于编者学术水平所限，书中难免存在不足之处，恳请专家和读者赐教指正。

编　者

2022年11月

目录

Contents

模块一 养殖场生物安全体系

模块二 家禽传染病防制

模块三 家禽寄生虫病防制

模块四 家禽普通病防制

模块五　禽病防制职业技能训练

模块一

养殖场生物安全体系

项目一　养殖场生物安全措施

【思政与职业素养目标】

疫病是困扰我国养禽业健康发展与产品安全的主要问题，在养殖生产中，建立健全生物安全体系是控制疫病发生的最有效、最直接和最经济的措施。在教学过程中，注重培养学生知农爱农情怀，热爱畜牧兽医事业，具有良好的职业精神、工匠精神和劳动精神，具备禽病防制相关知识与技能，具备从事本专业安全生产、公共卫生意识和环保意识，科学防控禽病，为健康养殖和食品安全保驾护航。

【知识与能力目标】

1. 掌握养殖场环境控制、防疫保健、废弃物处理的相关知识。
2. 学会养殖场消毒技术及消毒效果评价。
3. 学会养殖场饮用水源的检测及结果判断。
4. 学会疫苗的免疫接种技术及注意事项。

二维码 1-1　现代规模化鸡舍

二维码 1-2　种蛋熏蒸消毒

二维码 1-3　雏鸡气雾免疫

二维码 1-4　滴鼻点眼免疫

二维码 1-5　鸡刺种免疫

二维码 1-6　蛋鸡灭活苗注射免疫

生物安全体系是为了阻断病原侵入畜禽群体并进行增殖而采取的各种措施，主要通过严格的隔离、消毒和防疫措施来达到预防和控制疫病的目的。生物安全体系是一项系统工程，是疫病的预防体系。整个生物安全体系的每一个环节的设计宗旨都是排除疫病威胁、阻断病原体进入畜禽群体内，尽可能地使畜禽远离病原体的攻击。

任务一　选址与布局

养禽场地址和建设开始是决定生物安全工作的关键。选择场址应以方便生产经营、便利交通、防疫条件好、投资低为原则。

一、场址选择

场址应选在地势较高、干燥平坦、排水良好且背风向阳的地方。距离生活饮用水源地、动物饲养场、养殖小区和城镇居民区、文化教育科研等人口集中区域及公路、铁路等主要交通干线 1 km 以上；距离动物隔离场所、无害化处理场所、动物和动物产品集贸市场、动物诊疗场所 3 km 以上，有利于减少疾病传播风险。选址不应在饮用水水源保护区、风景名胜区、自然保护区的核心区和缓冲区以及山谷洼地等易受洪涝威胁的地区。场址应水源充足、水质良好，确保生产和生活用水。场址既要避开交通主干道，便于防疫，又要交通方便，以利于饲料和出入栏家禽。

二、场区布局

场内布局应考虑工艺流程合理、空气流通适当的原则。场区周围建有围墙，场内应划分生活管理区、生产辅助区、生产区和隔离区。各区之间应严格区分，并有明显的物理隔断，而且每个区域应设置消毒池和消毒室。隔离区应处于各区下风向，主要包括兽医室、隔离禽舍和无害化处理场地。生活管理区位于场区常年主导风向的上风处及地势较高处。生产辅助区位于管理区下风向处或与生产区平行。生产区位于生产辅助区下风向或与辅助区平行，主要包括孵化室、育雏舍、育成舍和成鸡舍。孵化区如设在种鸡场内，应处于整个生产区上风口，孵化区内人员、物品应单向流动，并按照单向运送蛋和初孵雏的原则进行隔离分区，依次分为工作人员更衣室、淋浴及卫生间；种蛋接收和贮存间；孵育间；检雏、雌雄鉴别、装雏间；蛋箱、初孵雏箱等物品储存区；雏鸡存放间；洗涤和废物处理间；工作人员办公区。生产区内污道与净道分开，互不交叉，净道专供运输蛋、饲料和转群使用，污道专用于运输粪便和淘汰禽只。场区建设还要注意防鼠、防鸟和防虫，在禽舍、贮存饲料和禽蛋的场所，有防止野鸟、啮齿动物和节肢动物入内的设施。

生活管理区是养殖场工作人员生活办公的地方，是防疫的重点区域，有人员和车辆的进入，所以应该在门口设置车辆消毒池和人员消毒室。生产区是养殖场的核心区域，也是消毒和管理最严格的区域，除了场内饲养人员、兽医和生产管理人员，其他人员不允许进入生产区，生产区严格的消毒工作是养殖场管理工作的一个重要环节。隔离区也是养殖场疫病控制的重要区域，生产区发病的畜禽需要转入隔离禽舍，以防感染其他健康禽只，阻断病原的扩散；无害化处理区是养殖场病死禽和动物排泄物收集堆放处理的区域，特别是 2014 年 1 月 1 日起施行的《畜禽规模养殖污染防治条例》对养殖场动物排泄物的处理也做出了相应的规定，畜禽养殖废弃物未经处理的，不得直接向环境排放，所以无害化处理也是养殖的重要环节，须加以重视。规模化养殖场各个功能区域要相互兼容，合理设计，有效分配投资，以求获得较好的经济效益和社会效益。

任务二 环境控制

消毒是控制养殖场环境卫生，加强疫病防控的前提条件和必要准备。通过消毒能够杀灭环境中的病原体，切断传播途径，防止疾病的传播或蔓延，是畜禽养殖健康发展的重要保证。消毒是指通过物理、化学或生物学方法杀灭或清除环境中病原体的技术或措施。对于不同途径传播的动物传染病消毒的重点不一样，预防消化道传播的传染病应着重抓好饲料、饮水、饲养用具和粪尿卫生管理；预防呼吸道传播的传染病应着重保持空气流通、多晒太阳、适时空气消毒和降低饲养密度等；预防虫媒性传播的传染病主要改善环境卫生、采取杀虫、驱虫、灭虫的措施；预防经皮肤传播的疾病，关键要防止禽只出现外伤，如网刺、刮伤和扭伤，同时搞好禽舍内部卫生和消毒，杀灭环境中的病原体。

一、消毒的种类

根据消毒的目的不同，可将消毒分为预防性消毒和疫源地消毒两类。

1. 预防性消毒

预防性消毒是指传染病尚未发生时，结合平时的饲养管理，对可能受病原体污染的禽舍、场地、用具和饮水等进行的消毒，以达到预防传染病的目的。预防性消毒的内容很广泛，消毒的对象也多种多样，如笼舍消毒，饮用水的消毒，种蛋的消毒，孵化器的消毒，禽场进出口的人和车辆的消毒等。

2. 疫源地消毒

当发生动物传染病时，对疫源地内污染物的消毒称为疫源地消毒。如对发生动物传染病的禽舍、病禽停留的场所、各种分泌物和排泄物、剩余饲料及饮水、管理用具等进行的消毒。疫源地消毒又可分为随时消毒和终末消毒两种。

(1)随时消毒　随时消毒是指禽群已经发病或面临烈性传染病的威胁时实施的消毒，又称临时消毒或控制消毒。临时消毒应根据传染病的种类及消毒对象选择合适的消毒方法和消毒剂，尽早进行，其特点是需要多次反复地进行。

(2)终末消毒　终末消毒是指被烈性传染病感染的禽群已死亡、淘汰或全部处理后，已无传染源存在，对禽场内、外环境和用具进行一次全面彻底的大消毒，终末消毒通常只进行一次。

二、消毒的方法

1. 物理消毒法

物理消毒法是指通过机械性清扫、冲洗、通风换气、高温、干燥、照射等物理方法对环境和物品中病原体的清除或杀灭。

(1)机械性清除　机械性清除主要是通过清扫、洗刷、通风、过滤等机械方法消除病原体。如禽舍中的天棚、墙壁、地面的清扫和冲洗，本法是一种最普通而又最常用的方法，但不能达到彻底消毒的目的，作为一种辅助方法，须与其他消毒方法配合进行。

(2)日光消毒　日光消毒是利用太阳光谱中的紫外线、热线及其他射线进行消毒的一种常用的方法。其中紫外线具有较强的杀菌能力，阳光的灼热和蒸发水分造成的干燥也有杀菌作用。本法对于牧场、草地、运动场、禽舍笼具等消毒很有实际意义，但笼具需要清洗干净后在阳光下曝晒可达到消毒的目的。

(3)紫外线消毒　紫外线具有较强的杀菌能力，如养殖场的大门、人行通道可安装紫外线灯消毒，工作服、鞋、帽也可用紫外线灯照射消毒。紫外线对人的眼睛有损害，要注意保护眼睛。

(4)火焰消毒　火焰消毒是一种简单易行可靠的消毒方法。对金属笼具、地面、墙面可用喷灯进行火焰消毒；对禽舍垫料、病死禽可进行焚烧处理。

(5)煮沸消毒　煮沸消毒是一种简单且效果确实的消毒方法。煮沸 100 ℃ 经 5 min 可杀死一切细菌的繁殖体，用于一般外科器械、胶管、注射器、工作服的消毒。对注射器或手术器械灭菌时，应煮沸 30～40 min，加入 2%碳酸氢钠可防锈，并可提高沸点，加速微生物死亡。对工作服等棉织品煮沸消毒时，应略加搅拌，煮沸时间在 30 min 以上。

2. 化学消毒法

化学消毒法是用化学药物杀灭病原体的方法，常用化学药品的溶液或蒸汽进行消毒，在防疫工作中最为常用。选用消毒药应考虑杀菌谱广，有效浓度低，作用快，效果好；对人畜无害；性质稳定，易溶于水，不易受有机物和其他理化因素影响；使用方便，价廉，易于推广；无味，无臭，不损坏被消毒物品；使用后残留量少或副作用小等。临床实践中常用的消毒剂种类很多，根据其化学特性分为：酚类、醛类、醇类、酸类、碱类、氯制剂、氧化剂、碘制剂、染料类、重金属盐和表面活性剂等。常采用熏蒸消毒法和喷雾消毒法。

(1)熏蒸消毒　密闭的房舍、孵化器可用熏蒸消毒法。利用福尔马林和高锰酸钾作用，快速释放出甲醛气体，经过一段时间的作用可杀死病原体，一般每立方米空间福尔马林需用 25 mL，高锰酸钾 12.5 g，密闭 24 h 以上。过氧乙酸也可用于熏蒸，按每立方米空间使用 1～3 g 过氧乙酸纯品，配成 3%～5%溶液，加热产生气体，密闭熏蒸消毒 120 min。

(2)喷雾消毒　对空舍、场地、环境一般采用规定浓度的化学消毒剂进行喷雾消毒。喷雾消毒之前应把污物清除干净，因为有机物特别是蛋白质的存在，能减弱消毒药的作用。此法也用于带鸡消毒，一般选用无刺激性或刺激性小的消毒液，带鸡消毒主要是指对鸡舍内的空气进行消毒，所以喷头距离鸡的高度至少 1 m，并且喷头要朝上。

3. 生物消毒法

生物消毒法是利用一些生物及其产生的物质来杀灭或清除病原微生物的方法。由于粪便和土壤中有大量有机物和嗜热菌、噬菌体及某些抗菌物质，它们对微生物有一定杀灭作用。在兽医防疫实践中，常用此法将被污染的粪便堆积发酵，嗜热菌可以在高温下发育，可将堆肥的温度逐渐提高到 60～80 ℃，此时大多数病毒及除芽孢以外的病原菌、寄生虫幼虫和虫卵在 1～2 月内死亡。粪便、垫草、污物等采用此法消毒比较经济，消毒后不失其作为肥料的使用价值。但本法不适用于芽孢菌引起的动物传染病，这类动物传染病的粪便应焚烧。

三、消毒程序和制度

1. 消毒程序

根据消毒的类型、对象、环境温度、病原体性质以及传染病流行特点等因素，将多种消毒方法科学合理地加以组合而进行的消毒过程称为消毒程序。以全进全出制生产系统中的消毒为例，空舍消毒的程序通常为粪污清除、高压水枪冲洗、消毒剂喷洒、干燥后熏蒸消毒或火焰消毒、再次喷洒消毒剂、清水冲洗、晾干后再将禽群转入。

消毒程序的制定应根据本场的生产方式、主要流行的传染病、消毒剂的特点和消毒设备及设施的种类等因素确定，但消毒前将禽舍内的粪便、污物清扫、冲洗干净是提高消毒效果的前提。条件较好的养殖场应在消毒后对生产的关键环节，如育雏舍、孵化场等实施消毒效果的检查。

2. 消毒制度

养殖场通常应将各种消毒工作制度化，明确规定和记录消毒工作的管理者和执行人，使用消毒剂的种类、浓度和方法，消毒的间隔期限，消毒剂的轮换使用情况以及消毒设施、设备的管理和维护等内容。

四、消毒效果的检查

1. 房舍机械清除效果的检查

其主要是对房舍及设备的清洁程度进行检查。其次是检查管理用具等的消毒程度以及消毒粪便所采取的方法（是否进行生物热消毒、焚烧等）。

2. 消毒药剂选择正确性的检查

了解消毒工作的记录，检查消毒药物的种类、浓度、温度及其用量。可对没有用完的消毒液进行消毒药物浓度、杀菌力等方面的化学检查，如测定甲醛、有效氯的浓度等。

3. 污染区消毒效果的检查

在实践中常以某些条件致病菌，如金黄色葡萄球菌和大肠杆菌等作为评价指标。一般规定检查 10 个样品，检测结果全部为阴性时表明消毒合格。禽舍地面和墙壁的消毒效果检验，一般是通过比较消毒前和消毒后被消毒物品上至少 5 块相等面积（10 cm×10 cm）中的细菌数，根据细菌数量减少的百分比进行效果的评价。

4. 空气消毒效果的检查

一般是比较消毒前后空气中微生物的数量作为评价依据。空气中微生物样品的采集方法有 2 种，即自然沉降法和冲击采样法。

自然沉降法是将带有固体培养基的培养皿放置在待测空间的不同位置，并打开平皿盖让其暴露于空气中一定时间，通过空气中微生物的自然沉降采集样品。但该方法只能捕获直径 10 μm 以上的颗粒，对体积更小、流行病学意义更大的传染性颗粒很难捕获，故准确性差。

冲击采样法是用空气采样器先抽取一定体积的空气，然后强迫空气通过狭缝直接高速冲击到缓慢转动的琼脂培养基表面，经过培养比较消毒前后的细菌数。该方法是目前公认的标准空气采样法。

任务三　防疫保健

现代规模化养殖场具有养殖数量多，饲养密度大，应激因素多等特点，容易带来疫病控制方面的风险，一旦暴发传染性疾病往往难以控制。免疫接种和药物预防，是控制疫病的重要手段，可以最大程度地减少传染性疾病的发生，促进养禽业健康有序发展。

一、免疫接种

免疫接种是用人工方法将免疫原或免疫效应物质输入动物机体内，使动物个体和群体产生对某种传染病的特异性免疫力。它是使易感动物转化为不易感动物的一种手段。有计划有组织地进行免疫接种，是预防和控制动物传染病的重要措施之一。

（一）免疫接种分类

根据免疫接种的时机不同，可分为预防免疫接种、紧急免疫接种、临时免疫接种。

1. 预防免疫接种

为预防疫病的发生，平时有计划地给予健康动物进行免疫接种，称为预防免疫接种。如根据免疫接种计划而进行各种动物的常规免疫。预防接种要有针对性，预防什么疫病要根据该地区的具体情况而定，如本地区哪些疫病有潜在的威胁，邻近地区有哪些疫情，针对所掌握的这些情况，制定每年的预防接种计划。为防止某些传染病从有传染病的国家向无该病的国家扩散，对国界线周围地区的易感动物群进行的免疫，又称为隔离屏障免疫。

2. 紧急免疫接种

发生疫病时，为迅速控制和扑灭疫病的流行，而对疫区和受威胁区内尚未发病所有易感染动物进行的免疫接种称为紧急免疫接种。紧急接种使用高免血清，它具有安全、产生免疫快的特点，但免疫期短，用量大，价格高不能满足实际使用。有些疫病紧急接种使用疫苗，也可取得较好的效果，如新城疫、传染性法氏囊病。紧急接种的目的是建立“免疫带”以包围疫区，阻止疫病向外传播，将传染病控制在封锁区内就地扑灭。

应用疫苗进行紧急接种时，必须先对动物群进行详细的临床检查，只能对无任何临床症状的动物进行紧急接种，对患病动物和处于潜伏期的动物，不能接种疫苗，应立即隔离治疗或扑杀。但应注意，在临床检查无症状而貌似健康的动物中，必然混有一部分潜伏期的动物，在接种疫苗后不仅得不到保护，反而促进其发病，造成一定的损失，这是一种正常的不可避免的现象。但由于急性动物传染病潜伏期短，而疫苗接种后又能很快产生免疫力，因而疫情会得到控制，多数动物得到保护。紧急接种是综合防制措施的一个重要环节，必须与其中的封锁、检疫、隔离、消毒等环节密切配合，才能取得较好的效果。

3. 临时免疫接种

临时为避免某些疫病发生而进行的免疫接种称为临时免疫接种，如引进、外调、运输动物时，为避免途中或到达目的地后暴发某些疫病而临时进行的免疫接种。又如家畜去势、手术时，为防止发生某些疫病而进行的临时免疫接种等。

（二）免疫接种途径

免疫接种是养殖场必不可少的工作，实践证明，在相同条件下，选择有效的免疫方法可获得较高的免疫效果。

1. 滴鼻点眼法

滴鼻点眼法又称滴入免疫法，用于弱毒活疫苗如新城疫Ⅳ系疫苗、传染性支气管炎弱毒疫苗、传染性喉气管炎活疫苗的接种。如将 500 头份的疫苗用 25 mL 稀释液稀释，一手抓握固定雏禽，使头颈呈水平位置，同时用食指堵住一侧鼻孔，另一只手持滴瓶，将稀释的疫苗滴入对侧眼、鼻各一滴（约 0.05 mL），待疫苗吸入和在眼内扩散后，将雏禽轻轻放回。注意不要让疫苗液外溢，否则应补滴。稀释的疫苗应在 2～4 h 内用完。为减少应激，最好在晚上接种或光线稍暗的环境下接种。

2. 饮水免疫法

为避免污染物或有机物对疫苗的影响，先清洗饮水系统，将疫苗与禽日饮水量 30%左右的水量混合，并使含有疫苗的水迅速充满饮水器，以免禽群饮水量不足或饮用疫苗的量不均。根据天气情况或舍温对禽群停水 2～4 h，确保稀释的疫苗在 2 h 内饮完。用作饮水免疫的稀释用水，必须符合卫生要求，不得含有氯、铜等离子，最好使用凉开水；饮水免疫时可在水中加入 0.1%脱脂奶粉，可提高免疫效果。临床上传染性法氏囊病活疫苗多采用饮水免疫。

3. 气雾免疫法

将疫苗稀释后通过气雾发生器，使稀释的疫苗液形成直径为 1～10 μm 的雾化粒子，均匀地悬浮于空气中随禽只呼吸而进入机体内，从而达到免疫效果。气雾免疫时禽舍应密闭，减少空气流动，喷毕 20 min 后开启门窗。气雾免疫的效果与粒子大小直接有关，5 μm 以下的气雾粒子容易通过上呼吸道屏障进入肺泡，有利于吞噬细胞的吞噬，产生良好的免疫力；雾粒过大，停留于空气中的时间短，也易被黏膜阻挡，不能进入呼吸道；雾粒过小，则易被呼气排出。气雾免疫的优点是省时省工，可产生黏膜免疫，免疫效果好，缺点是容易激发潜在的慢性呼吸道疾病，所以，在存有慢性呼吸道疾病潜在危险的禽群不宜采用此法免疫。

4. 皮肤刺种法

常用于禽痘、禽脑脊髓炎等疫病的弱毒疫苗接种。家禽一般采用翼膜刺种法，在家禽翅膀内侧无血管处的"三角区"，用刺种针蘸取疫苗，刺针针尖向下，使药液自然下垂，轻轻展开鸡翅，从翅膀内侧对准翼膜用力垂直刺入并快速穿透，使针上的凹槽露出翼膜。每次刺种针蘸取疫苗都要保证凹槽能浸在疫苗液面以下，出瓶时将针在瓶口擦一下，将多余疫苗擦去。在针刺过程中，要避免针槽碰上羽毛以免疫苗溶液被擦去，也应避免刺伤骨头和血管。每 1～2 瓶疫苗就应换用一个新的刺种针，因为针头在多次使用后会变钝，针头变钝意味着需要加力才能完成刺种，这可能使一些疫苗在针头穿入表皮之前被抖落。用过的疫苗瓶、器具和未用完的疫苗等应进行无害化处理。鸡群刺种后 7 日内应逐个检查，刺种部位无反应者，应重新补刺。

5. 注射免疫法

灭活疫苗只能采用注射途径免疫，活疫苗免疫途径多，包括注射免疫接种。

(1)颈部皮下注射　颈部皮下活动区域大，皮下血管丰富，注射疫苗后不影响颈部的正常活动，吸收均匀、快速，所以颈部皮下注射是灭活疫苗免疫接种的最佳方法。正确方法是雏禽一人操作，成禽两人操作（一人保定，一人注射）。注射时用拇指和食指将颈部后 1/3 处皮肤捏起，使皮肤和肌肉分离，注射器针头朝背部方向，以小于 30°的角度刺入捏起的皮下，注射速度不宜过快。注射时要防止刺穿另一侧皮肤将疫苗注射到体外，也要防止注射到肌肉内或刺伤颈椎。目前现代养殖企业多使用接种设备进行颈部皮下接种，既减少雏禽应激，又可提高免疫接种效率。

颈部皮下注射如果操作不当，也会造成严重的不良后果。颈部由于肌肉较少，如果将油乳剂灭活疫苗注射到颈部肌肉中，会引起鸡颈部肌肉肿胀，颈部活动、采食、饮水受到影响，生长发育受阻，严重时可导致接种禽只逐渐消瘦、死亡。颈部注射如果太靠近头部，随着油乳剂灭活疫苗在皮下的游离，5～7 d 后，禽只出现肿头、肿脸的现象。

(2)浅层胸肌注射　注射部位在胸部的前 1/3 处，两侧均可。针头与注射部位大约成 30°夹角，朝背部方向刺入胸肌，用针头刺入 1 cm 左右即可。切忌垂直刺入胸肌，也不能刺入过深，以免把药物注入胸腹腔，甚至损伤脏器导致猝死。浅层胸肌注射也是灭活疫苗免疫时常用的方法。禽的胸部肌肉丰满，相应的血管和神经较少，注射时操作方便、简单，但其吸收效果不如颈部皮下注射。

(3)腿部肌肉注射　建议活疫苗注射免疫采用此法。正确的注射部位在大腿的外侧上方肌肉最丰满处注射，不要在腿部肌肉不发达的下部注射，以免损伤神经与血管或吸收不良造成的腿部长期肿胀问题。成年禽灭活疫苗最好不要采用腿部肌肉注射，由于腿部肌肉面积小，可容纳油苗体积少，不易吸收，影响免疫效果；疫苗中油佐剂还易引起注射部位肌肉短期内一定程度的肿胀、增生和坏死，不利于接种禽的站立和采食，造成淘汰增多，生产低下。

(三)免疫接种注意事项

(1)只有健康的禽群才能进行免疫接种，体弱、潜伏期和患病的动物不能接种疫苗。

(2)灭活苗使用前应预温至 25 ℃左右，预温的目的一是为了减少冷刺激，二是降低油苗黏度、易注射、吸收好，否则注射的局部易出现游离肿块。

(3)注射活疫苗用的针头为 7＃，油苗用 9＃针头，针头太细，注射时费力，注射器也容易损坏；针头太粗，注射后疫苗会从针孔溢出。

(4)同舍的禽群每注射 1 000 羽至少换针头一枚，针头使用前严格消毒，防止疫情传播。

(5)疫苗的用量不能随便降低或超剂量使用，剂量太低，机体不能产生足够的抗体；剂量过大，可能产生免疫麻痹或副反应，将剂量盲目加大是没有必要的。

(6)稀释液的选择，点眼、滴鼻、活疫苗注射免疫接种时，可选用蒸馏水、生理盐水或配套的稀释液。饮水免疫时最好用凉开水，其次是干净新鲜的深井水，不能用含消毒药物的水。

(7)认真做好免疫记录，如免疫日期、免疫数量、疫苗生产厂家、生产日期、有效期、免疫方法、剂量及工作人员，免疫记录最好制作成表格，以档案形式保存，方便总结归纳。

(8)周围禽场出现疫情时，应考虑用免疫抗血清或活疫苗紧急预防接种，注意禽群的接种顺序是先免疫健康禽群，再免疫假定健康禽群，最后免疫患病禽群。

(9)疫苗接种过程与疫苗本身的双重应激，能严重影响蛋禽产蛋，因此应尽量避免对产蛋禽群，特别是处于产蛋高峰的禽群注射疫苗，确实需要注射免疫时，选择下午多数禽产完蛋时或晚上进行，这时禽舍光线较暗不易造成惊群，应激相对小一些。

(10)免疫接种后所用的器械、疫苗空瓶等，要严格消毒。

(11)一般活疫苗接种 3～5 d 后产生免疫力，油乳剂灭活苗接种 14 d 左右才能产生免疫力，在此期间若出现剧烈的应激反应将直接影响禽群免疫力的产生。因此接种疫苗后要切实加强饲养管理，可在饮水中添加维生素、电解质、氨基酸等，减少应激反应造成的影响。

(12)当一定地区、一定季节内流行的传染病种类较多，可以选用联合疫苗免疫接种或几种疫苗的联合应用，优势在于使多种疫苗同时接种从而减少了接种次数。

(13)在条件允许的情况下，活疫苗免疫接种 14 d，油乳剂灭活苗免疫接种 21 d 后，进行免疫效果的监测，根据禽群免疫抗体水平的高低，决定是否需要补免或者对免疫程序进行调整。

(四)免疫程序制定

根据本地区或养殖场内传染病的流行状况、动物健康状况和不同的疫苗特性，为特定动物群制定的接种计划，包括接种疫苗的类型、顺序、时间、次数、方法、间隔时间等规程和次序，即为免疫程序。因此，每一个养殖场免疫接种程序都不同。通常在制定免疫程序时应遵循如下原则。

1. 动物群的免疫程序是由传染病的分布特征决定的

由于动物传染病在地区、时间和动物群中的分布特点和流行规律不同，它们对动物造成的危害程度也会随着发生变化，一定时期内兽医防疫工作的重点就有明显的差异，需要随时调整。有些传染病流行时具有持续时间长、危害程度大等特点，应制定长期的免疫防制对策。

2. 免疫程序是由疫苗的免疫学特性决定的

疫苗的种类、接种途径、产生免疫力需要的时间、免疫力的持续期等差异是影响免疫效果的重要因素，因此在制定免疫程序时要根据这些特性的变化进行充分的调查、分析和研究。

3. 免疫程序应具有相对的稳定性

如果没有其他因素的参与，某地区或养殖场在一定时期内动物传染病分布特征是相对稳定的。因此，若实践证明某一免疫程序的应用效果良好，则应尽量避免改变这一免疫程序。如果发现该免疫程序执行过程中仍有某些传染病流行，则应及时查明原因，如疫苗种类、接种剂量、接种时间和病原体变异等，并进行适当的调整。

4. 雏禽的母源抗体水平影响

雏禽在一定时间内有母源抗体存在，对建立主动免疫有一定的影响，因此对雏禽进行免疫接种往往不能获得满意的效果。如新城疫疫苗首免日龄一般在 7～9 d，如果日龄太小，母源抗体滴度高时，免疫不仅不能刺激机体产生应有的免疫应答，抗体反而会被中和，结果免疫失败；日龄太大，容易出现免疫空白期，抗体滴度低于临界保护值，造成新城疫的发生、流行。最好通过实验室检测母源抗体水平来确定首免日龄。

5. 实行免疫监测制度

免疫监测，就是利用血清学方法，对某些疫苗免疫动物在免疫接种前后的抗体跟踪监测，以确定接种时间和免疫效果。在免疫前，监测有无相应抗体及其水平，以便掌握合理的免疫时机，避免重复和失误；在免疫后，通过监测了解免疫效果，如不理想可查找原因，进行重免；有时还可及时发现疫情，尽快采取扑灭措施。如新城疫的免疫监测手段采用新城疫血凝抑制试验。

(五)免疫失败主要原因

正确使用疫苗是保证免疫效果的关键。在实际生产过程中，经常有畜禽免疫接种后，仍有特定的疫病发生和流行。究其原因主要是畜禽没有获得足够的免疫力，抗体没有达到应有的保护水平，以致机体抗御病原体的侵袭能力大大降低。造成免疫失败的因素主要表现在以下几个方面。

1. 疫苗质量因素

目前，市场上疫苗种类多，产地各异，价格不等，质量难辨。如果使用了劣质疫苗，无法保证免疫效果，有的还会造成感染而发病。应选择高质量的疫苗，使用农业农村部指定或批准的生物药品厂家生产的疫苗，并要检查疫苗是否在有效期内、包装有无破损、瓶口、瓶盖是否封严。多联苗使用应慎重，禽群产蛋前尽量使用单苗，如果使用三联苗、四联苗，应选择超浓缩苗，否则使用三联苗、四联苗，超浓缩苗很难保证各抗原的效价。

2. 母源抗体的影响

通过胎盘、初乳或卵从母体所获得的抗体称为母源抗体。母源抗体在畜禽抗病免疫中具有重要意义,但是对疫苗接种后机体的免疫应答也有严重干扰,因而对免疫程序有巨大影响,应当引起注意。在母源抗体高时进行接种,对产生免疫力有明显的影响,这些抗体能抑制弱毒疫苗,使其不能在体内增殖,从而使免疫失败。如果母源抗体水平低,其对接种的疫苗通常能发生良好的反应,给母源抗体参差不齐的动物进行免疫接种时,其中高母源抗体的动物可能不能产生足够的主动免疫力,而随着母源抗体水平的下降,这部分雏鸡将对其他成功免疫的雏鸡排出的疫苗病毒变得更为敏感,导致免疫失败。如新城疫雏鸡的血凝抑制(HI)效价在 3 lg 2 以下时,对免疫接种才有良好的应答反应,效价在 4 lg 2 至 5 lg 2 时仅部分雏鸡有应答反应,效价高于 5 lg 2 时,对疫苗接种几乎不能引起应答反应。

3. 免疫程序不合理

根据各种疫苗的免疫特性来合理地制定预防接种的次数和时间间隔,就是所谓的免疫程序。母源抗体在雏禽体内获得的免疫保护的持续时间,对免疫程序的制定至关重要。有些疫苗需按一定间隔时间连续接种多次才有效。接种后产生的保护性抗体不是永久性的,以后必须再加强注射。如新城疫、传染性支气管炎、传染性法氏囊病等疫苗 12 个月内接种 3 次才有效。所以一定要按免疫程序进行接种,不能半途而废。才能真正起到预防作用。生产实践中畜禽免疫程序不尽相同,各地根据本地实际情况进行适当调整,只有这样才能起到免疫作用。

4. 客观因素

(1)变异株的出现　注射疫苗后所产生的足量抗体只能预防相同病毒株感染和发病。对其他毒株的病毒或细菌没有预防作用。所以选用疫苗的血清型应与本场、本地区流行疾病病原血清型相一致。如用传染性支气管炎疫苗进行预防已有 20 多年,但是仍未被控制,其原因在于病毒发生变异而效果减弱。

(2)隐性感染　已知有多种病原体可抑制疫苗的免疫作用。如传染性法氏囊病毒、马立克氏病毒、鸡传染性贫血因子等。普通动物生活在自然环境中,容易受各种病原微生物污染,这些动物外表健康,不显示症状,一旦免疫接种或条件变化,隐性感染被激发,就会出现非特征性死亡或症状,同样导致免疫失败。

(3)免疫力不坚强　接种了疫苗后,不一定都能预防病原体感染和发病,只有接种疫苗后能产生足量免疫力的动物,才有预防作用。在一个随机的鸡群里,免疫反应的范围倾向于呈正态分布,也就是说大多数鸡只对疫苗的免疫反应呈中等水平,而一小部分鸡只则对疫苗的免疫反应很差。这一小部分鸡只尽管已接种疫苗,却不能获得抗感染的足够保护力,对于高度传染性的疾病,即使存在少数未受保护的动物,一旦遇到病原感染,也将引起疾病的传播而导致免疫失败。

5. 人为因素

(1)疫苗选择不当　选用疫苗的性质应适用于鸡群的年龄、生理阶段和地区特点。如雏鸡首次免疫新城疫应选弱毒株疫苗,如选用毒力较强的疫苗,会造成散毒和诱发疫病。

(2)疫苗保存条件不妥　一般来说,投放市场的疫苗是能够达到国家质量标准要求的,但如果在调用、保存、发放疫苗中没有严格按照规定的条件要求贮藏、运输的话,也会使疫苗质量受到严重影响,或稀释后疫苗注射拖延时间过长等,都会导致人为的免疫失败。

(3)疫苗使用方法不正确　每一种疫苗均有其最佳免疫途径,如随意变动就会影响免疫效果,应根据疫苗的特点选择最佳接种途径。如有些饲养场图省事,首免时将点眼滴鼻改为饮水免疫,直接影响基础免疫的确实性,极易造成免疫失败。多种疫苗同时使用或在相近时间接种时,有时会出现疫苗间的相互干扰或拮抗作用,盲目联合应用疫苗往往导致免疫失败。有些用户在使用疫苗时加入抗生素,抗生素会使稀释的疫苗渗透压、酸碱度发生变化,引起病毒失活从而导致免疫失败。有的用户为了降低疫苗成本,减轻鸡只反应,有意减少免疫剂量,结果产生的免疫力不坚强,达不到预防的目的。有的用户则担心疫苗的剂量不足,刻意加大免疫剂量,造成免疫麻痹甚至诱发疫病或急性中毒。

(4)忽视了局部免疫　目前有些鸡场只重视循环抗体水平的高低而忽视了局部黏膜免疫,从而导致免疫失败。事实上,循环抗体能有效地中和进入血液的病毒,但其作用受到抗体所能到达的部位的限制。如新城疫的母源抗体能保护雏鸡抵抗病毒的全身感染,但不能阻止呼吸道的局部感染,因为这种抗体达不到上呼吸道黏膜。而上呼吸道正是新城疫病毒的入侵门户。因此新城疫首免应采取点眼或气雾免疫,点眼后首先接触的免疫器官是哈德尔氏腺。它能独立地完成免疫应答效应,分泌的抗体 IgG 和 IgA 沿鼻泪管进入呼吸道,汇合于呼吸道黏膜分泌物中,这两种抗体均能中和病毒,阻止新城疫病毒侵入和吸附,从而在呼吸道形成有效的防御屏障,在抵御外界抗原刺激的应答中起非常重要的作用。对控制非典型新城疫是尤为有效的措施。在幼雏免疫方面,它对弱毒疫苗发生强烈的应答反应,并且不受母源抗体的干扰,对于确保早期免疫效果具有重要意义。

(5)免疫空白期感染　免疫接种后至机体产生足够抵抗力之前的这段时间称为免疫空白期,如在此期间有野毒存在动物即可感染,导致免疫失败。因此,免疫空白期要搞好环境消毒,不要误认为接种疫苗后马上就能起到保护作用,首次免疫活疫苗一般 10～15 d、灭活苗 21～28 d 才能产生坚强的免疫力。

二、药物预防

药物预防是对某些动物传染病的易感动物群投服药物,在一定的时间内可以使受威胁的易感动物不受该传染病的危害,在尚无疫苗或虽有疫苗但应用还有问题的动物疫病的预防上,药物预防是一项重要措施。药物预防动物传染病具有重要意义:一是能够对整个养殖场的传染性疾病进行群防群治,便于宏观调控;二是方便经济,不需要花费更多人力和时间对每个动物进行注射或内服给药;三是可以减少应激,降低应激性疾病的发生;四是通过定期间断性混饲或混饮用药,能对养殖场某些顽固性细菌性传染病进行根治。

(一)常用的药物种类

1.抗微生物药物

抗微生物药物是目前动物临床使用最广泛和最重要的抗感染药物,在控制畜禽的传染性疾病方面起着巨大的作用。当前集约化、高密度家禽饲养环境极易造成家禽疫病的流行,在很大程度上极大地威胁着现代化养殖业的发展,高密度的疾病暴发也造成较大的经济损失。因此在动物疾病的药物预防和科学用药上越来越成了当前兽医界关注的焦点问题,也是我国在动物卫生防制和动物食品监督方面的重要关注点。预防动物疾病除了加强动物饲养管理、做好检疫淘汰、卫生和消毒工作外,应用群体药物预防措施也是动物疾病预防的一条有效途径。

实践证明，在具备一定条件时，对某些疫病采取药物预防可以收到显著的效果，在规模化养殖业中尤为重要。但是不合理使用抗微生物药物往往引起多种不良后果，一方面可能使敏感的病原微生物产生耐药性，另一方面可对机体造成不良反应，甚至引起中毒。因此，合理规范化的用药对于动物疾病的药物预防具有重要的作用。

（1）避免耐药性的产生　随着抗菌药物的广泛应用，细菌耐药性的问题也日益严重。防止耐药菌株的产生，应注意以下几点：①严格掌握适应证，不滥用抗菌药物，凡属不一定要用的尽量不用，单一抗菌药物有效的就不采用联合用药；②严格掌握用药指征，剂量要够，疗程要恰当；③尽可能避免局部用药，并杜绝不必要的预防应用；④病因不明者，不要轻易使用抗菌药；⑤发现耐药菌株感染，应改用对病原菌敏感的药物或采取联合用药；⑥尽量减少长期用药。

（2）防止药物的不良反应　应用抗菌药防治畜禽疾病的过程中，除要密切注意药效外，同时要注意可能出现的不良反应。对有肝功能或肾功能不全的病例，应调整给药剂量或延长给药间隔时间，以尽量避免药物的蓄积性中毒。动物机体的功能状态不同，对药物的反应也有差异。营养不良、体质衰弱的畜禽对药物的敏感性较高，容易产生不良反应。新生禽畜或幼年动物，由于肝脏酶系发育不全，血浆蛋白结合率和肾小球滤过率较低，血脑屏障功能尚未完全形成，对药物的敏感性较高。此外，随着畜牧业的高度集约化，不可避免地大量使用抗菌药物来防治疾病，随之而来的是动物性食品（肉、蛋、奶）中抗菌药物的残留问题日益严重；另一方面，各种饲养场大量粪、尿或排泄物向周围环境排放，抗菌药又成为环境的污染物，给生态环境带来许多不良影响。

（3）按期停药，减少残留　如果给药过量或不按期停药，药物就会在肉制品中严重残留，危害人类健康。在卫生管理、疫病防治和用药等方面，应严格按照无公害生产技术的要求，控制抗生素的用量，做到合理用药、按期停药。比如，夏季饲料中添加 EM 液等微生态制剂，减少药物残留，可降低粪尿臭味，减少环境污染，保证食品安全，促进养殖业可持续发展。

2. 微生态制剂

微生态制剂是药物预防的一条新途径，目前多用于动物腹泻病的防治。微生态制剂，即是利用对病原菌具有生物拮抗作用的非致病性细菌，经过严格选择和鉴定后制成的活菌制剂。动物内服后，可抑制病原菌或条件致病菌在肠道的增殖和生存，调整肠道内菌群的平衡，从而预防消化道传染病发生，以及促进动物生长发育的作用。在内服微生态制剂时，禁服抗菌药物。

抗微生物药物与微生态制剂的作用，前者是直接抗菌或杀菌，后者是间接抗菌或杀菌。抗菌是直接消灭病原菌，同时也消灭了生理性的正常菌群；微生态制剂是促进生理性的正常菌群，通过生物拮抗，间接抑制或消灭病原菌，进而达到“扶正祛邪”的目的。微生态制剂有其他药物不可替代的优点，即“患病治病，未病防病，无病保健”的效果。

3. 中药制剂

中草药的药性趋于温和，由于具有低药残、少副作用和不易产生耐药性等优点，而越来越受重视。近年来中药制剂在家禽防疫中的应用广泛，包括中草药作为动物免疫增强剂，抗菌剂和驱虫剂，抗应激剂，育肥和增重剂，调理剂，保健剂等。生物碱或者多糖等都是中草药当中所蕴含的独特物质，不仅促进动物健康生长，而且能提高机体的非特异性和特异性免疫力，以此来减少疾病的发生概率。其次，草药本身带有一种独特的香味，如肉鸡最喜甘草、茴香等中草药，因此将该类草药掺杂在饲料当中，采食量会逐渐增加，可以有效地提升肉鸡的生长速度。

(二)家禽的群体给药方法

群体给药法方便、快捷,较为适合大中型集约化养殖场。

1.混饮给药

混饮给药又称饮水给药,是指将药物溶解于水中,让家禽自由饮用。混水给药适于短期预防投药或群体性紧急治疗,省时省力,对禽群干扰小。采用混饮给药比混饲给药要好,药物稀释均匀,导致家禽药物中毒的机会也较少。此法特别适用于禽类因病不能食料,但还能饮水的情况,饮水可以整天供应。应用混饮给药,应注意下列问题。

(1)药品性质 应注意药物的溶解度。易溶于水的药品可通过混饮给药,如药物的钠盐、钾盐、硫酸盐、盐酸盐等均属易溶于水的药物。较难溶于水的药物可以拌料给药,也可以通过加热、搅拌或加助溶剂等方法能溶解(但不被破坏)也可以通过饮水给药。溶于水的药物,应至少在一定时间内不被破坏,中草药用水煎后再稀释也可通过饮水给药。可溶性粉和口服液可按要求稀释后饮水给药。

(2)饮水给药时间 在水中较稳定的药物,如磺胺类药物、氟喹诺酮类药物,其药液可以让家禽全天饮用;在水中一定时间内易被破坏的药物,如盐酸多西环素、氨苄西林等,稀释的药液量应适中,应在 1～2 h 内饮完,从而保证药效。在规定时间内未能喝完的药液应及时去除,换上清洁的饮水。要注意饮水给药时间,时间过长,药物容易失效,如时间过短,导致部分家禽摄入药物剂量不足。

(3)药物的浓度 混饮给药浓度常用 mg/kg 或%或每升水中多少毫克药物来表示。药物在饮水中的浓度最好以用药家禽的总体重、饮水量为依据。首先计算出家禽群体所需的药量,并严格按比例配制符合浓度的药液。准确地掌握药液浓度,才能避免浓度过低无疗效或过高产生中毒反应,从而取得预期的效果。药物在稀释前要准确称量,不能估算。具体做法是先用适量水将所投药物充分溶解,再加水到所需量,充分搅匀后,倒入饮水器或饮水槽中供家禽饮用。不能将药物直接加入水槽中,容易导致药液浓度不均。饮水前要把水槽或饮水器冲洗消毒干净。

(4)水量控制 根据家禽的可能饮水量来计算药液量,药液宜现配现用,以一次用量为好,以免药物长期处于环境中放置而降低疗效。水量太少,易引起少数饮水过多的禽只中毒;水量太多,饮不完,达不到防治疾病的目的。冬天饮水量一般减少,配给药液就不宜过多;而夏天饮水量增加,配给药液必须充足。配制药液量常以家禽全天饮水量的 20%～25%为宜。

(5)水的处理 混饮给药可选用深井水、冷开水,有条件的可用去离子水为佳,因为水中存在的金属离子会影响药效的发挥。溶解和稀释药物不可用污染的河水、井水或池塘水,也不可用热开水。井水最好先煮沸,冷却后,去掉底部沉淀物再用;经漂白粉消毒的自来水,在日光下静置 2～3 h,待其中氯气挥发后再用,以免影响药品的效价。

(6)提前断水 为使家禽在规定时间内将药液喝完,在用药前必须断水 1～3 h。投药时,饮水器数量要充足且干净,保证禽群在同一时间内都能喝上水,避免家禽因竞争饮水而导致饮药量不均。

(7)药物的配伍禁忌 若同时使用两种以上药物饮水给药时,必须注意它们之间的配伍禁忌。有些药物相互之间有协同作用,合用可以增强疗效,如盐酸环丙沙星与盐酸林可霉素、盐酸多西环素;有些药物同时使用时会发生中和、沉淀、分解等,使药物无效,如液体型磺胺药与酸性药物如B族维生素、维生素C、青霉素、盐酸四环素等合用会析出沉淀。此外,磺胺类药物饮水给药时可与小苏打配合,以保护肾功能,防止尿酸盐沉积。

(8)药液的pH　有些药物混入水中会改变pH,若这种改变太大会影响到药物的吸收利用,如药液pH小于6,则鸡的饮水量减少,药物摄入量也随之减少。红霉素、土霉素、氨基糖苷类和林可霉素都是弱碱性药物,在pH为6～7偏酸性水溶液中较有效。因此,在投药前最好先测定饮水的pH以确保用药效果。

混饮给药的缺点是家禽的饮水量变化很大,应根据每日饮水量记录档案确定每只家禽的饮水量,结合每千克体重的药物剂量、水的品质与药物的关系,以及家禽的平均体重,即可准确计算在水中投入的药量。

2. 混饲给药

混饲给药是将药物均匀混入饲料中摄入药物。此法简单易行、切实可靠,适用于群体给药,特别适于预防性投药。对于不溶于水或适口性差的药物更为恰当。当病禽食欲差或不食时不能采用此法。通常抗球虫药、促生长剂及控制某些传染病的抗菌药物常用此法。应用混饲给药时,应注意下面几个问题。

(1)药物与饲料混合　将药物添加到饲料中预防或治疗传染病,相对饲料来讲,药物所占的比例极小,要将这"小量"的药物均匀地混合到"大量"的饲料中去,并不是一件容易的事情。尤其是对于家禽易产生毒副作用的药物如磺胺类药物及某些抗寄生虫药物等使用量较少的药物,更要充分均匀混合。通常采用的方法是"等量递升"法,即先取与药物等量的饲料和药物混合,再逐渐添加饲料量混合,直至完全、反复混合完毕。绝不能将少量药品直接倒入大量饲料中,生产实践中,因药物与饲料混合不均匀造成中毒或防治无效的事故时有发生,这给养殖业造成极大的经济损失。

(2)药物的浓度　混饲给药的浓度往往比混饮给药浓度要高,如诺氟沙星,混饲浓度为200 mg/kg饲料,混饮浓度为100 mg/L。禽只有效的剂量最好按其个体体重来计算。先要精确估计禽只的平均体重而确定每只禽必需的用药量,然后计算每只禽每日平均的摄入饲料量,再按此比例混入药物,使每只禽每日都能吃到应有的药量。如果禽群的均匀度在80%以上,可达到预期的用药效果。此外,在限饲期间鸡只饲料摄入量会不足,拌料给药时要注意。

(3)药物对饲料中维生素和微量元素的影响　药物与饲料混合时,应注意饲料中添加剂(维生素和微量元素)与药物的关系,注意两者间的配伍禁忌。如较长时间应用磺胺类药物则应补给维生素B_1和维生素K;如应用氨丙啉时则应减少维生素B_1的用量。此外,在饲料中添加金霉素或土霉素时,这些抗生素会与饲料中的金属离子,尤其是钙离子结合而不能被肠道吸收利用,这时可在饲料中添加硫酸钠,使饲料中的钙离子与硫酸结合成不溶性硫酸钙。

3. 气雾给药

气雾给药是使用气雾发生器将药物分散成为微粒(包括液体或固体),让禽类通过呼吸道吸入或作用于皮肤黏膜的一种给药法。由于禽类肺泡面积很大,并有丰富的毛细血管,所以应用气雾给药时,药物吸收快,作用迅速,不仅能起到局部作用,也能经肺部吸收后出现全身作用。应用气雾给药时,应注意如下几个问题。

(1)药物的选择　要求使用的药物对禽类呼吸道无刺激性,而且又能溶解于其分泌物中,否则不能吸收。如果药物对呼吸系统有刺激性,易造成炎症。

(2)微粒的大小　颗粒越细进入肺部越深,但在肺部的保留率越差,大多易随呼气排出,影响药效。微粒较粗,则大部分落在上呼吸道的黏膜表面,未能进入肺部,因而吸收较慢。气雾的粒度大小要适宜。综合研究的结果表明,进入肺部微粒的粗细以 0.5～5.0 μm 为最适合。

(3)药物的吸湿性　要使微粒到达肺的深部,应选择吸湿性弱的药物,而要使微粒分布到呼吸系统的上部,应选择吸湿性强的药物。因为具有吸湿强的药物粒子在通过湿度很高的呼吸道时其直径能逐渐增大,影响药物到达肺泡。

(4)气雾剂的剂量　同一种药物,其气雾剂的剂量与其他剂型的剂量未必相同,不能随意套用。要确定气雾剂在防治禽病中的有效剂量,应测定气雾剂吸收后的血药浓度。

4. 外用给药

外用给药多用于禽的体表,以杀灭体外寄生虫或体外微生物,或用于禽舍、周围环境和用具等消毒。应用外用给药,应注意下面几个问题。

(1)外用给药法　如对体外寄生虫可用喷雾法,将药液喷洒到禽体、栖架、窝巢上;也可用药浴法给水禽及鸽治疗体外寄生虫病。杀灭体外微生物则常用熏蒸法。

(2)药物浓度　抗寄生虫药和消毒药物对机体有一定的毒性,如应用不当、浓度过高,易引起中毒。因此,在应用易引起毒性反应的药物时,不仅要严格掌握其浓度,还要事先准备好解毒药物,如用有机磷杀虫剂时,应准备阿托品等解毒药。

(3)用熏蒸法杀灭体外微生物时,要注意熏蒸时间,用药后要及时通风,避免对禽体造成过度刺激,尤其是对雏鸡、幼禽更要特别注意。

三、传染病防疫计划的制定

各级兽医防疫机关及养殖场、农牧场等基层兽医部门,都应制定动物疫病防疫计划,将防疫工作纳入计划中。通过计划性的工作安排,促使现有的疫情尽快地缩小和消灭,并准确地防止将要发生的新疫情。

(一)防疫计划的内容和范围

防疫计划的内容包括一般性动物传染病的预防,某些慢性动物传染病的检疫及控制、遗留疫情的扑灭等项工作。编写计划时可以分成:基本情况、预防接种、诊断性检疫、兽医卫生监督和兽医卫生措施、生物制剂和药物计划、普通药械计划、经费预算等部分。

1. 基本情况

简述所属地区与流行病学有关的自然概念和社会、经济因素;畜牧业的经济管理水平,动物数目及饲养条件;兽医工作条件,包括人员、设备、基层组织和以往的工作基础等;本地区及其周围地带目前和最近两三年的疫情,对来年疫情的估计等。

2. 预防接种计划

预防接种计划应考虑预防接种动物传染病的种类,使用疫苗的种类、数量、动物种类,地区范围以及选用的免疫程序等内容,可列表表示,格式见表 1-1。

表 1-1 ________年预防接种计划表

接种名称	地区范围	畜别	应接种数量	计划接种数量				
				第一季	第二季	第三季	第四季	合计

制表人________ 审核人________ ________年____月____日

3. 诊断性检疫计划

诊断性检疫计划包括检疫动物传染病的种类、地区范围、动物种类、检疫的头数等内容，列表格式同表 1-1，只是将表中“接种”改为“检疫”即可。

4. 兽医卫生监督和兽医卫生措施计划

兽医卫生监督和兽医卫生措施计划包括除了预防接种和检疫以外的，以消灭现有动物传染病及预防出现新疫点为目的的一系列措施实施计划，如改善饲养管理的计划；建立隔离舍、孵化室、畜禽粪污和尸体处理等综合利用及无害化处理设施的计划；实施预防消毒和驱虫灭鼠的计划；加强对动物及其产品买卖运输时的消毒和检疫的计划等。

5. 生物制剂和药物计划

生物制剂和药物计划包括生物制剂和药物名称、计算单位、全年需用量、库存情况、需要补充的情况等，可列表表示，格式见表 1-2。

表 1-2 ________年生物制剂和药物的贮备、耗损及补充计划表

药剂名称	计量单位	全年需要量					库存情况		需补充量					附注
		第一季	第二季	第三季	第四季	合计	数量	失效期	第一季	第二季	第三季	第四季	合计	

制表人________ 审核人________ ________年____月____日

6. 普通药械计划

普通药械计划包括药械名称、用途、现有数量、需补充数量、规格、使用时间等，格式见表 1-3。

表 1-3 ________年普通药械的贮备、耗损及补充计划表

药械名称	用途	单位	现有数	需补充数	要求规格	代用规格	使用时间	备注

制表人________ 审核人________ ________年____月____日

7. 经费预算

经费预算可按开支项目分季度列表表示。

(二)防疫计划的编制方法

编制防疫计划时，首先要进行充分的调查研究写好计划的“基本情况”部分，为整个计划提供依据，在此基础上，编制好预防接种计划，诊断性检疫计划和兽医卫生监督和兽医卫生措施计划等部分的具体内容。再进行生物制剂和药物计划、普通药械计划的制定，最后进行经费预算。

编制防疫计划的“基本情况”时，需要熟悉本地区(或养殖场)的地理、地形、植被、气候条件及气象学资料，了解各区域、农牧场、养殖场等经营畜牧业的发展方向。尤其是要研究与明确目前和以往动物传染病在本地区的流行情况。为此，需要收集和阅读本地区以往的，有关动物传染病的统计报表资料、动物传染病流行地图、化验室的资料及尸体剖检报告等。当对上述资料产生疑问时，应亲自到现场做详细的调查。这种调查可以在日常工作中进行，在拟定计划时，也可进行专门的补充调查。应深入地分析本地区有哪些有利或不利于某些动物传染病发生和传播的自然因素及社会经济因素，充分考虑到避免或利用这些因素的可能性。

为了正确地拟定计划，掌握本地区各种动物现有的以及1～2年内可能达到的数量。如果当地的技术力量和设备条件等不允许将所有应当采取的防疫措施相提并论时，应当把最重要而又有把握按计划实施的措施列为重点，其他防疫措施应配合重点工作来实施。在各种防疫措施的时间安排上，必须充分考虑到生产活动的季节性和动物疫病的季节性，务必使措施的实施和生产实际密切配合，避免互相冲突。在计划使用的药械时，应坚持经济有效的原则，尽量避免使用价格偏高而不易获得的药械。拟定防疫措施计划时还要考虑应用新的科学技术成果，但推广新成果前应进行试点，确认效果良好而又符合经济原则的新成果才有推广价值。

计划初稿拟定以后，首先应在本单位讨论，修订通过后，再征求有关行政主管部门、农牧场的意见，最后报请上级部门审核批准。

任务四　废弃物处理

为了防治畜禽养殖污染，推进畜禽养殖废弃物的综合利用和无害化处理，保护和改善环境，保障公众身体健康，促进畜牧业持续健康发展，我国颁布实施了《畜禽规模养殖污染防治条例》(以下简称条例)。由县级以上人民政府环境保护主管部门负责畜禽养殖污染防治的统一监督管理。

条例规定了畜禽养殖场、养殖小区应当根据养殖规模和污染防治需要，建设相应的畜禽粪便、污水与雨水分流设施，畜禽粪便、污水的贮存设施，粪污厌氧消化和堆沤、有机肥加工、制取沼气、沼渣沼液分离和输送、污水处理、畜禽尸体处理等综合利用和无害化处理设施。不具备条件的可以委托他人对畜禽养殖废弃物代为综合利用和无害化处理的，可以不自行建设综合利用和无害化处理设施。否则畜禽养殖场、养殖小区不得投入生产或者使用。

从事畜禽养殖活动和畜禽养殖废弃物处理活动，应当及时对畜禽粪便、畜禽尸体、污水等进行收集、贮存、清运，防止恶臭和畜禽养殖废弃物渗出、泄漏；畜禽养殖废弃物未经处理，不得直接向环境排放；染疫畜禽以及染疫畜禽排泄物、染疫畜禽产品、病死或者死因不明的畜禽尸体等病害畜禽养殖废弃物，应当按照有关法律、法规和国务院农业农村主管部门的规定，进行深埋、化制、焚烧等无害化处理，不得随意处置。对违反规定者将被追究法律责任。养殖废弃物无害化处理是指用物理、化学等方法处理病死及病害动物和相关动物产品及粪污，消灭其所携带的病原体，消除危害的过程。

1. 粪便的处理和利用

禽粪便中常常含有一些病原微生物和寄生虫卵，如果不进行消毒处理，容易造成污染和传播疾病。一些患有危险传染病（如高致病性禽流感）病禽的粪便可通过焚烧处理。非芽孢病原微生物污染的粪便可通过好氧堆肥或厌氧发酵处理。经过处理的粪便中，有机物被大量发酵分解，产生的热量可杀灭粪便中的病原菌、寄生虫卵等物质。

（1）固态粪便　宜采用反应器、静态垛式等好氧堆肥技术进行无害化处理，其堆体温度维持 50 ℃以上的时间不少于 7 d，或 45 ℃以上少于 14 d。

（2）液态粪便　宜采用氧化塘贮存后进行农田利用，或采用固液分离、厌氧发酵、好氧或其他生物处理等单一或组合技术进行无害化处理。厌氧发酵可采用常温、中温或高温处理工艺，常温厌氧发酵处理水力停留时间不应少于 30 d，中温厌氧发酵不应少于 7 d，高温厌氧发酵温度维持（53±2）℃时间应不少于 2 d。

2. 尸体的处理

死亡的禽只尸体，由于含有较多的病原微生物，容易分解腐败，散发恶臭，污染环境。因此，必须及时地妥善处理病死禽尸体。同时必须将病禽的排泄物、各种废弃物等一并进行处理，以免造成环境污染。高致病性禽流感为我国规定的一类疫病，感染的禽只必须扑杀进行焚烧处理。病死禽尸体可采用如下方法处理。

（1）焚烧法　焚烧法是指在焚烧容器内，使病死及病害动物和相关动物产品在富氧或无氧条件下进行氧化反应或热解反应的方法。将病死及病害动物和相关动物产品或经预处理的破碎产物，投至焚烧炉燃烧室，最后产生的炉渣经出渣机排出。

（2）化制法　化制法是指在密闭的高压容器内，通过向容器夹层或容器内通入高温饱和蒸汽，在干热压力或蒸汽压力的作用下，处理病死及病害动物和相关动物产品的方法。可视情况对病死及病害动物和相关动物产品进行破碎等预处理。干化法处理物中心温度≥140 ℃，压力≥0.5 MPa（绝对压力），时间≥4 h；湿化法处理物中心温度≥135 ℃，压力≥0.3 MPa（绝对压力），处理时间≥30 min。

（3）高温法　高温法是指常压状态下，在封闭系统内利用高温处理病死及病害动物和相关动物产品的方法。常压状态下，维持容器内部温度≥180 ℃，持续时间≥2.5 h，具体处理时间随处理物种类和体积大小而设定。

（4）深埋法　将病害动物及相关动物产品投入深埋坑中并覆盖消毒，用于发生动物疫情或自然灾害等突发事件时病死及病害动物的应急处理，以及边远和交通不便地区零星病死畜禽的处理，不得用于患有芽孢杆菌类疫病动物及产品、组织的处理。深埋坑底应高出地下水位 1.5 m 以上，要防渗防漏。坑底撒一层厚度为 2～5 cm 的生石灰或漂白粉等消毒药。将动物尸体及相关动物产品投入坑内，最上层距离地表 1.5 m 以上。覆盖距地表 20～30 cm，厚度不少于 1～1.2 m 的覆土。

3. 其他废弃物处理

养禽生产中，生活污水、饲料残渣或霉变饲料、环境垃圾等也应严格处理，防止其污染环境、饲料和饮水。生活污水可直接排放入污水处理池。被病原体污染的污水,可用沉淀法、过滤法、化学药品处理法等进行消毒。比较实用的是化学药品消毒法,方法是将污水引入污水池后,加入化学药品如漂白粉或生石灰进行消毒,消毒药的用量视污水量而定,一般每升污水用漂白粉 2~5 g。饲料残渣、霉变饲料可同粪便混合处理。环境垃圾可通过焚烧、深埋等方法处理。

职业测试题

一、单选题

1. 当发生传染病时,对疫源地进行的消毒称为(　　)。
A. 临时消毒　B. 预防消毒　C. 终末消毒　D. 全面消毒

2. NaOH 溶液的消毒浓度为(　　)。
A. 1%~2%　B. 2%~4%　C. 5%~10%　D. 0.5%~1.0%

3. 适用于鸡舍带鸡喷雾消毒的过氧乙酸浓度是(　　)。
A. 0.3%　B. 3%　C. 5%　D. 10%

4. 喷洒消毒时,消毒液的用量一般是每平方米(　　)。
A. 0.5 L　B. 1.0 L　C. 1.5 L　D. 2.0 L

5. 用下列方法消毒灭菌时,可以留人在室内的是(　　)。
A. 臭氧消毒　B. 甲醛熏蒸消毒
C. 过氧乙酸熏蒸消毒　D. 循环风紫外线空气消毒器

6. 常用于畜舍熏蒸消毒的消毒剂是(　　)。
A. 来苏尔　B. 新洁尔灭　C. 季铵盐　D. 福尔马林

7. 以下消毒方法中不适用于空气消毒的是(　　)。
A. 紫外线照射　B. 过氧化氢喷雾法　C. 甲醛熏蒸法　D. 过氧乙酸熏蒸法

8. 巴氏消毒属于(　　)。
A. 湿热消毒　B. 干热消毒　C. 化学消毒　D. 生物消毒

9. 下列消毒剂中,不能杀灭结核分枝杆菌的是(　　)。
A. 生石灰　B. 84 消毒液　C. 75%的乙醇　D. 100 ℃煮沸 5 min

10. 甲醛熏蒸消毒方法规定甲醛与高锰酸钾的比例为(　　)。
A. 2∶1　B. 1∶2　C. 3∶1　D. 1∶3

11. 碘酊擦拭属于(　　)。
A. 化学消毒法　B. 物理消毒法　C. 机械消毒法　D. 紫外线消毒法

12. 甲醛熏蒸消毒时,相对湿度以(　　)为宜。
A. 30%~50%　B. 50%~60%　C. 60%~80%　D. 80%~90%

13. 新洁尔灭不是(　　)。
A. 季铵盐类消毒剂　B. 常用的消毒防腐剂
C. 阳离子表面活性剂　D. 阴离子表面活性剂

14. 甲醛熏蒸消毒时,不正确的操作方法是(　　)。
A. 被消毒物品应摊开放置　B. 被消毒物品中间应留一定空隙
C. 污染表面应尽量暴露　D. 消毒中灭菌箱内各部位温度不需要保持一致

15. 煮沸消毒时常用的增效剂是(　　)。
A. 碳酸钠　　B. 碳酸钾　　C. 硫酸镁　　D. 明矾
16. 动物防疫法规定防疫工作的方针是(　　)。
A. 预防为主　　B. 隔离和封锁　　C. 治疗　　D. 免疫接种
17. 用完的疫苗瓶和稀释液应该(　　)。
A. 投入垃圾桶　　B. 无害化处理　　C. 冲洗干净留用　　D. 随意丢弃
18. 活疫苗保存温度一般是(　　)。
A. 2～8 ℃　　B. 室温　　C. −15 ℃以下　　D. −70 ℃以下
19. 灭活疫苗一般(　　)保存。
A. 2～8 ℃　　B. 室温　　C. −15 ℃以下　　D. −70 ℃以下
20. 紧急接种的范围,通常应为疫区和受威胁区内(　　)。
A. 已发病动物　　B. 尚未发病动物
C. 所有动物　　D. 与发病动物接触的动物
21. 预防用药一般采用(　　)。
A. 群体给药法　　B. 个体给药法　　C. 静脉注射法　　D. 直肠给药法
22. 饮水免疫时,最好在饮水中按(　　)浓度加入脱脂奶粉。
A. 0.1%　　B. 1%　　C. 5%　　D. 10%

二、判断题

1. 翼膜刺种用刺种针蘸取疫苗在家禽翅膀内侧无血管处的“三角区”刺种,主要用于鸡痘免疫。(　　)
2. 灭活苗除注射方法免疫外,还可以采取滴鼻、点眼、滴口方法免疫。(　　)
3. 气雾免疫省时省力,适用于群体免疫,特别是某些对呼吸道有亲嗜性的疫苗,如 ND、IB 等疫苗效果较好。(　　)
4. 滴鼻、点眼、滴口免疫法适用于弱毒活疫苗的免疫,此种方法无漏免现象,免疫效果好,但需逐只抓鸡,比较适合于雏鸡。(　　)
5. 忽视了局部免疫和免疫空白期,也是造成免疫失败的原因。(　　)
6. 抗血清不宜和疫苗同时使用、不宜用于平时预防使用。(　　)
7. 在鸡群发病初期进行紧急注射免疫抗血清的,先免疫健康群,然后免疫假定健康群,最后免疫发病鸡群。(　　)
8. 加大疫苗剂量和增加接种次数,均可提高免疫效果。(　　)
9. 人工主动免疫是预防传染病的有效措施。(　　)
10. 一般而言,消毒剂浓度越大,消毒效果越好。(　　)
11. 0.1%的高锰酸钾溶液可杀死细菌芽孢。(　　)
12. 煮沸消毒时间应从水沸腾后算起。(　　)
13. 紧急预防接种是在畜禽饲养过程中按照一定免疫程序,对健康畜禽以预防发病为目的进行的接种。(　　)
14. 所有生物制品均须保存在 0 ℃以下。(　　)
15. 给动物接种疫苗的目的是提高动物的特异性免疫能力。(　　)
16. 注射器械煮沸消毒时,应将针筒、活芯、针头分开放置。(　　)
17. 体外用药包括喷洒、喷雾、熏蒸、涂擦和药浴等不同方法。(　　)

三、综合分析题

1. 假如你是养殖场场长，请你为本场的商品蛋鸡制定一份免疫程序。说明制定免疫程序的理由。

2. 某商品肉鸡场已经免疫了2次传染性法氏囊病活疫苗，30日龄时，鸡群开始发病，经检查确诊为传染性法氏囊病感染，请你分析发病的可能原因。

3. 通过查阅资料，请你为种鸡场的鸡白痢净化制定方案，从疾病的危害、检疫方法、管理措施等方面提交一份详细的方案。

4. 请你制定商品蛋鸡养殖场环境消毒方法及常用消毒药物，如何进行消毒效果的评价？

5. 按照动物防疫要求，新建养鸡场在选址、布局上有哪些具体要求？对比分析你所在的学校养殖场有哪些需要改进的地方？

6. 养殖场水质检测的内容包括哪些？微生物检测如果不合格，请你给出详细的处理方案。

7. 如果你是技术人员，请简述如何为员工进行养殖场废弃物处理的培训。

二维码1-7　养殖场生物安全措施
职业测试题参考答案

项目二　动物传染病防控措施

【思政与职业素养目标】

培养学生在发生一般传染病和重大传染病时能及时采取正确的处理方法，快速做出反应。培养学生具有良好的职业精神、工匠精神和劳动精神，具备禽病防制相关知识与技能，及时准确处理疫情，迅速有效遏制传染病的发生和蔓延，保障养禽业可持续发展、人体健康及公共卫生安全。

【知识与能力目标】

1. 掌握家禽传染病的特性及流行过程。
2. 掌握传染病的诊断和防控技术。
3. 学会动物传染病疫情调查与分析。
4. 学会鸡病理剖检程序与检查方法。
5. 学会病理材料的采集方法与送检要求。

任务一　动物传染病特性

一、感染及其类型

感染又称为传染，是指病原微生物侵入动物机体，并在其一定的部位定居、生长、繁殖，从而引起机体一系列病理反应的过程。病原微生物进入动物机体后不一定都能引起感染，多数情况是动物机体抑制其生长繁殖或迅速动员防御力量将其消灭，从而不出现病理变化和症状，这种状态称为抗感染免疫，也称抵抗力；反之，动物对某种病原微生物缺乏免疫力而容易感染的特性，则称为易感性，病原微生物只有侵入对其具有易感性的动物机体，才有可能引起感染。能引起疾病的微生物和寄生虫又统称为病原体。

感染受多方面因素影响，其过程表现出各种形式，从不同的角度可划分为不同的类型。

1. 根据临床表现分类

(1)显性感染　病原体侵入机体后，动物表现出该病特有临床症状的感染过程称为显性感染。

(2)隐性感染　机体不出现任何临床症状，呈隐蔽经过的感染称为隐性感染或亚临床感染。某些隐性感染动物体内可呈现一定的病理变化，对既无临床症状又无病理变化的隐性感染动物，只能通过微生物学或免疫学方法检查诊断。

(3)一过性感染　开始症状较轻，特征性症状未出现就恢复的感染过程，又称为消散型感染。

(4)顿挫型感染　开始症状较重，与急性病例相似，但特征性症状尚未出现即迅速康复的感染。

(5)温和型感染　临床表现比较轻缓的感染称为温和型感染。

2. 根据感染的部位分类

(1)局部感染　由于动物机体抵抗力较强，侵入机体的病原微生物毒力较弱或数量较少，病原体被局限在机体内一定部位生长繁殖而引起一定程度的病变，称为局部感染，如化脓性葡萄球菌、链球菌所引起的各种化脓创等。

(2)全身感染　如果动物机体抵抗力较弱，病原微生物或其代谢产物突破机体的防御屏障，通过血流或淋巴循环扩散到全身各处，并引起全身性症状则称为全身感染。全身感染的表现形式主要包括：菌血症、病毒血症、毒血症、败血症、脓毒症和脓毒败血症等。

3. 根据病程的长短分类

(1)最急性感染　病程最短，常在数小时或 1～2 d 内死亡，症状和病变不典型，多发生传染病流行的初期。如高致病性禽流感。

(2)急性感染　病程几天至 2～3 周不等，伴有明显的典型症状。如新城疫等。

(3)亚急性感染　病程比急性感染稍长、病情比急性感染较为缓和的感染过程。

(4)慢性感染　病程缓慢，常在 1 个月以上，临床症状不明显甚至不表现出来。

4. 根据病原微生物的来源分类

(1)外源性感染　病原体从外界侵入机体引起的感染过程，多数感染属于外源性感染。

(2)内源性感染　如果病原微生物是寄生在动物机体内的条件性致病微生物，在机体正常的情况下，它并不表现出致病性。但当受到不良因素影响而使动物机体抵抗力减弱时，导致病原微生物的活化，毒力增强并大量繁殖，最后引起机体发病，这就是内源性感染，如某些大肠杆菌的感染。

5. 根据病原的种类分类

(1)单纯感染　由一种病原微生物所引起的感染称为单纯感染。

(2)混合感染　由两种或两种以上病原微生物同时参与的感染称为混合感染。

6. 根据感染病原的先后分类

(1)原发性感染　由病原微生物本身引起机体的首次感染过程称为原发性感染。

(2)继发感染　当动物机体感染了某种病原微生物引起抵抗力下降后，造成另一种或几种其他病原微生物的感染称为继发性感染，如鸡支原体感染常继发鸡大肠杆菌感染。

7. 根据发病的严重性分类

一般以患病动物的死亡率作为判定传染病严重性的主要指标。

(1)良性感染　没有引起大批动物死亡的感染称为良性感染。如减蛋综合征。

(2)恶性感染　能引起大批动物死亡感染则称为恶性感染。如高致病性禽流感。

8. 根据症状是否典型进行分类

(1)典型感染　在感染过程中表现出该病的特征性临床症状的感染，称为典型感染。

(2)非典型感染　在感染过程中表现或轻或重，缺乏典型症状的感染，称为非典型感染。

9. 根据病毒感染特点分类

(1)病毒持续性感染　病毒持续性感染是指动物长期持续的感染状态，入侵的病毒不能杀死宿主细胞而形成病毒与宿主细胞间的共生平衡。感染动物可在一定时期内带毒或终生带毒，而且经常或反复不定期地向体外排出病毒，但不出现临床症状或仅出现与免疫病理反应相关症状的一种感染状态。持续性感染包括潜伏性感染、慢性感染和隐性感染。

（2）慢病毒感染　慢病毒感染又称长程感染，是指潜伏期长、发病呈进行性经过最终以死亡转归的感染过程。慢病毒感染时，被感染动物的病情发展缓慢，但不断恶化且最后以死亡而告终，朊病毒和慢病毒引起的感染多属此类，如牛海绵状脑病、痒病、山羊关节炎/脑炎、梅迪-维斯纳病等。

二、传染病的特征及发展阶段

1.传染病的特征

传染病是指由病原微生物引起，有一定的潜伏期和临床表现，并具有传染性和流行性的疾病。在临床上，不同传染病的表现尽管千差万别，但与非传染性疾病相比，传染性疾病具有以下共同特征。

（1）具有特定病原体　每种传染病都是由特定的病原微生物引起，如新城疫是由新城疫病毒引起的，没有新城疫病毒鸡就不会发生新城疫。

（2）具有传染性　病原体能在患病动物体内增殖并不断排出体外，通过一定的途径感染另一有易感性的个体，能引起同样症状的疾病，这种特性称为传染性。因为传染性，可以使疾病不断向周围扩散，即从一个个体传向周围多个个体即群体的过程。

（3）具有流行性　在一定的条件下，在一定时间内，这种传染可以从一个地区扩散至一个或多个地区，致使传染病扩散蔓延，这就是传染病的流行性。传染性和流行性也是传染病区分于非传染性疾病的一个显著特征，正是这种特性，容易使疫情迅速扩散，造成重大损失。

（4）具有免疫性　动物机体感染病原体后，无论显性感染或隐性感染，都能产生特异性保护性免疫，感染动物痊愈后获得特异性免疫，并在一定时期或终生不再感染该种传染病。这种特异性免疫，可通过血清学试验等方法检测，因而有利于病原体感染状态的确定。

（5）具有特征性症状　一般来说，每种传染病都具有各自特征性的综合症状（症候群），及特定的潜伏期、病理变化及病程经过。这是认识传染病的前提和基础，也为科学防控传染病提供依据。

2.传染病的发展阶段

不同动物传染病在临床上的表现存在差别，但其发病时的病程经过具有一定的规律性，一般分为潜伏期、前驱期、明显（发病）期和转归期4个阶段。

（1）潜伏期　从病原体侵入机体并进行繁殖时起，直至疾病的临床症状开始出现为止，这段时间称为潜伏期。不同传染病的潜伏期长短差异很大。如新城疫潜伏期为2～15 d，结核病的潜伏期短的十几天，长则数月以至数年。应注意有些潜伏期动物因无症状而不易发现，但可以排菌排毒，成为传染源。

了解潜伏期具有重要意义。一是作为检疫隔离观察和解除封锁的时间根据。二是在流行病学调查上查找传染来源和传染方式，有助于确认感染时间。三是可以根据潜伏期判定传染病的来势和预测流行程度。往往传染病的潜伏期短，则意味着传播快，来势猛；而潜伏期延长则相反，且病程通常也较轻缓或处于流行后期。四是有助于确定免疫接种的类型，如处于潜伏期的动物用特异性抗血清或高免卵黄抗体进行被动免疫接种，周围受威胁动物则进行疫苗紧急免疫接种。五是有助于评价防制措施的临床效果，如实施某措施后，要根据该病的潜伏期观察，比较前后病例数变化便可评价该措施是否有效。

(2)前驱期　前驱期指疾病的最初症状出现后，到传染病特征性症状出现这段时间。不同传染病的前驱期长短有一定差异，有时同种传染病不同病例的前驱期也不同，通常只有数小时至 1～2 d。患病动物主要表现体温升高、食欲减退、精神异常等一般症状，特征性症状还不明显，很难确诊。前驱期有助于发现和观察疾病，以便及早采取相应隔离和防制措施。

(3)发病期(明显期)　指疾病的特征性症状充分表现出来的这段时间。是传染病发展和病原体增殖的高峰阶段，典型临床症状和病理变化也相继出现，因而进行临床诊断比较容易，在诊断上具有重要意义。同时，由于患病动物体内排出的病原体数量多、毒力强，故应加强发病动物的隔离，防止病原微生物的散播和蔓延。

(4)转归期(恢复期)　为传染病发展的最后结局阶段。如果病原体的致病能力增强，或动物体的抵抗力减弱，则疾病以动物的死亡而告终。如果动物体获得了免疫力，抵抗力逐渐增强，机体则逐步恢复健康，表现为临床症状逐渐消退，体内的病理变化逐渐消失，逐步恢复正常的生理机能。机体能够在一定时期内保留免疫学特性，如抗体水平较感染前有较大幅度的提升。有些传染病在恢复期还带菌带毒并向外排出，其时间的长短则与感染的病原体特性有关。

3.传染病的分类

动物传染病的种类很多，为了进行疫情分析和管理，便于制定防制措施，需要根据不同目的对传染病进行分类。以下介绍一些常用的分类方法。

(1)按病原种类分类　按感染的病原种类不同，可将传染病分为病毒病、细菌病、放线菌病、衣原体病、支原体病、螺旋体病、立克次体病和真菌病等。在生产实践中，除病毒病外，一般将其他病原引起的疾病统称为细菌病。

(2)按动物种类分类　按易感动物的种类不同，可将其分为人和多种动物共患传染病、猪传染病、反刍动物传染病、马传染病、宠物(犬、猫)传染病、家禽传染病、实验动物传染病、经济动物传染病、鱼类传染病、蜜蜂传染病、蚕传染病等。

(3)按受侵害的主要器官和组织系统分类　可将传染病分为全身性传染病、消化系统传染病、呼吸系统传染病、生殖系统传染病、神经和运动系统传染病、泌尿系统传染病、皮肤传染病等。

(4)按疾病的危害程度分类　通常根据传染性的疾病对养殖业生产和人体健康的危害程度、造成经济损失的大小和国家扑灭措施的需要，我国将动物疫病分为三类，共计 174 种。

①一类动物疫病(11 种)，是指对人畜危害严重、需要采取紧急、严厉的强制预防、控制和扑灭措施的疫病。这类传染病大多数为发病急、死亡快、流行广、危害大的急性、烈性传染病或人兽共患传染病。按照法律规定此类传染病一旦暴发，应采取以疫区封锁、扑杀和销毁动物为主的扑灭措施。

②二类动物疫病(37 种)，是指可造成重大经济损失、需要采取严格控制扑灭措施的疾病。由于该类传染病的危害性、暴发强度、传播能力以及控制和扑灭的难度不如一类传染病大，故法律规定发现二类传染病时，应根据需要采取必要的控制、扑灭措施，当然不能排除采取与上述一类传染病相似的强制性措施。

③三类动物疫病(126 种)，是指常见多发、可造成重大经济损失、需要控制和净化的传染病。该类传染病多呈慢性发展状态，法律规定应采取检疫净化的方法，并通过预防、改善环境条件和饲养管理等措施控制。

三、传染病流行过程

动物传染病能够在动物之间传染，或通过生物或非生物媒介物间接传染的过程，称为流行过程。也是传染病在动物群中发生和发展以及终止的过程。

(一)传染病流行过程的条件

1.传染源

传染源是指体内有某种病原体寄居、生长、繁殖，并能排出体外的动物机体。具体地说就是受感染的动物，包括患病动物、病原携带者和被感染的其他动物。

(1)患病动物　患病动物是最重要的传染源，但不同发病阶段患病动物作为传染源的意义也不相同。处于前驱期和临床明显期动物排出病原体的数量多，尤其是急性传染病的发病期，排出的病原体数量更多、毒力更强，因此作为传染源的作用也最大。潜伏期和恢复期的动物是否可作为传染源，则随病种不同而异。在实际生产中，将患病动物能排出病原体的整个时期称为传染期，不同传染病的传染期长短有明显差异。为了控制传染病，对患病动物进行隔离和检疫时应到传染期结束为止。

(2)病原携带者　病原携带者是指外表无症状但能携带并排出病原体的动物。不同传染病的病原携带状态排出病原体的数量虽然远不如患病动物多，但病原携带者缺乏临床症状并在群体中自由活动而不易被发现，因而是非常危险的传染源。病原携带者常常具有间歇排出病原体的现象，因此仅凭一次病原学检查的阴性结果不能反映动物群的状态，只有经过反复多次的检查才能排除病原携带状态。防止健康动物群中引入病原携带者，或在动物群中清除病原携带状态是传染病防制工作中艰巨和主要的任务之一。

临床上，病原携带者又分为潜伏期病原携带者、恢复期病原携带者和健康病原携带者。

①健康病原携带者，是指过去没有患过某种传染病但却能排出该病病原体的动物。一般认为是隐性感染或条件性病原体感染的结果。这种携带状态通常只能靠实验室方法检出，而且持续时间短暂、病原排出的数量少。然而，由于巴氏杆菌、沙门氏菌病、猪气喘病、猪丹毒和猪痢疾等健康病原携带者在某些地区或养殖场内数量较多，常常构成重要的传染源。

②潜伏期病原携带者。这一时期大多数传染病不具备排出病原体的条件，因而不能作为传染源。但少数传染病如狂犬病、口蹄疫和猪瘟等，在潜伏期的后期能够排出病原体。

③恢复期病原携带者，是指某些传染病的病程结束后仍能排出病原体的动物，如巴氏杆菌病、沙门氏菌病等。这种携带状态持续的时间有时较短暂，但有时则成为慢性病原携带者。因此，对这类传染病的控制应延长隔离时间，才能收到预期的效果。

2.传播途径

病原体从传染源排出后，经一定的传播方式再侵入其他易感动物所经历的路途称为传播途径。传染病的传播途径比较复杂，有的只有一种途径，有的则有多种途径。认识和掌握传染病的传播途径将有助于切断传播途径，保护易感动物不受感染，从根本上控制疫病的扩散，这是防制传染病的重要环节之一。传播途径可以分为水平传播和垂直传播两大类型。

(1)水平传播　病原体在动物群体或个体之间通过多种途径以水平形式横向传播，这是最常见的一种传播方式，包括直接接触和间接接触传播。前者是指易感宿主与感染动物通过直接接触，不需要任何外界条件而引起的。临床上这种直接接触传播方式的传染病不是太多，典型的如狂犬病。又如鸡白痢沙门氏菌、在禽受精或配种时常造成病原体的直接接触传播。间接接触传播是指病原体必须在外界因素的参与下，通过传播媒介侵入易感动物的传播。传播媒介是指将病原体从传染源传播给易感动物的各种外界因素，传播媒介可以是生物，也可以是物体。大多数传染病如新城疫等以间接接触传播为主，同时也可以通过直接接触传播，这两种方式均能传播的传染病称为接触性传染病。水平传播有以下几种常见途径。

①经空气传播　空气并不适于病原体的生存，但病原体可以在空气中短暂停留，以飞沫、飞沫核或尘埃作为媒介进行传播。动物患有呼吸道传染病时，呼吸道内有大量的渗出物积聚，刺激动物机体发生咳嗽、喷嚏时，通过很强的气流将夹有病原体的渗出物从气道喷射出来，形成飞沫飘散在空气中，易于被易感动物吸入而感染。当飞沫中的水分蒸发后，形成仅由病原体和蛋白质组成的飞沫核。飞沫核大小决定了它在空气中飘浮的时间长短，越大则沉降越快，不易发生远距离传播。而小的飞沫核在空气中飘浮的时间较长，也易于被易感动物吸入。总的来说，飞沫传播由于空气的流动，传染源和易感动物的转移和集散，造成相互之间接触污染空气的机会较多。故呼吸道传染病一旦发生后能迅速传播至整个群体，如流行性感冒、结核病、新城疫、鸡传染性支气管炎、鸡传染性喉气管炎等。含病原体的分泌物、排泄物和处理不当的尸体等散布在外界环境中，可形成尘埃。尘埃可随着空气的流动而飘扬，被易感动物吸入后发生感染，这就是尘埃传播。但实际上空气中干燥的环境和日光的曝晒等不利环境，只有极少数生存能力特强的病原体（如结核分枝杆菌等）可耐过这种条件。

经空气传播的传染病一般有以下特点：有明显的季节性，在冬春季节，尤其是密度大、通风不良情况下更易于发生；传播快，致使病例常集中发生；多经呼吸道感染，以引起呼吸道疾病为主。由此，可以通过改善环境卫生、适宜通风和合理密度饲养防控呼吸道传染病的发生。

②经口传播　多种传染病都可经消化道感染，其传播媒介主要是被污染的饲料和饮水。由于患病动物的分泌物、排泄物或尸体处理不当，易于直接污染，或经管理的用具、车辆污染饲料、牧草、水槽、饲槽，或水源本身不洁被污染，易感动物饮食了这种污染有病原体的饲料、饮水便可感染发病。尤其是那些主要在肠道生长繁殖的病原体，多以粪便形式排出，如肠道病毒、肠道沙门氏菌等，在饲养卫生不良的条件下易于发生。因此，防控这类传染病要加强饲养管理，重点做好清洁卫生、饮水质量监测和防疫消毒工作。

③经土壤传播　能在污染土壤中长期存活的病原微生物称为土源性病原微生物。含病原体的分泌物和排泄物及尸体处理不当时，可污染土壤，形成疫源地。有些病原体可以形成芽孢，使这种疫源地具有长久潜在危害。有些虽不形成芽孢，但对外界不利环境因素有很强的抵抗力，落入土壤后也可生存很长时间。随着我国集约化生产发展，土源性病原微生物所致疾病罕见。防控此类传染病，重点是做好患病动物的隔离，分泌物、排泄物及尸体应无害化处理，避免病原体污染土壤而形成长久的疫源地。

④经活的媒介传播　活的媒介主要是指节肢动物、野生动物和人类。此类传染病的发生与节肢动物的滋生季节及野生动物出入频繁相一致，与防疫卫生、消毒管理不到位有关。其防控重点是加强消毒，做好杀虫、灭鼠等工作，规避人为性传播。

节肢动物中的蚊、蝇、虱、蚤等和蜘蛛纲的蜱、螨等能传播传染病。节肢动物传播传染病的方式主要有机械性传播和生物性传播 2 种。通过节肢动物传播的传染病一般具有传染病流行的地区范围与传播该传染病的节肢动物分布和活动范围一致；发病率升高的季节与某种节肢动物的数量、活动性，以及病原体在该节肢动物体内发育繁殖的季节相一致；新生的和新引进的动物发病率高，老年动物则多因免疫力高而发病率低等流行特征。

某些野生动物本身对特定的病原体具有易感性，受感染后可将病原体传播给人工饲养的易感动物，如鼠类可传播沙门氏菌病；狐、狼、吸血蝙蝠可传播狂犬病；还有一些野生动物自身对某些病原体不易感受，但能起机械性传播作用。

人类活动范围广，许多情况下可成为动物病原体的机械携带者。饲养员和兽医与动物有密切接触，往往成为病原体的机械携带者，如不遵守防疫卫生制度，易于传播多种疫病。医源性传播、管理源性传播也都是人为造成的，应引起高度重视。医源性传播是指兽医人员使用被病原体污染的体温计、注射针头等器械以及被外源性病原体污染的生物制品等，造成传染病的广泛散播；管理源性传播是饲养员、兽医等工作人员的兽医卫生防疫意识淡薄，进出车辆、人员不执行防疫消毒制度，粪便、污物和死淘动物不作无害化处理，患病动物不进行专人管理，引进动物未进行隔离和检疫，人工授精时精液污染等，也可造成疫病的迅速传播。人类也可作为传染源，将疾病传播给动物，如感染了结核病的饲养员。

(2)垂直传播　垂直传播是病原体从亲代到子代的传播。一般包括经胎盘传播、经卵传播、经产道传播3种途径。禽病主要经卵传播，是指携带病原体的种禽卵子在发育过程中使胚胎受到感染，能将其中的病原体传给下一代的现象，也称为蛋传疾病。如禽白血病、鸡传染性贫血、禽传染性脑脊髓炎、鸡白痢和禽支原体病等。

传染病的传播途径是病原体的侵入门户，每种传染病都有自己特定的传播途径。了解传染病的传播途径，就是为了采取针对性的措施切断传染源和易感动物间的联系，使传染病的流行能够迅速平息或终止。

3. 易感动物群体

动物易感性是指动物个体对某种病原体缺乏抵抗力，容易被感染的特性。动物群体易感性是指一个动物群体作为整体对某种病原体感受性的大小和程度。易感性的高低取决于动物群体中易感个体所占的比例和机体的免疫强度，决定传染病能否在动物群体中流行以及流行的严重程度。影响群体易感性高度的主要因素如下。

(1)内在因素　品种、品系不同，对疾病的敏感性也不一样。例如，鸡不感染猪瘟、牛瘟或马瘟。这些主要是由遗传因素决定的，有些是抗病育种的结果，如通过选种培育而成的白来航鸡对雏鸡白痢的抵抗力增强。

(2)外在因素　各种饲养管理因素，不仅作用于传染源，也直接作用于易感动物。动物的健康状况对疾病发生与否有直接的关联，体质状况好、健康的动物不易患病。“养防并重”，说明加强饲养管理的重要性。例如，饲料质量、饲养环境卫生、粪便无害化处理、通风良好、避免过密饲养、减少应激、冬季防寒保暖、夏季防暑降温等，平时饲养管理工作做得好，可以减少许多疾病，特别是条件性病原体引起的疾病发生。

(3)特异免疫状态　疾病的流行与否，除取决于病原体的特性外，还与动物群体中易感动物所占的比例相关。当有抵抗力的动物百分比较高，即便有病原体传入，出现疾病流行的危险性也较小。一般来讲，当动物群体中有70%～80%的个体有抵抗力，疫病就不会在群体中流行，而以散发形式出现。免疫预防接种是我国防控重大动物传染病的主要手段，是提高动物群体免疫力最有效、最经济和最省力的方法。通过做好预防接种，可以使易感动物转变为非易感动物，变被动为主动，最大程度地提高动物群体的特异性免疫水平，减少传染病带来的经济损失。

(二)传染病流行特征

传染病在流行过程中表现出一定的特征和规律,了解这些特征和规律,便于在防疫工作中因势利导,达到事半功倍的效果。

1.流行过程的表现形式

在动物传染病流行过程中,根据一定时间内发病率的高低、传播速度和范围以及病例间的联系程度等通常具有以下几种表现形式。

(1)散发　散发是指动物发病数量不多,在一定时间内呈散在性发生或零星出现,而且各个病例在时间和空间上没有明显联系的现象。散发的主要原因:一是动物群对某种传染病的免疫水平相对较高;二是某种传染病通常主要以隐性感染形式出现;三是某些传染病的传播需要特定的条件,如破伤风需要有深度创伤和厌氧同时存在。

(2)地方流行性　地方流行性是指动物疾病局限在一定地区的动物群中小规模发生。如鸡传染性鼻炎、鸡痘等通常以地方流行性形式出现。发病数比散发为多,多发生在某一地区内。

(3)流行性　流行性是指疾病在某一时间内一定动物群中某种传染病的发病率超过预期水平的现象,且在较短的时间内传播的范围比较广。流行性是一个相对的概念,仅说明传染病的发病率比平时升高。流行性在地区上也较抽象,可能是若干乡镇,也可能是更大范围。一些毒力强、传播迅速、宿主范围广的重大动物传染病,如口蹄疫、禽流感、新城疫等,在防疫工作做得不好的地方,常呈流行性发生,带来很大的经济损失。

(4)暴发　暴发是指在局部范围的动物群体中,短时间突然出现较多病例的现象。实际上,暴发是流行的一种特殊形式。

(5)大流行　大流行是指其数量和流行的范围都远超出了流行性,是一种规模非常大的流行,其流行范围可达数个省份或国家,甚至在全球范围内出现。历史上,如牛瘟、流感、口蹄疫等都出现过大流行。

以上几种流行形式之间,在发病数量和流行范围上没有量的绝对界限,只是一个相对量的概念。而且某些传染病在特殊的条件下可能表现出不同的流行形式,如新城疫,有时会呈地方流行性,有时则以流行性或暴发的形式出现。

2.流行规程的规律性

(1)季节性　某些动物传染病经常发生于一定的季节,或在一定季节内出现发病率明显升高的现象,称为流行过程的季节性。传染病流行的季节性变化受动物群的密度、饲养管理、病原体的特性、传播媒介以及其他生态因素变化的影响。了解传染病季节性升高的原因及影响,便于更有效地采取防制措施。传染病流行的季节性分为 3 种情况。

①严格季节性,是指病例只集中在一年内的少数几个月份发生,与这类疾病的传播媒介活动性有关,如日本乙型脑炎只流行于每年的 6—10 月份等。

②季节性升高,是指一些传染病,如鸡毒支原体感染、禽流感等在一年四季均可发生,但在一定季节内发病率明显升高,主要是季节变化能够直接影响病原体在外界环境中的存活时间、动物机体的抗病能力以及传播媒介的活动性。

③无季节性,是指一年四季都有病例出现,并且无显著性差异的传染病流行现象。大多数疾病是无季节性或有一定的季节性。

(2)周期性　某些疾病每隔一定的间隔时间(常以年计)会再度流行,称为流行过程的周期性。如牛、马等大家畜每年群体更新的比例不大,几年后易感个体的数量才可达到引起再度流行的比例,因此这类家畜的某些传染病常有周期性流行的特点;而繁殖率高、群体更新快的猪和禽等动物的传染病,则很少出现周期性流行现象。传染病周期性流行出现的原因是:在疾病流行期间,易感动物发病死亡或被淘汰,其余动物由于康复而获得免疫力,这样流行逐渐停息;随着新一代的出生和新引进的动物进入,原有动物的免疫力也逐渐下降,整个动物群体的易感比例增多,为再次发生流行提供了可能。

(三)疫源地和自然疫源地

1.疫源地

(1)概念　疫源地是指具有传染源及其排出的病原体所存在的地区。凡是传染源存在及所到之处均属于疫源地,可见疫源地范围远大于传染源,除了传染源外,它还包括被污染的环境以及这个范围内的易感动物和贮藏宿主等。因此在防疫时,不但要对传染源进行处理,还要注意对环境和传播媒介以及易感动物的处理等一系列综合措施。

(2)疫源地的范围　疫源地的范围大小要根据传染源的分布和污染范围的具体情况确定。它可能只限于个别动物栏舍、放牧地;也可能包括某饲养场、自然村或更大的地区。通常将范围小的疫源地或单个传染源所构成的疫源地称为疫点。若干个疫源地连接成片且范围较大时称为疫区。疫区不但指某种传染病正在流行的地区,还应包括患病动物于发病前(该病的最长潜伏期)后活动过的地区。从防疫工作的实际出发,有时也将某个比较孤立的养殖场或自然村称为疫点,所以疫点与疫区的划分不是绝对的。

(3)疫源地的存在时间　疫源地的存在具有一定的时间性,时间的长短由多方面的复杂因素所决定。疫源地解除封锁的 3 个条件:①传染源不存在。只有当最后一个患病动物(传染源)死亡后经无害化处理或病愈康复且不携带病原体;②对疫源地内污染的环境、场所进行了全面严格的消毒;③经过该病的最长潜伏期,不再有新的病例出现。

2.自然疫源地

(1)概念　有些传染病的病原体在自然条件下,即使没有人类或动物的参与,也可以通过传播媒介感染动物造成流行,并且长期在自然界循环延续后代,这些传染病称为自然疫源性疾病。存在自然疫源性疾病的地区,称为自然疫源地。自然疫源性疾病具有明显的地区性和季节性等特点,并受人类从事一些活动时使生态系统产生变化时的影响。

(2)自然疫源性疾病　自然疫源性的疾病种类很多,主要有流行性出血热、森林脑炎、狂犬病、伪狂犬病、犬瘟热、流行性乙型脑炎、黄热病、非洲猪瘟、蓝舌病、口蹄疫、恙虫病、Q 热、鼠型斑疹伤寒、鼠疫、土拉杆菌病、布鲁氏菌病、李氏杆菌病、弓形虫病等。

(四)影响流行过程的因素

动物传染病的流行过程必须具备传染源、传播途径和易感动物群体 3 个基本环节。阻断这 3 个环节的相互连接,才能够控制传染病的发生和流行。影响传染病流行过程的因素很多,归纳为自然因素和社会因素,而这两种因素都存在着有利和不利的方面。

1.自然因素

对流行过程有影响的自然因素主要包括气候、气温、湿度、阳光、雨量、地形、地理环境等,它们对3个环节的作用错综复杂。对于传染源而言，江、海、河、高山等地理条件，对传染源的转移产生一定限制，成为天然的隔离条件。季节变换使动物机体抵抗力降低而发生传染病或者病情加重时，散播传染的机会也随之增加，反之则减少。对于传播媒介而言，自然因素对其影响更为明显，适宜的温度和湿度环境季节，都有利于传播媒介的活动，因此就增加了传播传染病的传播机会。对于易感动物而言，自然因素的影响主要是提高或降低机体的抵抗力，从而减少或增加传染病的发生和流行。

2.社会因素

影响动物传染病流行过程的社会因素主要包括社会制度、生产力和人们的经济、文化、科学技术水平以及法律法规的执行情况等。这些因素既是促使动物传染病流行的原因，也是可以有效消灭和控制动物传染病流行的关键所在。需要特别强调的是，严格执行法规和防制措施，是控制和消灭动物传染病的重要保证。要尽最大努力将由人为因素而使动物传染病发生和流行的可能性降至最低。

任务二 动物疫情报告

按照《中华人民共和国动物防疫法》中的规定，任何从事动物疫病监测、检测、检验检疫、研究、诊疗以及动物饲养、屠宰、经营、隔离、运输等活动的单位和个人，发现动物染疫或者疑似染疫的，应当立即向所在地农业农村主管部门或者动物疫病预防控制机构报告，并迅速采取隔离等控制措施，防止动物疫情扩散。其他单位和个人发现动物染疫或者疑似染疫的，应当及时报告。任何单位和个人不得瞒报、谎报、迟报、漏报动物疫情，不得授意他人瞒报、谎报、迟报动物疫情，不得阻碍他人报告动物疫情。

接到动物疫情报告的单位，应当及时采取临时隔离控制等必要措施，防止延误防控时机，并及时按照国家规定的程序上报。当动物突然死亡或怀疑发生传染病时，除立即报告动物防疫监督机构外，在兽医人员未到现场或未做出诊断前，应将患病动物进行隔离并派专人管理，对患病动物污染的环境和用具进行严格消毒，患病动物的尸体应保留完整，未经兽医检查同意不得擅自急宰和剖检，以便为传染病的准确、快速诊断提供材料，并防止病原体的扩散。

动物疫情由县级以上人民政府农业农村主管部门认定；其中重大动物疫情由省、自治区、直辖市人民政府农业农村主管部门认定，必要时报国务院农业农村主管部门认定。发生人兽共患传染病时，县级以上人民政府农业农村主管部门与本级人民政府卫生健康、野生动物保护等主管部门应当及时相互通报。国务院农业农村主管部门向社会及时公布全国动物疫情，也可以根据需要授权省、自治区、直辖市人民政府农业农村主管部门公布本行政区域的动物疫情。其他单位和个人不得发布动物疫情。

当家禽突然死亡或怀疑发生传染病时，应立即通知兽医人员。在兽医人员尚未到场或尚未做出诊断之前，应采取下列措施：将疑似传染病病禽进行隔离，派专人管理；对病禽停留过的地方和污染的环境、用具进行消毒；病禽尸体应保留完整；密切接触的同群动物不得随便急宰或转移与出售；病禽的皮、肉、内脏不许食用。这些问题应经常向群众宣传解释，做到家喻户晓。

任务三 动物传染病诊断

对动物传染病及时而正确地做出诊断，直接决定能否有效地组织落实疫病的预防和控制措施。一般分为流行病学调查与分析、临床诊断、病理学诊断、实验室诊断。

一、流行病学调查与分析

流行病学调查与分析是研究传染病流行规律的主要方法，目的是揭示传染病在动物群体中发生的特征，阐明其流行的原因和规律，以做出正确的流行病学判断。调查是查明动物传染病在动物群体中发生的地点、时间、分布、流行条件等，这是认识动物传染病的感性阶段；分析是将调查资料归纳整理，进行全面的综合分析，查明流行的原因和条件，找出流行的规律。调查是分析的基础，分析是调查的深入。一切防疫措施都是以调查分析的结果为依据，调查越充分，措施就越合理，效果也越显著。

（一）流行病学调查

调查内容一般有以下几个方面。

1. 本次流行情况

最初发病时间、地点；目前传播和分布情况；疫区内各种患病动物的种类、数量、年龄、性别；传染病传播速度、持续时间、感染率、发病率、病死率和治疗效果等；动物防疫情况如何，接种过哪些疫苗、疫苗来源、免疫方法和剂量、接种次数等；是否做过免疫监测，动物群体抗体水平如何；发病前有无饲养管理、饲料、用药、气候等变化或其他应激因素存在。

2. 疫情来源

本地过去是否发生过类似的传染病，若发生过则需了解发生于何时、何地，流行情况如何、确诊与否、有无历史资料存查、采取过何种措施、效果如何；如果本地未曾发生过，那么附近地区是否曾经发生，发病前是否由外地引进过动物及其产品、饲料，输出地有无类似的传染病存在，疫情发生前是否有外来人员进入本场或本地区进行参观、访问等。

3. 传播途径和方式

本地各类有关家禽的饲养管理制度和方法；流动、收购以及防疫卫生情况；交通检疫、市场检疫和屠宰检验的情况；病死畜禽处理情况；有哪些助长传染病传播蔓延的因素和控制传染病的经验；疫区的地理、地形、河流、交通、气候、植被和野生动物、节肢动物等的分布和活动情况，它们与传染病的发生及蔓延传播之间有无关联等。

4. 该地区的社会经济基本情况

群众生产和生活的基本情况和特点；畜牧兽医机构及其工作的基本情况；当地领导、干部、兽医、饲养员和群众对疫情的看法如何等。

综上所述，流行病学调查不仅可以给流行病学诊断提供依据，而且也能为拟定防制措施提供依据。

（二）流行病学分析

流行病学分析是以流行病学调查所获得的资料为依据。运用统计学的方法揭示传染病流行过程的本质和相关因素，从而提出预防和消灭传染病的计划和建议，以指导防疫工作。

在流行病学分析中常用的频率指标有下列几种。

1. 发病率

发病率是指某动物群体中在一定时期内某病的新病例发生的频率。它能较完整地反映出动物传染病的流行情况，但不能说明整个流行过程，因为常有许多动物是隐性感染，而同时又是传染源，因此还要计算感染率。

发病率=(某期间内某病新病例数/同期内动物总平均数)×100%

2. 感染率

感染率是指在一定时期内所有感染动物头数(包括隐性患者)占被检查动物总头数的百分比。它能较深入地反映出流行过程的情况，特别是在发生某些慢性或亚临床型动物传染病时，进行感染率的统计分析，更具有重要的实践意义。

感染率=(感染某病动物数/同期内检查动物总数)×100%

3. 患病率(流行率、病例率)

患病率是指在某一指定时间动物群体中存在某病的病例数的比率。代表在指定时间动物群体中动物传染病数量的一个侧面。

患病率=(某病病例数/同期内检查动物总数)×100%

4. 死亡率

死亡率是指在一定时期内某动物群体中死亡总数与同期动物总平均数的百分比。它仅能表示该病在动物群体中造成死亡的频率，不能全面反映动物传染病流行的动态特性，仅在发生死亡头数很高的急性动物传染病时，才能反映出流行的动态。但当发生不易致死的动物传染病时，如口蹄疫等，虽能大规模流行，而死亡率却很小，则不能表示出流行范围广的特征。因此，还应统计同一时期内某病死亡率，结合发病率进行分析。

(某动物群体)死亡率=(死亡动物总数/同期某种动物总平均数)×100%

(某病)死亡率=(某病动物死亡总数/同期内动物总平均数)×100%

5. 病死率(致死率)

病死率(致死率)是指因某病死亡的动物头数占该病患病动物总数的百分比。它能表示某病临床上的严重程度，比死亡率更为具体、精确。

病死率= (某病动物死亡数/同期内患该病动物总数)×100%

二、临床诊断

临床诊断是最基本的诊断方法之一，它是靠人的感官或借助于简单的器械(如温度计、听诊器等)直接对患病动物进行检查，有时也包括血、粪、尿的常规检验，一般来说，都是简便易行的方法。临床检查内容主要包括患病动物的精神、食欲、体温、脉搏、体表、被毛及天然孔色泽变化；分泌物和排泄物特性；呼吸系统、消化系统、泌尿生殖系统、神经系统、运动系统变化等。对于具有特征性临床症状的典型病例，如破伤风、禽痘等，经过仔细的临床检查，一般不难做出诊断。

临床诊断有其一定的局限性和片面性，特别是对发病初期尚未出现特征症状的病例，或症状相似病例，或非典型病例，依靠临床检查往往难以做出诊断。尤其是复杂的混合感染，必须结合实验室诊断方法才能做出确诊。在进行临床诊断时，应注意对整群发病禽所表现的综合症状加以分析判断，不要单凭个别或少数病例的症状轻易下结论，以免误诊。

三、病理学诊断

患传染病死亡的动物多数都有一定特征性的病理变化，可作为诊断的重要依据，如新城疫、传染性法氏囊病等。病理解剖检查是诊断传染病的重要方法之一，它既可验证临床诊断结果的正确与否，又可为实验室诊断方法和内容选择提供参考依据。由于每种传染病的病理变化不可能在每一个病例中都充分表现出来，如有些最急性死亡的病例和早期剖杀的病例，其病理变化不明显，尤其对于非典型病例，需要多剖检一些病例方可见到典型病变，或将几个病例的病变组合到一起才可组成某病典型病变。因此，应尽可能多地选择那些症状较典型、病程长、未经治疗的自然死亡病例进行剖检。如需要做病理组织学检查或病原学检查，应根据情况采集新鲜、含病原量高的病料送实验室检查。患病动物死亡或急宰后以尽早剖检为好，以免尸体发生腐败，有碍于正确的观察和诊断。

病理解剖诊断主要是检查肉眼病变或称大体病变，病理剖检应由兽医人员在规定的地点和场所来完成，不可任意随地剖检，以免造成污染，散播疾病。做病理解剖检查时应注意操作顺序，先观察尸体外观变化，包括有无尸僵出现、羽毛及皮肤变化；天然孔有无分泌物、排泄物和出血及其性质；体表有无肿胀或异常；四肢、头部及五官有无变化等。然后，检查内脏，先胸腔再腹腔；先看外表（浆膜）再切开实质脏器和浆膜；先检查消化道以外的器官组织，最后检查消化道，以防消化道内容物溢出而影响观察并造成污染。检查时注意各种实质脏器有无炎症、水肿、出血、变性、坏死、萎缩、肿瘤等异常变化。为了防止遗漏或片面，最好能按系统进行全面检查。

病理组织学诊断是经典的诊断方法之一，主要是通过显微镜观察病料组织切片中的特征性显微病变和特殊结构，借以诊断或区别不同的传染病。有些传染病引起的大体病变不明显或缺失，仅靠肉眼很难做出判断。目前，病理组织学诊断对某些传染病仍是最主要和可靠的诊断方法，如狂犬病和牛海绵状脑病。

四、实验室诊断

（一）病原学诊断

运用微生物学的方法进行病原学的诊断，是诊断禽传染病最重要的方法之一。一般包括病料采集、病料涂片镜检、病原体分离培养与鉴定、动物接种试验等。

1. 病料采集

正确采集病料是病原学诊断的基本环节。采集的病料应力求新鲜，最好于濒死时或死亡数小时内采取，尽量减少细菌污染。用具、器皿尽可能严格消毒。通常可根据所怀疑病的类型和特性来决定采取哪些器官或组织的病料。原则上应采取病原体含量多、病变明显的部位，同时易于采取、保存和运送。如缺乏临床资料，剖检时又难以分析判断出可能属何种病时，则应按系统进行全面取材。

2.病料涂片镜检

通常在有显著病变的不同组织器官和不同部位涂抹数片，进行染色镜检。此法对于一些具有特征性形态的病原微生物如炭疽杆菌、巴氏杆菌等可以迅速做出诊断，但对大多数动物传染病来说，只能提供进一步检查的依据或参考。

3.病原体分离培养和鉴定

用人工培养方法将病原体从病料中分离出来。细菌、真菌、螺旋体等可选择适当的人工培养基，病毒可先用动物或组织培养等方法分离培养。分得病原体后，再进行形态学、培养特性、细菌的生化特性鉴定、动物接种及免疫学试验等方法做出鉴定。

4.动物接种试验

通常选择对该种动物传染病病原体最敏感的动物进行人工感染试验。将病料用适当的方法进行人工接种，然后根据对不同动物的致病力、症状和病理变化特点来帮助诊断。当实验动物死亡或经一定时间剖杀后，观察体内变化，并采取病料进行涂片检查和分离鉴定。

一般应用的实验小动物有家兔、小鼠、豚鼠、仓鼠、家禽、鸽子等，如果实验小动物对该病原体无感受性时，可以采用有易感性的大动物进行试验，但费用大，而且需要严格的隔离条件和严格的消毒措施，因此只有在非常必要和条件许可时才能进行。

从病料中分离出微生物，虽是确诊的重要依据，但也应注意动物的“健康带菌”现象，其结果还需与临床症状及流行病学、病理变化结合起来进行分析。有时即使没有发现病原体，也不能完全否定该种动物传染病的诊断。

(二)免疫学诊断

免疫学诊断是传染病诊断和检疫最常用的重要方法之一，包括血清学试验和变态反应。

1.血清学试验

利用抗原和抗体特异性结合的免疫学反应进行诊断。可以用已知抗原测定被检动物血清中的特异性抗体，也可以用已知的抗体(免疫血清)测定被检材料中的抗原。血清学试验有中和试验(毒素抗毒素中和试验、病毒中和试验等)、凝集试验(直接凝集试验、间接凝集试验、间接血凝试验)、沉淀试验(环状沉淀试验、琼脂扩散沉淀试验)、溶细胞试验(溶菌试验、溶血试验)；补体结合试验、免疫标记试验(免疫荧光试验、酶联免疫吸附试验、放射免疫试验)和核酸探针检测技术等。

2.变态反应

动物患慢性传染病时，可对该病病原体或其产物的再次进入产生强烈的反应，能引起变态反应的物质称为变态原，包括病原体、病原体产物或抽提物。如结核菌素、鼻疽菌素等，将其注入患病动物体内时可引起局部或全身异常反应，如局部炎性肿胀、体温升高等，故可用于传染病的诊断。

(三)分子生物学诊断

分子生物学诊断又称为基因诊断，主要是针对不同病原微生物所具有的特异性核酸序列和结构进行检测。具有代表性的技术主要有以下几种。

1. PCR 技术

PCR(聚合酶链反应)技术又称为体外基因扩增技术,是根据已知的病原微生物特异性核酸序列确定致病性微生物,进而确诊某种传染病。PCR 技术以特异性强、敏感、快速、适于疾病早期和大量样品的检测等优点,成为当今传染病诊断中发展最快、最具应用价值的方法。

2. 核酸探针技术

核酸探针是指带有标记物的已知序列的核酸片段,它能和与其互补的核酸序列杂交,形成双链,所以可用于待测核酸样品中特定基因序列的检测。每一种病原体都具有独特的核酸片段,通过分离和标记这些片段可制备出探针,用于疾病的诊断,其优点是特异性强、敏感性高、简便快速。

任务四　动物传染病防控技术

一、传染病防制原则和内容

(一)现代防疫工作的理念

1. 群防群治的理念

在传染病的综合防制过程中应确立群体保健、防疫、诊断及治疗,而不是个体防制的观点,所采取的措施要从群体出发,要有益于群体。但这并不否认对动物个体的情况予以重视,因为在动物群体中,个体的价值虽然低,通过个体防制可以从中得到启发。因此,应根据本场实际,制定免疫程序,对一些重要细菌性传染病,应在传染病发生之前给予药物预防。

2. 长远规划的理念

集约化养殖场兽医防疫工作是一项长期的任务,必须有一个长远的计划,有计划地分期完成各项防疫措施,使疫病防制体系不断完善。

3. 多病因论的理念

动物传染病的发生往往涉及多种因素,通常是多种因素相互作用的结果。因此,诊断动物传染病,不仅应查明致病的病原,还应考虑外界环境、管理条件、应激因素、营养状况、免疫状态等因素,用环境、生态及流行病学的观点进行分析研究,从设施、制度、管理等方面,采取综合措施,才能有效地控制动物传染病的发生。

4. 多学科协作的理念

兽医、畜牧、生态、机械设备等学科应密切配合,从场址选择、场舍设计、种群引进、种源净化等方面,均应考虑防疫问题。

(二)综合防制的原则

1. 健全机构的原则

县级以上农业农村主管部门是兽医的行政机构,县级人民政府和乡级人民政府应当采取有效措施,加强村级动物防疫员队伍建设,还可根据动物防疫工作需要,向乡、镇或者特定区域派驻兽医机构,共同担负动物传染病的预防与扑灭工作。兽医防疫工作是一项系统的工程,它与农业、商业、外贸、卫生、交通等部门都有密切的关系，只有依靠政府的统一领导、协调，从全局出发，大力合作，统一部署，全面安排，才能有效及时地把兽医防疫工作做好。

2. 预防为主的原则

动物生产过程中，搞好综合性的防疫措施是极其重要的。随着集约化畜牧业的发展，“预防为主”方针的重要性显得更加突出，否则兽医防疫工作将会陷入完全被动的局面，畜牧生产也会走向危险的境地。

3. 法规建设的原则

我国自 1992 年 4 月 1 日起施行《中华人民共和国进出境动植物检疫法》;1998 年 1 月 1 日开始实施了《中华人民共和国动物防疫法》，于 2021 年 1 月 22 日第二次修订通过，自 2021 年 5 月 1 日起施行。这些兽医法规对我国动物防疫和检疫工作的方针和基本原则做了明确而具体的叙述，它们是兽医工作者开展防疫、检疫工作的法律依据。

4. 调查监测的原则

由于不同传染病在时间、地区及动物群体中的分布特征、危害程度和影响流行的因素有一定的差异，因此要制定适合本地区或养殖场的传染病防制计划或措施，必须在对该地区展开流行病学调查和研究的基础上进行。

5. 突出重点的原则

动物传染病的控制或消灭需要针对流行过程的 3 个基本环节采取综合性防制措施。但在实施和执行综合性措施时，必须考虑不同传染病的特点及不同时期、不同地点和不同动物群体的具体情况，突出主要因素和主导措施，即使为同一种动物传染病，在不同情况下也可能有不同的主导措施，在具体条件下究竟应采取哪些主导措施要根据具体情况而定。

(三)防制工作的基本内容

传染病的流行是由传染源、传播途径和易感动物 3 个相互联系环节而形成的一个复杂过程。因此，采取适当的措施来消除或切断 3 个环节的相互联系，就可以使动物传染病的流行终止。在采取具体防疫措施时，必须从“养、防、检、治”四个方面采取综合性的防疫措施，方可控制传染病的发生和蔓延。饲养场应时刻贯彻“预防为主，防重于治”的原则，严格执行兽医生物安全措施，从场址选择、禽舍设计、环境控制、饲养制度、人员培训、检疫、消毒、禽种来源、免疫接种以及药物保健等多方面进行综合考虑，力争避免和消除传染病发生的各种因素，从而将传染病拒之门外。应根据不同传染病的特点，采取相应预防措施，避免“一刀切”。综合性防疫措施可分为平时性的预防措施和发生传染病时的扑灭措施。

1. 平时的预防措施

(1)建立健全标准化的饲养模式，全面推行健康养殖和生物安全动物生产体系，贯彻自繁自养和全进全出原则，减少传染病传播。

(2)拟定和执行定期预防接种计划，并及时补种，提高动物特异性免疫水平。

(3)定期消毒、杀虫、灭鼠，对粪便、废弃物等做无害化处理。

(4)认真贯彻执行各种检疫工作，严格执法，根除种禽垂直性传播的疾病，防止外来传染病的侵入,及时发现并消灭传染源。

(5)定期进行疫情调查,研究和掌握本地及周边地区传染病的流行与分布状况,组织相邻地区对动物传染病的联防协作,有计划地进行传染病的控制、净化和消灭。

2. 发生传染病时的扑灭措施

(1)及时发现并迅速上报疫情,尽快诊断和查明传染源并通知邻近单位做好预防工作。

(2)迅速并严密隔离患病动物,对污染的场所和环境进行紧急消毒。若发生危害性大的传染病如高致病性禽流感等,须依法采取封锁等综合性措施。

(3)用疫苗或特异性抗体作紧急预防接种,对患病和可疑动物进行及时治疗或预防性治疗。

(4)完善和强化养殖场的生物安全措施,并依法进行病死和淘汰患病动物的无害化处理。

以上各项预防和扑灭措施不是截然分开的,而是相互联系、相互配合和相互补充的。

二、消灭传染源

(一)检疫

动物检疫是遵照国家法律,应用强制性手段和科学技术方法对动物及其相关产品和物品进行传染病的检查。检疫的目的是查出传染源,以便切断传播途径,防止传染病传播。因为动物及其产品不仅与畜牧业紧密相关,而且与人民生活、国际贸易等密切相关,重大动物疫情常会引起社会的动荡,尤其是人兽共患传染病(据统计已达196种之多),所以,优质、健康的动物及其产品是保证人民身体健康,实现国际间动物及其产品贸易畅通无阻的关键。因此,动物检疫从本质上说是为了消除国内外重大疫情的灾害和影响,保护农、林、牧、渔业生产,促进经济贸易的发展。目前,涉及动物检疫方面的法规有《动物检疫管理办法》《中华人民共和国进出境动植物检疫法》和《中华人民共和国动物防疫法》(以下简称《动物防疫法》)以及有关的配套法规,如《中华人民共和国进境动物一、二类传染病、寄生虫病名录》《中华人民共和国禁止携带、邮寄进境的动植物及其产品名录》等。动物检疫可分为以下几种类型。

1. 产地检疫

产地检疫是动物生产地区的检疫,是直接控制动物传染病的最有效办法。产地检疫可分为两种,即乡镇集市检疫和收购检疫。

2. 运输检疫

运输检疫是为了防止畜禽传染病通过水路、陆路或空中运输传播而对托运的畜禽及其产品进行检验,一般可分为铁路检疫和交通要道检疫两种。

3. 国境口岸检疫

为维护国家主权和国际信誉,保障国家农牧业健康发展,既不允许外国动物传染病进入,也不允许将国内动物传染病传到国外。为此,各国在国境各重要口岸设立动物检疫机构,由官方兽医执行口岸检疫。我国国境口岸动物检疫工作,必须遵循《中华人民共和国进出境动植物检疫法》的规定。

(二)隔离

隔离是指将患病动物和疑似感染动物控制在有利于防疫和生产管理的环境中,单独饲养和防疫处理的一种措施。它是控制和扑灭动物传染病的重要措施之一,一般适用于二、三类动物疫病的控制和扑灭,也是发生一类动物疫病实行强制性封锁前采取的措施。其目的是控制传染源,防止动物继续受到传染,控制动物传染病蔓延,以便将疫情控制在最小范围内并尽快扑灭。根据诊断检疫结果,可将全部受检动物分为患病动物群、可疑感染动物群和假定健康动物群 3 类,以便分别对待。

1. 患病动物群

患病动物群是指有典型症状或类似症状,或其他诊断方法检查为阳性的动物。对检出的患病动物应立即送往隔离栏舍或偏僻地方进行隔离。如患病动物数量较多时,可隔离于原动物舍内,而将少数疑似感染动物移出观察。对有治疗价值的,要及时治疗;对危害严重、缺乏有效治疗办法或无治疗价值的,应扑杀后深埋或销毁。对患病动物要设专人护理,禁止闲散人员出入隔离场所。饲养管理用具要专用,并经常消毒,粪便发酵处理,对人兽共患病还要做好个人防护。

2. 可疑感染动物群

可疑感染动物群是指在发生某种动物传染病时,与患病动物同群或同舍,并共同使用饲养管理用具、水源等的动物。这些动物有可能处在潜伏期中或有排菌(毒)危害,故应经消毒后转移隔离(应与患病动物分别隔离),详细观察,出现症状的按患病动物处理,有条件的应立即进行紧急免疫接种或预防性治疗。

3. 假定健康动物群

除上述两类外,疫区内其他易感动物均属于假定健康动物。对假定健康动物应及时进行紧急预防接种,加强饲养管理和消毒等,以保护动物群体的安全。

(三)封锁

封锁是指当某地或养殖场暴发法定一类传染病和外来传染病时,为了防止传染病扩散以及安全区健康动物的误入而对疫区或其动物群采取划区隔离、扑杀、销毁、消毒和紧急免疫接种等强制性措施。根据《中华人民共和国动物防疫法》的规定,当确诊为一类动物疫病时,所在地县级以上地方人民政府农业农村主管部门应当立即派人到现场,划定疫点、疫区、受威胁区,调查疫源,及时报请本级人民政府对疫区实行封锁。疫区范围涉及两个以上行政区域的,由有关行政区域共同的上一级人民政府对疫区实行封锁,或者由各有关行政区域的上一级人民政府共同对疫区实行封锁。必要时,上级人民政府可以责成下级人民政府对疫区实行封锁。封锁的目的是保护广大地区畜禽的安全和人民健康,把动物传染病控制在封锁区之内,发动群众力量就地扑灭。封锁行动应通报邻近地区人民政府采取有效措施,同时逐级上报国务院农业农村主管部门或有关国际组织,并由其统一管理和发布国家动物疫情信息。封锁区的划分,必须根据该动物传染病的流行规律、当时的流行情况和当地的条件,按“早、快、严、小”的原则进行。“早”是早封锁,“快”是行动果断迅速,“严”是严密封锁,“小”是把疫区尽量控制在最小范围内。封锁是针对传染源、传播途径、易感动物群体3个环节采取的措施。根据我国有关兽医法规的规定，具体措施如下。

1. 封锁的疫点应采取的措施

（1）严禁人、动物、车辆出入和动物产品及可能污染的物品运出。在特殊情况下人员必须出入时，须经有关兽医人员许可，经严格消毒后出入。

（2）对病死动物及其同群动物，县级以上农业农村主管部门有权采取扑灭、销毁或无害化处理等措施，畜主不得拒绝。

（3）疫点出入口必须有消毒设施，疫点内用具、圈舍、场地必须进行严格消毒，疫点内的动物粪便、垫草、受污染的草料必须在兽医人员监督指导下进行无害化处理。

2. 封锁的疫区应采取的措施

（1）交通要道必须建立临时性检疫消毒卡，备有专人和消毒设备，监视动物及其产品移动，对出入人员、车辆进行消毒。

（2）停止集市贸易和疫区内动物及其产品的采购。

（3）未污染的动物产品必须运出疫区时，须经县级以上农业农村主管部门批准，在兽医防疫人员监督指导下，经外包装消毒后运出。

（4）非疫点的易感动物，必须进行检疫或预防注射。农村城镇饲养及牧区动物与放牧水禽必须在指定疫区放牧，役畜限制在疫区内使役。

3. 受威胁区及其应采取的措施

疫区周围地区为受威胁区，其范围应根据传染病的性质、疫区周围的山川、河流、草场、交通等具体情况而定。受威胁区应采取如下主要措施。

（1）对受威胁区内的易感动物应及时进行预防接种，以建立免疫带。

（2）管好本地区易感动物，禁止出入疫区，并避免饮用疫区流过来的水。

（3）禁止从封锁区购买动物、草料和动物产品，如从解除封锁后不久的地区购入动物或其产品，应注意隔离观察，必要时对畜产品进行无害处理。

（4）对设在本区的屠宰场、畜产品加工厂、畜产品仓库进行兽医卫生监督，拒绝接收来自疫区的活体动物及其产品。

4. 解除封锁

疫区内（包括疫点）最后一头患病动物扑杀或痊愈后，经过该病一个潜伏期以上的检测和观察，未再出现发病动物时，经彻底消毒清扫，由县级以上农业农村主管部门检查合格，经原发布封锁令的政府发布解除封锁令后，并通报毗邻地区和有关部门。疫区解除封锁后，病愈动物需根据其带毒时间，控制在原疫区范围内活动，不能将它们调到安全区去。

（四）病禽的治疗

传染病的治疗与一般普通病不同，特别是那些流行性强、危害严重的传染病，必须在严格封锁或隔离的条件下进行，务必使治疗的患病动物不致成为散播病原的传染源。治疗中，既要考虑针对病原体，消除其致病作用，又要帮助动物机体增强一般抗病能力和调整、恢复动物机体的生理机能，而采取综合性的治疗方法。

1.针对病原体的疗法

（1）特异性疗法　应用针对某种动物传染病的高免血清、痊愈动物血清等特异性生物制品进行治疗，因为这些制品只对某种特定的动物传染病有效，而对其他病无效，故称为特异性疗法。高免血清由于代价高、生产少、难购买而使应用受到限制，一般用于某些急性动物传染病或珍贵动物传染病的治疗。在疾病早期注射足够剂量的高免血清，常能取得良好的疗效。近几年，高免卵黄液的开发应用，使动物传染病的特异治疗得到较多应用。可用某种动物传染病的疫苗对鸡进行强化免疫，当抗体水平达到要求时，即可采集鸡蛋制备高免卵黄液应用于生产。

（2）抗微生物药物疗法　抗微生物药物作为细菌性急性传染病的主要治疗药物，在实践中的应用十分广泛。合理地应用抗微生物药物是发挥其疗效的重要前提。

①严格掌握适应证　正确诊断是选择药物的前提，从而选择对病原高度敏感的药物。如有条件，可做细菌学的分离鉴定来选用抗菌药。应尽力避免对无指征或指征不强的病症使用抗菌药，如各种病毒性感染不宜用抗菌药；对真菌性感染也不宜选用一般的抗菌药，因为目前多数抗菌药对病毒和真菌无作用，但合并细菌性感染者除外。应根据致病菌及其引起的感染性疾病的确诊，选择作用强、疗效好、不良反应少的药物。同时要注意药动学参数与疗效之间的关系。

②合理用药　不同种属动物以及处于不同生理、病理、免疫状态的同种动物，对抗微生物药物的敏感性不同。例如，肾功能障碍的病畜禽禁用氨基糖苷类药物；处于细菌疫苗免疫期的动物禁用有针对性的抗微生物药物。

③制定合理的给药方案　包括药物品种、给药途径、剂量、间隔时间及疗程等。抗菌药在机体内要发挥杀灭或抑制病原菌的作用，必须在靶组织或器官内达到有效的浓度，并能维持一定的时间。因此，必须有合适的剂量、间隔时间及疗程，疗程应充足。一般的感染性疾病可连续用药 3～4 d，症状消失后，再加强巩固 1～2 d 以防复发，磺胺类药的疗程更要长一些。例如对动物的细菌性或支原体性肺炎的治疗，除选择对致病菌敏感的药物外，还应考虑选择能在肺组织中达到有效浓度的药物，如恩诺沙星、达氟沙星等氟喹诺酮类、四环素类及大环内酯类；细菌性的脑部感染首选磺胺嘧啶，是因为该药在脑脊液中的浓度高。合适的给药途径是药物取得疗效的保证。一般来说，危重病例应以肌内注射或静脉注射给药，消化道感染以内服为主，严重消化道感染与并发败血症、菌血症应内服，并配合注射给药。

（3）干扰素等生物活性物质　干扰素是动物体内天然存在的一种生物活性物质，除了有抗病毒活性外，尚具有抗肿瘤、免疫调节和抗纤维化等生物学活性。根据抗原成分和细胞来源的不同，可将干扰素分为 α、β 和 γ 3 种。目前，临床上广泛应用的是 α 干扰素，现在已可通过基因工程方法进行工业化大批量生产。

（4）微生态制剂调整疗法　微生态制剂又称益生菌或益生素或活菌制剂等，具有补充、调整或充实微生物群落，维持或调整动物肠道微生态平衡，从而起到防治疾病、促进动物健康及提高生产性能的作用。

(5)中药制剂的治疗　中药的有效成分可直接针对病原体，具有抗菌和抗病毒的作用。例如，连翘、蒲公英、白头翁、紫花地丁等对革兰氏阳性菌和革兰氏阴性菌有一定的抑制作用，对某些真菌或原虫也有抑杀作用；银花、贯众、射干、牛蒡子、板蓝根、黄柏等对某些病毒有抑制作用。此外，有不少中药虽然抗菌力不强，但却具有明显的“解毒”作用，从而缓解病原菌产生毒素引起的多种症状和对机体的进一步病理损害。中药制剂对机体的免疫功能也有促进作用，如黄芪多糖能使动物脾内浆细胞增生，促进抗体合成，提高体液免疫功能。

2. 针对机体的疗法

在传染病的治疗中，除针对病原微生物进行治疗外，还要采取针对动物机体的疗法，以增强机体抵抗力，调整和恢复动物机体的生理机能，促使机体战胜传染病，恢复健康。

(1)加强护理　对患病动物的护理是治疗工作的基础。对患病动物的治疗应在严格隔离的条件下进行，冬季应注意防寒保暖，夏季应注意防暑降温、通风良好，供给优质的饲料和饮水，并经常消毒，也可经注射或饮水给以葡萄糖、维生素或其他营养性物质以维持生命，帮助患病动物渡过难关。

(2)对症疗法　在治疗过程中，为减缓或消除某些严重的症状，调节和恢复机体的生理机能所采取的疗法，称为对症疗法。如使用退热、止痛、止血、镇静、兴奋、强心、利尿、止泻、防止酸中毒、调节电解质平衡等药物，以及采取某些急救手术或局部治疗等，都属于对症治疗的范畴。

三、切断传播途径

1. 消毒

消毒是贯彻“预防为主”方针的一项重要措施，消毒的目的是消灭被传染源散播于外界环境中的病原体，以切断传播途径，阻止传染病继续蔓延和流行。规范性消毒是预防及控制传染病的一种最有效和最快捷的手段与方法。作为生物安全的重要措施之一，应用合理有助于构建稳固的生物安全体系，减少药物和疫苗的使用，发挥出增强养殖生物安全的效应。

2. 杀虫

杀虫是指杀灭蚊、蝇、虻、螺、螨、蜱、蚤、虱等节肢动物。它们不仅是构成禽传染病的重要传播媒介，同时也是禽重要的体外寄生虫，严重干扰畜禽的安宁与健康，是禽病原体的重要组成成员。因此，杀虫是直接消灭禽外寄生性病原体和切断虫媒传染病传播途径的重要措施，对防制禽传染病具有双重的意义。化学杀虫剂具有经济、简便易行的优点，既可大面积喷洒，也可小范围内应用，并可在短期内全歼害虫，达到除害防病的目的。

3. 灭鼠

鼠类是很多种人畜传染病的传播媒介和传染来源，如鼠疫、伪狂犬病、流行性出血热等30多种传染病。灭鼠对切断传播途径，防止传染病的传播具有重要意义。养殖场灭鼠的方法大体上可分两类，即器械灭鼠法和药物(毒饵和熏杀)灭鼠法。

4. 防鸟

在传播传染病方面鸟类与鼠类有着许多相似之处，而且比鼠类的传播范围广、传播速度快。因此，规模化养殖场应重视做好防鸟工作，尽量防止鸟类侵入禽舍、接触家禽，如采取全封闭的饲养方式或使用隔离网等措施，防止鸟类直接进入与接触，禁止家禽在开放的水域中饲养或混养，减少散养家禽与野生鸟类的接触机会。

5.粪污及病尸的无害化处理

因粪污和患传染病而死亡的动物尸体，含有大量的病原体，是重要的传播媒介。正确及时地处理粪污和病死动物尸体，对防制动物传染病和维护公共卫生安全都具有重大意义。常见的处理方法有生物热消毒法、化制法、深埋法、焚烧法、高温法。

四、保护易感禽群

1.提高动物非特异性抵抗力

加强饲养管理，均衡动物营养水平，消除各种应激因素，尽可能营造适宜于动物生长与活动的小环境，提高禽群非特异性抵抗力。

2.免疫接种提高动物特异性抵抗力

免疫接种是使易感动物转化为不易感动物的一种手段，包括平时预防接种和紧急接种。有组织、有计划地进行免疫接种，是预防和控制动物传染病的重要措施之一，在某些动物传染病的防制措施中，免疫接种更具有关键性的作用，如高致病性禽流感、新城疫等。

3.药物预防

药物预防是为了预防某些传染病，在动物饲料或饮水中加入某种安全的药物进行群体性的投喂，并在一定时间内可以使受威胁的易感动物不受传染病的危害。实践证明，对某些细菌和寄生虫引起的传染病采用应用群体药物防制方法可以收到显著效果，至今仍然是养殖场用于某些传染病防控最常用的措施之一。药物预防在规模化养殖业中尤为重要。

4.建立无特定病原禽群

无特定病原(SPF)动物是指在某些特定的环境条件下，不含有指定病原微生物及寄生虫病，呈明显健康状态的动物。即一个动物群体中不患有特定病原体所引起的疾病，如无鸡白痢沙门氏菌、禽败血支原体感染、鸡马立克氏病病毒、白血病病毒等的鸡群，即可认为是无特定病鸡群。目前，在我国只要严格做到畜禽中不存在可经垂直传播的传染病病原及抗体，以及国内常见多发传染病的病原或抗体及寄生虫，即可认为已建立了 SPP 畜禽群。现行的国家标准《SPF 鸡微生物学监测》规定了对 SPF 鸡和 SPF 鸡蛋中 19 种病原微生物学的监测要求，有的 SPF 鸡检测病原种类已达到 31 种。用 SPF 技术净化种禽场，通过建立 SPF 动物群可以消除禽群中的某些难以根除的顽固性传染病，从而培育出健康禽群，达到净化传染病目的，提高生产效率，促进养禽业的健康发展。

职业测试题 〉〉〉

一、单选题

1.发生动物疫情时,当地(　　)以上农业农村部门应立即派人到现场进行疫情调查。

A.县级　　B.乡级　　C.省级　　D.地市级

2.隔离是防制传染病的重要措施之一,根据诊断检疫的结果,可以将全部受检禽分为不同的类型,以便分别对待,以下分类正确的是(　　)。

A.病禽和健康禽　　B.病禽、可疑感染禽和健康禽

C.病禽和可疑感染禽　　D.病禽、可疑感染禽和假定健康禽

3.散发性传染病常见于(　　)。

A.经空气传播的传染病　　B.经饲料、饮水传播的传染病

C.经胎盘传播的传染病　　D.经伤口传播的传染病

4.有典型症状或类似症状或其他特殊检查阳性的动物为(　　)。

A.可疑感染动物　　B.患病动物

C.假定健康动物　　D.不能确定

5.从外地引入的动物应先隔离饲养(　　)。

A.3～7 d　　B.7～10 d　　C.10～15 d　　D.15～30 d

6.对病禽尸体通过一般煮沸法进行高温处理时,应切成重不超过 2 kg、厚不超过 8 cm 的肉块,放在普通锅内煮沸(　　)。

A.2～2.5 h　　B.1.5～2 h　　C.1～1.5 h　　D.3 h 以上

7.传染病发生的条件有(　　)。

A.传染源　　B.传播途径　　C.易感动物　　D.以上都是

8.《中华人民共和国动物防疫法》第二次修订通过,自 2021 年(　　)起施行。

A.1 月 22 日　　B.5 月 1 日　　C.6 月 1 日　　D.7 月 1 日

9.疑似重大传染病感染时,第一时间要做的是(　　)。

A.治疗　　B.采集病料　　C.实验室检测　　D.剖杀销售

10.现代防疫工作的理念不包括(　　)。

A.群防群治的理念　　B.长远规划的理念

C.多病因论的理念　　D.治疗为主的理念

二、判断题

1.传染病发生后,实行封锁的范围越大越好。(　　)

2.某乡镇养鸡场发生新城疫疫情时,该乡镇人民政府可以决定采取封锁措施。(　　)

3.死亡率是指因某病死亡的动物数占某种动物总头数的百分比。(　　)

4.流行病学调查不能为拟定防制措施提供依据。(　　)

5.发生病毒性疫病后采用烧碱溶液进行临时消毒效果较好。(　　)

6. 某单位发生疫病时，只需要做好本单位的扑灭措施。(　　)

7. 病理检验材料可用10%福尔马林溶液来保存。(　　)

8. 封锁区的划分应掌握“早、快、严、小”的原则。(　　)

9. 养禽场中的隔离区是用来治疗、隔离和处理患病家禽的场所，应设在上风向和地势较高处。(　　)

10. 饲养动物的单位和个人应当依法履行动物疫病强制免疫义务。(　　)

三、多选题

1. 传染病的发展阶段包括(　　)。

A. 潜伏期　　B. 前驱期　　C. 明显期

D. 转归期　　E. 死亡期

2. 动物传染病的特征是(　　)。

A. 具有特定病原体　　B. 具有传染性　　C. 具有流行性

D. 具有免疫性　　E. 具有特征性症状

3. 在临床上，病原携带者又分为(　　)。

A. 潜伏期病原携带者　　B. 内源性感染　　C. 恢复期病原携带者

D. 健康病原携带者　　E. 外源性感染

4. 水平传播方式包括(　　)。

A. 经空气传播　　B. 经饲料和饮水传播　　C. 经土壤传播

D. 经活的媒介者传播　　E. 经种蛋传播

5. 家禽的垂直传播一般包括(　　)。

A. 经饮水传播　　B. 经蚊虫叮咬传播　　C. 经胎盘传播

D. 经种蛋传播　　E. 经产道传播

6. 流行过程的表现形式包括(　　)。

A. 散发性　　B. 地方流行性　　C. 流行性

D. 暴发　　E. 大流行性

7. 传染病综合防制的原则包括(　　)。

A. 健全机构的原则　　B. 预防为主的原则　　C. 法规建设的原则

D. 调查监测的原则　　E. 突出重点的原则

8. 传染病诊断的方法很多，包括(　　)。

A. 流行病学诊断　　B. 临床诊断　　C. 病理诊断

D. 实验室诊断　　E. 询问诊断

9. 动物疫病实验室诊断方法包括(　　)。

A. 病原学诊断　　B. 免疫学诊断　　C. 分子生物学诊断

D. 染色镜检　　E. 糖发酵实验

10. 病原学诊断方法包括(　　)。

A. 病料涂片镜检　　B. 分离培养和鉴定　　C. 凝集实验

D. PCR检测　　E. 动物接种试验

四、综合分析题

1. 请你给员工做一次培训，鸡场一旦怀疑发生高致病性禽流感该如何处理？
2. 尸体剖检时该注意哪些事项？如何做好个人防护和废弃物处理？
3. 病死鸡剖检的程序和检查方法，病料该如何采集？
4. 请你分析禽类传染病的发生的条件。生产实践中又该如何控制传染病的发生？
5. 禽类传染病诊断的方法有哪些？请你分析及时准确的诊断对现代养禽业的意义。

二维码 2-1　动物传染病防控措施
职业测试题参考答案

模块二

家禽传染病防制

项目三　以消化系统症状为主的传染病防制

【思政与职业素养目标】

以消化系统症状为主的传染病是临床上的常见病和多发病。在教学过程中，培养学生的责任意识和风险意识，按照相关法规，科学规范用药，综合防控此类疫病发生，保障养殖业生产安全、公共卫生安全和动物源性食品安全。

【知识与能力目标】

1. 掌握以消化系统症状为主的传染病流行特点、临床症状、病理变化、预防措施。
2. 学会以消化系统症状为主的传染病的鉴别诊断和防控技术。

任务一　鸡白痢

鸡白痢是由鸡白痢沙门氏菌引起的以2～3周龄雏鸡下痢和败血症为特征的传染病。世界各地均有发生，是危害养鸡业最严重的疾病之一。我国将沙门氏菌病列为三类动物疫病。

一、发病特点

1. 流行特点

病鸡和隐性感染鸡是主要传染源，病原经消化道感染，也可经卵垂直传播。各品种鸡均易感，以2～3周龄雏鸡的发病率和死亡率为最高，呈流行性。近几年育成鸡发病率呈上升趋势。

2. 临床症状

经卵感染者多在孵化过程中死亡，孵出者弱雏多，出壳后7 d内死亡。出壳后感染的鸡，5～7日龄开始发病，7～10日龄死亡率逐渐增多，通常在第2～3周出现死亡高峰，3周后发病迅速减少。

(1)雏鸡　3周龄以内雏鸡临床症状较为典型，初期病鸡仅表现食欲减少，继而不食；腹泻，排白色稀浆样粪便，有糊堵肛门现象(图3-1)；严重者因呼吸困难或急性败血症而死亡；耐过的雏鸡发育不良，成为隐性感染鸡。

(2)育成鸡　多发生于40～80日龄，最明显的症状是腹泻，排出的粪便颜色不一，病程可持续 20～30 d，不断有零星死亡。

(3)成年鸡　一般呈慢性经过，无临床表现，只是产蛋量和受精率降低，极少数鸡腹泻，有的发生卵黄性腹膜炎，出现“垂腹”现象。

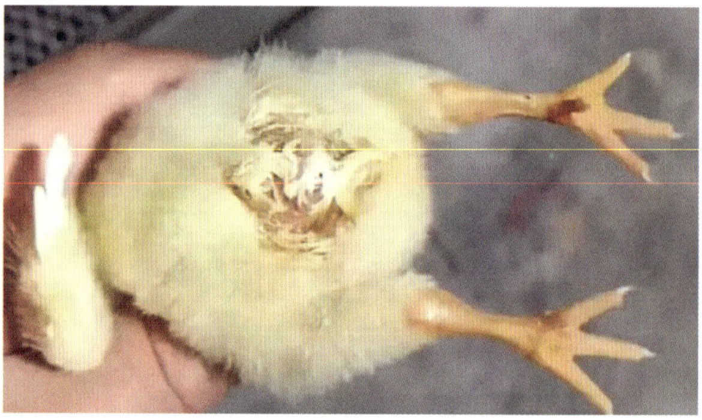

图 3-1　白色糊状稀便呈“糊肛”现象

3.剖检变化

肝脏是眼观变化出现频率最高的部位。

(1)雏鸡　常见腹膜炎，伴随广泛的组织充血，卵黄囊炎或卵黄吸收不全；肝脏肿胀，有散在或密布的白色坏死点。病程稍长者，在心肌、肺、肝、盲肠、大肠及肌胃中有黄白色米粒大小的坏死性结节。稍大的病雏有出血性肺炎，肺有灰黄色结节和灰色肝变(图 3-2、图 3-3)。

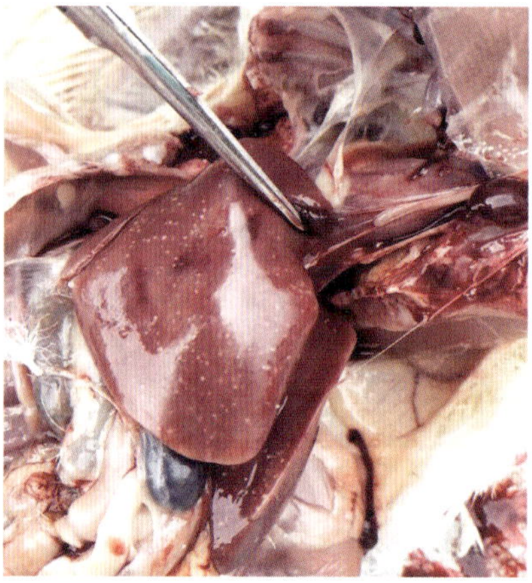

图 3-2　肝脏表面有黄白色大小不一的坏死灶

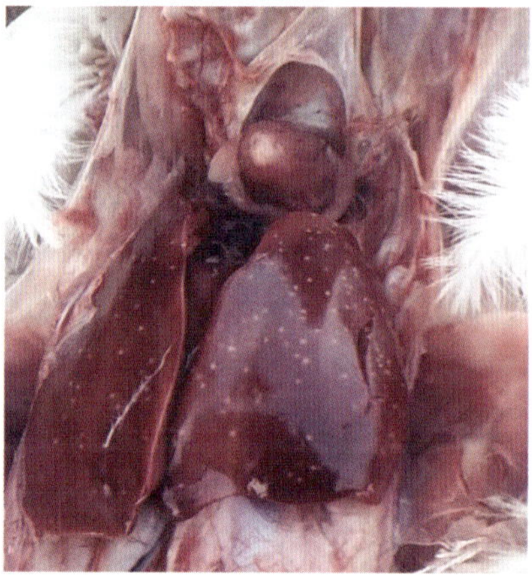

图 3-3　肝脏表面黄白色坏死灶

(2)育成鸡　肝脏肿大至正常的数倍，表面散在或较密集的小红点或小白点，质地极脆，易破裂，常见有出血变化。心包增厚，心肌有黄色坏死灶，心脏形成肉芽肿；肠道卡他性炎症，直肠、盲肠形成粟粒大小的坏死结节(图 3-4、图 3-5)。

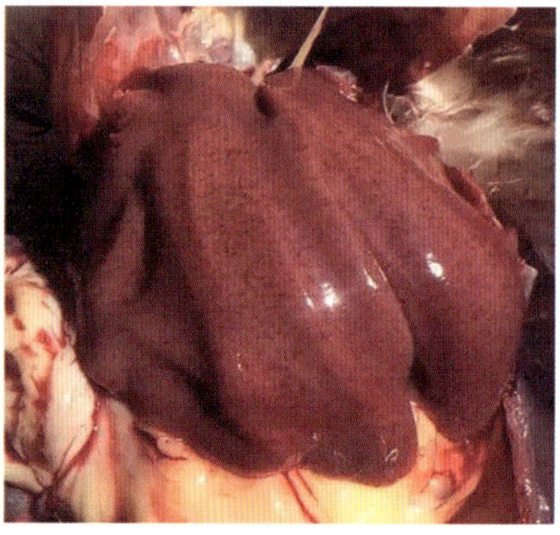

图 3-4　肝脏高度肿胀、表面密布出血点

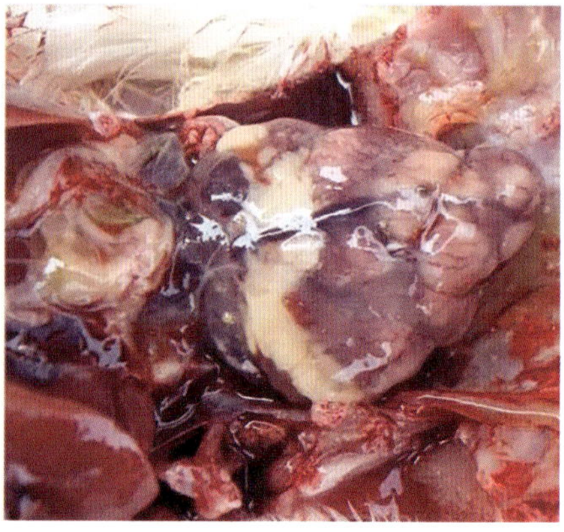

图 3-5　心脏肉芽增生

(3)成年鸡　母鸡主要变化为卵子变形、变色，呈囊状；有腹膜炎及腹腔脏器粘连；常有心包炎。公鸡睾丸极度萎缩或稍肿大，输精管管腔增大，充满稠密的均质渗出物。

二、诊断

根据本病的流行病学特点、临床症状和病理变化可初步诊断，确诊则需要通过血清学诊断和细菌分离鉴定。

1. 血清学诊断

主要用于鸡场鸡白痢的检疫。成年鸡及青年鸡常为隐性带菌者，无可见症状，必须对整个鸡群进行血清学诊断，临床上通常采用快速全血平板凝集反应试验。

2. 细菌分离和鉴定

主要用于实验室确诊。病料可取病死鸡的肝、脾、未吸收的卵黄、病变明显的卵泡等。雏鸡以肝脏为主，一部分病料直接在 SS 琼脂或麦康凯琼脂平板上划线分离，37 ℃培养 24～48 h，在 SS 琼脂或麦康凯平板上若出现细小、无色透明、圆形、光滑的菌落，即可判为可疑菌落，则进一步进行生化实验和运动性检查加以确诊。注意如果已用过大剂量抗生素治疗，则往往分离不到细菌。

三、防制措施

1. 定期严格检疫，净化种鸡场

本病主要是通过种蛋垂直传播，因此，淘汰种鸡群中的带菌鸡是控制本病的最重要措施。40～70 日龄用全血平板凝集试验进行第 1 次检疫，及时剔除阳性鸡和可疑鸡。以后每隔一个月检疫 1 次，直到全群无阳性鸡，再隔 2 周做最后一次检疫，若无阳性鸡，则为阴性鸡群。必要时，可以在产蛋后期进行一次抽检，检出的阳性鸡应坚决淘汰。

2. 卫生消毒措施

做好种蛋、孵化器、孵化室、出雏器的消毒工作，孵化用的种蛋必须来自鸡白痢阴性的鸡场，要求种蛋每天收集 4 次，收集的种蛋先用 0.1%新洁尔灭消毒，然后，放入种蛋消毒柜熏蒸消毒，可用 40%甲醛溶液 30 mL/m^3 和高锰酸钾 15 g/m^3 熏蒸 30 min，然后再送入蛋库中贮藏。种蛋放入孵化器后，进行第 2 次熏蒸，排气后按孵化规程进行孵化。出雏 60%～70%时，用福尔马林(14 mL/m^3)和高锰酸钾(7 g/m^3)在出雏器对雏鸡熏蒸 15 min；每次进雏前都要对鸡舍、用具等进行彻底消毒并至少空置 1 周；育雏室要做好保温及通风工作，消除发病诱因，保持饲料和饮水的清洁卫生。

3. 免疫接种

种鸡场可根据实际情况选择性使用疫苗，对鸡白痢有一定的预防效果。

4. 药物预防

选用抗菌药物进行预防。近年来，使用活菌制剂预防雏鸡白痢，均取得较好的效果。

5. 治疗

应注意耐药性菌株的出现，最好经药敏试验选择敏感的药物进行治疗。可选用氨苄西林、卡那霉素、庆大霉素、新霉素、土霉素、链霉素等抗生素类药物。

任务二 禽伤寒

禽伤寒是由禽伤寒沙门氏菌引起的禽急性或慢性败血性传染病，主要特征为成年鸡易感、排黄绿色稀便、肝脏肿大呈铜绿色或青铜色。

一、发病特点

1. 流行特点

成年鸡尤其是产蛋母鸡和 3 周龄以上鸡更易感，其他禽类如鸭、火鸡、鹌鹑、孔雀等也可感染，但野鸡、鹅和鸽不易感。一般呈散发性。

2. 临床症状

潜伏期一般为 4～5 d，病程 5～10 d。年龄较大的鸡和成年鸡突然停食，排黄绿色稀便，体温升高，病鸡迅速死亡。雏鸡和雏鸭发病时，临床症状与鸡白痢相似。

3. 剖检变化

禽伤寒通常表现为广泛的败血症，急性病例常见肝、脾、肾充血肿大；亚急性或慢性病例，特征性病变或肝肿大呈青铜色或铜绿色。肝和心肌有灰白色粟粒大坏死灶，胆囊充满胆汁而膨大，卵巢及腹腔病理变化与鸡白痢相同（图 3-6）。

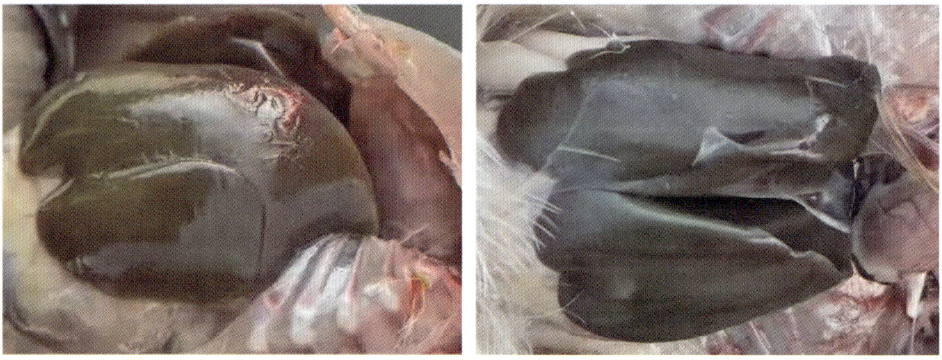

图 3-6 肝脏肿大、呈铜绿色或青铜色

二、诊断

主要发生于成年鸡，突然发病，排黄绿色稀便，肝脏肿大呈青铜色，常突然死亡，可初步诊断。确诊可采用 PCR 方法、全血平板凝集试验进行检测。

三、防制措施

参照项目三任务一鸡白痢。

任务三 禽副伤寒

禽副伤寒是由鼠伤寒沙门氏菌、肠炎沙门氏菌等引起的禽败血性传染病，主要特征为下痢、内脏器官灶性坏死。

一、发病特点

1. 流行特点

鸡和火鸡最常见，2 周龄以内的雏鸡最易发病，呈地方性流行，成年鸡呈隐性感染。耐过鸡长期带菌，可经种蛋垂直传播，难以根除，也可通过消化道传播。本病能引起人的感染和食物中毒。

2. 临床症状

鸡的症状与鸡白痢相似。在出壳后 2 周内发病，病程 5～10 d。表现精神委顿，绒毛松乱，两翼下垂，缩颈闭眼，怕冷扎堆。病初食欲减少，后拒食，腹泻，肛门周围污染粪便。经种蛋感染或在孵化器内感染者常呈败血症经过，往往无症状突然死亡。中雏主要表现水样腹泻，很快死亡。成年鸡一般无症状，为隐性带菌者。

雏鸭可见颤抖、喘息和眼睑肿胀，常猝死。成年鸭主要为水样下痢。

3. 剖检变化

最急性死亡的雏鸡病理变化不明显。急性病例可见肝脏、脾脏淤血，有出血条纹或针尖大灰白色坏死点。肾脏淤血、肺炎、心包炎、出血性肠炎。成年鸡感染，常无明显病变，少数可见肝、脾、肾充血肿胀，出血性或坏死性肠炎，心包炎，腹膜炎，卵泡异常，但不如鸡白痢常见。雏鸭肝脏肿大，有坏死灶。

二、诊断

2 周龄以内雏鸡最易发病，呈地方流行性，成年鸡多数为隐性感染；病鸡肝脏有坏死灶，其他器官出血性炎症及出血性坏死性肠炎，可初步诊断。确诊可采用 PCR 方法、全血平板凝集试验进行检测。

三、防制措施

参照项目三任务一鸡白痢。要重视禽副伤寒在人类公共卫生上的意义，带菌禽的肉、蛋等产品，应加强卫生检验和无害化处理，防止发生食物中毒。

任务四　鸡坏死性肠炎

鸡坏死性肠炎又称肠毒血症、烂肠症，是由 A 型或 C 型产气荚膜梭菌引起的一种急性传染病。以发病急、死亡快、肠黏膜坏死为特征。我国将产气荚膜梭菌病列为三类动物疫病。

一、发病特点

1. 流行特点

鸡和火鸡最易感，7～12 周龄火鸡易感，肉鸡、蛋鸡均可发生，尤以平养鸡多发，育雏和育成鸡多发。肉用仔鸡发病多见 2～8 周龄，蛋鸡发病为 2 周龄至 6 月龄。粪便、土壤、污染的饲料、垫料或肠内容物均含有产气荚膜梭菌，主要通过污染的饲料经消化道感染。本病多数为散发性，一年四季均可发生，但在炎热潮湿的夏季多发。本病常与球虫病同时发生。

2. 临床症状

发病较急，病鸡往往没有明显症状就突然死亡。病程稍长的可见病鸡精神沉郁、呆立，羽毛松乱，食欲减退或废绝，常有腹泻，排出黑色或混有血液的粪便。病程极短，常呈急性死亡。一般情况下发病鸡只较少，如治疗及时，1～2 周停息，死亡率 2%～3%；如治疗不及时或有并发症则死亡率明显增加，最高可达 50%。

3. 病理变化

病死鸡呈严重脱水状态，刚病死鸡打开腹腔即可闻到尸腐臭味。主要病变集中在肠道，尤以小肠中后段、空肠和回肠较为明显，病死鸡以小肠后段黏膜坏死为特征，肠管因充气而明显膨胀增粗 2～3 倍，肠腔内充满气体和带血的内容物，肠黏膜充血、出血、坏死，肠黏膜增厚，常附着一层黄色或绿色伪膜，易剥脱，盲肠黏膜有陈旧性血样内容物（图 3-7 至图 3-10）。

图 3-7　肠管因充气而明显膨胀增粗

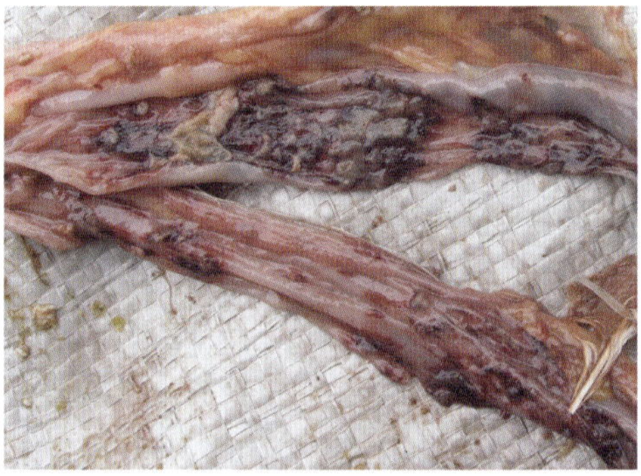

图 3-8　肠黏膜充血、出血、坏死

图 3-9　肠黏膜增厚易脱落

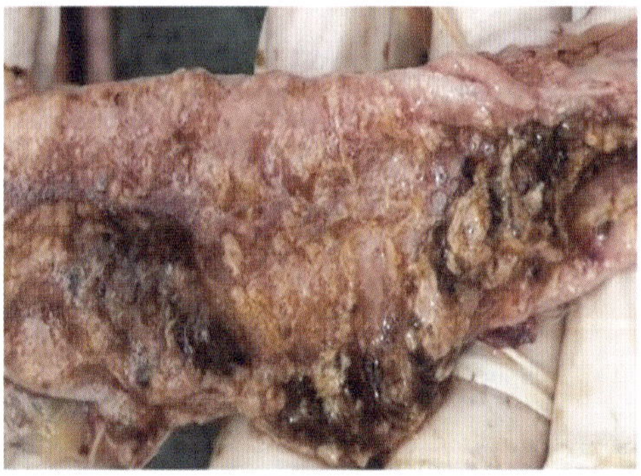

图 3-10　肠黏膜出血、坏死

二、诊断

初步诊断可根据流行病学特点、临床症状和病理变化。可根据病料涂片镜检和病原菌的分离鉴定及动物接种试验进行确诊。夏季不能超过 2 h，其他季节不能超过 6 h 的病死鸡，可采取肠黏膜刮取物和肠内容物，涂片镜检，即可确诊。

应注意与小肠球虫病相区别。小肠球虫病的病变主要在小肠中段，但肠壁明显增厚，剪开病变肠段出现自动外翻等，通过粪便涂片检查有无球虫卵囊也可得到鉴别。

三、防制措施

1. 预防

（1）定期消毒　做好日常的卫生消毒工作。场舍、用具要定期消毒。粪便、垫草要勤清理，并进行生物热消毒，以减少病原扩散造成的危害。

(2)加强饲养管理　提高鸡只抵抗力，避免拥挤、过热、过食等不良因素刺激，有效地控制球虫病的发生，对预防本病有积极的作用。

(3)药物预防　对同场健康禽要采取药物预防措施，控制本病蔓延。

2.治疗

及时隔离带菌、排菌鸡，对病鸡进行隔离治疗。常用的抗生素有青霉素、泰乐菌素、利高霉素、卡那霉素、庆大霉素等。由于魏氏梭菌抗药性很强，首先采取综合防制措施，并按常规用药治疗，同时迅速采取病料做细菌培养，通过药敏试验，选用高敏药物进行治疗。本病易与鸡球虫病合并感染，故一般在治疗过程中可适当加入一些抗球虫药物。

任务五　传染性念珠菌病

传染性念珠菌病又称霉菌性口炎、白色念珠菌病、鹅口疮，俗称“大嗉子病”，是由白念珠菌引起的禽类上消化道的一种霉菌病，特征是上消化道黏膜形成白色假膜和溃疡，嗉囊增大。

一、发病特点

1.流行特点

本病以幼禽多发，成年禽也有发生，鸡、火鸡、鸽、鸭、鹅和鹌鹑都可感染发病。以夏秋炎热多雨季节为甚。病禽和带菌禽是主要传染来源，病原通过分泌物、排泄物污染饲料和饮水经消化道传播。发病率、死亡率在火鸡和鸽中均很高。念珠菌病的发生与禽舍环境、卫生状况差、饲料单纯和营养不足有关。

2.临床症状

典型症状是嗉囊胀大松软、下垂，口腔黏膜上有颗粒状凸起的黄白色干酪样物，严重时呈片状假膜样；病禽精神沉郁，吞咽困难，逐渐消瘦，衰竭死亡。

3.剖检变化

病理变化主要集中在上消化道，口腔、咽喉和食道黏膜上形成溃疡斑块，呈豆腐渣样，随后逐渐融合成乳白色干酪样假膜。以嗉囊黏膜的病变最为明显，嗉囊不同程度胀大，嗉囊壁变薄，失去弹性，内容物酸臭，嗉囊黏膜粗糙增厚，表面有灰白色圆形坏死灶，重症表面形成白色干酪样伪膜，易刮落，似豆腐渣样。少数病禽可波及腺胃，引起胃黏膜肿胀、出血和溃疡。

二、诊断

根据病禽消化道黏膜的特征性增生和溃疡，可做出初步诊断。确诊还需结合实验室检查。采取病变组织或渗出物直接涂片检查或革兰氏染色镜检，观察到孢子呈卵圆形成群或链状排列，有时可见假菌丝，或见到革兰氏阳性的芽生孢子及菌丝或假菌丝即可确诊。也可用样品进行分离培养，观察形态和培养特性。

三、防制措施

1.预防

鸡场应认真贯彻兽医综合防制措施，加强饲养管理，减少应激因素对禽群的干扰，做好防病工作，提高鸡群抗病能力；特别注意防止饲料霉变，不用发霉变质饲料；搞好禽舍和饮水的卫生消毒工作，不同日龄鸡只不要混养等是防制本病的重要措施。

2. 治疗

常用硫酸铜溶液或在饮水中添加硫酸铜连服 1 周，对大群防治有一定效果。有报道，用丙酸铜或龙胆紫液也有一定疗效。制霉菌素拌料，连用 1～3 周，或每只每次 20 mg，2 次/d，连喂 7 d，同时适量补给复合维生素 B，效果佳。单纯的治疗效果往往不佳，在治疗的同时应改善饲养管理条件，加强兽医卫生措施。

职业测试题

一、单选题

1. 鸡白痢是(　　)发病率高的疫病。

A. 雏鸡　B. 育成鸡　C. 种鸡　D. 蛋鸡

2. 患鸡白痢的小鸡排(　　)的粪便。

A. 红色　B. 黄色　C. 绿色　D. 白色

3. 鸡的坏死性肠炎又称(　　)。

A. 肠毒血症　B. 鸡白痢　C. 大肠杆菌病　D. 球虫病

4. 坏死性肠炎的发病部位主要是(　　)。

A. 肌胃　B. 气囊　C. 卵巢　D. 肠道

5. 非免疫鸡群禽副伤寒快速检测方法是(　　)。

A. 全血平板凝集试验　B. 琼脂扩散试验　C. 细菌的分离鉴定　D. PCR 检测

6. 鸡坏死性肠炎的病原体是(　　)。

A. 大肠杆菌　B. 沙门氏菌　C. 产气荚膜梭菌　D. 巴氏杆菌

7. 传染性念珠菌病的病原体是(　　)。

A. 细菌　B. 真菌　C. 支原体　D. 放线菌

8. 鸡坏死性肠炎的发病部位主要是(　　)。

A. 十二指肠　B. 小肠前段　C. 小肠中后段　D. 盲肠

9. 鸡白痢最具特征性病变的器官是(　　)。

A. 肺脏　B. 肝脏　C. 脾脏　D. 肾脏

10. 禽伤寒肝脏的特征性病变是(　　)。

A. 白色坏死灶　B. 肿大出血　C. 肝呈青铜色　D. 肝呈黄色

二、判断题

1. 鸡白痢只有雏鸡感染。(　　)

2. 产蛋鸡感染鸡白痢拉白色稀便。(　　)

3. 鸡的坏死性肠炎排出西红柿样便。(　　)

4. 坏死性肠炎冬季高发。(　　)

5. 禽伤寒主要是成年鸡更易感。(　　)

6. 禽副伤寒本病能引起人的感染和食物中毒。(　　)

7. 鸡副伤寒 2 周龄以内的雏鸡最易发病，成年鸡呈隐性感染。(　　)

三、多选题

1. 鸡白痢的传播方式有(　　)。

A. 接触传播　B. 种源传播　C. 饲料传播　D. 空气传播

2. 鸡白痢发病日龄多在(　　)。

A. 2～3 日龄　B. 7～15 日龄　C. 20～30 日龄　D. 40～80 日龄

3. 坏死性肠炎发病日龄为(　　)。

A. 7 日龄内　B. 30 日龄　C. 120 日龄　D. 350 日龄

4. 坏死性肠炎的传播方式有(　　)。

A. 接触传播　B. 环境传播　C. 水平传播　D. 垂直传播

5. 禽伤寒的主要病症是(　　)。

A. 排黄绿色稀便　B. 肝脏肿大呈铜绿色

C. 水平传播　D. 垂直传播

6. 鸡副伤寒是由(　　)等感染引起的败血性传染病。

A. 鸡白痢沙门氏菌　B. 肠炎沙门氏菌

C. 鸡伤寒沙门氏菌　D. 鼠伤寒沙门氏菌

7. 传染性念珠菌病的主要病症是(　　)。

A. 嗉囊增大　B. 消化道黏膜形成白色假膜

C. 嗉囊表面有灰白色圆形坏死灶　D. 口腔黏膜溃疡

四、案例分析题

1. 白羽肉鸡，鸡雏进场后第 7 天出现拉白色稀便，顺着泄殖腔流出，似石灰水样，病鸡精神沉郁，翅膀下垂，腹部膨大，严重的泄殖腔被糊状粪便封死，尖叫，死亡量不断升高。你认为雏鸡最可能得了什么病？说明诊断的理由，并给出控制方案。

2. 8 月份，150 日龄蛋鸡出现粪便稀，排黑色或混有血液的粪便，大群鸡精神沉郁，采食量下降，产蛋量稍有减少，零星死亡，剖检腹腔有恶臭味，肠管充盈鼓胀，肠黏膜充血、出血、坏死。请你分析发病原因，并给出控制方案。

3. 某户饲养 1 000 多只草鸽，7 月份发病，起初是幼年乳鸽和青年鸽，十多天死亡 200 余只。曾怀疑是新城疫、大肠杆菌病、鸽痘、白痢等病感染，采取了相应的治疗措施，但仍不见好转。经检查发现部分病死鸽口角有褐色的大块结痂，状似鸽痘，口腔黏膜偶见白色痂皮病变，嗉囊松软，倒提病鸽，口腔流出大量酸臭液体，腹泻，口腔有灰白色或淡黄色的溃疡灶。剖检病鸽嗉囊内表面有灰白色的菌落结节，严重的可见树皮样的坏死。你认为鸽群最可能感染了何种疾病？如何进一步确诊？查阅资料给出治疗方案。

二维码 3-1　以消化系统症状为主的传染病防制职业测试题参考答案

项目四　以呼吸系统症状为主的传染病防制

【思政与职业素养目标】

引起家禽呼吸道感染的病原体很多，症状相似，病原各异，临床上又常呈继发或混合感染，从而导致呼吸道感染症状反复发作或久治不愈。在教学过程中，注重培养学生的责任意识和风险意识，提升学生的职业能力和职业素养，才能在防控传染病时追根寻源，辨证施治，有效控制呼吸道疫病的发生。

【知识与能力目标】

1. 掌握呼吸道传染病的发病特点、诊断要点和防制措施。
2. 学会呼吸道传染病的鉴别诊断和综合防控技术。

二维码 4-1　呼吸困难、张口呼吸

二维码 4-2　呼噜、呼吸困难

二维码 4-3　呼吸困难、气喘

二维码 4-4　伸颈张口呼吸、冠发紫

二维码 4-5　甩鼻、张口伸颈呼吸

任务一　禽传染性支气管炎

禽传染性支气管炎(IB)由禽传染性支气管炎病毒(IBV)引起的一种急性高度接触性呼吸道传染病。其临床特征是呼吸困难、气管啰音、咳嗽、张口呼吸、打喷嚏；产蛋鸡产蛋量降低，蛋的品质下降。我国将其列为三类动物疫病。

一、发病特点

1. 流行特点

各日龄鸡均易感，主要侵害 1～4 周雏鸡。多发生多见于秋末至翌年春末，但以冬季最为严重。主要通过空气传播，人员、用具及饲料等也可以传播。传播迅速，常在 1～2 d 内波及全群。

2. 临床症状

临诊病型较复杂，主要表现为肾型、生殖型、腺胃型，临床上以呼吸型和肾型多发。

大部分病鸡出现呼吸道症状，常突然发病，迅速波及全群；幼鸡表现伸颈、张口呼吸、咳嗽、鼻窦肿胀或流泪；随着病情发展，精神沉郁，缩头闭目，垂翅挤堆，采食量下降。生殖管型可引起雏鸡输卵管的永久损伤，使其丧失产蛋能力，成为“假母鸡”；而产蛋鸡感染主要表现产蛋下降、产薄壳蛋、畸形蛋和粗壳蛋，蛋质下降，蛋清稀薄如水，蛋清与蛋黄分离，种蛋的孵化率也降低，仅出现轻微的呼吸道症状。肾型传染性支气管炎多发生在 20～50 日龄雏鸡，会引起急性肾炎，排白色水样稀便、含有大量尿酸盐，病鸡消瘦，饮水量增加，仅表现轻微或不表现呼吸道症状（图 4-1、图 4-2）。

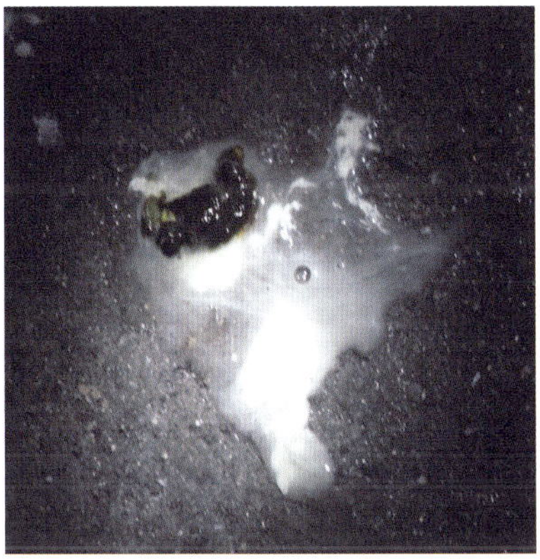

图 4-1　白色水样稀便，含有大量尿酸盐

图 4-2　病鸡流泪

3.剖检变化

主要病变在呼吸道。呼吸道卡他性炎症，鼻腔、气管、支气管和鼻窦中有浆液性、黏性或干酪样分泌物，气管下部及支气管内有淡黄色干酪样栓塞物，病情严重者深入肺部。产蛋鸡卵泡充血、出血、变形，输卵管短粗、肥厚，局部充血、坏死（图 4-3 至图 4-7）。

曾感染过呼吸型、肾型传支病毒后的雏鸡，病愈后可见输卵管出现小浆液性囊肿；到产蛋阶段，母鸡卵泡变形破裂，腹腔有卵黄样物质；或见输卵管发育不良短而闭塞；或见卵泡虽然发育正常，但输卵管会形成大小不等的浆液性囊肿，内有 100～500 mL 透明的液体；输卵管壁变薄，似膀胱一样不能产蛋（图 4-8、图 4-9）。

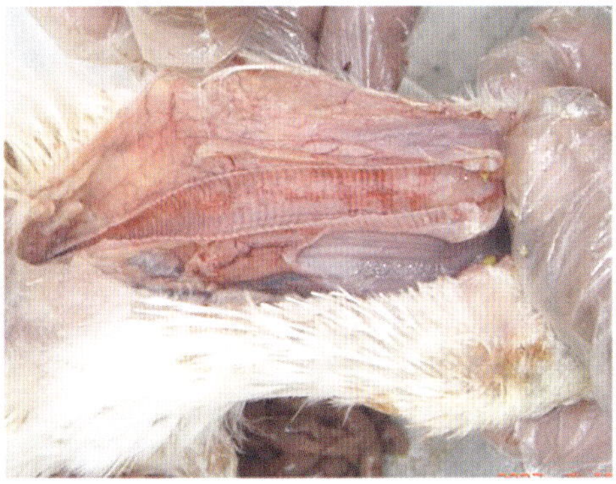

图 4-3　气管环出血

肾型传支可见肾肿大苍白，肾小管和输尿管内充满白色的尿酸盐而扩张，肾呈花斑状（图 4-10）。

腺胃型传支可见腺胃明显肿大，外形似乒乓球状，腺胃乳头肿胀，有的破溃形成溃疡，周边出血；肠道黏膜有不同程度的炎症、出血及充血；部分病例可见胰腺、胸腺和法氏囊萎缩（图 4-11）。

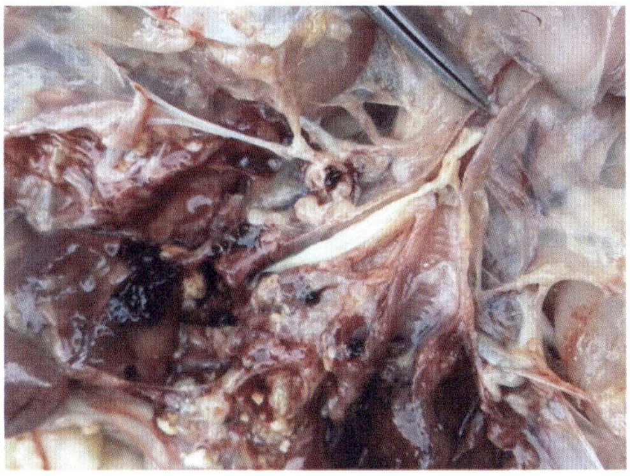

图 4-4　气管和支气管干酪样栓子

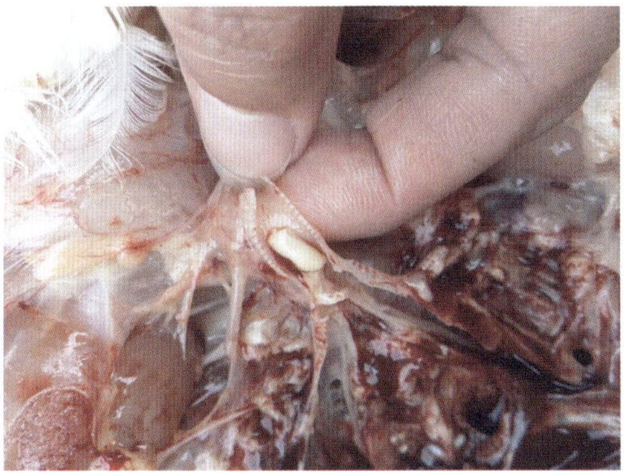

图 4-5　气管内有白色干酪样栓子

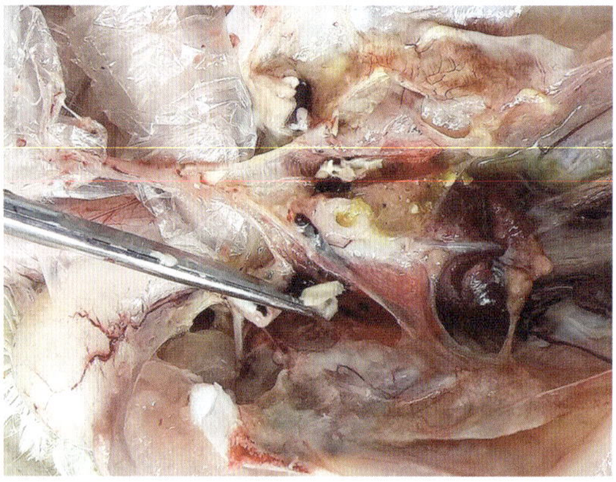

图 4-6　气管或支气管有黄白色干酪样栓子

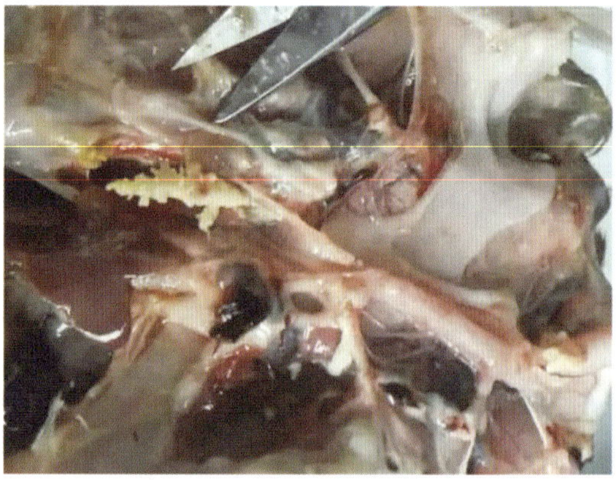

图 4-7　支气管内干酪样渗出物

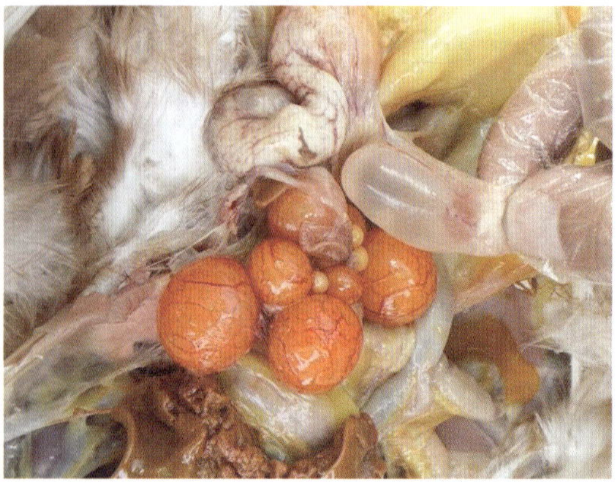

图 4-8　输卵管囊肿

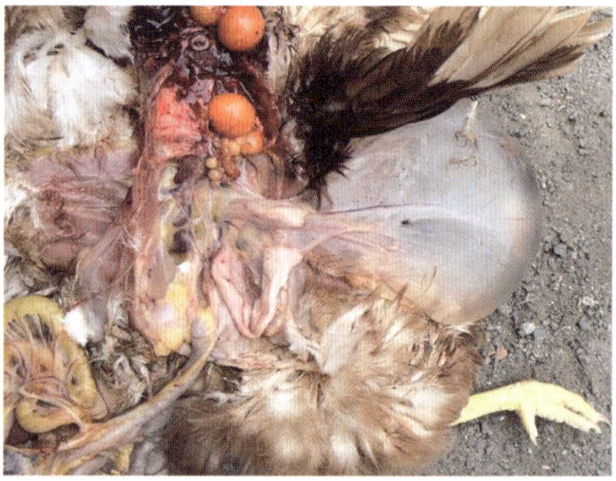

图 4-9　输卵管形成大小不等的浆液性囊肿

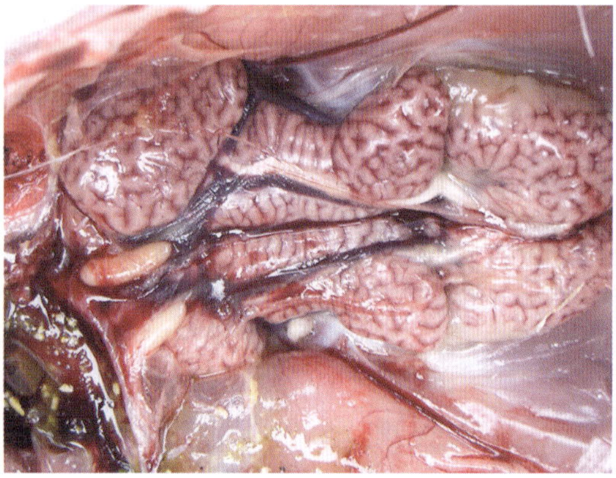

图 4-10　花斑肾

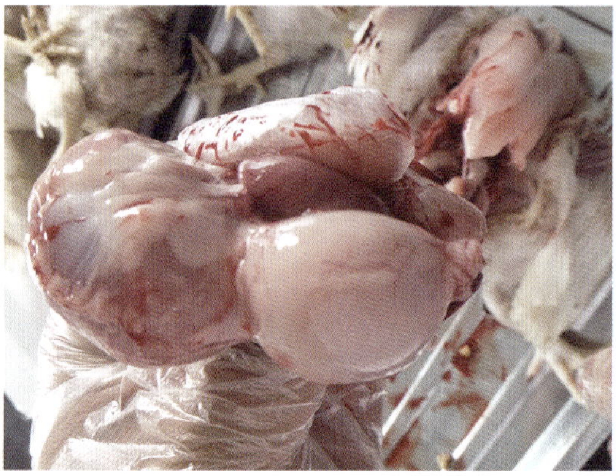

图 4-11　腺胃肿胀、外观似乒乓球

二、诊断

根据流行病学特点、临床症状和病理变化可做出初步诊断，确诊应依靠实验室检查。病毒的分离与鉴定多用于急性病例的确诊和新疫区的确定，RT-PCR 适用于病原的快速诊断，血清学方法可用于 IBV 抗体的检测和血清型的鉴定。微量血凝抑制试验在群体水平上进行血清学诊断较易操作、特异性强、敏感性高。对于未接种过 IBV 疫苗，经任何一种方法检测呈阳性结果时都可最终判定为 IBV 感染鸡群；对于接种过 IBV 疫苗并在疫苗免疫期内的鸡或已超过疫苗免疫期的鸡，当病毒分离鉴定试验为阳性结果时，可终判为 IBV 感染鸡；仅当血清学试验呈阳性结果时，应结合病史和疫苗接种史进行综合判定，不可一律视为 IBV 感染鸡群。

三、防制措施

1. 预防

减少诱发因素，提高鸡群免疫力。清洗和消毒鸡舍后，引进健康鸡苗，搞好雏鸡饲养管理，鸡舍注意通风换气，防止过于拥挤，注意保温，适当补充雏鸡日粮中的维生素和矿物质，制定合理的免疫程序。

2. 免疫接种

疫苗接种是目前预防鸡传染性支气管炎的一项主要措施。一般在 7 日龄内首免新城疫、传染性支气管炎的二联弱毒活疫苗，滴鼻或点眼，于 30～45 日龄第 2 次接种活疫苗，蛋鸡于产蛋前 120 日龄接种油乳剂灭活疫苗，肌内注射 0.5 mL/只。

3. 治疗

目前尚无有效的治疗方法，发病时常用中西医结合的对症疗法。生产中如果鸡群并发细菌性疾病，可选用一些抗菌药物协同治疗。

任务二　禽传染性喉气管炎

禽传染性喉气管炎（ILT）是由疱疹病毒引起的一种急性接触性上呼吸道传染病。其特征为病禽呼吸困难，咳出血性渗出物，喉和气管黏膜肿胀、出血，并形成糜烂。我国将其列为三类动物疫病。

一、发病特点

1. 流行特点

禽传染性喉气管炎主要侵害鸡，育成鸡和成年蛋鸡多发。康复鸡可带毒 1 年以上，因此病鸡和康复后带毒鸡是本病的主要传染来源。主要经呼吸道和眼传播，也可经消化道感染，以秋冬寒冷季节多发。鸡群拥挤，通风不良，饲养管理不好，缺乏维生素，寄生虫感染等，都可促进本病的发生和传播。本病传播迅速，感染率可达 90%，死亡率一般为 20%～30%，最急性型死亡率可达 50%～70%，高产的蛋鸡病死率较高。

2. 临床症状

潜伏期 6～12 d。表现为突然发病，传播迅速，病鸡初期流泪，鼻腔有浆液性渗出物，结膜炎。其后最明显的症状是呼吸困难，努力向前、上方伸颈张口呼吸，发出"吼吼"的怪叫声，类似青蛙的叫声。病鸡呈痉挛性咳嗽，并咳出带血的黏液或血块，可在病鸡喙角、颜面、头背羽毛以及鸡舍墙壁、鸡笼或邻近鸡身上发现血痕（图 4-12）。产蛋鸡产蛋量下降。

3. 剖检变化

典型病变在喉和气管。急性感染导致喉头和气管黏膜肿胀、充血、出血，严重者糜烂、坏死，气管内有血样黏液或血凝块；慢性喉头和气管内有淡黄色干酪样渗出物，可形成假膜，重者形成栓塞，病鸡多因窒息导致死亡。病毒感染后 12 h 时，在气管、喉头黏膜上皮细胞核内可见嗜酸性包涵体（图 4-13 至图 4-15）。

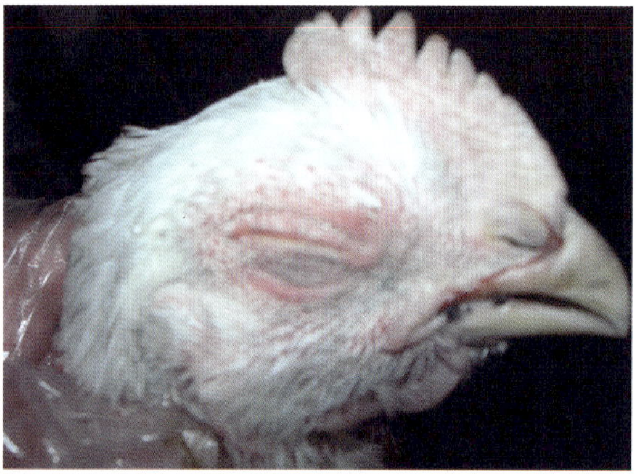

图 4-12　病鸡结膜炎、喙角有咳出的血迹

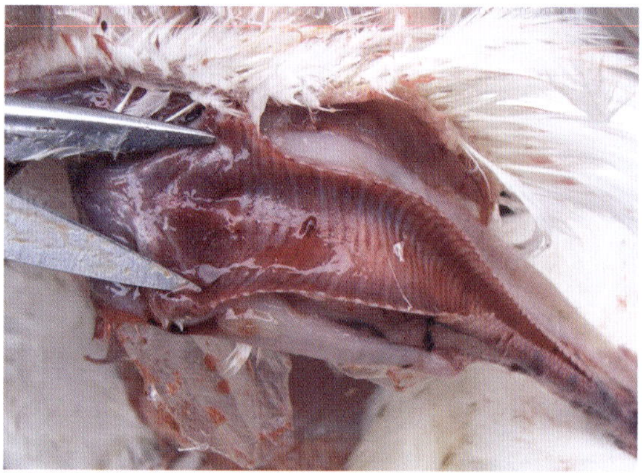

图 4-13　喉头和气管黏膜出血、有血样黏液

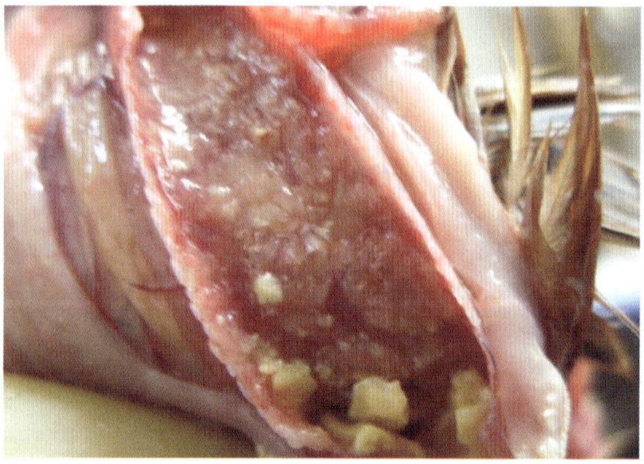

图 4-14　喉头和气管黏膜肿胀、有淡黄色干酪样假膜

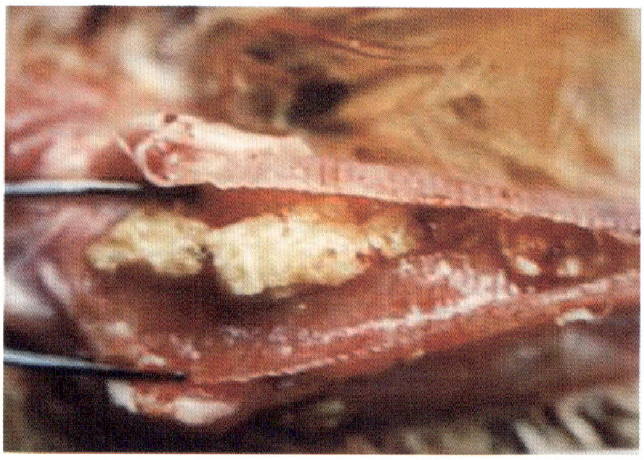

图 4-15　喉头和气管内形成黄色干酪样柱状栓子

二、诊断

可根据流行特点、临床症状和病理变化做出初步诊断，确诊须进行病毒分离和鉴定、血清中和试验、琼脂免疫扩散试验、聚合酶链式反应（PCR）和荧光定量 PCR 检测。注意与传染性支气管炎、曲霉菌病等呼吸道疾病相区别。

三、防制措施

1. 预防

认真执行环境卫生消毒制度，加强饲养管理，提高鸡只健康水平等措施预防本病发生。

2. 免疫接种

本病流行的地区或发生过 ILT 的鸡场，可考虑接种禽传染性喉气管炎弱毒疫苗，多采用滴鼻或点眼方法，免疫确实，免后反应较小，可在 50 日龄左右和 90 日龄左右进行 2 次免疫。

3.治疗

发病初期可紧急预防接种，1倍量/羽；同时选用具有抗病毒、清热、止咳、化痰、宣肺功能的中药制剂治疗，如清瘟解毒口服液、麻杏石甘口服液、双黄连口服液；做好饲养管理和消毒管理等工作。

任务三 禽支原体病

禽支原体病（AM）由多种致病性支原体引起，其中最主要的是鸡败血支原体（MG）和滑液囊支原体（MS）。MG感染可引起家禽慢性呼吸道疫病，特征性症状包括鼻炎、结膜炎、打喷嚏等，以及火鸡和野禽中常出现的窦炎，又称为鸡慢性呼吸道病（CRD）。MS可引起呼吸道疫病和滑膜炎。我国将支原体病列为三类动物疫病。

一、发病特点

1.流行特点

自然流行中只发生于鸡和火鸡，其他野禽也可以感染，但以3～8周龄的鸡最为易感，成年鸡常呈隐性感染。尤以冬春季节多发，可通过垂直和水平两种方式传播。单独感染后一般不出现明显的临床症状，或仅有轻微的前驱症状，一旦与其他病原协同感染或有其他致病因子存在时，即可表现出典型的呼吸道症状，损伤程度也会加剧，病程延长。

2.临床症状

潜伏期1～3周不等，最常见的症状是呼吸道症状，病初流鼻液、甩鼻、打喷嚏，后出现咳嗽、呼吸困难、气管啰音，常出现轻度结膜炎及眼中有泡沫样分泌物。后期鼻腔和眶下窦中蓄积分泌物，导致一侧或双侧眶下窦肿胀，形成窦炎，眼睛变长，严重时眼睑闭合（图4-16、图4-17）。雏禽发育不良，病弱雏增多，淘汰率增加。蛋禽产蛋下降，通常下降10%左右。如果没有混合感染，一般死亡率不高。

MS可引起传染性滑膜炎和呼吸道症状。病禽冠苍白、发育迟缓，关节肿胀、跛行。呼吸道症状轻于MG（图4-18至图4-20）。

图4-16 眼睛拉长，变形

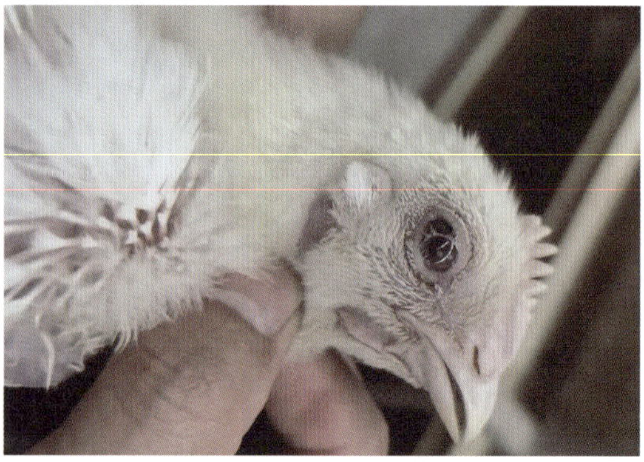

图 4-17 眼内有气泡

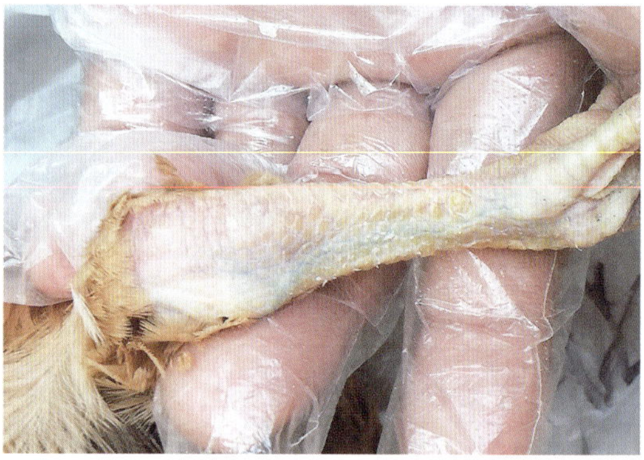

图 4-18 鸡跗关节肿大

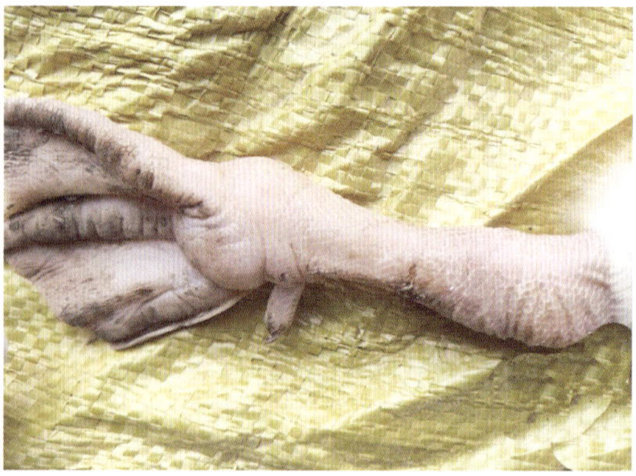

图 4-19 跗关节、脚垫肿胀

图 4-20 关节肿大跛行、病禽不愿走动喜卧

3.剖检变化

单纯感染的病例，鼻腔、气管、支气管表现卡他性炎症，黏膜肿胀，表面有灰白色黏液。病初气囊壁增厚浑浊，有气泡或有少量渗出物，腹腔内肠管间有多量气泡。随着病情发展气囊上有大小不等的干酪样渗出物，外观呈念珠状，病程长者胸气囊或腹气囊上有数量不等的黄色干酪物，如炒鸡蛋样。眼睑肿胀者眼内积有黄白色干酪样物，眶下窦内积有黏液或干酪样物。自然感染的病例多数为混合感染，如有大肠杆菌感染时可见纤维素性肝周炎和心包炎（图 4-21 至图 4-24）。

鸡滑液囊支原体感染的关节腔内有多量浑浊黏液（图 4-25、图 4-26）。

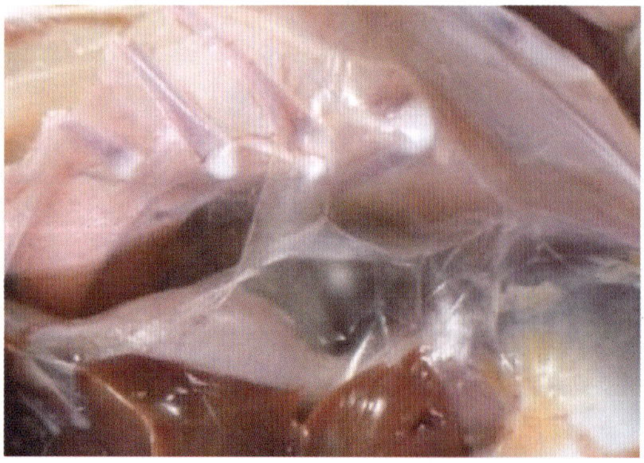

图 4-21 胸气囊壁增厚浑浊

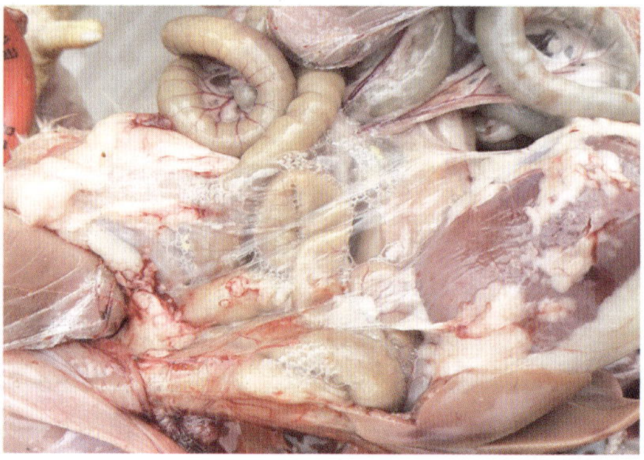

图 4-22 腹腔内肠管间有多量气泡

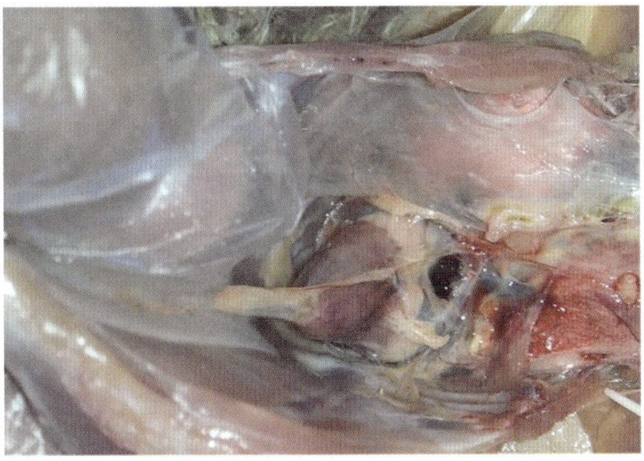

图 4-23 胸气囊上有干酪样渗出物、外观呈念珠状

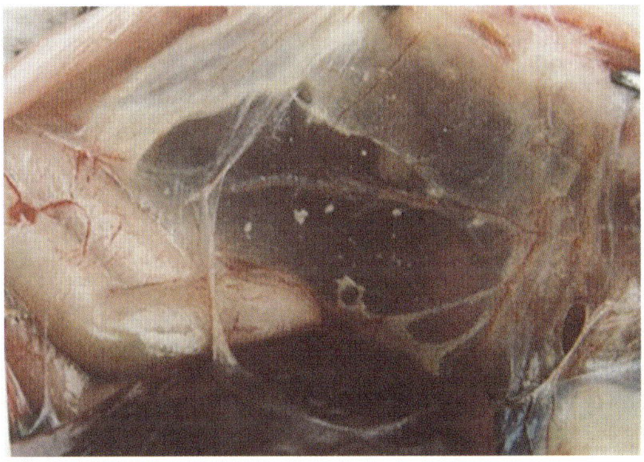

图 4-24 气囊壁浑浊、有干酪样渗出物，似炒鸡蛋样

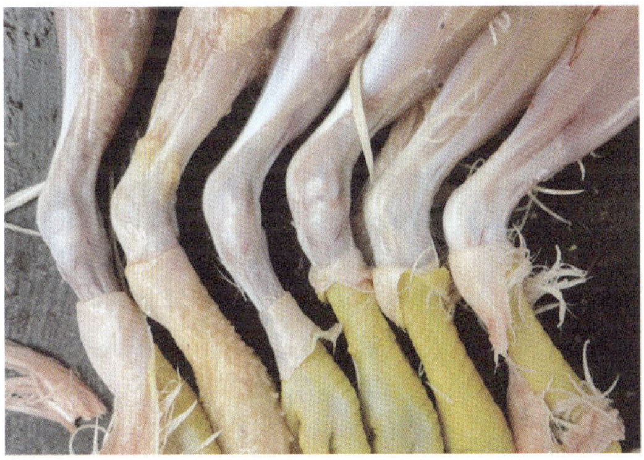

图 4-25 关节肿胀

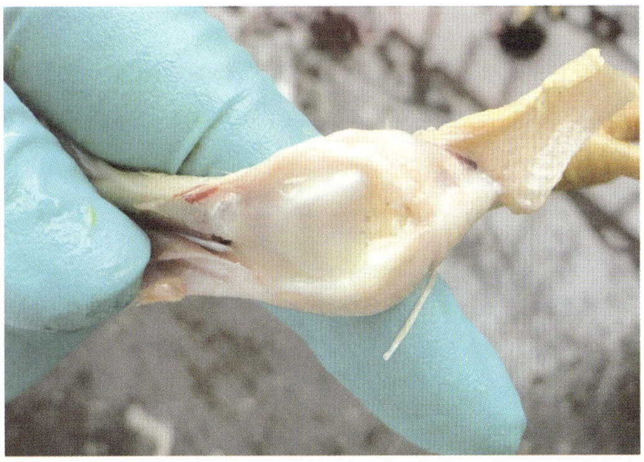

图 4-26 关节腔内有多量浑浊黏液

二、诊断

根据流行病学、临床症状和病理变化即可初步诊断。确诊须进行病原分离鉴定、快速全血平板凝集试验、HI 试验、荧光定量 PCR 检测和间接 ELISA 抗体检测。

MG 感染与传染性支气管炎、传染性喉气管炎、传染性鼻炎、曲霉菌病等呼吸道传染病极易混淆，应注意鉴别诊断。

三、防制措施

1. 预防

做好饲养管理，提供平衡饲料，注意清洁卫生，舍内不堆积粪尿，笼内不拥挤，避免各种应激因素。种鸡场目前控制 MG 感染主要是通过检疫淘汰阳性鸡进行净化，同时采取抗生素预防和疫苗免疫相结合的方法。

2. 免疫程序

6～20 日龄接种支原体弱毒活苗点眼免疫，一般免疫 1 次即可。种鸡在开产前最好用油乳剂支原体灭活苗免疫，可提高雏鸡的成活率。

3. 治疗

可选用多种药物，如泰乐菌素、泰妙菌素、红霉素、北里霉素、强力霉素、氟喹诺酮类药物等对禽支原体都具有杀灭作用。但随着药物的大量应用，耐药性也在不断增强，因此，必须通过药敏试验选择有效药物进行治疗。

任务四 鸡传染性鼻炎

鸡传染性鼻炎(IC)是由副鸡嗜血杆菌引起的急性上呼吸道传染病。以鼻腔与鼻窦发炎、流鼻液、打喷嚏和面部肿胀为特征,主要感染育成鸡和产蛋鸡。我国将鸡传染性鼻炎列为三类动物疫病。

一、发病特点

1. 流行特点

各种日龄的鸡都能感染,但 4 周以上的育成鸡和产蛋鸡最易感;慢性病鸡及隐性带菌鸡是主要传染源,以飞沫及尘埃经呼吸传播,也可通过污染的饲料和饮水经消化道感染。秋冬寒冷潮湿季节多发。支原体病、传染性喉气管炎、传染性支气管炎、禽流感、应激、气候和饲养条件等因素都能促使鸡群发病。

图 4-27 鼻窦肿胀

2. 临床症状

IC 特征是潜伏期短,传播快,3～5 d 波及全群。鼻腔和鼻窦发生炎症,病鸡精神沉郁,缩头呆立,初期流稀薄鼻液,后变成浓稠的黏液,致使病鸡呼吸困难、打喷嚏、流泪和频繁甩头。随后一侧或两侧面部浮肿,眼结膜发炎,眼睑肿胀,严重时整个头部肿大,失明(图 4-27 至图 4-29)。蛋鸡产蛋量下降。

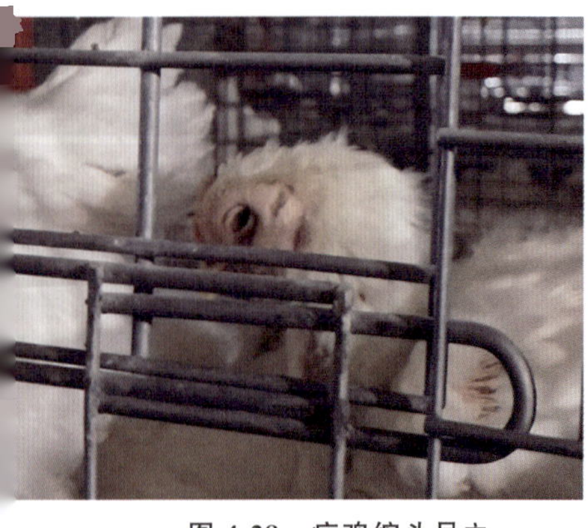

图 4-28 病鸡缩头呆立,面部浮肿,眼睑肿胀

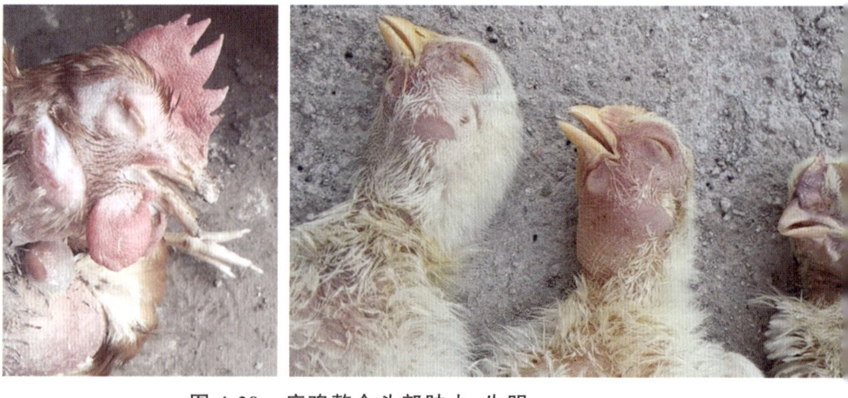

图 4-29 病鸡整个头部肿大,失明

3. 剖检变化

主要病变为鼻腔和鼻窦内有多量鼻液,黏膜充血、增厚或有出血点,病程长的可见眶下窦内有黄色干酪样物质,眼结膜充血肿胀,睑部及肉髯皮下水肿。

二、诊断

确诊须进行实验室检查。细菌分离鉴定、聚合酶链式反应(PCR)技术适用于鸡传染性鼻炎的诊断，血凝抑制试验适用于鉴定菌株的血清型。血清平板凝集试验、血凝抑制试验、间接酶联免疫吸附(ELISA)试验适用于流行病学调查和免疫鸡群抗体的检测。

三、防制措施

1. 预防

加强饲养管理，严格卫生消毒措施，实行全进全出制度。降低饲养密度，加强通风换气，减少应激，注意其他呼吸道疾病的预防等。发病严重区域或鸡场可以接种疫苗预防。

2. 疫苗接种

40 日龄时首免，肌内注射 0.25 mL/只，120 日龄于产蛋前进行第 2 次免疫，肌内注射 0.5 mL/只，可使鸡在整个产蛋期不发或少发鼻炎。

3. 治疗

磺胺类药物、链霉素、土霉素等抗生素对本病有效，可拌入饲料中或溶于饮水中投服，用药时要搅拌均匀，防止中毒。另外，由于鼻炎易复发，应在间隔 3～5 d 后重复一个疗程，以巩固治疗。同时还要考虑耐药性，有条件可通过药敏试验选用有效药物。

任务五 禽曲霉菌病

禽曲霉菌病是由曲霉菌引起的多种禽类的真菌性疾病，主要侵害呼吸器官。其特征在肺和气囊发生炎症和小结节，导致呼吸困难，甚至窒息死亡，故又称曲霉菌性肺炎。

一、发病特点

1. 流行特点

各种家禽均有易感性，但幼禽(4～12 日龄)易感性最高，常为急性经过和群发性，发病率和死亡率较高，成年禽多数为慢性和散发。禽类常通过接触发霉饲料和垫料经呼吸道或消化道而感染。育雏阶段管理差，通风不良，拥挤潮湿及营养不良等都是本病的诱因。

2. 临床症状

病禽减食或不食，精神不振，双翅下垂，羽毛松乱，缩颈呆立，两眼半闭，嗜睡，呼吸困难或张口喘气。后期下痢，粪便呈黄绿色或灰褐色。有的出现神经症状。病原侵害眼睛时，眼结膜充血肿胀，常一侧眼内积存干酪物，导致眼睑闭合、突出，重者失明。

3. 剖检变化

气囊及肺部病变最为常见，肺、气囊、胸腹腔内形成数量不等、粟粒大至绿豆大小的结节，结节呈灰白色、黄白色或黄绿色，有弹性，切开时内容物呈干酪样，有的互相融合成大的团块。有时在肺脏、气囊、支气管内或腹腔内有肉眼可见圆形霉菌斑，呈灰绿色粒状物或绒球状物，用手拨动时可见到粉状物飞扬。在眼睑内、肝、脾、肾、消化系统乃至神经系统表面有时也能发现类似的结节或菌斑病变(图 4-30 至图 4-32)。

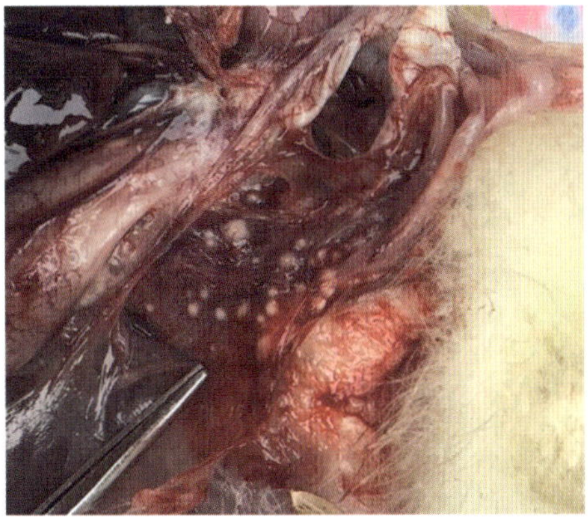

图 4-30 肺、气囊、胸腔内形成灰白色小结节

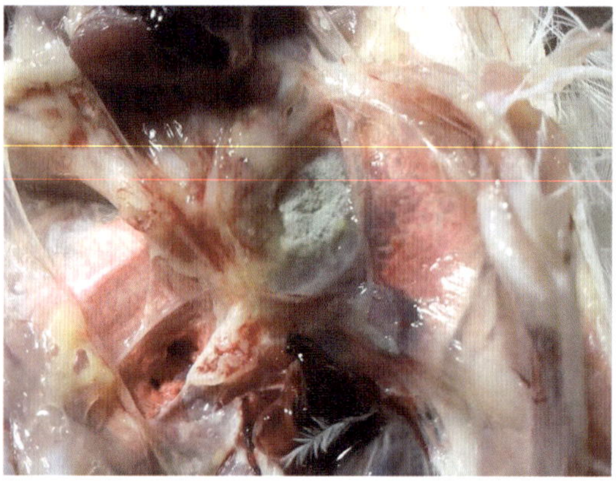

图 4-31　肺脏上有霉菌斑、呈灰绿色粒状

图 4-32　肝脏上有灰白色菌斑

二、诊断

根据流行特点、临床症状和病理变化，结合病原检查即可确诊。

1. 直接镜检

取气囊、肺组织上黄色结节内容物在载玻片上，滴加 20%氢氧化钾浸泡后，盖上盖玻片在低倍显微镜下观察，可见树枝状的分隔菌丝体和分生孢子。或者在无菌的条件下取病料接种在培养基中，在 37 ℃下培养，取培养物进行镜检，如可见大量球形分生孢子，即可确诊。

2. 分离培养

无菌采取病料接种马铃薯琼脂培养基中，置 37 ℃恒温箱中培养 24 h，长成绒毛样菌丝，未见其他细菌生长。经 48 h 培养长成白色菌落。72 h 菌落呈纽扣状，由中心向外周逐渐变深，转变成灰白色、灰绿色。取培养物镜检可见大量球形的分生孢子。

三、防制措施

1. 预防

保持饲料新鲜，不使用过期、发霉的饲料。保持合理的饲养密度，保持圈舍通风、干燥，勤换垫料。保持室内外环境的干燥、清洁，饲槽、饮水器经常清洗。

2. 治疗

立即更换垫料，冲洗、消毒圈舍。用制霉菌素拌料，0.05%硫酸铜溶液饮水，为控制继发感染，可选用恩诺沙星等广谱杀菌药物，连用 5 d，同时注意通风换气。

职业测试题

一、单选题

1. 鸡发生以呼吸困难，咳出带血黏液为特征的疾病多见于(　　)。

A. 新城疫　　B. 鸡败血支原体感染　　C. 鸡传染性喉气管炎

D. 鸡传染性支气管炎　　E. 鸡传染性鼻炎

2. 病鸡肾脏肿大出血，肾小管和输尿管因尿酸盐沉积而扩张，可能患(　　)。
A. 禽流感　B. 新城疫　C. 鸡慢性呼吸道病
D. 鸡传染性支气管炎　E. 鸡传染性喉气管炎
3. 鸡传染性支气管炎临床上可能出现的病型是(　　)。
A. 眼型　B. 内脏型　C. 神经型
D. 呼吸型　E. 喉气管炎型
4. 鸡传染性喉气管炎病鸡的气管和喉头黏膜上皮细胞内可见(　　)。
A. 胞浆内嗜酸性包涵体　B. 胞浆内嗜碱性包涵体　C. 胞核内嗜酸性包涵体
D. 胞核内嗜碱性包涵体　E. 胞浆内和胞核内嗜碱性包涵体
5. 鸡慢性呼吸道病的病原是(　　)。
A. 巴氏杆菌　B. 副鸡嗜血杆菌　C. 鸡败血支原体
D. 呼肠孤病毒　E. 副黏病毒
6. 鸡毒支原体感染又称(　　)。
A. 禽流感　B. 鸡慢性呼吸道病　C. 鸡传染性支气管炎
D. 鸡传染性喉气管炎　E. 鸡传染性鼻炎
7. 某产蛋鸡群产蛋下降，病鸡鼻腔和鼻窦发炎，流浆性鼻汁，喷嚏；眼睑肿胀，结膜发炎、红肿；炎症蔓延至下呼吸道的病鸡，则出现呼吸困难并有啰音。该病可能是(　　)。
A. 禽流感　B. 鸡毒支原体感染　C. 鸡大肠杆菌病
D. 传染性支气管炎　E. 鸡传染性鼻炎
8. 鸡传染性鼻炎的病原是(　　)。
A. 副黏病毒　B. 副鸡嗜血杆菌　C. 疱疹病毒
D. 呼肠孤病毒　E. 腺病毒
9. 禽曲霉菌病发生的原因是(　　)。
A. 缺少维生素所致　B. 缺乏矿物质所致　C. 缺乏微量元素所致
D. 饲料、垫料发霉变质所致　E. 酵母菌感染
10. 禽曲霉菌病主要侵害(　　)。
A. 消化器官　B. 呼吸器官　C. 生殖器官
D. 神经系统　E. 关节

二、判断题

1. 鸡传染性支气管炎是由细菌引起的一种传染性呼吸道疾病。(　　)
2. 鸡传染性支气管炎主要发生于成年鸡，并以成年鸡发病最为严重。(　　)
3. 鸡传染性支气管炎可经呼吸道或消化道感染。(　　)
4. 制霉菌素可以用于治疗禽曲霉菌病。(　　)
5. 禽曲霉菌病在禽类以肺及气囊发生炎症和小结节为主，故又称曲霉菌性肺炎。(　　)
6. 鸡传染性鼻炎是一种急性呼吸系统疾病。(　　)
7. 鸡传染性鼻炎发生于各种年龄的鸡，雏鸡一般发生少，育成鸡发病症状最重，以成年产蛋鸡发病症状最轻。(　　)
8. 强力霉素属于四环素类药物，对鸡支原体感染有效。(　　)
9. 鸡慢性呼吸道病主要传播途径是垂直传播。(　　)
10. 鸡传染性鼻炎可用磺胺类药或抗生素治疗，虽有效但常易复发。(　　)

三、多选题

1. 鸡传染性支气管炎临床上可能出现的病型有(　　)。
A. 呼吸型　B. 内脏型　C. 神经型
D. 腺胃型　E. 肾型

2. 可引起鸡呼吸道症状的疫病有(　　)。
A. 鸡传染性支气管炎　B. 鸡传染性喉气管炎　C. 鸡马立克氏病
D. 鸡传染性法氏囊炎　E. 鸡毒支原体感染

3. 禽曲霉菌病的主要病原体是(　　)。
A. 烟曲霉　B. 黄曲霉　C. 黑曲霉
D. 构巢曲霉　E. 土曲霉

4. 禽曲霉菌病的传染源包括(　　)。
A. 被霉菌污染的木屑　B. 被霉菌污染的垫料　C. 被霉菌污染的空气
D. 被霉菌污染的饲料　E. 被霉菌污染的用具

5. 鸡慢性呼吸道病,是由(　　)引起的呼吸道传染病。
A. 鸡毒支原体(MG)　B. 鸡滑液囊支原体(MS)　C. 火鸡支原体(MM)
D. 冠状病毒　E. 疱疹病毒

6. 可引起鸡呼吸道症状的疫病有(　　)。
A. 鸡白痢　B. 鸡白血病　C. 禽曲霉菌病
D. 鸡传染性鼻炎　E. 鸡毒支原体感染

7. 对鸡传染性支气管炎具有诊断意义的有(　　)。
A. 花斑肾　B. 啰音　C. 产蛋下降
D. 侏儒胚　E. 腺胃乳头出血

8. 对鸡传染性喉气管炎具有诊断意义的有(　　)。
A. 咳出血痰　B. 鼻漏　C. 早期核内包涵体
D. 喉头出血　E. 花斑肾

9. 以下属于鸡传染性支气管炎疫苗的是(　　)。
A. H120　B. H52　C. Ma5　D. 28/86　E. C30

10. 禽曲霉菌病感染动物包括(　　)。
A. 鸡　B. 鸭　C. 鹅　D. 鸽子　E. 鹌鹑

四、案例分析题

1. 某鸡场饲养5 000羽蛋鸡,120日龄时用传染性喉气管炎弱毒苗点眼免疫,每只鸡1.5羽份。次日个别鸡只出现呼吸道症状,当时被认为是疫苗反应,并采用强力霉素等药物进行治疗,结果3 d后症状加重并出现死亡现象。病程持续14 d,发病率为40%左右,死亡率为3%,产蛋高峰推迟。病鸡主要表现呼吸困难,呼吸时抬头伸颈,并发出响亮的喘鸣音及湿啰音,咳嗽时疼痛、甩头并甩出血性痰液,严重病例窒息而死。剖检病死鸡,气管和喉头黏膜明显充血、出血和肥厚,气管内有大量渗出物及凝固的血性痰液,有假膜的很容易剥离,有的喉头有干酪样栓子。鸡群最有可能感染了哪种疾病并说明初步诊断的依据?请你分析发病的原因。

2. 某养殖场,存栏1万羽蛋鸡,至190日龄,产蛋只有7成左右,大群精神正常,采食正常,鸡冠鲜亮,部分鸡腹部下坠,手摸有波动感。解剖腹部膨大的异常鸡,有的输卵管发育不良短而闭塞，或见卵泡虽然发育正常，但输卵管会形成大小不等的浆液性囊肿。请分析鸡群最有可能患有何种疾病并说明理由？查阅资料给出处理方案。

3. 某白羽商品肉鸡养殖场，存栏 2 万羽，在 15 日龄开始出现流鼻液、流眼泪等情况，夜间熄灯听呼吸、呼噜声较重，当天死淘鸡数量 48 只，至第 17 天，死淘数量达到 106 只，取病死鸡进行解剖观察，发现肺脏淤血、气管潮红，包心包肝、气囊炎。通过临床症状与病理变化，初步诊断为鸡毒支原体诱发大肠杆菌，取病料经实验室检验确诊为鸡毒支原体感染。查阅资料，给出详细的处理方案。分析鸡毒支原体的发病特点是什么？

4. 某养殖场海兰褐商品蛋鸡 6 000 只，210 日龄，鸡群第 1 天出现个别鸡眼睑肿胀，第 2 天眼睑肿胀的鸡突然增多，伴随着短促响亮的咳嗽，流清水样鼻液，第 3 天部分鸡精神萎靡，大群鸡采食量稍微减少，产蛋率从 96%下降至 92%，无死亡病例。鼻腔和鼻窦发生急性卡他性炎症，黏膜充血、肿胀，表面有大量黏液及炎性渗出物凝块。鸡面部和肉髯皮下组织水肿。部分病鸡鼻窦、眶下窦和眼结膜囊内蓄积大量干酪样物质。病变限于上呼吸道。发病的后期气管和支气管可见渗出物。其他器官均无严重病变。请分析鸡群最有可能发生的是哪种疾病？查阅资料给出控制方案。

5. 养殖户吴某于 8 月初购进 5 000 只肉鸡雏，3 周龄左右的雏鸡陆续发病，12 d 内死亡高达 2 000 多只，其死亡时没有表现明显的症状。养殖户先后用过土霉素、恩诺沙星等药物治疗，其效果不明显，后经当地兽医诊断为新城疫，注射了新城疫疫苗后，仍然不断死亡，最后仅存不足 2 000 只。养殖户只好向市动物疫控中心进行技术求助。相关技术人员赶到现场，观察鸡舍内潮湿、通风不畅有霉味、饲养密度较大、雏鸡体重明显小于正常体重，呼吸困难、张口呼吸、头颈伸直喘气。精神沉郁、闭目嗜睡、呆立或卧伏、对外界刺激反应淡漠、羽毛松乱、翅膀下垂、冠和肉髯呈紫色。剖检气管和气囊有粟粒大小至绿豆大小的灰白色干酪样结节，其质地较硬，切开有层状结构。肺脏的结节从粟粒到绿豆大，结节呈黄白色、淡黄色、灰白色，有弹性，切开呈干酪样，少数融合成团块。经技术人员综合分析和病原体检查确诊为霉菌感染。请你帮助分析鸡群发病的原因，并给出治疗方案。

二维码 4-6 以呼吸系统症状为主的传染病防制职业测试题参考答案

项目五　以败血症为主的传染病防制

【思政与职业素养目标】

败血症会引起病禽出血性素质变化，全身淋巴结肿大、充血、出血，实质器官变性坏死，给养禽业造成巨大损失。在教学过程中，注重培养学生对此类传染病的风险意识和应对能力，提高自我防护意识和公共卫生安全意识，综合防控败血症类传染病。

【知识与能力目标】

1. 掌握以败血症为主症的传染病流行特点、临床症状、病理变化、预防措施。
2. 学会对败血症类的疫病进行鉴别诊断和综合防控技术。

二维码 5-1　鸽新城疫神经症状

二维码 5-2　纤维素性腹膜炎

任务一　高致病性禽流感

禽流感是禽流行性感冒的简称，又称真性鸡瘟或欧洲鸡瘟。由 A 型流感病毒引起的家禽和野禽的一种从呼吸系统性疾病到严重性败血症等多种症状的综合病症。目前在许多国家和地区都有发生，给养禽业造成了巨大的经济损失。我国将高致病性禽流感列为一类动物疫病，将低致病性禽流感列为三类动物疫病。

一、发病特点

1. 流行特点

流感病毒有 A、B、C 三型，目前只有 A 型流感病毒能感染禽类。由 H5 亚型和 H7 亚型引起的流感都称为高致病性禽流感（HPAI），其他血清型为低致病性禽流感。病禽或携带禽流感病毒的家禽和野禽为主要传染源。本病主要为水平传播，可以通过气溶胶或污染的粪便传播病毒，经消化道、呼吸道直接接触途径感染发病。多种家禽和野禽都可感染发病，鸡、火鸡、鸭、鹅、鹌鹑、雉鸡、鹧鸪、鸵鸟、孔雀等多种禽类易感，多种野鸟也可感染发病。发生在冬春温差较大季节，多发在 11 月份至翌年 2 月份。

2. 临床症状

最急性型　常无明显症状，突然死亡。

急性型　表现为典型症状，以呼吸道、肠道、生殖系统和神经系统的异常为主症。

病鸡流泪流涕、咳嗽、呼吸困难；眼结膜充血，窦、头颈部水肿；精神沉郁，嗜睡，头翅下垂，呆立；食欲废退，排黄、白、绿色稀便；鸡冠发绀、发紫；有的发生脚鳞片出血；蛋鸡产蛋下降，软壳蛋、畸形蛋增多；有歪脖子等神经症状（图 5-1 至图 5-11）。通常情况下，高发病率伴随原因不明且猛增的高死亡率。

鸭、鹅等水禽可见神经症状和腹泻症状；有时可见角膜充血、有分泌物，甚至失明。

低致病禽流感病禽一般表现为流泪、咳嗽、喘气、下痢，产蛋率大幅度下降，并发生零星死亡。少数病禽眼角分泌物增多、有小气泡，个别病例眼睑、面部肿胀。最常见的症状是蛋禽产蛋率下降，下降程度不一，严重时蛋壳褪色、变薄。

图 5-1　流泪、流鼻液

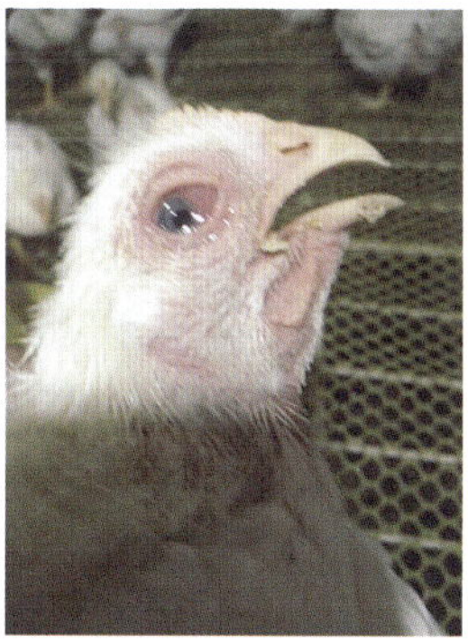

图 5-2　呼吸困难

图 5-3　眼结膜水肿、充血

图 5-4　精神沉郁、呆立嗜睡

图 5-5　肿头肿脸

图 5-6　排黄色、白色、绿色稀便

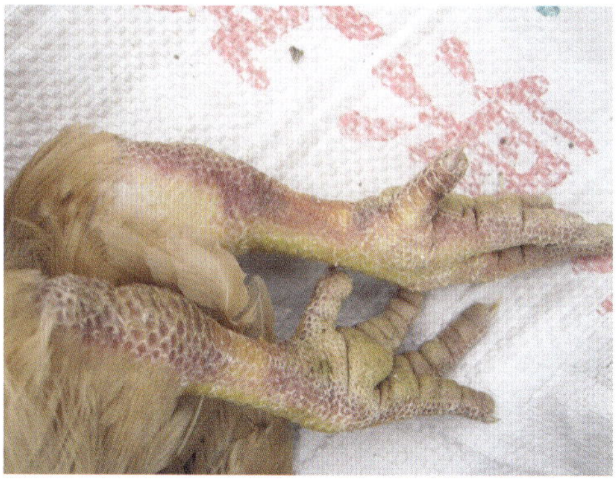

图 5-7　病鸡脚鳞片出血(一)

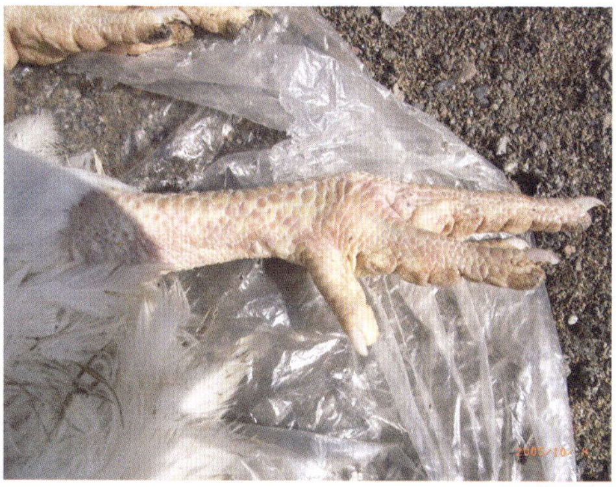

图 5-8　病鸡脚鳞片出血(二)

图 5-9　蛋壳变薄、褪色

图 5-10　软壳蛋、畸形蛋增多

图 5-11　病鸭精神沉郁、肿头、结膜炎

3. 剖检变化

最急性型病死鸡常无眼观变化。

急性型特征性变化是脏器明显出血。腹部脂肪、腿肌出血；心冠脂肪和心肌出血，心外膜有点状或条纹状坏死；腺胃乳头水肿、出血，有脓性分泌物；肺脏出血、水肿；胰脏斑点状出血、坏死；胸腺萎缩，有出血点；腹腔有浑浊的炎性分泌物，肠道可见卡他性炎症，盲肠扁桃体肿大、出血，直肠黏膜及泄殖腔出血；喉头和气管弥散性充血、出血，有黏液，气管、支气管内有黄白色干酪样栓塞物；卵泡充血、出血、萎缩、破裂，有的可见卵黄性腹膜炎；输卵管水肿、充血，内有浆液性、黏液性或干酪样物质；公鸡睾丸萎缩或水肿、出血；其他组织器官也有出血（图 5-12 至图 5-42）。

低致病性禽流感常见的病理变化为喉头和气管充血、出血，气管交叉处有黄白色干酪样栓塞物，常见明显的纤维素性腹膜炎和气囊炎，气囊有纤维素性渗出物，囊壁增厚，蛋禽发生卵黄性腹膜炎，输卵管时有炎症渗出物（图 5-43、图 5-44）。

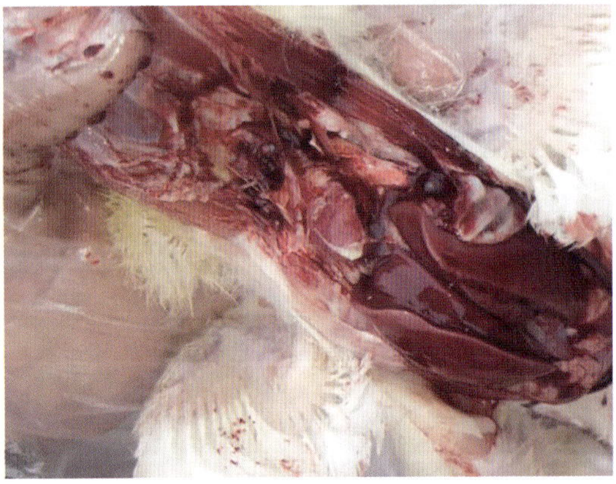

图 5-12　脏器明显出血

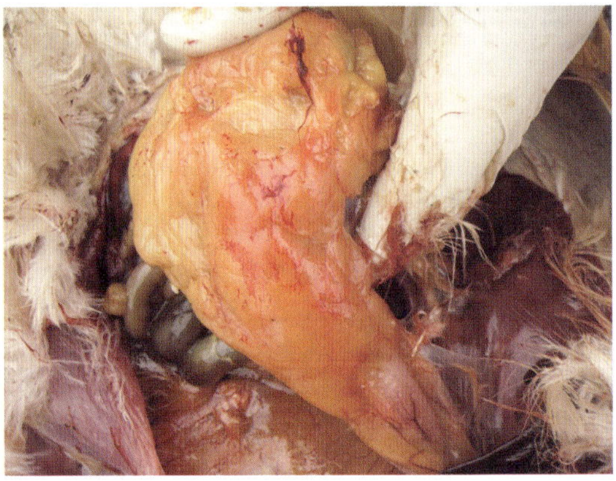

图 5-13　腹部脂肪出血

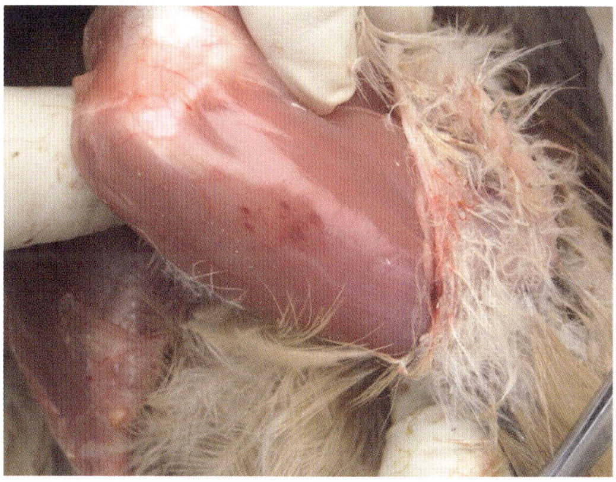

图 5-14 腿部肌肉出血

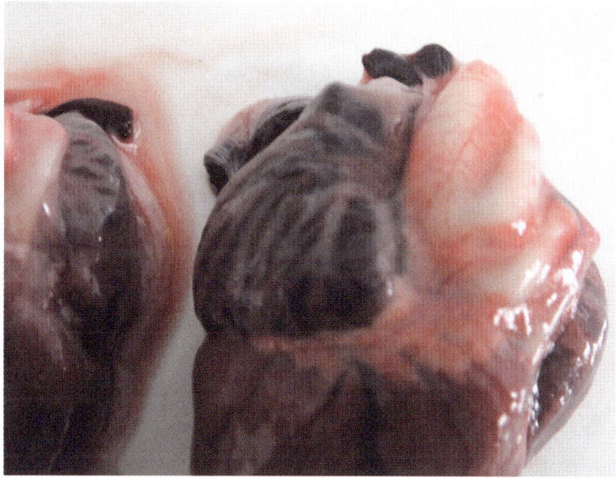

图 5-15 心冠脂肪和心肌出血

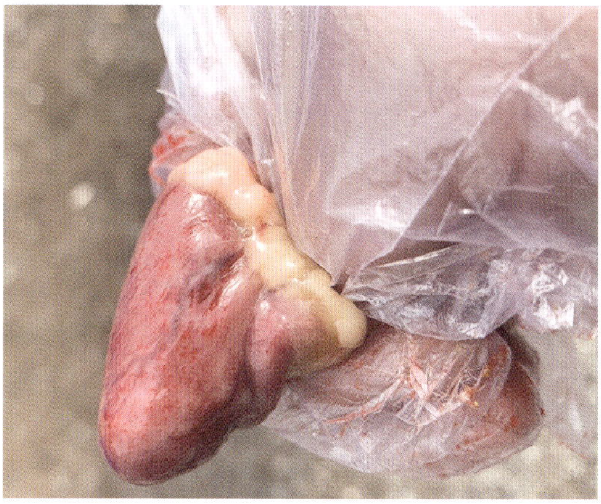

图 5-16 心外膜有点状或条纹状坏死

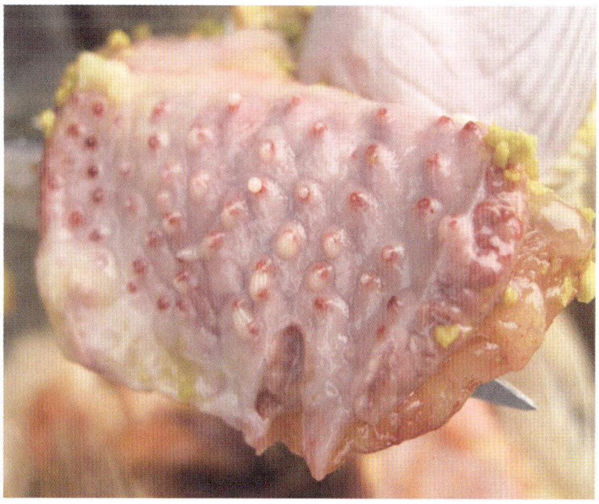

图 5-17 腺胃乳头水肿出血、有脓性分泌物

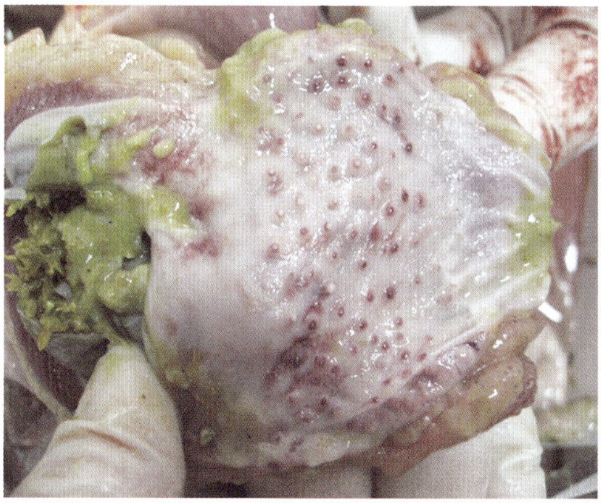

图 5-18 腺胃乳头出血

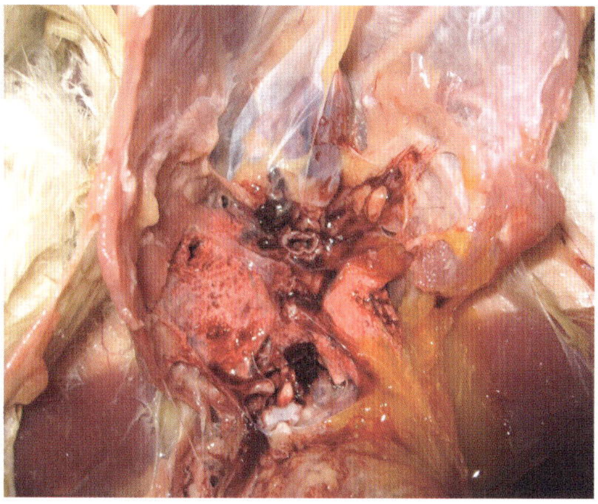

图 5-19 肺脏出血水肿(一)

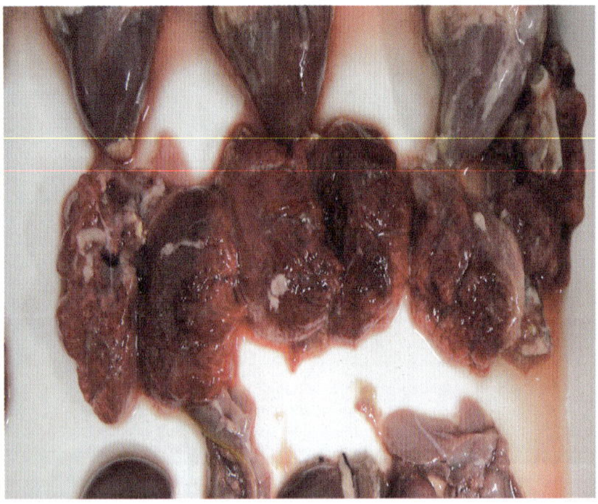

图 5-20　肺脏出血水肿(二)

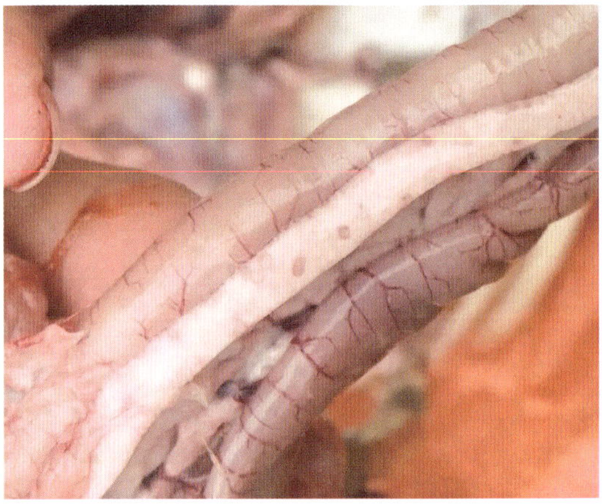

图 5-21　胰脏有斑点状出血、坏死

图 5-22　胸腺萎缩,有出血点

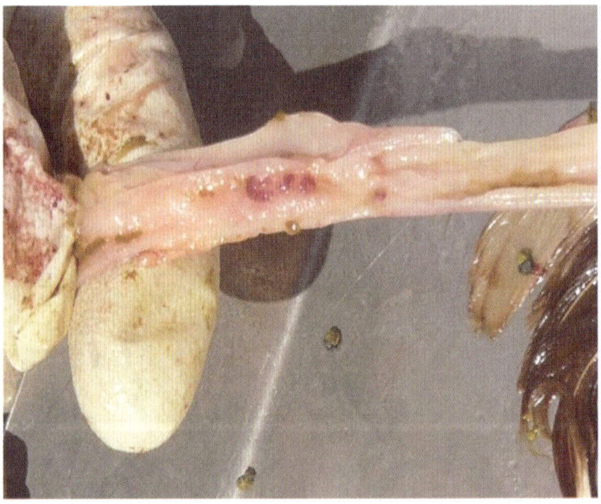

图 5-23　盲肠扁桃体肿大、出血

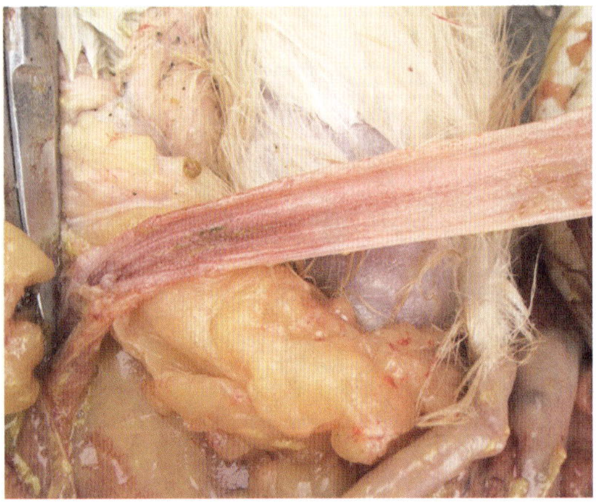

图 5-24　直肠黏膜出血

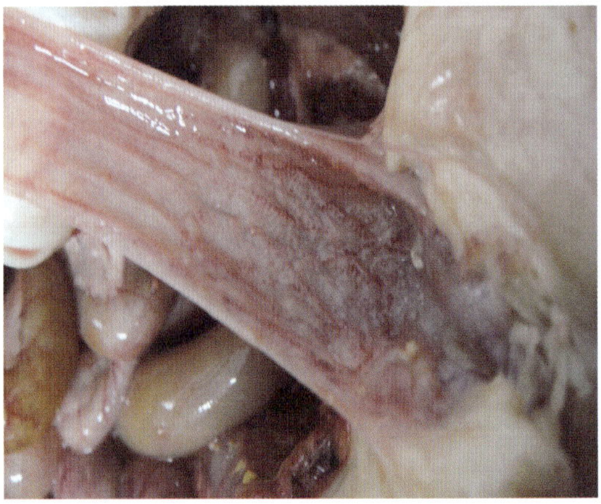

图 5-25　泄殖腔黏膜出血

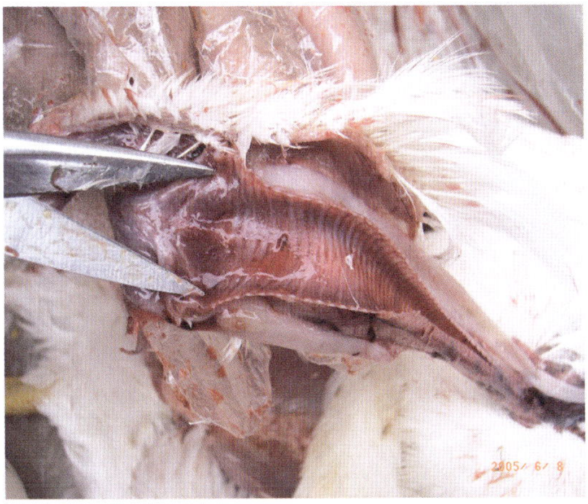

图 5-26 喉头气管弥散性出血、有黏液

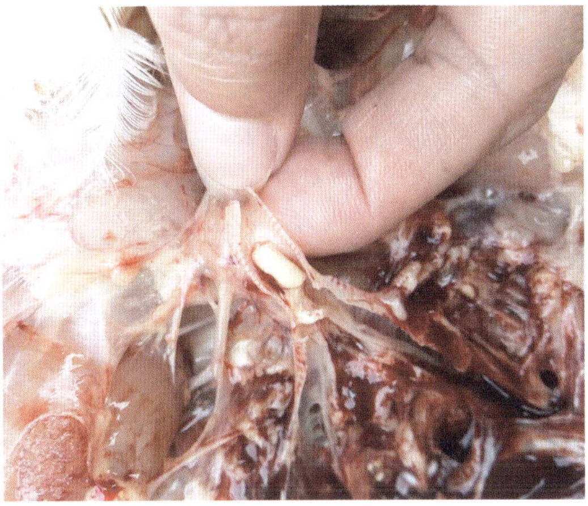

图 5-27 病鸡气管内有黄白色干酪样栓塞物

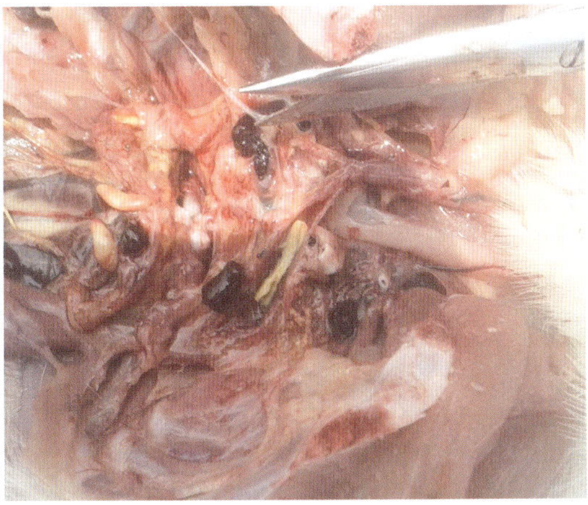

图 5-28 病鸡支气管栓塞

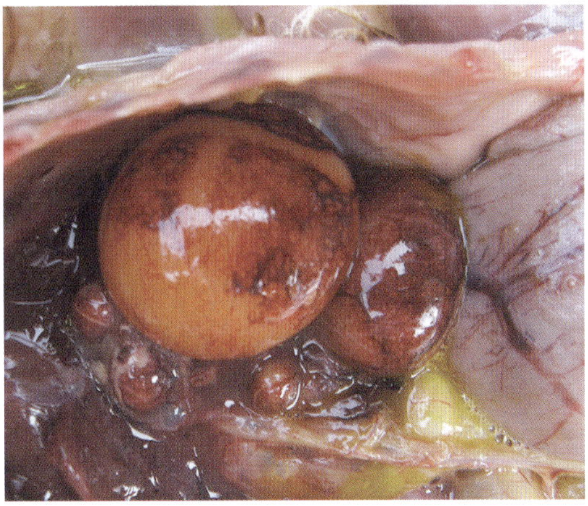

图 5-29 卵泡充血、出血

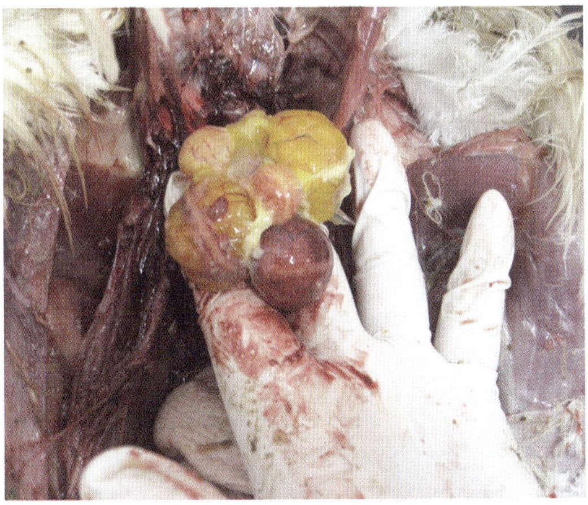

图 5-30 卵泡破裂、可导致卵黄性腹膜炎

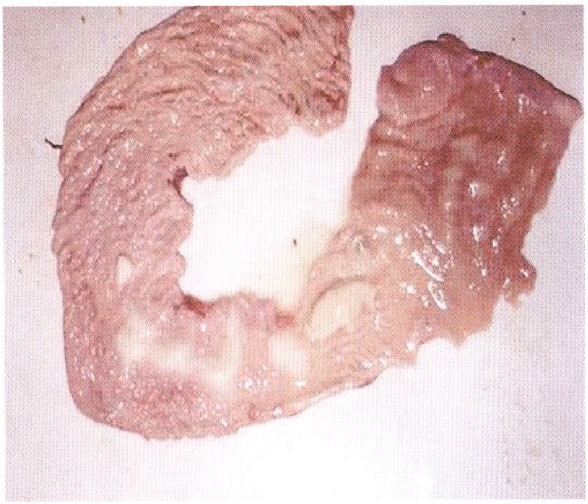

图 5-31 输卵管黏膜水肿、充血，内有白色黏液性分泌物

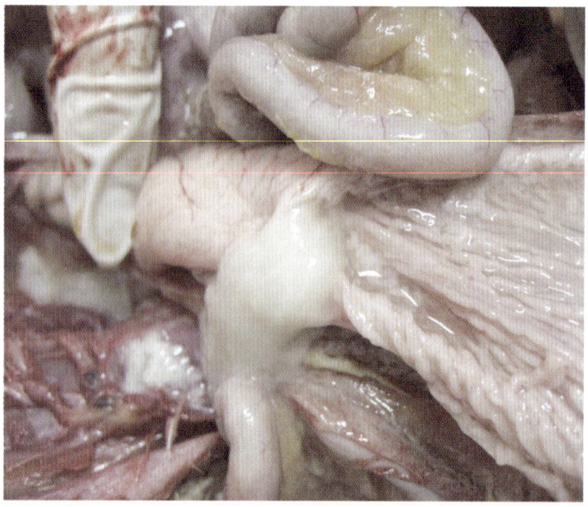

图 5-32　输卵管水肿，内有多量白色黏液

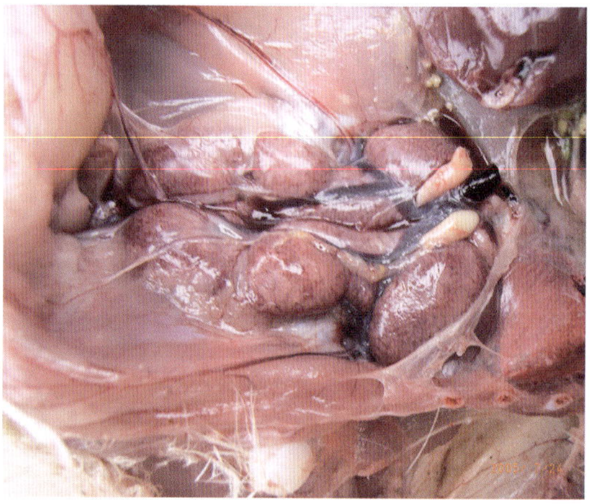

图 5-33　肾肿胀出血，睾丸萎缩

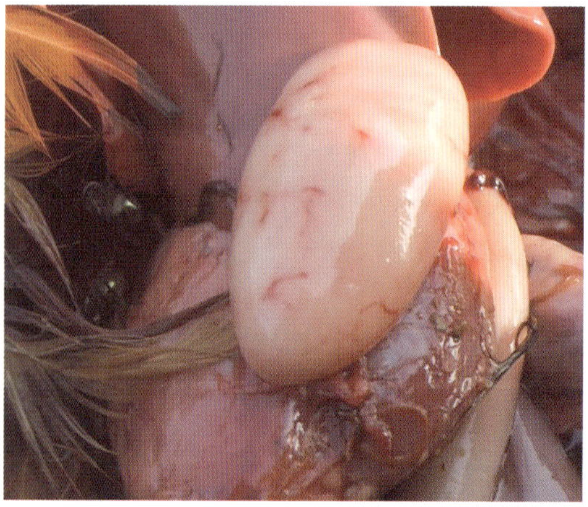

图 5-34　公鸡睾丸肿胀出血

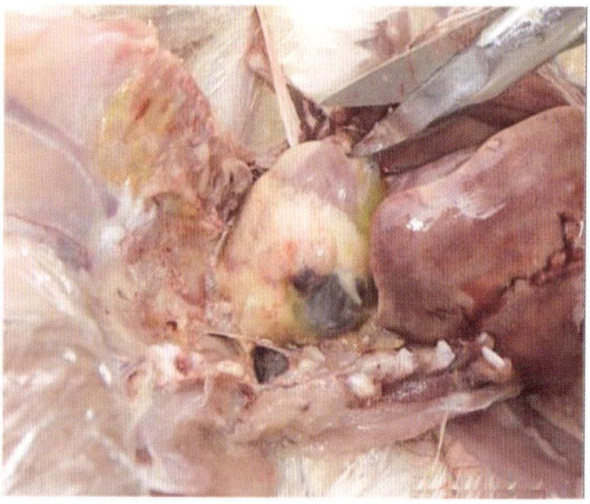

图 5-35　胸骨内侧、心外膜、肝脏出血

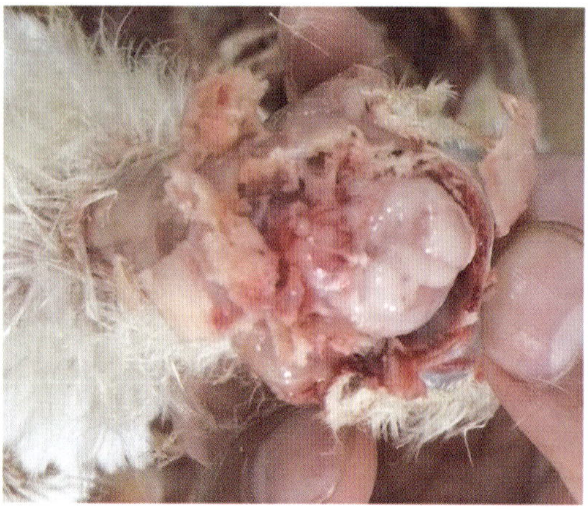

图 5-36　脑膜水肿出血

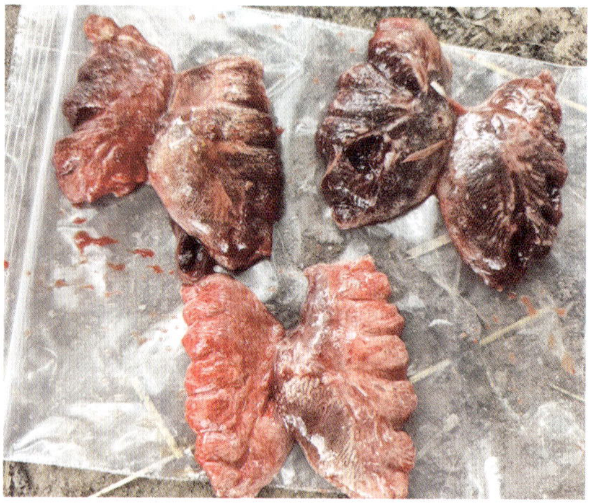

图 5-37　病鸭肺脏出血

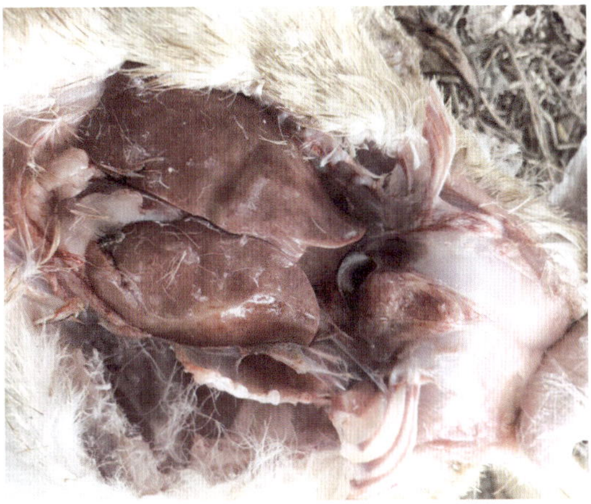

图 5-38 病鸭肝脏出血

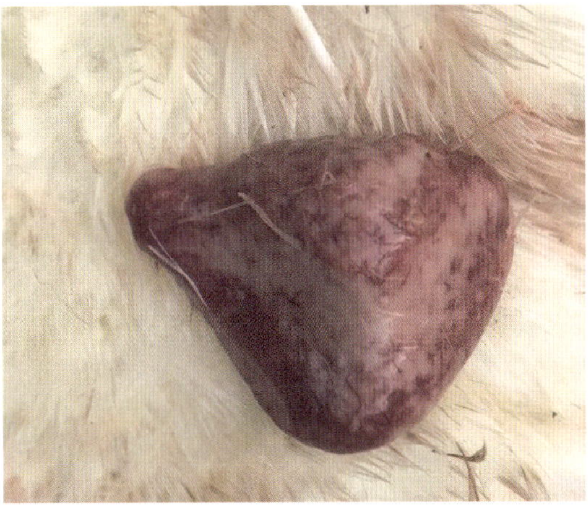

图 5-39 病鸭脾脏出血、萎缩、坏死

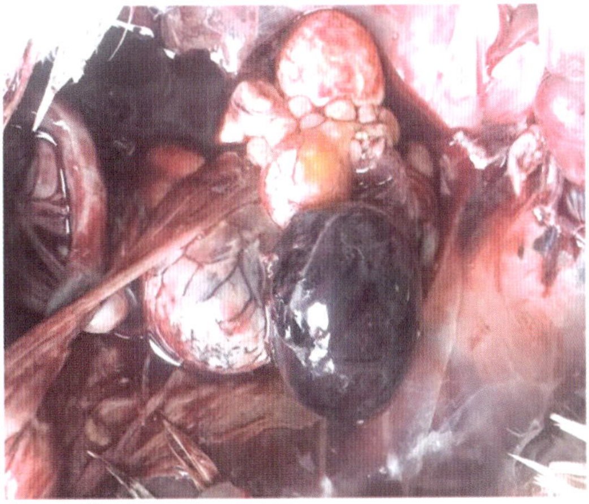

图 5-40 病鸭卵泡坏死液化

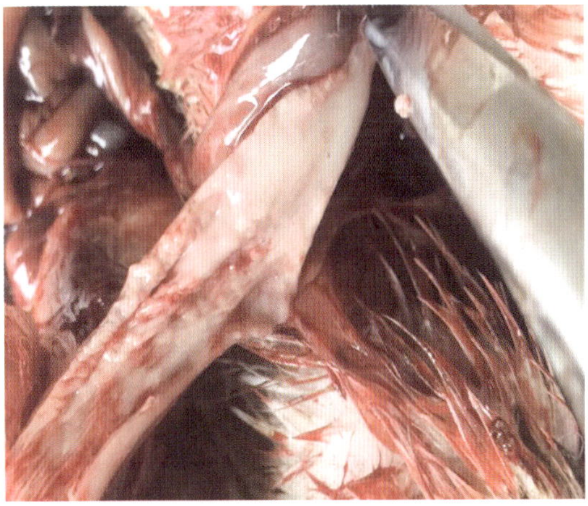

图 5-41 鸭输卵管出血

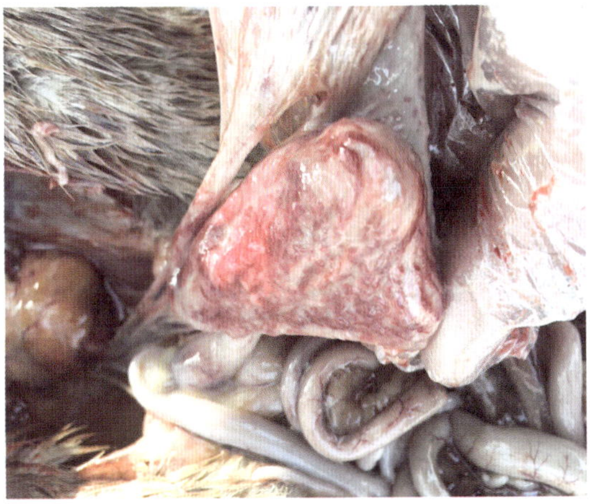

图 5-42 鸭子宫黏膜出血

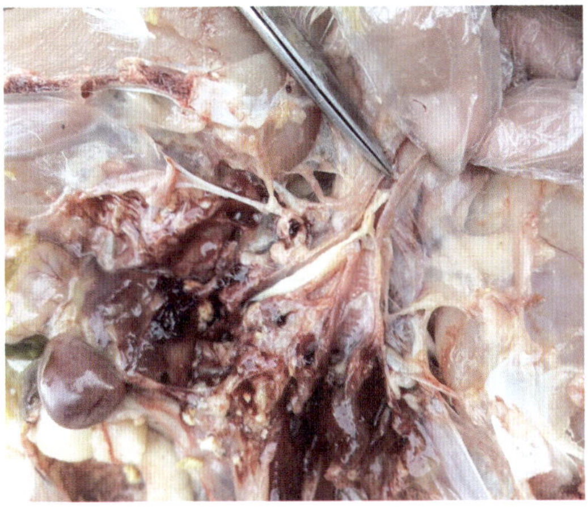

图 5-43 气管交叉处有黄色干酪样栓塞物

图 5-44 病鸭纤维素性腹膜炎

二、诊断

根据流行特点、临床症状和剖检变化可做出初步诊断。确诊需实验室诊断。可通过病毒分离与鉴定、血凝和血凝抑制试验、禽流感病毒 RT-PCR 试验和禽流感病毒实时荧光 RT-PCR 试验进行检测，综合判断。

若怀疑是高致病性禽流感，应当及时采取临时隔离控制等必要措施，防止延误防控时机，并及时按照国家规定的程序上报。

三、防制措施

采取综合性防制措施。严禁从有禽流感疫情的国家或地区引进种禽、种蛋。做好防疫工作。避免野鸟、鼠类进入场内，执行严格的防疫和消毒制度。免疫接种，必须针对当地流行的亚型，选择相应的亚型疫苗免疫，方可取得良好的免疫效果。目前应用灭活疫苗进行免疫，一般蛋鸡应在 20～30 日龄首免，120～140 日龄(产蛋前)二免，240～260 日龄三免。肉仔鸡在 1～10 日龄免疫 1 次。常用疫苗有重组禽流感病毒(H5＋H7)三价灭活疫苗及各种联苗、主要预防 H5、H7 和 H9 亚型的禽流感。

一旦发生高致病性禽流感，必须采取扑灭措施。一是早期确诊，严格封锁。立即向所在地农业农村主管部门或者动物疫病预防控制机构报告。决不允许瞒报和谎报疫情。二是划定疫区，及时采取扑灭措施。所在地县级以上地方人民政府对疫点周围 3 km 以内的所有禽类进行扑杀。对高致病性禽流感地区 5 km 内的所有禽类按规定进行强制免疫。对疫区内所有的病禽，包括鸡、观赏鸟和野鸟都应全部扑杀。所有扑杀病禽尸体采用掩埋、焚烧等方法做无害化处理。扑杀后 21 d，疫区内再无新病例出现，可以申请解除封锁。

任务二　新城疫

新城疫(ND)又称亚洲鸡瘟或伪鸡瘟，是由新城疫病毒引起的禽的一种急性、热性、败血性和高度接触性传染病。以高热、呼吸困难、下痢、神经紊乱、黏膜和浆膜出血为特征。具有很高的发病率和病死率，是危害养鸡业主要的传染病之一。1926 年首次发现于印度尼西亚，1927 年在英国新城分离到本病毒，故命名为新城疫。我国将新城疫列为二类动物疫病。

一、发病特点

1.流行特点

宿主范围广，鸡、火鸡、鹌鹑、鸽、鸟类等多种家禽及野禽均易感，其中以鸡最易感，野鸡次之，幼雏和中雏易感性最高，2 年以上的老鸡易感性较低。传染源主要为感染禽及带毒禽，主要经消化道和呼吸道传播，被污染的水、饲料、蛋托、种蛋、鸡胚和带毒的野生飞禽、昆虫及有关人员等均可成为主要的传播媒介。本病一年四季均可发生，春秋季节多发。在非免疫区呈毁灭性流行，发病率和死亡率可达 90%以上。本病常与 AI、IB、IBD、支原体病合并感染。目前，在大中型养鸡场，鸡群有一定免疫力，ND 主要是以非典型的形式出现。

2. 临床症状

潜伏期 2～15 d 或更长，平均为 5～6 d。

(1)不同病毒毒株致病性差别很大，根据临床表现不同，分为 5 个临床致病型。

①嗜内脏速发型　以消化道出血性病变为主要特征，死亡率高。

②嗜神经速发型　以呼吸道和神经症状为主要特征，死亡率高。

③中发型　以呼吸道和神经症状为主要特征，死亡率低。

④缓发型　以轻度或亚临床性呼吸道感染为主要特征。

⑤无症状肠道型　以亚临床性肠道感染为主要特征。

(2)根据病程，可分为最急性型、急性型和慢性型。

①最急性型　多见于流行初期和雏鸡。常突然发病，无特征性症状而迅速死亡。

②急性型　表现有呼吸道、消化道、生殖系统、神经系统异常。体温升高，食欲减退或废绝，饮水增多；精神沉郁，不愿走动，垂头缩颈或翅膀下垂，眼半开或全闭，状似昏睡；病鸡咳嗽，呼吸困难，气管内水泡音，常发出“咯咯”的喘鸣声，或突然出现怪叫声；嗉囊积液，高度膨胀，充满酸臭液体；口腔内有黏液，倒提病鸡从口中流出酸臭液体；病鸡腹泻，粪便呈黄绿色或黄白色；有的病鸡出现结膜炎，眼睑肿胀；鸡冠和肉髯渐变暗红色或暗紫色；部分鸡出现扭脖、仰头观星、站立不稳或卧地不起等神经系统症状，最后体温下降，很快死亡；1 月龄内鸡病程短，病死亡率较高。免疫禽群出现产蛋下降，蛋壳质量变差，软皮蛋、褪色蛋、沙壳蛋、畸形蛋增多(图 5-45 至图 5-52)。

③慢性型　多发生于流行后期的成年禽。主要表现神经症状，初期症状与急性型相似，不久有好转，但出现神经症状，如翅膀麻痹、跛行或站立不稳，头颈向后或向一侧扭转，常伏地旋转，反复发作。在间歇期内一切正常，貌似健康。但若受到惊扰刺激或抢食，则又突然发作，头颈屈仰，全身抽搐旋转，数分钟又恢复正常。最后逐渐消瘦或瘫痪，但病死率较低。

图 5-45　病鸡精神沉郁、羽毛蓬乱、垂头缩颈、状似昏睡

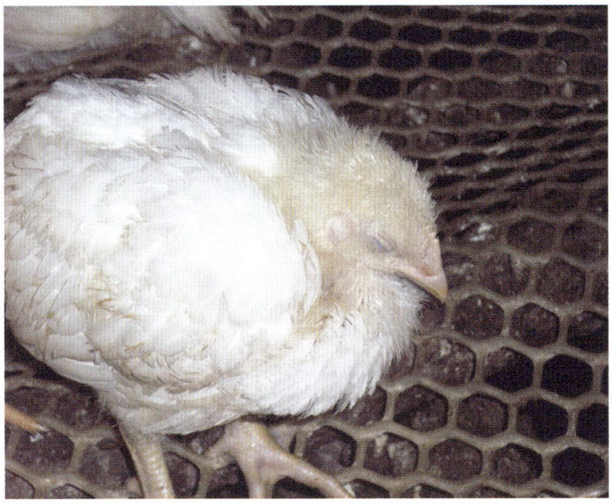

图 5-46　病鸡不愿走动、垂头缩颈

图 5-47　病鸡呼吸困难、张口呼吸

图 5-48　病鸡腹泻、粪便呈黄绿色或黄白色

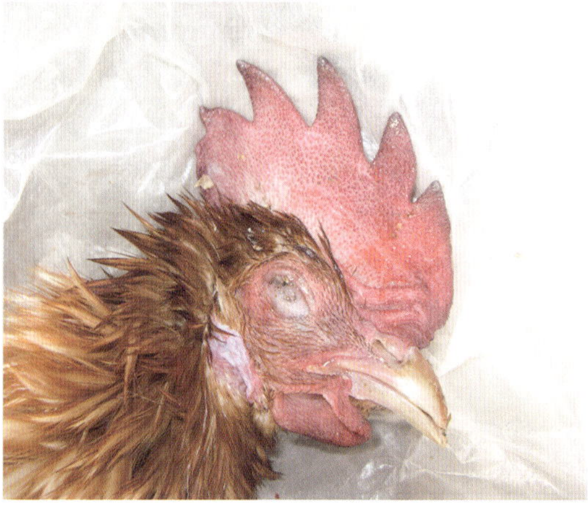

图 5-49　冠颜色变暗、边缘坏死，结膜炎

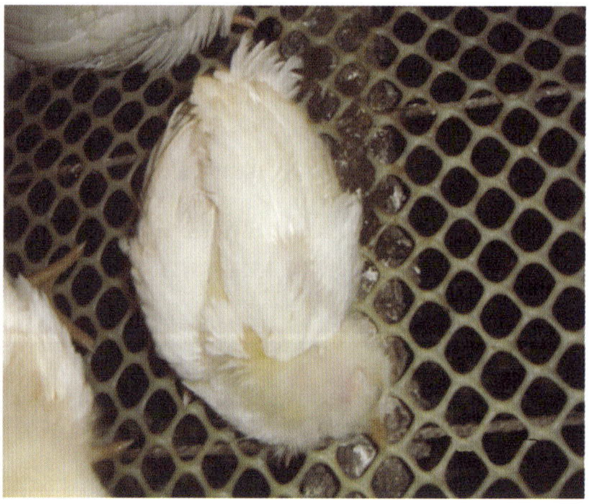

图 5-50　头颈扭转神经症状

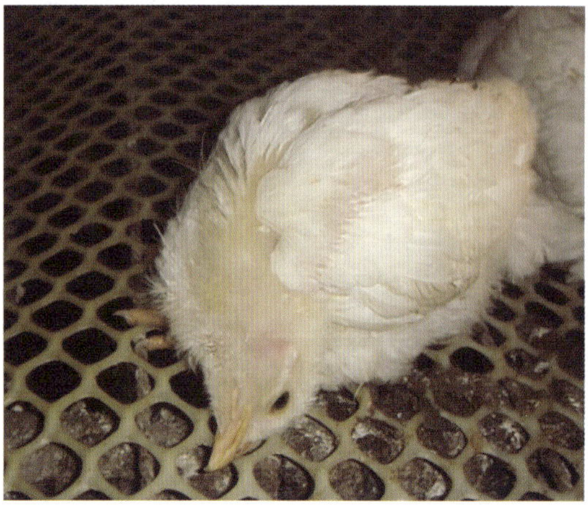

图 5-51　病鸡头颈扭转

图 5-52　蛋壳质量变差，软皮蛋、褪色蛋、沙壳蛋、畸形蛋增多

3.剖检变化

典型新城疫为全身败血症变化，全身黏膜和浆膜出血，以呼吸道和消化道最为严重。呼吸道以卡他性炎症和气管充血、出血为主，鼻窦、喉头、气管黏膜充血，偶见出血。消化道病变以腺胃、小肠和盲肠最具特征，腺胃乳头肿胀、出血或溃疡，尤以在与食管或肌胃交界处最明显；十二指肠黏膜及小肠黏膜出血或溃疡，有时可见到“岛屿状或枣核状溃疡灶”，表面有黄色或灰绿色纤维素膜覆盖；盲肠扁桃体肿大、出血和坏死；泄殖腔黏膜出血。后期，病毒侵入中枢神经系统，常引起脑膜充血和出血，导致神经症状。产蛋鸡卵泡充血、出血，多伴有卵黄性腹膜炎，有程度不等胃肠道出血(图 5-53 至图 5-64)。

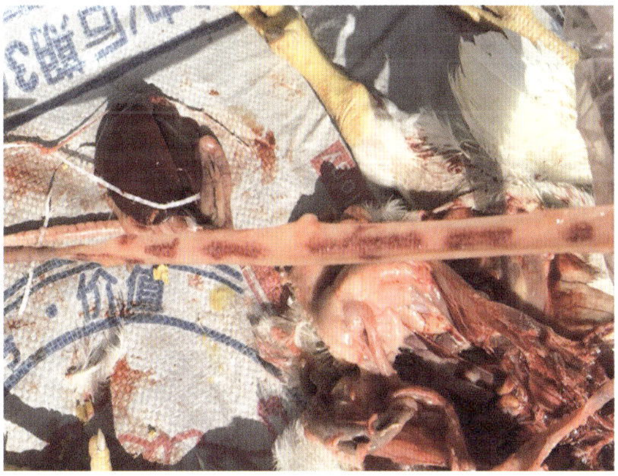

图 5-53　全身浆膜和黏膜出血，肠淋巴滤泡肿大、出血

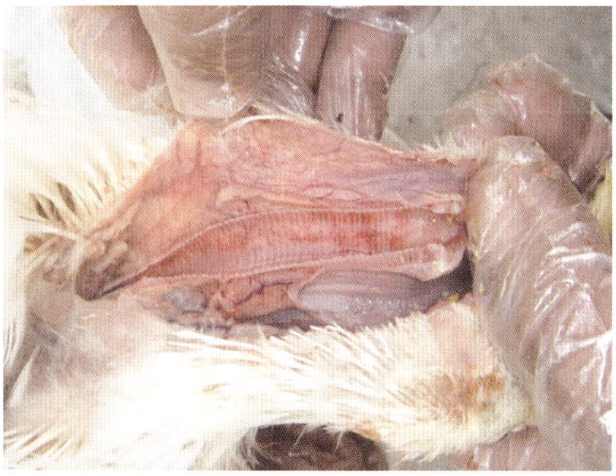

图 5-54　喉头、气管出血

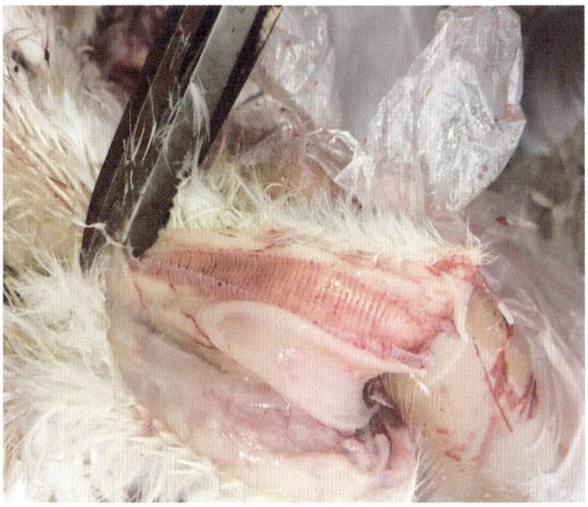

图 5-55　气管环出血

图 5-56　腺胃乳头水肿、出血

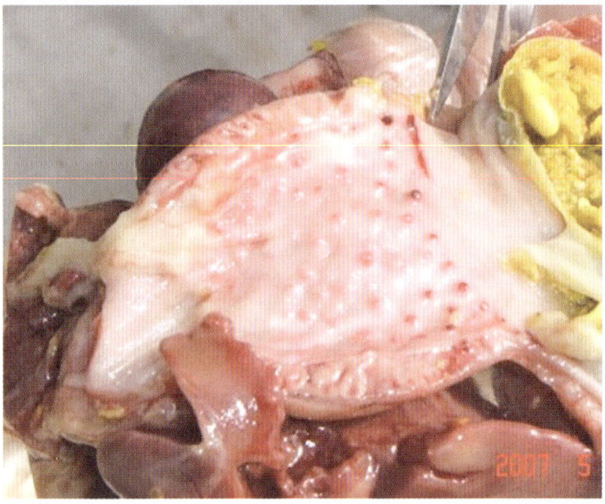

图 5-57　腺胃乳头出血、溃疡

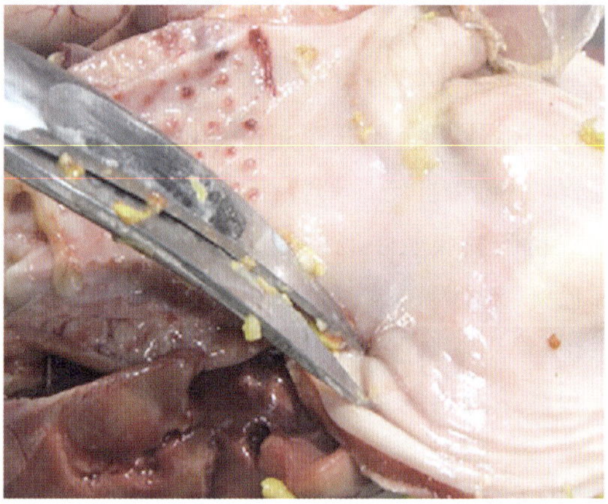

图 5-58　肌胃角质层出血

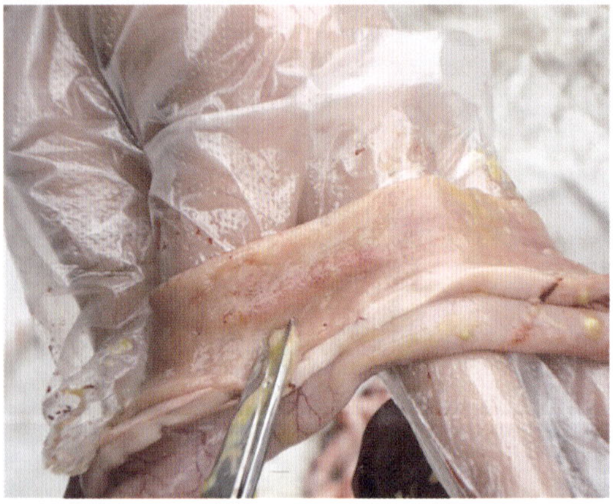

图 5-59　十二指肠降部枣核状出血、坏死

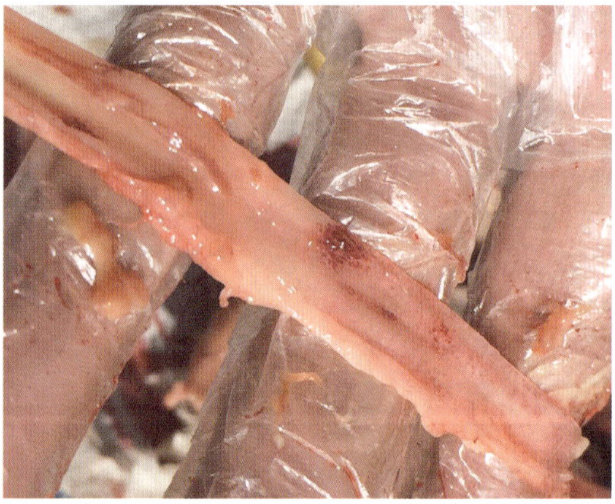

图 5-60　肠道黏膜出血、淋巴滤泡肿胀出血

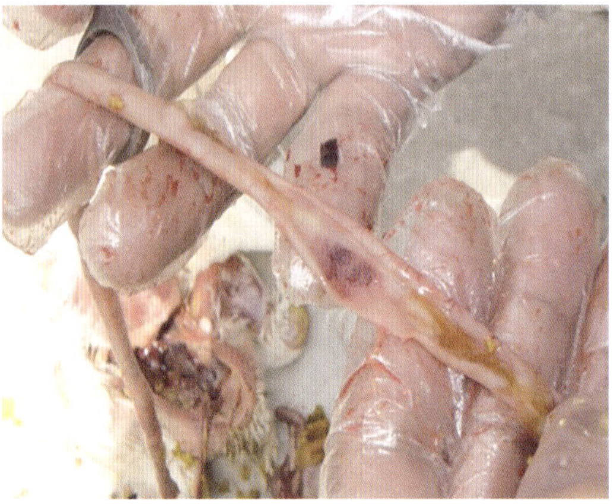

图 5-61　小肠枣核状坏死

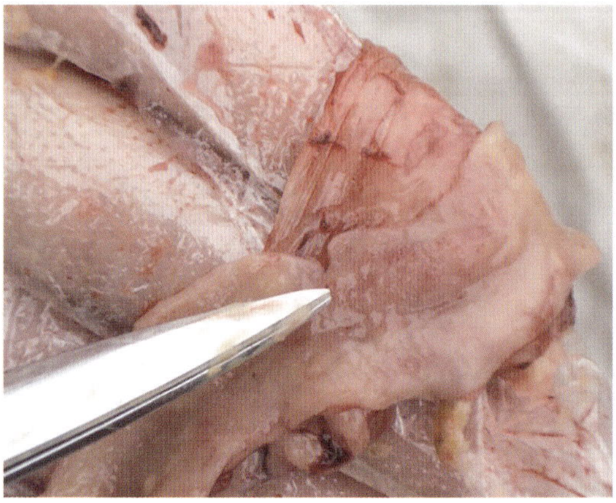

图 5-62　枣核样溃疡

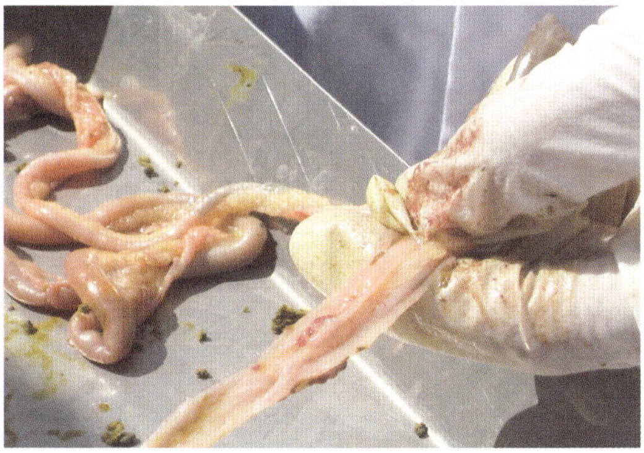
图 5-63　盲肠扁桃体出血

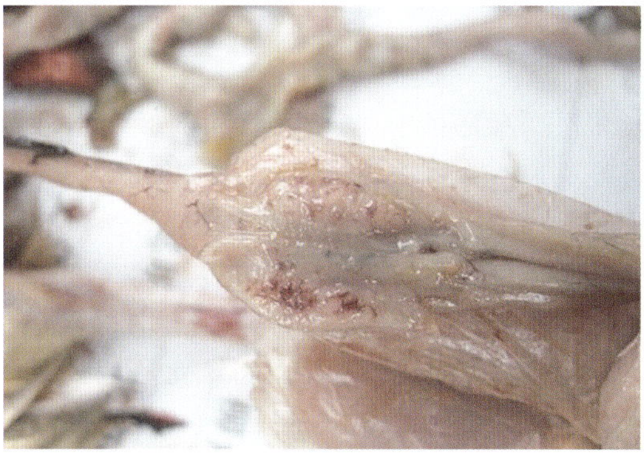
图 5-64　盲肠扁桃体肿胀、出血或坏死

目前，临床中非典型新城疫发病率较高，其主要特点：多发生于有一定抗体水平的免疫鸡群；病情比较缓和，发病率和死亡率都不高；临床表现以呼吸道症状为主，排黄绿色稀便，继而出现歪头、扭脖或仰面观星状等神经症状；成年鸡产蛋量突然下降 5%～12%，严重者可达 50%以上，并出现畸形蛋、软壳蛋和糙皮蛋。病理变化不典型，常见气管充血、出血，黏液增多，盲肠扁桃体肿胀、轻微出血，直肠黏膜出血较普遍，泄殖腔也多有出血点。产蛋鸡卵泡充血明显，少数卵泡萎缩呈褐色，如若继发感染支原体或大肠杆菌，则死亡率增加，表现有气囊炎和腹膜炎等病变(图 5-65 至图 5-68)。

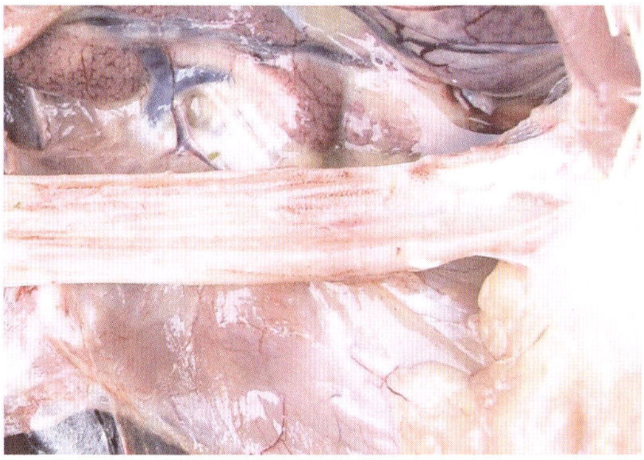
图 5-65　直肠黏膜出血

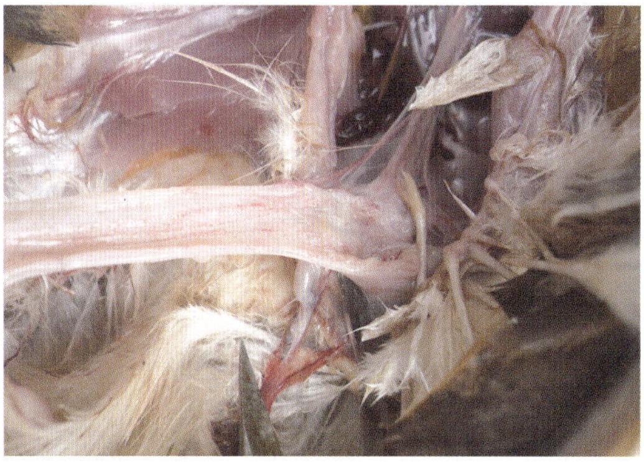
图 5-66　直肠和泄殖腔黏膜出血

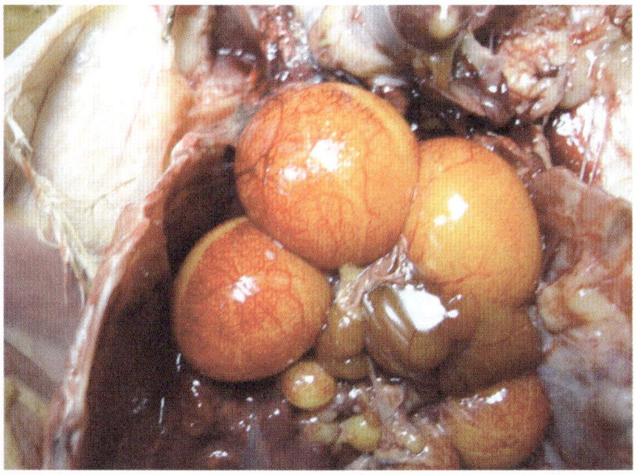
图 5-67　卵泡充血出血坏死

图 5-68　卵泡破裂引起卵黄性腹膜炎

二、诊断

根据流行特点、临床症状和剖检变化可做出初步诊断。确诊须进行实验室检查，病毒分离与鉴定、血凝和血凝抑制试验、RT PCR 试验、荧光 RT-PCR 试验或酶联免疫吸附试验(ELISA)用于现场诊断、流行病学调查和口岸进出境鸡检疫的筛检。

注意与高致病性禽流感的鉴别诊断。家禽感染高致病性禽流感病毒后，临床表现和死亡率与新城疫类似。与 ND 相比，高致病性禽流感以全身器官出血为特征，包括头肿，眼睑周围浮肿，鸡冠和肉垂肿胀、发紫、出血和坏死，腿及爪鳞片出血等。新城疫神经症状比较典型，有扭颈、仰头、摇头、转圈现象，较禽流感明显；典型的新城疫病鸡大多嗉囊膨胀，嗉囊积液，倒提病鸡时从口中流出；典型性新城疫肠道黏膜上常出现枣核状溃疡，而禽流感主要是整个肠道弥漫性出血。在临床实践中，很难依据临床症状和剖检变化进行区分，应依靠实验室诊断进行鉴别。

三、防制措施

1. 预防

(1)加强饲养管理，不从疫区引进种蛋和苗鸡。注意饲料营养，减少应激，提高鸡群的整体健康水平；全进全出和封闭式饲养，提倡育雏鸡、育成鸡、成年鸡分场饲养方式。

(2)严格防疫消毒制度，杜绝强毒污染和入侵。在养殖场门口和鸡舍门口都要设置消毒池。定期消毒鸡舍、周围环境以及养殖用具。消毒液可选用 2%氢氧化钠、3%～5%来苏尔、0.2%～0.5%过氧乙酸。最好空舍 2 周后再进雏。

(3)建立科学的免疫程序。充分考虑母源抗体水平，疫苗种类及毒力，最佳剂量和接种途径，鸡种和年龄。根据 HI 抗体水平确定首免和二免时间，为制定科学合理的免疫程序，提供科学依据，保持鸡群有较高的特异免疫状态。

建议的免疫程序：首免在 1～3 日龄，Ⅱ系、Ⅳ系或克隆株疫苗气雾或点眼；二免在首免后 1～2 周，VH、Ⅳ系或克隆株；三免在二免后 2～3 周，活苗＋灭活苗；四免在 8～10 周龄，Ⅳ系或克隆株；五免在 16～18 周龄，活苗＋灭活苗。产蛋期根据抗体水平及时补免或 2 个月免疫 1 次活疫苗。常用疫苗可选用Ⅱ系、Ⅳ系或克隆株活疫苗和油乳剂灭活疫苗。

2. 治疗

在临床治疗多是亚急性病例，早期常用干扰素抗病毒感染、退烧解表药、抗生素类药物防止继发感染，也可选择中药治疗。

任务三　禽大肠杆菌病

禽大肠杆菌病是由大肠埃希氏菌的某些血清型所引起的禽类不同疾病总称，包括大肠杆菌性败血症、气囊炎、脐炎、卵黄性腹膜炎、输卵管炎、肉芽肿、滑膜炎、关节炎、肠炎和全眼球炎等一系列病症。本病是禽类胚胎和雏鸡死亡的主要原因之一。我国将大肠杆菌病列为三类动物疫病。

一、发病特点

1. 流行特点

大肠杆菌在自然界中广泛存在，也是动物和人类胃肠道中的正常栖居菌群。病禽和带菌禽是主要传染源，通过污染的饲料、饮水、用具、垫料及粉尘传播。最主要的传播途径是呼吸道，也可通过消化道、污染蛋、交配感染。各品种、日龄的禽均可感染发病，以鸡、火鸡、鸭最常见，雏鸡发病率和死亡率均较高。一年四季均可发生，但以寒冷和气温多变季节多发。本病多继发或并发于其他疾病。临床上常与鸡白痢、禽伤寒、禽副伤寒、慢性呼吸道病、禽传染性支气管炎、新城疫、禽巴氏杆菌病等合并发生。

2.临床症状与剖检变化

(1)大肠杆菌性败血症　3～7 周龄多发，病死率为 5%～20%。特征性病理变化是纤维素性心包炎、肝周炎和纤维素性腹膜炎。纤维素性心包炎，表现为心包增厚不透明、表面附有黄白色纤维素性膜，心包积有淡黄色液体；肝周炎表现肝脏肿大、表面附有一层黄白色纤维素性膜；纤维素性腹膜炎，表现为腹腔有数量不等的腹水，混有纤维素性渗出物(图 5-69 至图 5-75)。

(2)气囊炎　表现为胸、腹腔气囊浑浊增厚，有干酪样渗出物(图 5-76)。

(3)脐炎　俗称“大肚脐”。主要发生在幼雏。病雏脐带发炎，愈合不良，腹部胀大，粪便黄白色、稀薄腥臭，多在一周内死亡或淘汰；剖检可见卵黄吸收不良，囊壁充血，卵黄变性、呈黄绿色。肝呈土黄色，肿胀质脆，有斑状或点状出血。肠黏膜充血或出血(图 5-77 至图 5-79)。

(4)卵黄性腹膜炎及输卵管炎　发生于产蛋鸡。往往产蛋停止，外观腹部膨大、重坠。剖检可见腹腔内有大量凝固的蛋黄碎块或蛋黄液，味恶臭，肠道或脏器间相互粘连。病死鸡可见输卵管炎，黏膜充血，管腔内有不等量的干酪样物，输卵管壁变薄，严重时输卵管内积有较大块状物，块状物呈黄白色，切面轮层状，较干燥(图 5-80 至图 5-83)。

(5)大肠杆菌性肉芽肿　较少见，但死亡率高。特征性病理变化是在肝脏、小肠、盲肠及肠系膜多处出现针尖至核桃大小的肉芽肿结节，与结核病的肉芽肿相似(图 5-84)。

(6)关节炎和滑膜炎　多见于跗关节和趾关节肿大，关节腔中有纤维蛋白渗出或有浑浊的关节液，滑膜肿胀、增厚，关节周围组织充血、水肿(图 5-85、图 5-86)。

(7)全眼球炎　不常见，病鸡眼睑肿胀、流泪、畏光。典型症状多数为一侧眼睛出现眼前房纤维素分泌物或积脓，引起失明(图 5-87)。

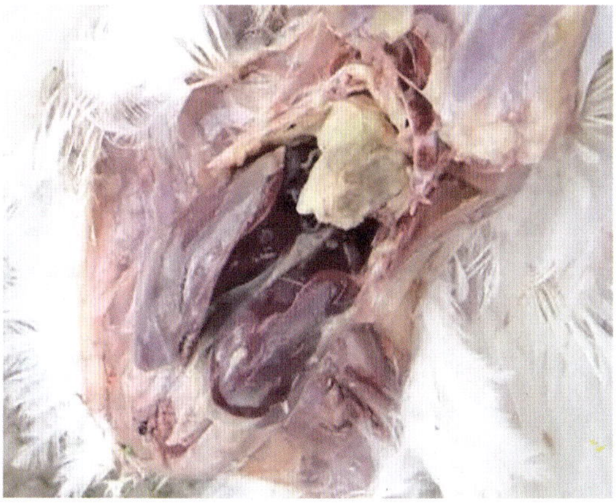

图 5-69　心包炎、肝周炎(一)

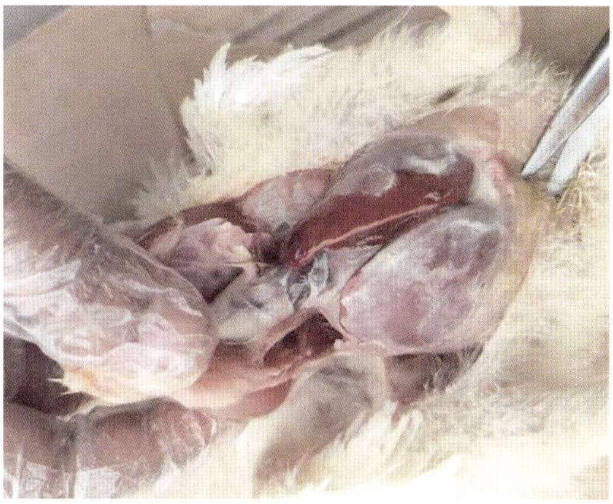

图 5-70　心包炎、肝周炎(二)

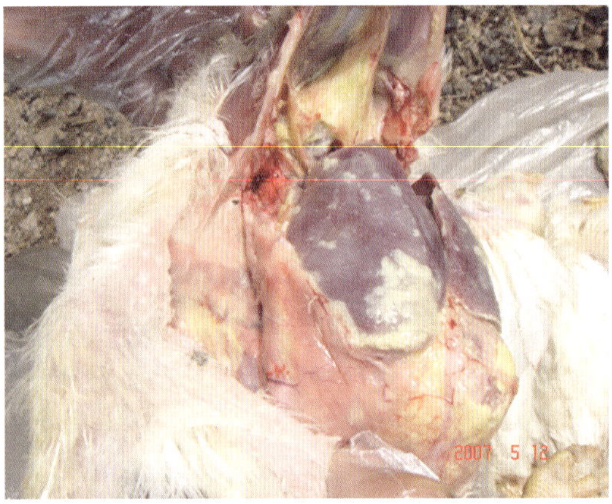

图 5-71　肝周炎(一)

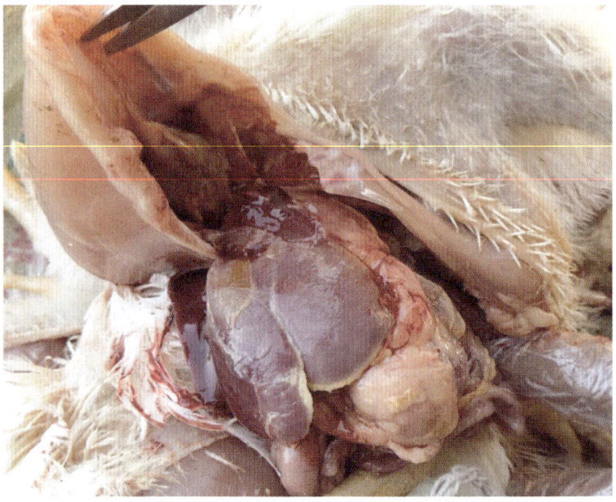

图 5-72　肝周炎(二)

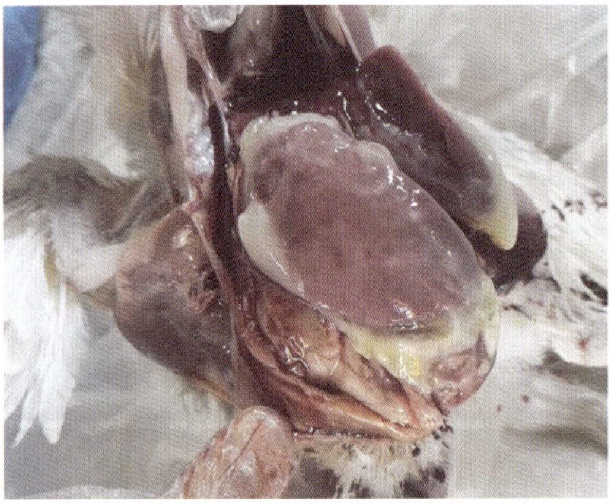

图 5-73　肝周炎表现肝脏肿大、表面附有一层黄白色纤维素性膜

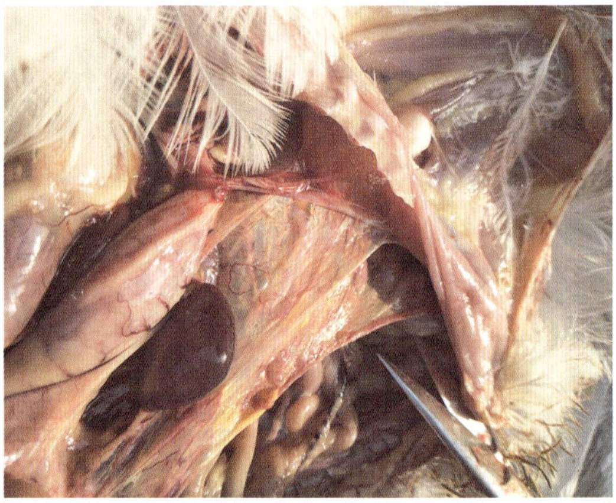

图 5-74　纤维素性腹膜炎

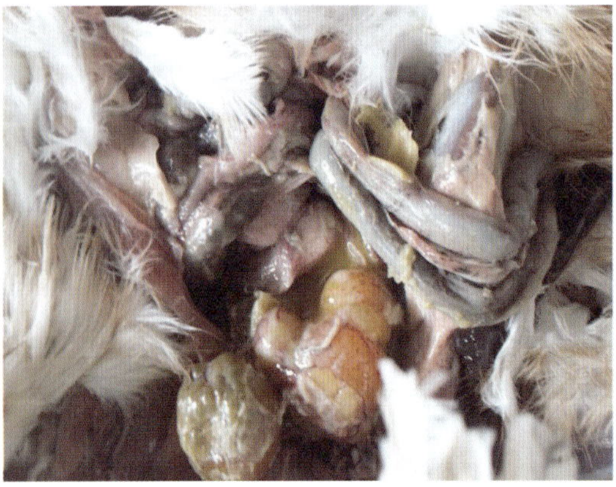

图 5-75　腹腔腹水增多，混有纤维素性渗出物

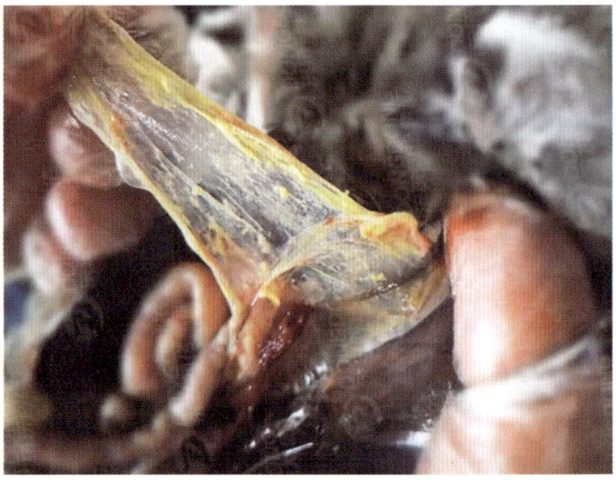

图 5-76　气囊炎表现气囊浑浊增厚，有干酪样渗出物

图 5-77 腹部膨大、脐带发炎、愈合不良

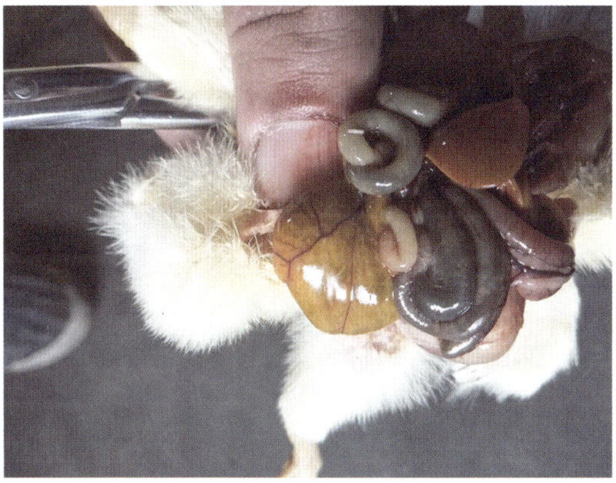

图 5-78 卵黄吸收不良、囊壁充血、卵黄变性、呈黄绿色

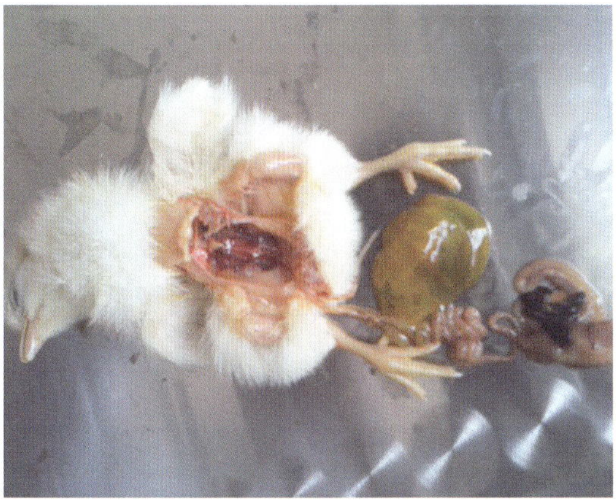

图 5-79 脐炎

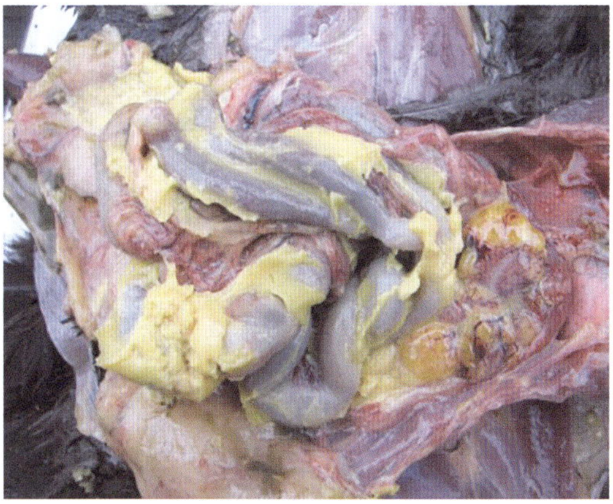

图 5-80 卵黄性腹膜炎

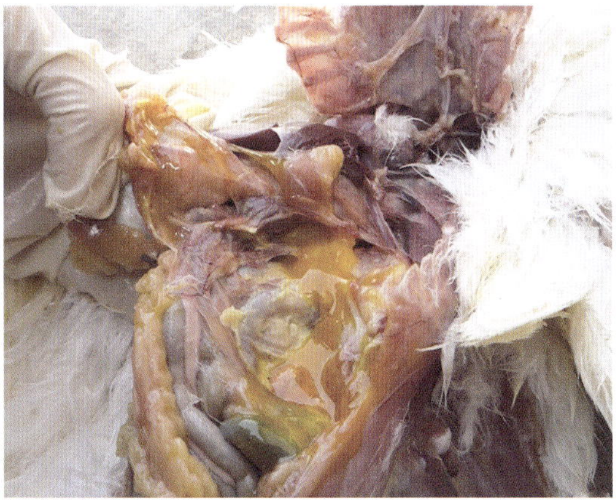

图 5-81 腹腔内凝固的蛋黄碎块或蛋黄液、肠道或脏器间相互粘连

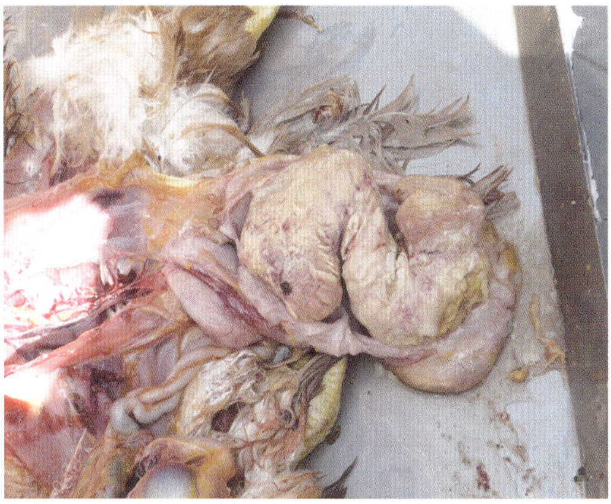

图 5-82 输卵管出血，显著膨大，管壁变薄，管腔内有干酪样块状渗出物

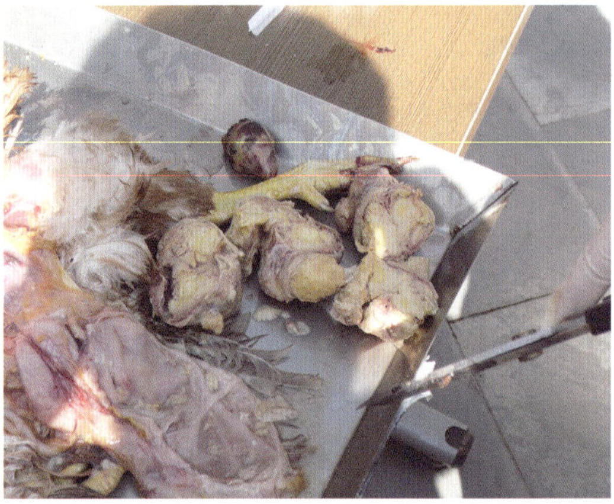

图 5-83　输卵管内积有较大干燥块状物，呈黄白色，切面呈轮层状

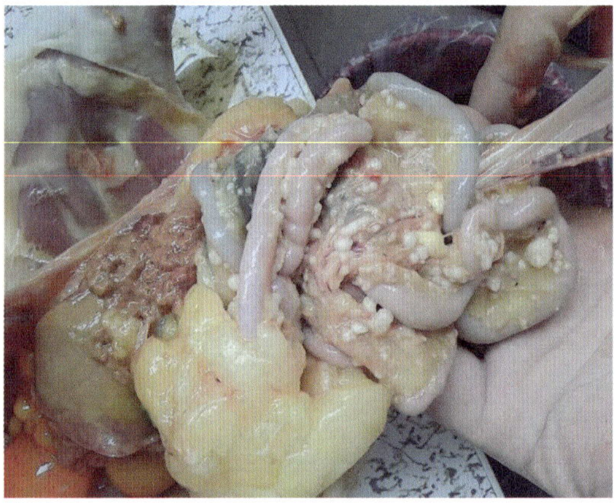

图 5-84　肠道及肠系膜多处出现大小不等的肉芽肿结节

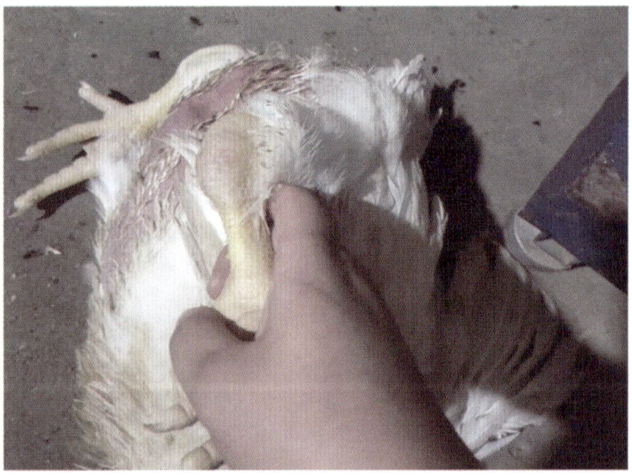

图 5-85　关节肿胀

图 5-86　跗关节肿大、出血

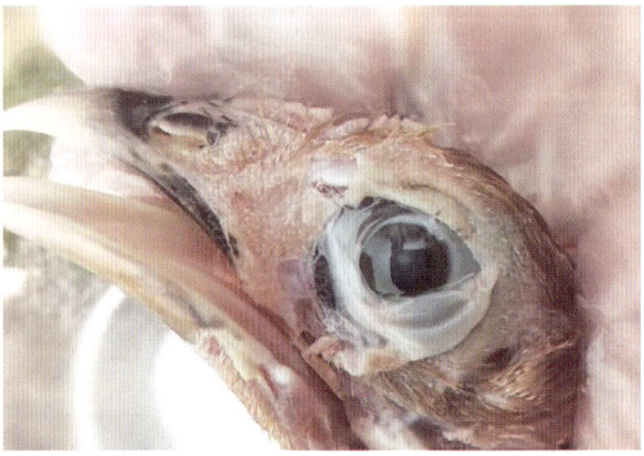

图 5-87　一侧眼睛出现眼前房纤维素分泌物

二、诊断

根据流行特点、临床症状和剖检变化可做出初步诊断。确诊须通过实验室检验，排除其他病原感染，经鉴定为致病性大肠杆菌，方可认为是原发性大肠杆菌病。可采用病原鉴定、生化试验、血清学试验等方法。

三、防制措施

1. 加强管理

加强饲养管理，降低饲养密度，做好卫生消毒工作，注意温度湿度和通风的控制，减少各种应激因素的发生。尤其是种蛋收集、存放和孵化过程管理，减少胚胎和雏禽的死亡。

2. 免疫预防

对发病严重的鸡场，可以选用灭活疫苗进行预防接种。一般免疫程序为 7～15 日龄、25～

35 日龄、120～140 日龄各免疫 1 次。同时做好新城疫、传染性法氏囊病、传染性支气管炎等传染病的免疫预防，可间接地起到防止大肠杆菌感染的作用，控制并发和继发感染。

3. 治疗

一旦发病，最好通过药物敏感试验，选用敏感药物进行治疗（图 5-88）。若无条件做药敏试验，则可选用平时未曾使用过的抗菌药物。也可选用中药制剂进行预防和治疗。

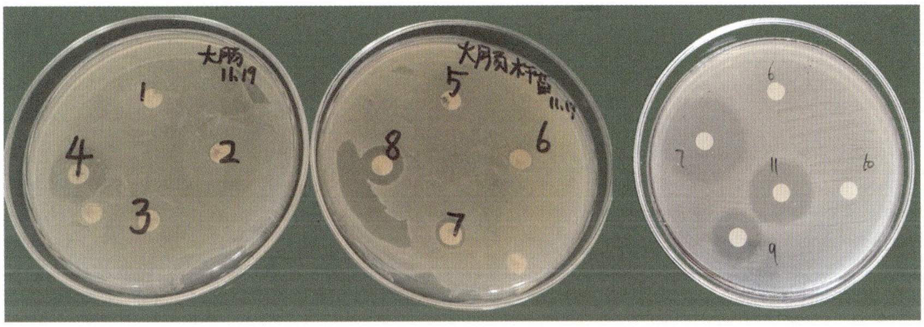

图 5-88 药敏试验选择药物

任务四 禽巴氏杆菌病

禽巴氏杆菌病，又名禽霍乱或禽出血性败血症，是由多杀性巴氏杆菌引起的家禽和野禽的接触性传染病。急性病例以败血症和出血性炎症为主要特征；慢性病例表现为皮下结缔组织、关节及各脏器的化脓性病灶。我国将巴氏杆菌病列为三类动物疫病。

一、发病特点

1. 流行特点

病死禽及康复带菌禽、慢性感染禽是主要传染源。主要通过消化道、呼吸道及皮肤伤口感染。所有禽类对多杀性巴氏杆菌均易感，如鸡、鸭、鹅、火鸡及野生的水禽、鸟类等都能感染。通常发生于产蛋禽群，成年禽中又以肥胖或产蛋多者死亡率高。一年四季均可发病，但以春秋两季发生较多。多杀性巴氏杆菌是一种条件致病菌，可存在于健禽的呼吸道中，当机体抵抗力下降时，可引起内源性感染。

2. 临床症状

（1）最急性型　常见流行初期，以产蛋高的禽最常见。病禽无前驱症状突然倒地死亡，病程为数分钟至数小时。

（2）急性型　病鸡主要表现为精神沉郁，羽毛松乱，缩颈闭眼，头缩在翅下，不愿走动，离群呆立。剧烈腹泻，粪便呈灰黄色或绿色。体温升高到 43～44 ℃，减食或不食，渴欲增加。呼吸困难，口鼻分泌物增加。典型症状为鸡冠和肉髯变青紫色、水肿，产蛋鸡停止产蛋，最后衰竭，昏迷死亡，病程短的约 0.5 d，长的 1～3 d（图 5-89 至图 5-91）。

（3）慢性型　多见于流行后期。病禽鼻孔流出黏液，鼻窦肿大，喉头积有分泌物而影响呼吸；经常性腹泻；病禽消瘦，精神委顿，鸡冠苍白；有些病禽一侧或两侧内髯显著肿大，有脓性干酪样物质，或干结、坏死、脱落；关节肿大、跛行；病程可拖至 1 个月以上，但生长发育和产蛋量长期不能恢复。

鸭巴氏杆菌病俗称“摇头瘟”，多呈急性型，病鸭不愿下水，闭目瞌睡。口和鼻有黏液流出，呼吸困难，常张口呼吸，并常常摇头，企图排出积在喉头的黏液，故有“摇头瘟”之称；病程长者可见局部关节肿胀，跛行，行走困难；掌部肿如核桃大，切开见有脓性和干酪样坏死。成年鹅的症状与鸭相似。

图 5-89 病鸡精神沉郁、羽毛松乱、缩颈闭眼、立群呆立

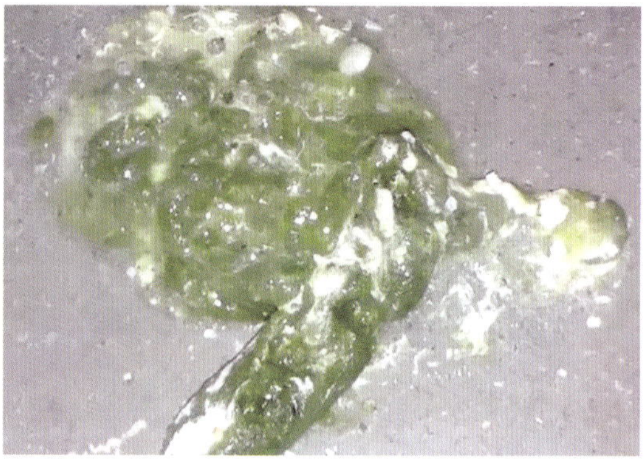

图 5-90 剧烈腹泻，粪便呈灰黄色或绿色

3. 剖检变化

鸭、鹅、鸡的病变基本相似。

(1)最急性型 死亡的病例无特殊病变，有时可见心外膜有出血点。

(2)急性型 以败血症为主要变化。组织器官淤血、出血，腹腔和心包液增多；肝脾肿大和局灶性坏死，肝脏病变具有特征性，肝微肿，质变脆，呈棕色或黄棕色，肝表面散布许多灰白色、针头大的坏死点；肺炎，肺充血、出血、水肿；肠道尤其是十二指肠呈卡他性和出血性肠炎，肠内容物含有血液；蛋鸡卵巢明显出血，严重卵泡变形，似半煮熟样(图 5-92 至图 5-103)。

图 5-91 病鸡的冠和肉髯变青紫色、水肿

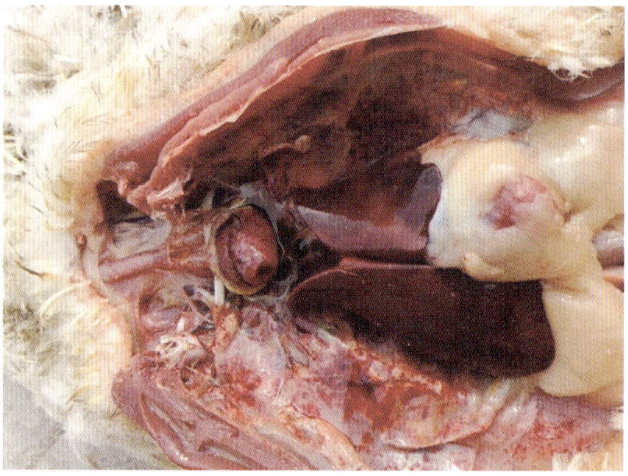

图 5-92 败血症变化，组织器官淤血、出血

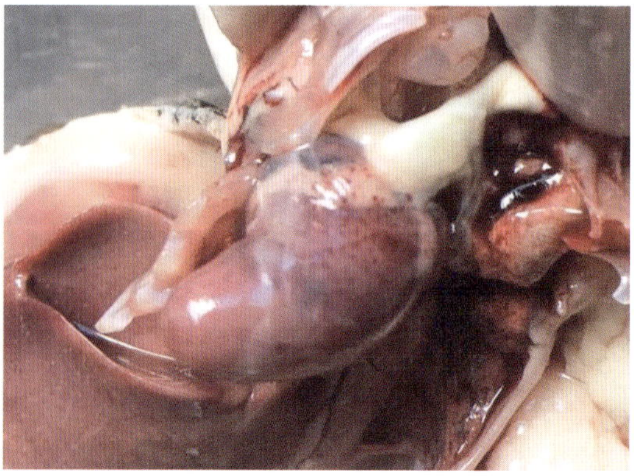

图 5-93 心包液增多，心冠脂肪、心外膜有点状出血

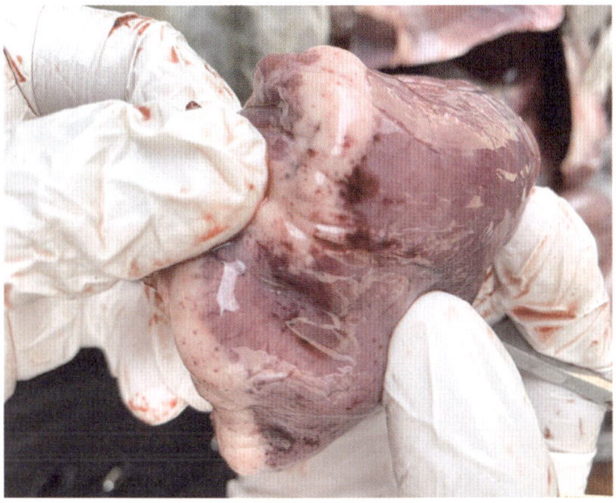

图 5-94 病鹅心外膜、心冠脂肪有密集的出血斑点

图 5-95 病鸡肝肿大、表面有灰白色坏死点

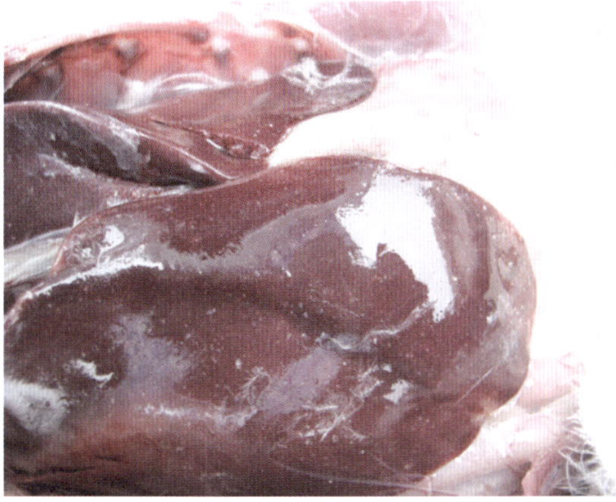

图 5-96 病鸭肝肿大、表面有灰白色坏死点

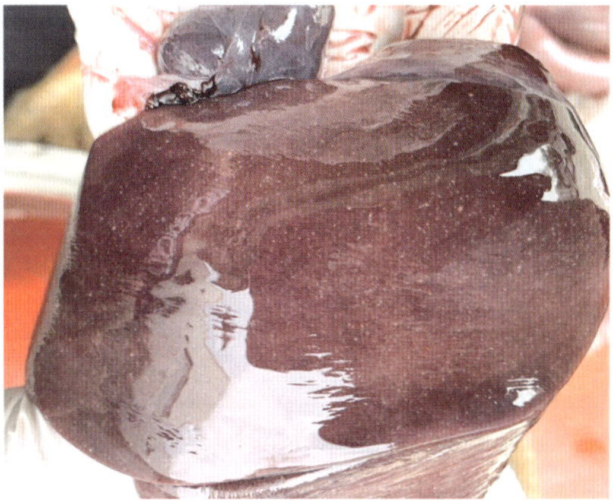

图 5-97 病鹅肝肿大、表面布满灰白色坏死点

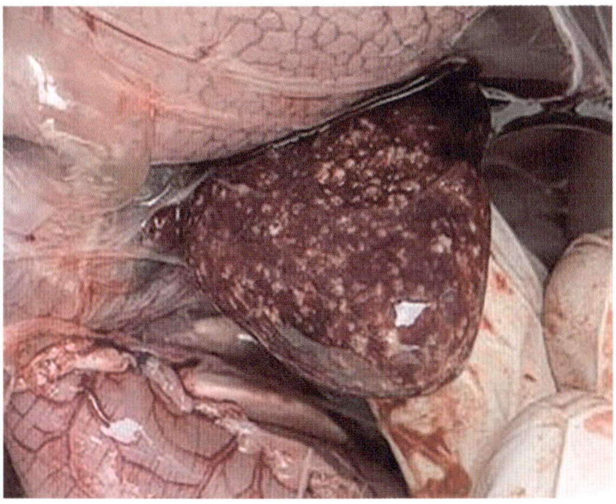

图 5-98 病鹅脾肿大、有灰白色坏死灶

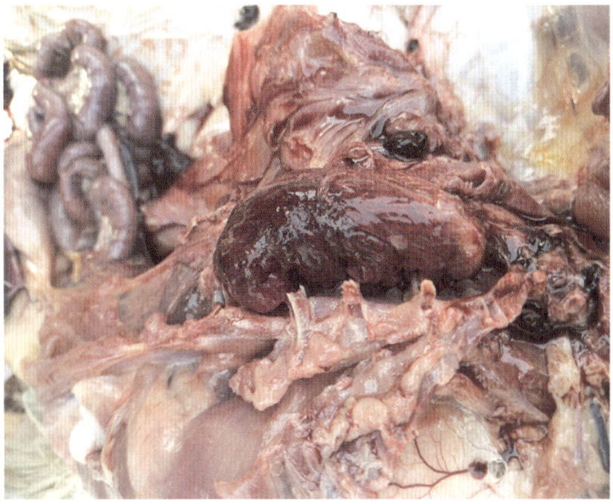

图 5-99 肺充血、出血

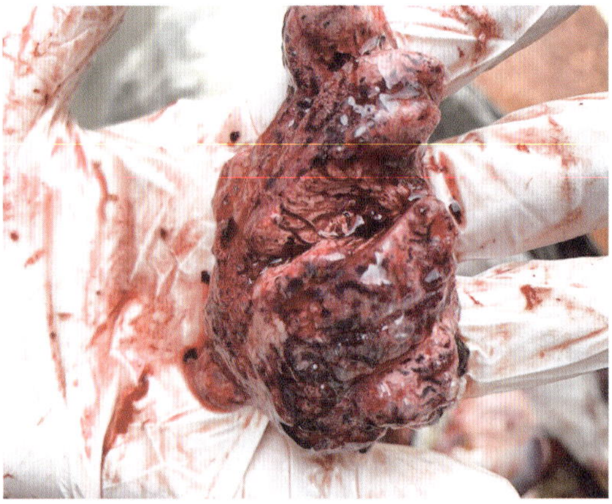

图 5-100　病鹅肺充血、出血、水肿

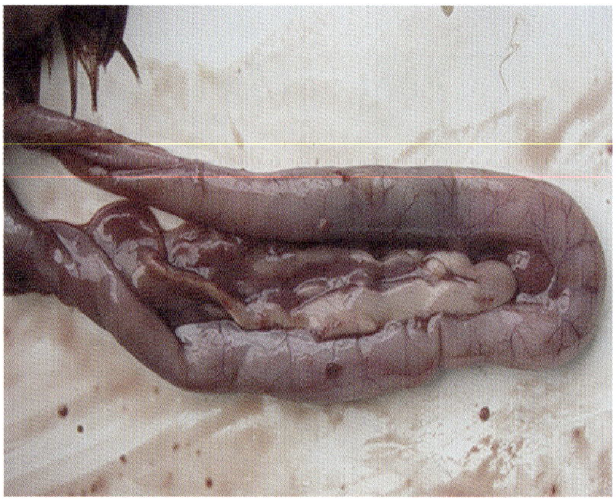

图 5-101　十二指肠严重出血

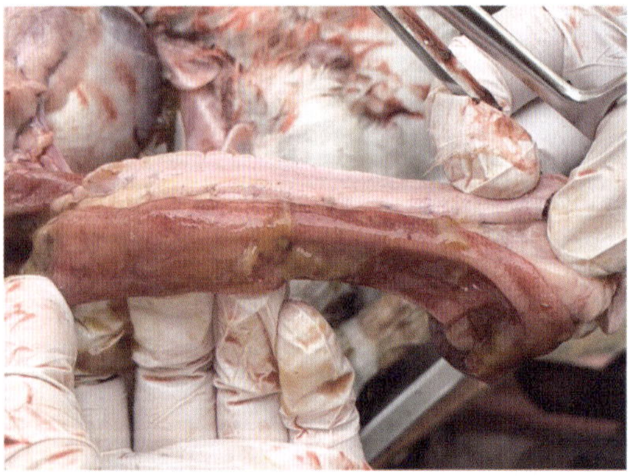

图 5-102　十二指肠黏膜弥散性出血

图 5-103　卵泡明显出血、变形、变性

(3)慢性型　急性型耐过或由弱毒菌株感染的禽只呈慢性型病程，其特征为局部感染，在关节、趾垫、腱鞘、胸骨黏液囊、眼结膜、肉髯、咽喉、肺、气囊、骨髓、脑膜等部位呈现纤维素性化脓性渗出、坏死或不同程度的纤维化。

二、诊断

根据流行特点、临床症状和病理变化可做出初步诊断。病原分离鉴定、凝胶免疫扩散试验、PCR 检测和荚膜多重 PCR 检测可用于进一步确诊。病原分离鉴定适用于禽巴氏杆菌病的诊断；PCR 检测适用于多杀性巴氏杆菌种的鉴定；荚膜多重 PCR 检测适用于多杀性巴氏杆菌荚膜血清型的鉴定。

注意鸡巴氏杆菌病应与新城疫、禽流感，鸭巴氏杆菌病应与鸭瘟相鉴别。

三、防制措施

1. 加强饲养管理

严格执行兽医卫生防疫措施，采取全进全出的饲养制度。

2. 疫苗免疫

对常发地区或鸡场，可使用疫苗进行预防。

3.治疗

禽群发病应立即采取治疗措施，治疗药物很多，如磺胺类药物、红霉素、庆大霉素、环丙沙星、恩诺沙星等，可通过药敏试验及以往用药情况，选择有效药物，疗效较好（图 5-104）。

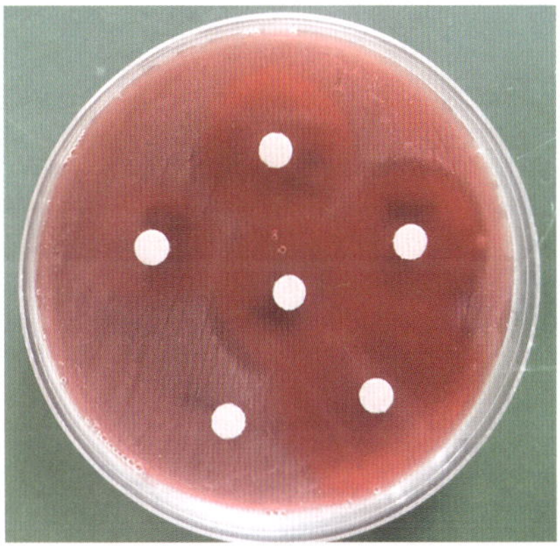

图 5-104 药敏试验

任务五 禽葡萄球菌病

禽葡萄球菌病是由金黄色葡萄球菌引起的雏禽传染病，临床上主要表现为急性败血症、化脓性关节炎、雏鸡脐炎、皮肤坏死等病症。雏鸡和中雏死亡率较高。

一、发病特点

1.流行特点

金黄色葡萄球菌广泛分布在自然界和家禽体表。皮肤和黏膜创伤是主要的传染途径，也可以通过直接接触和空气传播，雏禽脐带感染也是常见的途径。各种家禽均可感染，鸡最易感，以 40～60 日龄幼鸡发病最多。本病无明显季节性、多雨潮湿季节多发。

2.临床症状和剖检变化

（1）急性败血型　急性败血型是本病常见的病型，多发生于中雏，病程 2～5 d 死亡，快者 1～2 d 呈急性死亡。特征性的症状是：腹胸部、大腿内侧皮下浮肿，潴留数量不等的血样渗出液，外观呈紫色或紫黑色，有波动感，局部羽毛脱落，或轻摸即掉下。有的自然破溃，流出茶色或紫红色液体，溶血糜烂。部分病鸡在不同部位的皮肤出现大小不等的出血性炎性坏死，局部干燥结痂，呈暗紫色。剖检有时可见到肝脏、脾脏有小化脓灶（图 5-105 至图 5-108）。

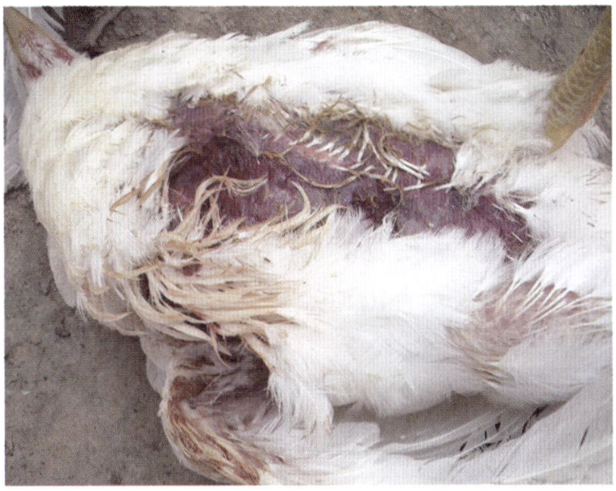

图 5-105 皮肤发暗，局部羽毛脱落

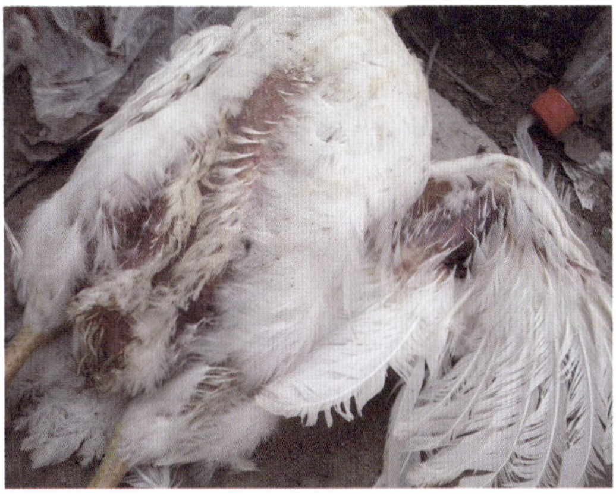

图 5-106 腹胸部皮下浮肿、有血样渗出液，外观呈紫黑色

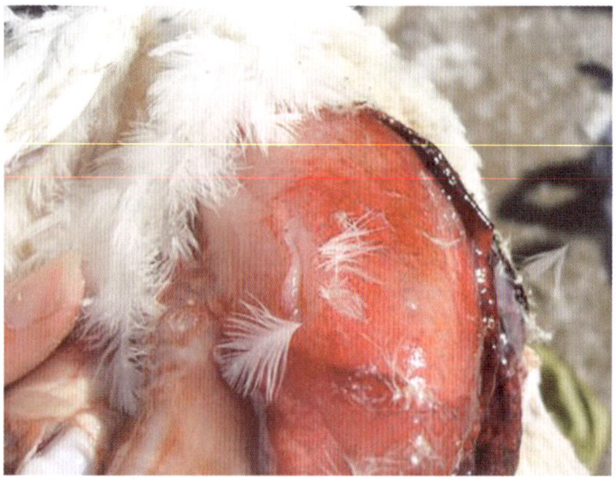

图 5-107 大腿内侧皮下有血样渗出液

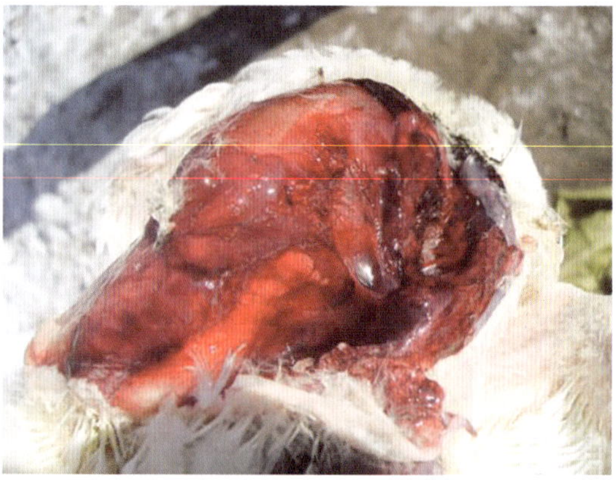

图 5-108 局部皮肤破溃，皮下有血样渗出物，有的溶血糜烂

(2)关节炎型　多个关节肿胀，特别是跖关节和跗关节多发，呈紫红或紫黑色，可见到外伤或破溃。有的出现趾瘤、脚底肿胀，有的趾端坏死干涩。病鸡表现跛行，多因采食困难，病鸡逐渐消瘦，最后衰弱死亡。此型病程多数为 10 余天。剖检关节肿大，滑膜增厚，充血或出血，关节囊内有浆液性或纤维素渗出物，慢性病例变成干酪样性坏死，关节周围结缔组织增生及畸形(图 5-109、图 5-110)。

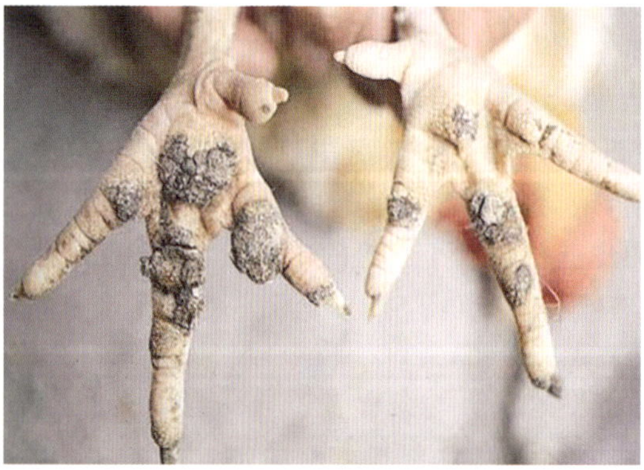

图 5-109 病鸡出现趾瘤，脚底肿胀，趾端坏死干涩

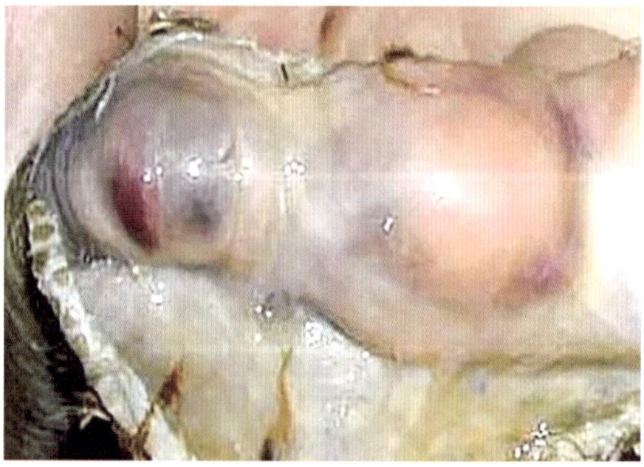

图 5-110 关节滑膜囊肿大，囊内有血凝块和血性分泌物

(3)脐带炎型　多发生于刚孵出的雏鸡，病鸡腹部膨大，脐孔发炎肿大，呈紫红或紫黑色，称为“大肚脐”，脐炎病鸡可在出壳后 2～5 d 死亡。剖检可见肝有出血点，卵黄吸收不良，呈黄红色或黑灰色(图 5-111)。

(4)皮炎型　体表不同部位的皮肤出现大小不等的出血、炎性坏死，甚至坏疽变化。在病鸡头、颈、翅膀背侧及腹面、翅尖等部位多发(图 5-112)。

二、诊断

根据流行特点、临床症状和剖检变化可做出初步诊断。细菌学检查是确诊本病的主要方法，肉蛋类制品可采用 PCR 检测方法。

图 5-111 雏鸡腹部膨大，脐孔发炎肿大

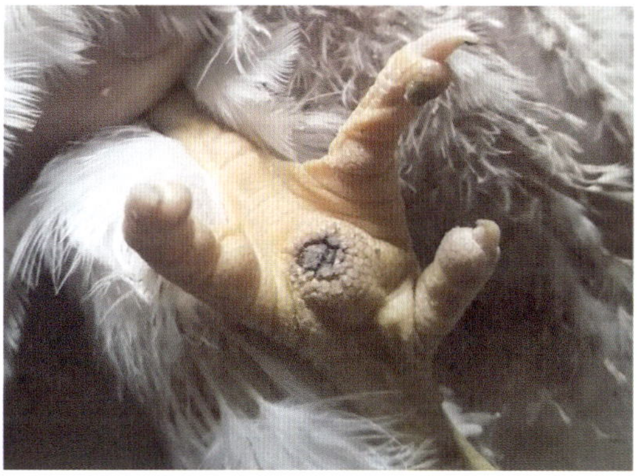

图 5-112 脚底皮肤坏疽

三、防制措施

禽葡萄球菌病是一种环境性疾病，预防是关键。

1. 防止发生外伤

创伤是发病的重要原因，在鸡饲养过程中，尽量避免和消除发生外伤的诸多因素，在断喙、带翅号(或脚号)、剪趾及免疫刺种时，要做好消毒，避免感染。

2. 搞好鸡舍卫生及消毒工作

减少环境中的细菌，消除传染源，降低感染机会；做好孵化过程的卫生及消毒工作，防止雏鸡感染或发病。

3. 预防接种

发病较多的鸡场，可用葡萄球菌多价灭活苗给 20 日龄左右的雏鸡注射免疫。

4. 治疗

一旦发病，要立即全群给药治疗。通过药敏试验选择敏感药物注射、拌料或饮水给药。

任务六 鸭瘟

鸭瘟又名鸭病毒性肠炎，俗称“大头瘟”，是由鸭瘟病毒引起的一种急性热性、败血性传染病。其特征是头颈部肿大、两脚麻痹、食道黏膜出血溃疡。我国将其列为二类动物疫病。

一、发病特点

1. 流行特点

病鸭、潜伏期鸭是主要传染源；主要经消化道传播，还可经交配、眼结膜和呼吸道黏膜感染；鸭、鹅和天鹅对本病易感；主要危害鸭，不同年龄、品质的鸭都可感染。

2. 临床症状

潜伏期为 3～5 d。一般 3～7 d 开始出现零星病鸭。病鸭流泪，眼睑水肿甚至粘连，部分病鸭头颈肿胀，故有“大头瘟”之称，这也是鸭瘟的特征性症状。两脚麻痹无力，不愿下水，强行驱赶时以翅扑地前行、很快回到岸上。下痢，粪便腥臭，呈草绿色。泄殖腔黏膜充血、水肿、外翻，上覆有绿色假膜，剥离后留下溃疡灶（图 5-113 至图 5-115）。蛋鸭产蛋率下降。

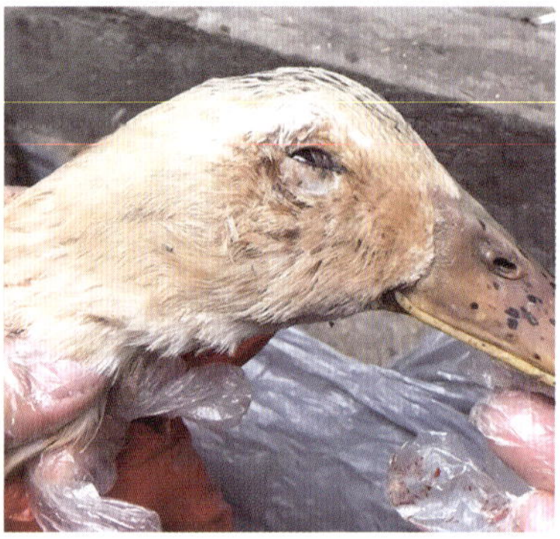

图 5-113　病鸭流泪，眼睑水肿粘连，头颈肿胀

图 5-114　两脚麻痹无力，行走困难

图 5-115　强行驱赶以翅扑地前行

3. 剖检变化

全身皮肤、黏膜、浆膜和内脏器官有不同程度的出血。食道与泄殖腔的病变具有特征性。食道黏膜有出血点或有灰黄色纵行排列的假膜覆盖，剥离后有溃疡斑痕；肠黏膜出血充血，以十二指肠和直肠最为严重；泄殖腔黏膜充血、出血、水肿和坏死；肝脏和脾脏出血，表面有大小不等的灰黄色或灰白色坏死斑点；胆囊肿大，充满浓稠墨绿色胆汁；产蛋鸭卵泡充血和出血、形态不整齐，有的发生破裂而引起卵黄性腹膜炎（图 5-116 至图 5-126）。

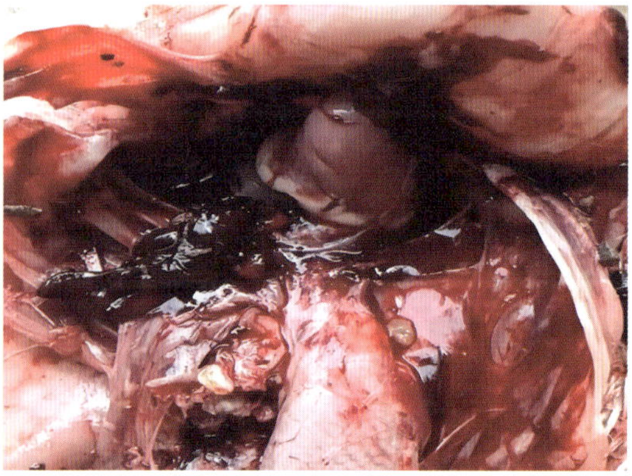

图 5-116　病鸭全身皮肤、黏膜、浆膜和内脏器官有不同程度的出血

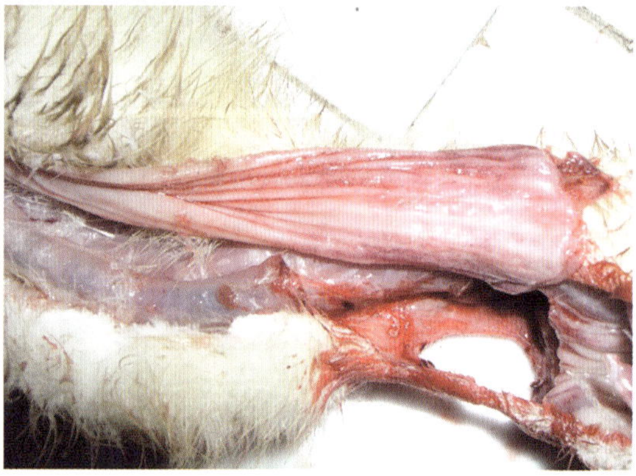

图 5-117　食道黏膜出血

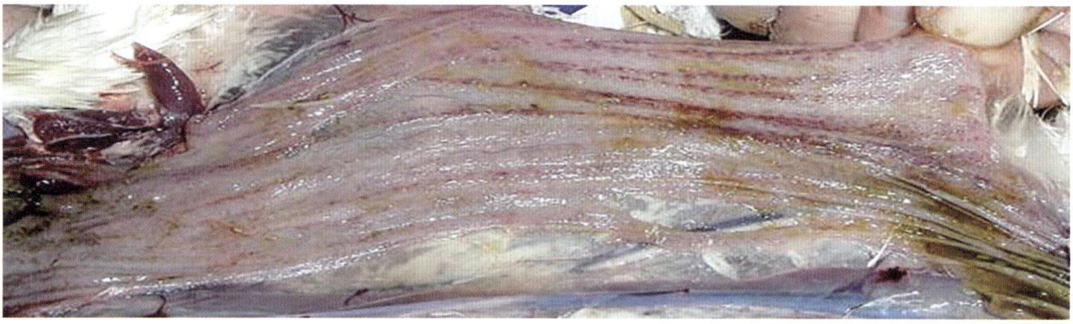

图 5-118　食道黏膜有灰黄色纵行排列的假膜覆盖和出血点

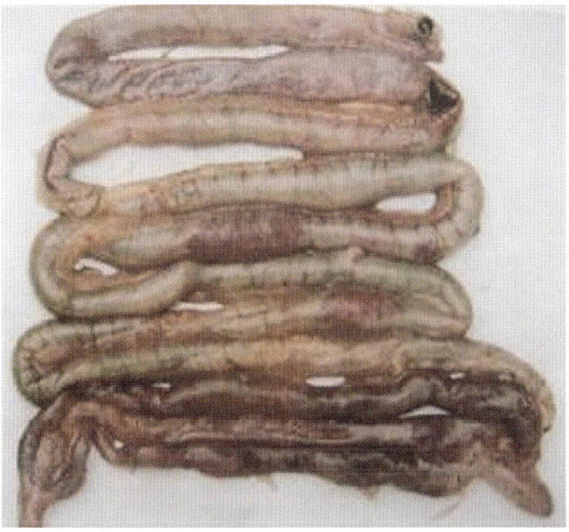

图 5-119 肠道出血充血,以十二指肠和直肠最为严重

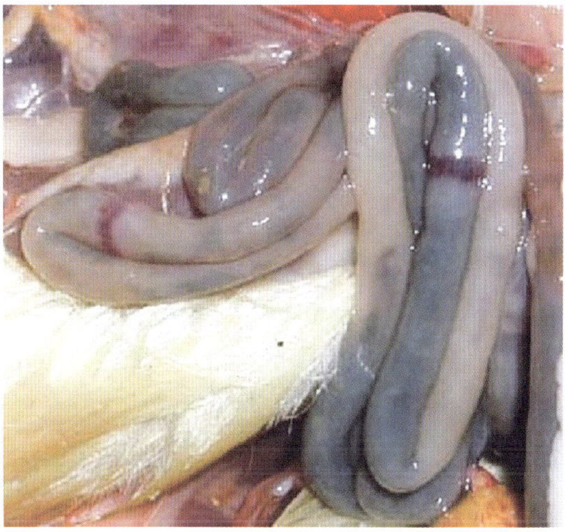

图 5-120 肠浆膜面可见环形深红色出血环

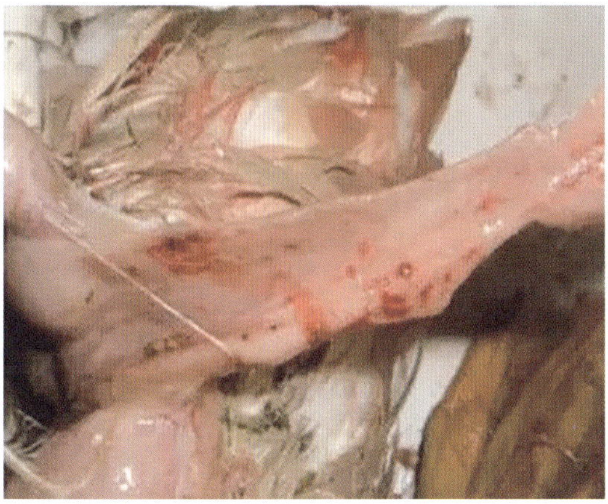

图 5-121 直肠黏膜出血

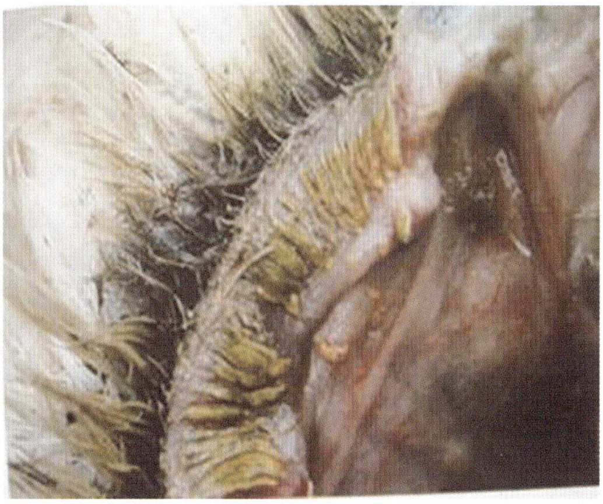

图 5-122 泄殖腔黏膜充血、出血、水肿

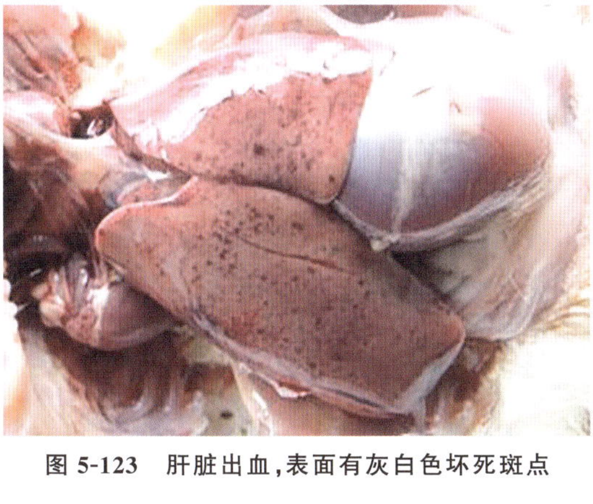

图 5-123 肝脏出血,表面有灰白色坏死斑点

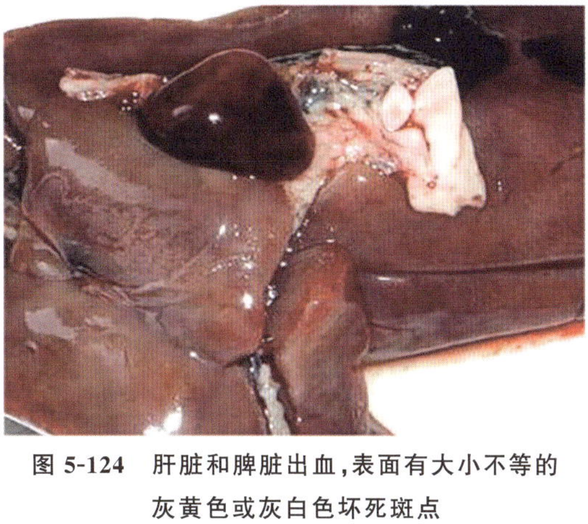

图 5-124 肝脏和脾脏出血,表面有大小不等的灰黄色或灰白色坏死斑点

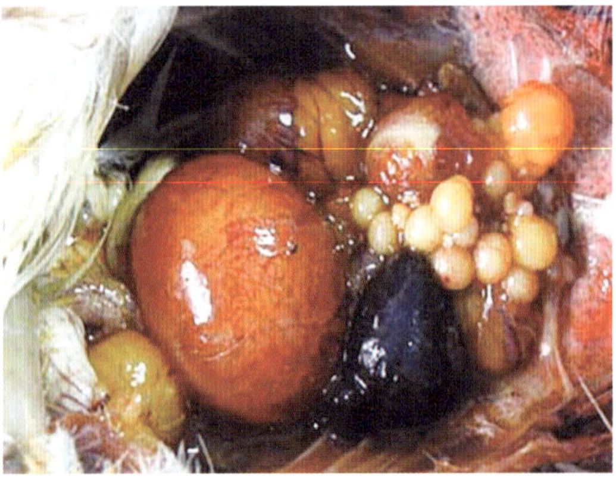

图 5-125　卵泡充血、出血,形态不整齐,变形变性

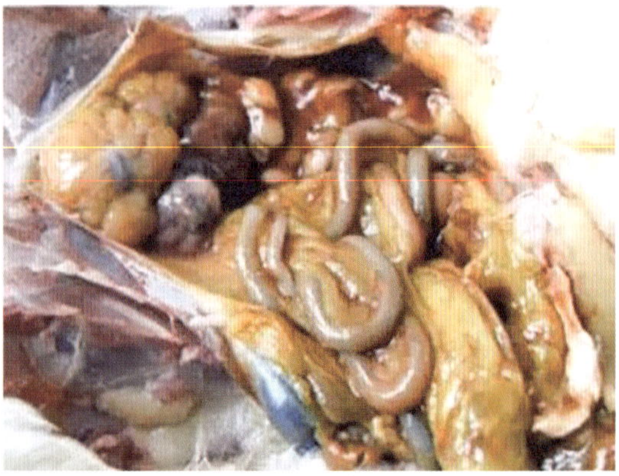

图 5-126　鸭卵泡发生破裂而引起卵黄性腹膜炎

二、诊断

根据流行特点、临床症状和病理变化可做出初步诊断,确诊须进行荧光抗体试验或血清中和试验,PCR 方法可做快速病原诊断。

注意与鸭巴氏杆菌病相区别。鸭巴氏杆菌病不会造成病禽头颈肿胀,食道和泄殖腔黏膜上也不形成假膜,肝脏上的坏死点仅针尖大,且大小一致。取病料涂片镜检,鸭巴氏杆菌病可见两极脓染的小杆菌,而鸭瘟无细菌检出;鸭巴氏杆菌病应用磺胺类药物或抗生素治疗有较好的疗效,而鸭瘟无效。

三、防制措施

1. 加强饲养管理

不从疫区引进种鸭。坚持全进全出饲养制度,定期消毒,科学饲养,提高机体抗病能力。禁止到疫区和野水禽出没的水域放牧。

2. 免疫接种

免疫接种可以有效预防本病。目前,普遍使用的是鸭瘟弱毒疫苗,皮下注射或肌内注射。雏鸭 7 日龄左右首免,0.5 mL/只;20 日龄二免,1 mL/只;开产前 10～15 d,加强免疫 1 次,1 mL/只;以后每隔 3～4 个月免疫 1 次。

3. 治疗

发生本病时,立即采取隔离和消毒措施,防止扩散。威胁区的鸭紧急疫苗接种。

任务七　小鹅瘟

小鹅瘟,又称鹅细小病毒感染,是由鹅细小病毒引起的雏鹅的一种急性败血性传染病。1956 年由我国学者方定一教授首先发现了该病,定名为小鹅瘟。本病主要侵害 4～20 日龄的雏鹅,以严重下痢和渗出性肠炎为特征。我国将其列为二类动物疫病。

一、发病特点

1.流行特点

带毒鹅和病鹅是传染源;主要经消化道传播,也可垂直传播。本病主要侵害1月龄以内雏鹅和雏番鸭,1周龄以内的雏鹅死亡率可达100%,10日龄以上的死亡率小于60%,20日龄以上的发病率低,而1月龄以上则极少发病。

2.临床症状

以消化系统和中枢神经系统紊乱为主要表现。

(1)最急性型 多发生于流行初期和1周龄以内的雏鹅,往往无前驱症状发生败血症而突然死亡。

(2)急性型 多发生于1～2周龄的雏鹅。典型症状多在此型出现。病初采食随采随甩,继而减食拒食,排黄白色或黄绿色稀便,并混有气泡和纤维碎片。呼吸困难、鼻孔流出浆性分泌物、常摇头、甩鼻液,喙端色泽变暗,临死前出现两腿麻痹或全身抽搐等神经症状(图5-127至图5-129)。

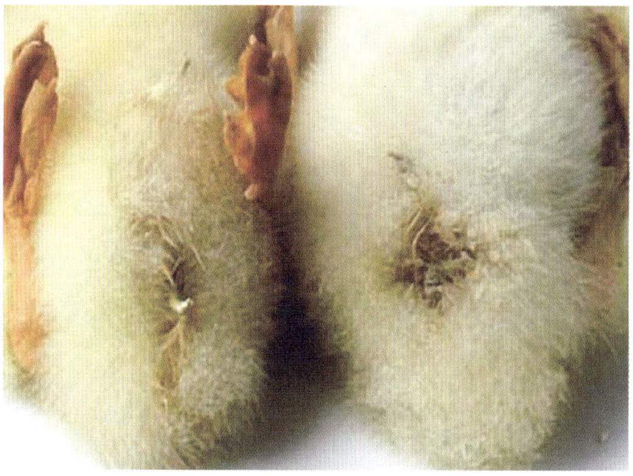

图5-127 排黄白或黄绿色稀便,肛周羽毛被污染

图5-128 呼吸困难,伸颈张口呼吸

(3)慢性型 常发生于流行后期2周龄以上的雏鹅,以精神委顿、下痢和消瘦为主要症状。部分幸存鹅生长发育不良。

3.剖检变化

急性病例表现全身性败血变化,全身脱水,皮下组织显著充血。心脏衰竭,肝肿大、呈棕黄色。本病的特征性变化是小肠中下段极度膨大,质地坚实,状如腊肠。剖开肠管,可见黏膜坏死脱落,肠内容物呈柱状、条索状或管状栓子。栓子中心为深褐色干燥的肠内容物,外面包裹着灰白色的假膜。病变较轻者,肠管中仅有带状凝固物或只在肠黏膜上附有散在的纤维素性凝片(图5-130至图5-134)。

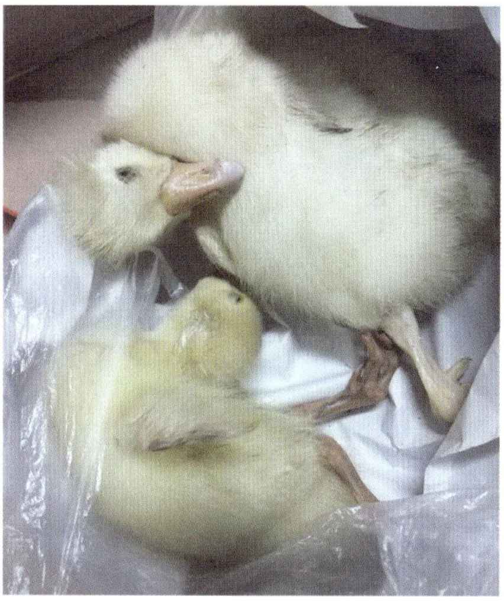

图5-129 神经症状,死前全身抽搐

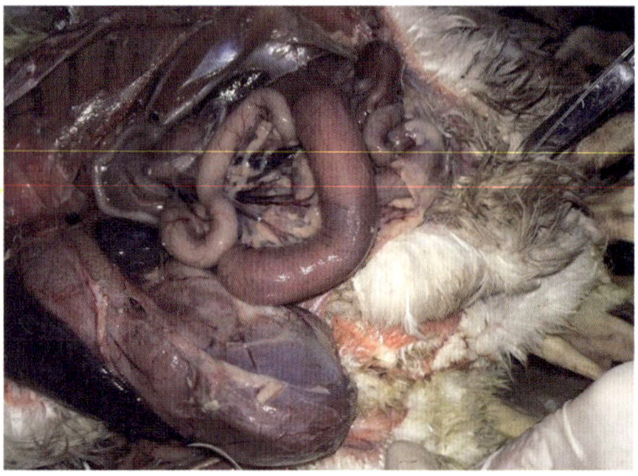

图 5-130 全身性败血变化,组织器官充血、出血

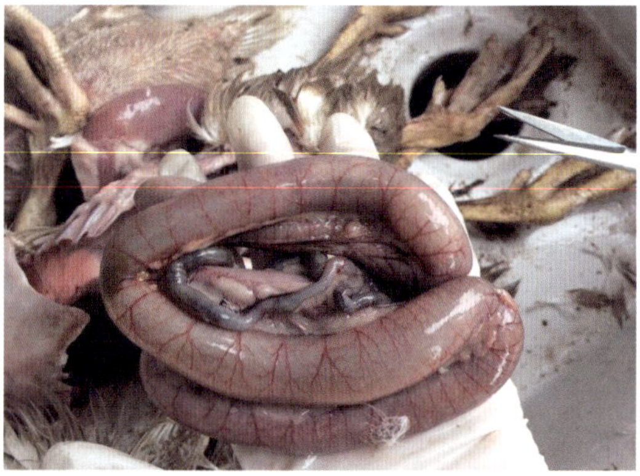

图 5-131 小肠中下段极度膨胀

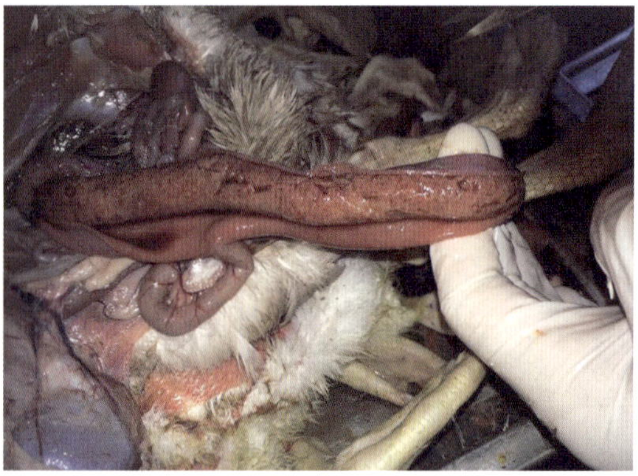

图 5-132 肠内容物呈柱状

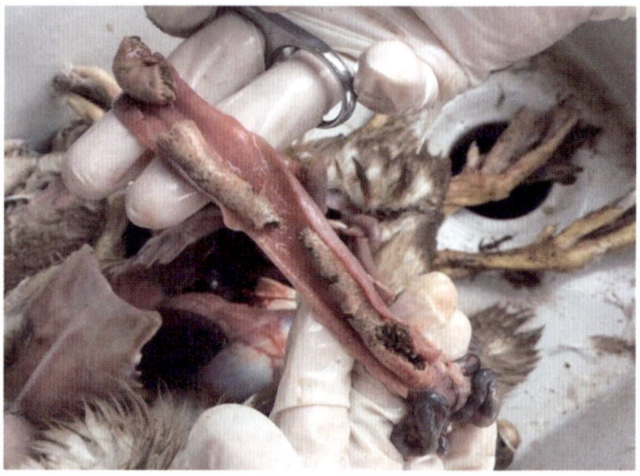

图 5-133 肠内容物呈条索状,中心为深褐色干燥物

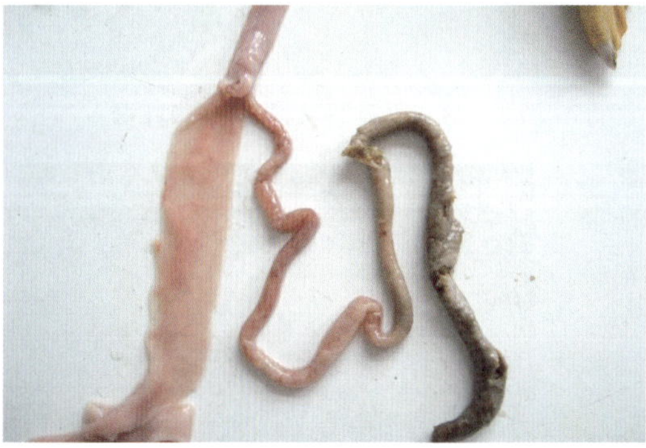

图 5-134 肠黏膜坏死脱落,肠内容物呈管状栓子,外面包裹着灰白色的假膜

二、诊断

如果孵出不久的雏鹅群大量发病及死亡,结合症状和特有的病变,即可做出初步诊断。确诊须进行病毒分离鉴定。PCR 试验、双抗体夹心 ELISA 试验和冰冻切片免疫荧光(IFA)试验等方法能快速检测病鹅组织样本中的小鹅瘟病毒。

三、防制措施

1. 加强饲养管理

增强鹅体的抗病力,鹅舍保持通风干燥,定期消毒,冬天注意防寒保暖。对病死鹅做无害化处理。把好引种关,已引进的鹅要隔离饲养观察。

2. 免疫预防

给产蛋前母鹅接种小鹅瘟弱毒活疫苗,孵出的雏鹅可以获得免疫力。

3. 治疗

发生小鹅瘟时，早期注射小鹅瘟抗血清效果较好，后期治疗效果不佳。

职业测试题

一、单选题

1. 高致病性禽流感是（　　）。
A. 一类疫病　B. 二类疫病　C. 三类疫病　D. 四类疫病　E. 五类疫病

2. 禽流感病毒属于（　　）。
A. 副黏病毒科　B. 正黏病毒　C. 细小病毒科　D. 冠状病毒科　E. 弹状病毒科

3. 到目前为止，发现的高致病性禽流感毒株亚型的均为（　　）。
A. H5 和 H6　B. H5 和 H7　C. H5 和 H8　D. H5 和 H9　E. H7 和 N7

4. 禽流感的传播途径主要是（　　）。
A. 呼吸道　B. 呼吸道和消化道　C. 消化道　D. 各种途径　E. 垂直传播

5. 规模化鸡场禽流感灭活疫苗免疫途径是（　　）。
A. 滴鼻　B. 点眼　C. 饮水　D. 刺种　E. 注射

6. 下列病变特征中禽腿鳞片下出血的病是（　　）。
A. IB　B. ND　C. AI　D. MD

7. 下面那个禽病不会引起“花斑肾”症状（　　）。
A. IB　B. IBD　C. ND　D. 痛风

8. 高致病性禽流感的特点是（　　）。
A. 发病率高，死亡率高　B. 发病率高，死亡率低
C. 发病率低，死亡率低　D. 发病率低，死亡率高

9. 对新城疫病毒最敏感的家禽是（　　）。
A. 野鸡　B. 火鸡　C. 珍珠鸡　D. 鸡　E. 鸭

10. 有呼吸道症状的传染病是（　　）。
A. 新城疫　B. 马立克氏病　C. 鸡传染性贫血
D. 大肠杆菌病　E. 传染性法氏囊病

11. 具有神经症状的传染病是（　　）。
A. 新城疫　B. 传染性支气管炎　C. 传染性法氏囊病
D. EDS-76　E. 传染性喉气管炎

12. 剖检腺胃乳头有小点出血的疾病是（　　）。
A. 传染性喉气管炎　B. 沙门氏菌病　C. 禽巴氏杆菌病
D. 新城疫　E. 传染性支气管炎

13. 新城疫的潜伏期是（　　）。
A. 1～2 d　B. 5～6 d　C. 8～10 d　D. 11～15 d　E. 15～20 d

14. 高致病性禽流感疫区内家禽扑杀后（　　），疫区内再无新病例出现，可以申请解除封锁。
A. 7 d　B. 14 d　C. 21 d　D. 28 d　E. 35 d

15. 检测雏鸡新城疫母源抗体效价最常用的方法是(　　)。
A. 免疫荧光技术　B. 血凝抑制试验
C. 琼脂扩散试验　D. 中和试验
E. 酶联免疫吸附试验
16. 发生高致病性禽流感时,疫点(　　)范围内的所有禽类应全部扑杀,并无害化处理。
A. 1 km　B. 3 km　C. 5 km　D. 10 km
17. 禽大肠杆菌病在传播途径上主要是(　　)。
A. 消化道　B. 垂直传播　C. 皮肤黏膜　D. 呼吸道　E. 伤口
18. 禽大肠杆菌病在临床上最常见的病型是(　　)。
A. 急性败血症　B. 卵黄性腹膜炎　C. 急性败血症和卵黄性腹膜炎
D. 肉芽肿　E. 眼炎
19. 鸡致病性大肠杆菌引起的卵黄性腹膜炎,多见于(　　)。
A. 产蛋初期　B. 产蛋中期　C. 产蛋后期
D. 产蛋中后期　E. 休产期
20. 剖检表现纤维素性心包炎、肝周炎的疾病是(　　)。
A. 大肠杆菌病　B. 传染性支气管炎　C. 沙门氏菌病
D. 马立克氏病　E. 传染性喉气管炎
21. 禽大肠杆菌病的主要特征不包括以下哪种(　　)。
A. 纤维素性肠炎　B. 纤维素性肝周炎
C. 纤维素性气囊炎　D. 纤维素性心包炎
22. 治疗鸡大肠杆菌病选择药物依据是进行(　　)。
A. HI 试验　B. HA 试验　C. 药敏试验　D. 沉淀试验
23. 禽霍乱又称(　　)。
A. 禽出血性败血症　B. 禽伤寒　C. 禽副伤寒　D. 鸡瘟　E. 伪鸡瘟
24. 禽霍乱的病原是(　　)。
A. 沙门氏菌　B. 大肠杆菌　C. 李氏杆菌　D. 链球菌　E. 多杀性巴氏杆菌
25. 最急性的禽霍乱多见于流行(　　)。
A. 初期　B. 中期　C. 后期　D. 中后期　E. 产蛋后期
26. 肝脏有针尖大小灰白色坏死灶的疾病是(　　)。
A. 传染性支气管炎　B. 传染性喉气管炎　C. 禽霍乱
D. 新城疫　E. 传染性法氏囊病
27. 下列哪一条关于禽霍乱的表述是错误的(　　)。
A. 病原为禽多杀性巴氏杆菌　B. 常发生于产蛋鸡
C. 肉髯肿胀,变青紫色　D. 对水禽无致病性
28. 鸭瘟又名(　　)。
A. 鸭病毒性肝炎　B. 鸭病毒性肠炎
C. 鸭病毒性气管炎　D. 鸭细小病毒病
29. 下列不感染鸭瘟的是(　　)。
A. 天鹅　B. 鹅　C. 鸭　D. 鸡

30. 鸭瘟的特征性临床症状是(　　)。
A. 呼吸困难　　B. 体温升高,关节肿大
C. 关节肿胀,行走困难　　D. 精神沉郁,食欲减少
E. 头颈部肿大,两脚麻痹
31. 下列疾病中有“大头瘟”俗称的是(　　)。
A. 大肠杆菌病　　B. 鸭瘟
C. 传染性支气管炎　　D. 传染性鼻炎
32. 鸭瘟主要发生在(　　)。
A. 1周龄以内的雏鸭　　B. 雏鸭
C. 青年鸭　　D. 成年鸭和产蛋母鸭
33. 小鹅瘟主要侵害(　　)鹅。
A. 1～7日龄　　B. 4～20日龄　　C. 1月龄　　D. 成年鹅
34. 小鹅瘟是由小鹅瘟病毒引起的一种急性(　　)传染病,特征为精神沉郁,食欲废绝。
A. 败血性　　B. 热性　　C. 毒血症性　　D. 出血性
35. 小鹅瘟的病理变化主要有小肠出现假膜性纤维素性肠炎,在小肠中段和后段有灰白色或淡黄色的(　　)栓子。
A. 粪球状　　B. 腊肠样　　C. 气管样　　D. 气囊样
36. 治疗小鹅瘟最有效的药物是(　　)。
A. 阿莫西林　　B. 林可霉素　　C. 小鹅瘟卵黄抗体　　D. 利巴韦林　　E. 黄芪多糖
37. 鸡葡萄球菌病的特征性症状是(　　)。
A. 下痢　　B. 呼吸困难　　C. 站立不稳
D. 胸腹下皮肤水肿,紫黑色,内含血样渗出液,脱毛
38. 鸡葡萄球菌病的主要感染途径是(　　)。
A. 呼吸道　　B. 直接接触　　C. 创伤　　D. 空气传播

二、判断题

1. 高致病性禽流感病毒主要血清型为H9。(　　)
2. 高致病性禽流感、新城疫、马立克氏病都是国家规定的一类动物疫病。(　　)
3. 新城疫可以垂直传播。(　　)
4. 规模化鸡场禽流感灭活疫苗免疫首选途径是饮水。(　　)
5. 新城疫Ⅰ系苗常用于一周龄雏鸡的免疫,可用滴鼻、点眼和饮水方法接种。(　　)
6. 禽流感的传播途径包括密切接触、空气飞沫、饮水途径等。(　　)
7. 禽流感病毒可分为高致病性和低致病性。(　　)
8. 目前没有证据证明禽流感在人与人之间可以传播。(　　)
9. 新城疫是有药物可治的,不需要进行预防免疫接种。(　　)
10. 高致病性禽流感病死率可达100%。(　　)
11. 新城疫又称禽霍乱。(　　)
12. 高致病性禽流感是人兽共患病。(　　)
13. 目前流行的高致病性禽流感病毒亚型为H5和H7亚型。(　　)
14. 我国将高致病性禽流感列为一类动物疫病,将低致病性禽流感列为三类动物疫病。(　　)

15. 鸡大肠杆菌病感染途径有经卵传播、经呼吸道感染、经口感染。(　　)
16. 大肠杆菌病以鸡、火鸡、鸭最常见，雏鸡发病率和死亡率均较高。(　　)
17. 禽霍乱最急性型常见于流行初期，成年高产蛋鸡最容易发生。(　　)
18. 禽霍乱在鸡群中以育成鸡和成年产蛋鸡多发。(　　)
19. 鸡葡萄球菌病常见的感染途径为呼吸道。(　　)
20. 皮肤或黏膜表面的破损是鸡葡萄球菌病主要的传染途径。(　　)
21. 鸡葡萄球菌病的发生与外伤及环境不良有关，与鸡痘无关。(　　)
22. 鸭瘟的临床特征是高热稽留、排绿色稀便、两脚麻痹、流泪和部分鸭头颈肿大。(　　)
23. 鸭瘟又称“摇头瘟”，鸭霍乱又称“大头瘟”。(　　)
24. 小鹅瘟主要是侵害4～20日龄雏鹅的一种急性、败血性传染病。(　　)
25. 小鹅瘟只能发生于雏鹅。(　　)
26. 在小鹅瘟流行严重疫区，对1日龄雏鹅注射小鹅瘟高免血清预防。(　　)
27. 小鹅瘟的主要病变特点是头部肿胀，皮下组织有黄色胶样浸润。(　　)
28. 患小鹅瘟鹅只日龄越小，其发病率较低。(　　)

三、多选题

1. 高致病性禽流感流行特点(　　)。
A. 一年四季均可流行，冬春温差较大季节多发　B. 多种家禽和野禽都可感染发病
C. 主要水平传播　D. 禽类发生高致病性禽流感时，需紧急治疗
E. 可通过气源性媒介传播
2. 高致病性禽流感临床症状包括(　　)。
A. 突然死亡、死亡率高　B. 流泪，头部和脸部水肿
C. 腿部鳞片有红色或紫黑色出血　D. 鸭鹅等水禽出现明显神经症状、腹泻
E. 角膜炎，甚至失明
3. 禽流感可通过多种途径传播，包括(　　)。
A. 呼吸道传播　B. 消化道传播　C. 直接接触传播
D. 候鸟迁徙　E. 黏膜传播
4. 禽流感的易感动物有(　　)。
A. 鸡　B. 鸭　C. 鹅　D. 海鸟　E. 人
5. 新城疫是鸡的一种(　　)的传染病。
A. 热性　B. 急性　C. 败血性　D. 细菌性　E. 高度接触性
6. 新城疫病毒可感染(　　)。
A. 鸡　B. 鸽子　C. 鹌鹑　D. 火鸡
7. 新城疫主要特征是(　　)。
A. 呼吸困难　B. 神经机能紊乱　C. 黏膜和浆膜出血
D. 下痢　E. 成年鸡产蛋下降
8. 新城疫病禽的临床症状包括(　　)。
A. 呼吸困难　B. 严重腹泻　C. 神经症状
D. 死亡率高　E. 口腔和鼻腔分泌物增多，嗉囊肿胀

9. 新城疫的典型病变是(　　)。
A. 消化道出血、溃疡　B. 腺胃黏膜出血
C. 产蛋鸡卵泡充血、出血　D. 小肠黏膜呈枣核状或岛屿状坏死灶
E. 气管环状出血
10. 新城疫的常用疫苗有(　　)。
A. Ⅰ系　B. Ⅳ系　C. 克隆 30　D. 油乳剂灭活苗　E. 多联苗
11. 预防高致病性禽流感选用的疫苗包括(　　)。
A. 禽流感病毒(H5+H7)灭活疫苗
B. 新城疫、禽流感(H9)二联灭活疫苗
C. 新城疫、传染性支气管炎、禽流感(H9)三联灭活疫苗
D. 禽流感病毒 H5 亚型灭活疫苗
12. 下列有呼吸道症状的传染病是(　　)。
A. 新城疫　B. 禽流感　C. EDS-76
D. 鸡传染性支气管炎　E. 鸡传染性喉气管炎
13. 下列能引起产蛋下降的传染病是(　　)。
A. 新城疫　B. 禽流感　C. EDS-76
D. 鸡传染性支气管炎　E. 鸡传染性喉气管炎
14. 实验室诊断中常采用血凝抑制试验的传染病有(　　)。
A. 新城疫　B. 禽流感　C. EDS-76
D. 鸡传染性支气管炎　E. 鸡传染性喉气管炎
15. 临床上出现神经症状的疫病有(　　)。
A. 新城疫　B. 禽流感　C. 鸭瘟
D. 马立克氏病　E. 维生素 B_1 缺乏症
16. 鸡大肠杆菌病的常见病型有(　　)。
A. 急性败血型　B. 雏鸡脐炎　C. 关节炎
D. 卵黄性腹膜炎　E. 花斑肾
17. 禽大肠杆菌病的病变有(　　)。
A. 心包炎　B. 肝周炎　C. 气囊炎　D. 肿瘤　E. 卵黄性腹膜炎
18. 禽葡萄球菌病的病型包括(　　)。
A. 败血型　B. 关节炎　C. 雏鸡脐炎　D. 眼炎　E. 气管炎
19. 鸭瘟在临床上的主要表现为(　　)。
A. 体温升高　B. 呼吸困难　C. 两腿麻痹　D. 下痢　E. 肿头流泪
20. 鸭瘟是由疱疹病毒引起传染病，患病鸭鹅特征性病变为(　　)。
A. 食管有大小不等的出血斑点、溃疡和假膜　B. 腺胃有出血点
C. 泄殖腔有大小不等出血点、溃疡和假膜　D. 肠道有大小不等出血点、溃疡和假膜
E. 主要感染雏鸭
21. 小鹅瘟的临床特征是(　　)。
A. 主要侵害 4～20 日龄的雏鹅　B. 出现神经症状
C. 食道与泄殖腔黏膜有假膜覆盖　D. 小肠有卡他性与纤维素性炎症
E. 拉稀

22. 可采用以下哪些措施防控小鹅瘟(　　)。
A. 严格消毒　　B. 给母鹅接种疫苗
C. 给雏鹅接种弱毒苗　　D. 不同日龄混养
E. 发生疫情时雏鹅接种高免卵黄抗体
23. 下列病毒中属于疱疹病毒科的是(　　)。
A. 鸭瘟病毒　　B. 马立克氏病病毒　　C. 传染性喉气管炎病毒
D. 鸭肝炎病毒　　E. 新城疫病毒
24. 下列说法中，正确的是(　　)。
A. 鸭瘟俗称“大头瘟”　　B. 鸭病毒性肝炎主要发生于成年鸭
C. 小鹅瘟的临床特征是食欲废绝、严重下痢　　D. 鸡霍乱可以传染给鸭
E. 鸭巴氏杆菌病俗称“摇头瘟”
25. 下列疫病中，表现为关节炎的有(　　)。
A. 禽葡萄球菌病　　B. 禽痛风　　C. 禽呼肠孤病毒感染
D. 鸡大肠杆菌病　　E. 禽流感

四、案例分析题

1. 某肉鸡场存栏数2万只，鸡群从27日龄开始咳嗽呼噜增多，采食量下降，死亡鸡每天增至30多只。入舍观察鸡群，粪便发绿发黑不成形，有部分打蔫，部分鸡出现腿瘫，料槽附近可见部分鸡只口吐黏液，鸡群羽毛蓬乱。现场解剖鸡只发现，喉头有点状出血，上呼吸道气管环状暗红色出血，有白色痰液。鸡腺胃乳头出血，肌胃角质层下出血，肠道干瘪出血，直肠有明显的条状出血。其他无明显异常。

请你根据以上描述，初步判断鸡群可能患有哪种疾病？说明你判断的理由。如果需进一步确诊，请给出一种常用的实验室检查方法。

2. 10月2日，甘肃省金昌市金川区兽医部门在监测中发现一家禽养殖场饲养的鸡出现疑似禽流感症状，发病3万只，死亡1.8万只；10月4日，甘肃省动物疫病预防控制中心诊断为疑似禽流感疫情。10月2日，湖北省孝感市孝昌县兽医部门在监测中发现一家禽养殖场饲养的家禽出现疑似禽流感症状，发病4 338只，死亡3 934只；10月4日，湖北省动物疫病预防控制中心诊断为疑似禽流感疫情。10月8日，经国家禽流感参考实验室确诊，两起疫情均为H5N6亚型高致病性禽流感疫情。疫情发生后，当地按照有关预案和防治技术规范要求，切实做好疫情处置各项工作，对疫区内家禽进行了扑杀和无害化处理。两起疫情已得到有效控制。

请问如何从流行特点、临床症状和剖检病变上区分禽流感与新城疫？发生高致病性禽流感时应采取哪些措施？

3. 8月份，辽宁某规模化肉鸡饲养场，第1周死淘率不足1‰，鸡苗质量良好，采食量等各方面指标正常。但是在12日龄时由于天气炎热，外界温度为35 ℃左右，适当开了水帘，晚上个别鸡舍发现鸡群有轻微呼吸道症状，第2天，极少数鸡出现缩头闭眼，呆立不动，拉黄白稀便，当天全群投以清热解毒为主中药饮水，第3天全场发病，日死亡率达到4‰，采食量下降严重，病鸡精神不振，羽毛蓬松。剖检病鸡，均有不同程度的包心或包肝现象。

请你根据以上描述，初步判断鸡群可能患有哪种疾病？说明你判断的理由。如果确诊，请写出实验室检查方法。治疗该病时如何选择有效药物？

4. 某养殖户饲养蛋鸭5 000羽，78日龄死亡2只，大群精神状态很好，没引起养殖户的注

意，结果第 2 天死亡 20 只。发现病鸭排绿色粪便或白色带血的粪便、嘴角流有黏液。解剖病死鸭发现肝脏肿大，有白色点状坏死灶，心冠脂肪出血，十二指肠大量出血和充血。

请你根据以上描述，初步判断鸭群可能患有哪种疾病？说明你判断的理由。如何确诊？并给出治疗方案。

5. 某鹅场 15 日龄雏鹅发病，鹅群食欲明显下降，表现厌食，饮欲增加，无力、不愿意活动。许多病鹅鼻和眼睛周围有多量分泌物，病鹅常常摇头，精神萎靡；严重下痢，排出黄白色水样、混有气泡的粪便。部分病鹅临死前出现神经性症状，扭颈、抽搐、瘫痪。死亡率在 30%。

剖检 12 只病死鹅，主要病理变化主要集中在肠道。小肠各段充血，明显肿胀，黏液增多，黏膜上出现少量黄白色蛋花样的纤维素渗出物。在肠道中下段形成淡黄色的假膜，有的则是细条状的凝固物，即小肠出现“香肠状”病变。肝脏肿大，呈深紫红色或黄红色，脾脏和胰腺充血。

根据以上描述，初步诊断鹅群患了哪种疾病？查阅资料写出一种详细的实验室诊断方法？并给出治疗和控制本病的方案？

6. 某鸭场存栏蛋鸭 5 000 只，至 138 日龄开始发病，第 1 天死亡 2 只，第 2 天死亡 5 只，第 3 天死亡 7 只，产蛋率由 81% 降至 45%，采食量急剧下降，发病率达 40%。养殖户使用土霉素、恩诺沙星拌料，连喂 3 d 无效果，鸭群继续死亡。剖检病死鸭，发现咽部及食道黏膜覆盖一层灰黄或黄绿色假膜，表面粗糙，不易剥；泄殖腔严重充血肿胀，有紫色出血斑或灰黄色坏死灶；脾脏缩小广泛出血呈黑色。结合实验室诊断确诊为鸭瘟。

防治措施：隔离病鸭，用 20% 生石灰水进行场地消毒，将死鸭及垫料进行无害化处理，然后换上干净垫料。全群鸭立即紧急接种鸭瘟弱毒疫苗，每只鸭注射 2.5 倍量。接种后第 2 天死亡 100 多只，产蛋率降至 10%；第 3～5 天每天死亡 200 多只；第 6 天死亡开始减少；第 10 天无死亡出现，产蛋逐渐恢复。

结合案例，请你分析养殖户使用土霉素、恩诺沙星拌料，连喂 3 d，为什么无治疗效果？分析防治方案制定依据。鸭群紧急接种疫苗后为什么短期会出现死亡增加现象。

7. 李某饲养 1 800 只海兰褐蛋鸡 110 日龄，肌内注射灭活疫苗后鸡群陆续出现死亡，饲养员开始认为是免疫接种后应激所致，给予电解多维和葡萄糖饮水，但效果不明显。接种后第 7 天死亡数量明显上升，最多的 1 d 死亡 50 余只。发现病鸡胸部有大片羽毛脱落，皮下水肿，有大小数量不等的血样渗出物。外观呈紫黑色，用手压有波动感。严重的病鸡从胸部针眼周围有紫红色液体流出并感染伤口周围的羽毛，大群有轻微的腹泻，粪便呈白色或黄绿色。大腿内侧、头部、下颌部和趾部皮肤可见皮肤湿润、肿胀，相应部位羽毛潮湿易掉。用剪刀剪开注射部位，胸部皮下充血、出血，呈弥漫性紫红色，脓肿部位有大量黄红色胶冻样水肿液。肌肉可见点状或条纹状出血，肝脏肿大呈淡紫色并有花纹样变化，脾脏肿大呈紫红色，有白色坏死点，心包积液，心冠脂肪出血点。

采取病变部位病料划线于普通琼脂平板、血液琼脂平板和甘露醇琼脂平板培养基，于 37 ℃ 培养 24 h 进行分离培养。取培养后的菌落再做涂片、染色、镜检，可见球菌呈典型的葡萄串状排列。初步确诊为葡萄球菌病。请你分析鸡群葡萄球菌病发生的原因。

二维码 5-3 以败血症为主的传染病防制职业测试题参考答案

项目六　以免疫抑制为主的传染病防制

【思政与职业素养目标】

免疫抑制性疾病使机体的免疫系统受到损伤或破坏，导致机体暂时性或永久性免疫功能障碍，使机体对疫苗的免疫应答能力下降、家禽抵抗力下降以及对疾病的易感性提高。在教学过程中，注重培养学生对此类传染病的风险意识和应对能力，提高学生的职业能力和职业素养，科学防控免疫抑制类传染病。

【知识与能力目标】

1. 掌握家禽免疫抑制病的流行特点、临床症状、病理变化、防制措施。
2. 学会对免疫抑制类的疫病进行鉴别诊断和综合防控技术。

二维码 6-1　肝肿大、肾脏肿瘤

二维码 6-2　白血病内脏肿瘤

二维码 6-3　胸腺肿瘤

二维码 6-4　腺胃肿胀、出血、溃疡

二维码 6-5　白血病肠系膜血管瘤

任务一　马立克氏病

马立克氏病(MD)是由疱疹病毒引起的鸡的一种以淋巴组织增生为特征的肿瘤性疾病。主要特征是外周神经、性腺、虹膜、内脏器官、肌肉以及皮肤发生淋巴样细胞浸润和肿大。还可引起免疫抑制，导致其他疫苗免疫效果差，对各种病原微生物易感性增强。我国将马立克氏病列为三类动物疫病。

一、发病特点

1. 流行特点

易感动物主要是鸡，其次是火鸡。各种年龄的鸡均可感染，尤其是 1 周龄内的雏鸡最易感。鸡只感染后，通常需经 1～2 个月才表现出症状和死亡，最早发病日龄在 60 日龄，80～120 日龄达到死亡高峰，至开产后发病率和死亡率逐渐降低或停止，最迟可达 30 周龄或更迟。MD 的发病率的变动范围大，为 5%～30%，但病死率可达 100%。

MD 主要通过直接或间接接触传染，传播途径主要是经带毒的尘埃通过呼吸道感染，并可长距离传播。所有感染鸡，无论是否发病，其羽毛囊上皮均可能含有大量的马立克氏病病毒，并随皮屑脱落。

2. 临床症状

临床上有 4 种类型，即神经型、内脏型、皮肤型和眼型，多数为混合感染。

(1)神经型　最常见型,主要发生在3～4月龄鸡。发病率较高,一般在70～80日龄多发,120日龄后基本消失。主要侵害外周神经,当坐骨神经丛或坐骨神经受害时,一肢或双肢发生不全麻痹,重者瘫痪在地,表现为典型的"劈叉"姿势(图6-1)。当臂神经丛和翅神经受害时表现为翅下垂。当支配颈部肌肉的神经受侵害后主要表现为歪头、扭颈。当迷走神经受损时,可引起嗉囊麻痹或扩张。

(2)内脏型　多发于肉鸡,主要表现为病鸡精神沉郁,食欲不振,羽毛蓬乱,行动缓慢,常缩颈发呆,蹲于舍角,闭目似睡,鸡冠和面部干燥,苍白无光,体重减轻,排黄绿色或白色稀便,趾爪皮肤干燥,后期极度衰弱、昏迷瘫痪,最后导致死亡。发病率高,死亡率可达30%以上。

(3)皮肤型　发病率很低,肿瘤多发生于翅膀、颈、背、大腿等处皮肤,使毛囊形成小结节或肿瘤(图6-2、图6-3)。

(4)眼型　发病率极低,本病常侵害虹膜,虹膜呈同心环状或点状褪色,或弥散性带青蓝色褪色到弥散性带灰色,故有"灰眼病"之称。瞳孔起初变化不规则,后期严重时,瞳孔逐渐缩小,瞳孔边缘不齐,呈锯齿状,甚至仅见一针尖大的小孔,视力减退或消失(图6-4)。

图6-1　神经型病鸡瘫痪,卧地不起

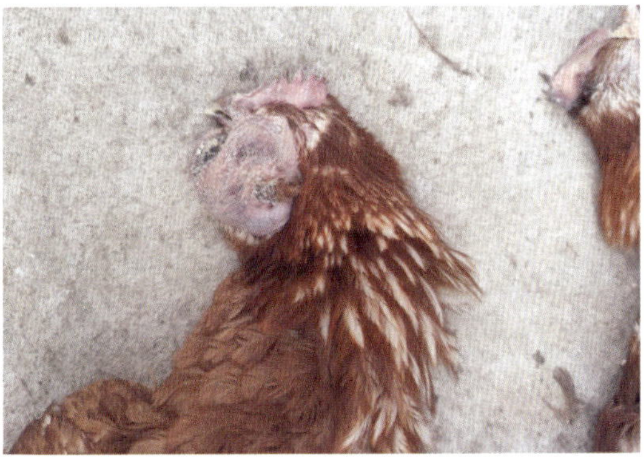

图6-2　皮肤型引起肉髯形成肿瘤结节

图6-3　腿部和爪部皮肤可见肿瘤病变

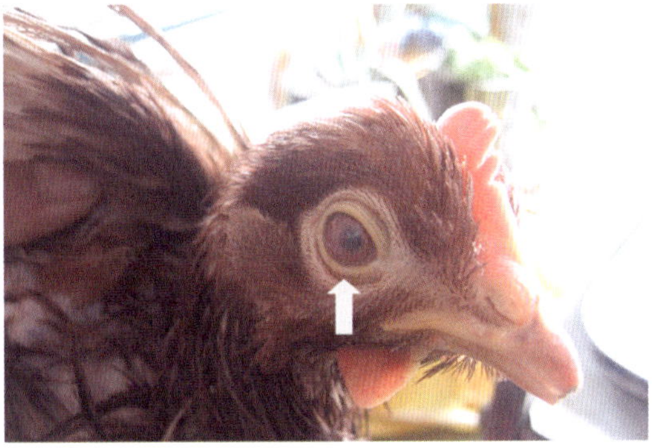

图6-4　眼型引起瞳孔呈锯齿状

3.剖检变化

(1)神经型　常发生于坐骨神经和腰荐神经,偶发生于臂神经丛和迷走神经,受侵害的神经呈灰白色或黄白色水肿,有出血点,横纹消失,神经纤维上有大小不等的结节,导致神经粗细不均,有时弥漫性增粗2～3倍(图6-5)。

(2)内脏型　病鸡可见皮下干燥,肌肉暗红、无光泽,消瘦,龙骨突出呈刀背状;内脏各器官出现广泛性肿瘤病灶，重点是卵巢、腺胃、肺、心脏、肝、脾、胸腺；其次为肾、胰腺、肠及肠系膜。可见大小不等、形状不一的单个或多个灰白色或黄白色肿瘤结节，质硬，切面平整呈油脂状。有的突出于脏器表面，有的浸润于脏器内，使脏器异常增大（图 6-6 至图 6-16）。法氏囊萎缩而不形成肿瘤。

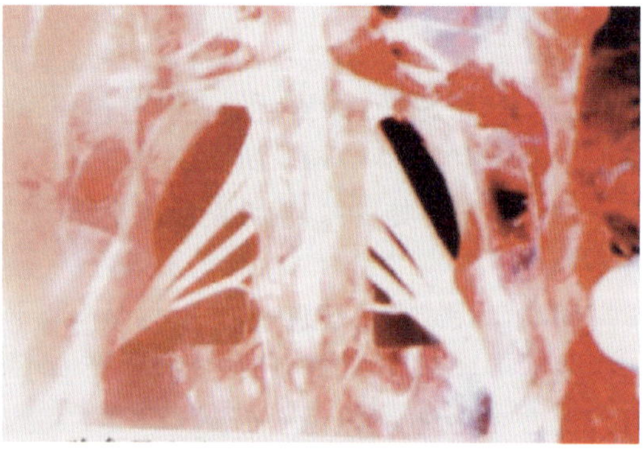

图 6-5　一侧腰荐神经增粗

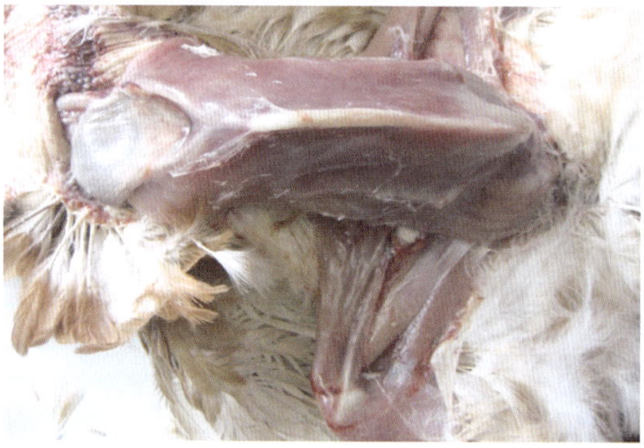

图 6-6　骨瘦如柴

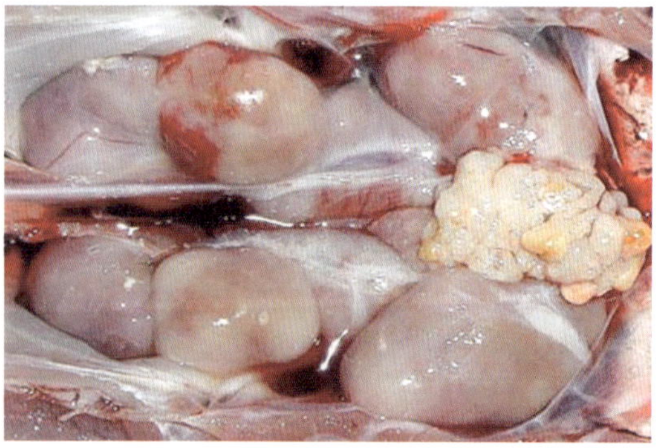

图 6-7　肾弥散性肿瘤、卵巢组织呈“菜花样”增生

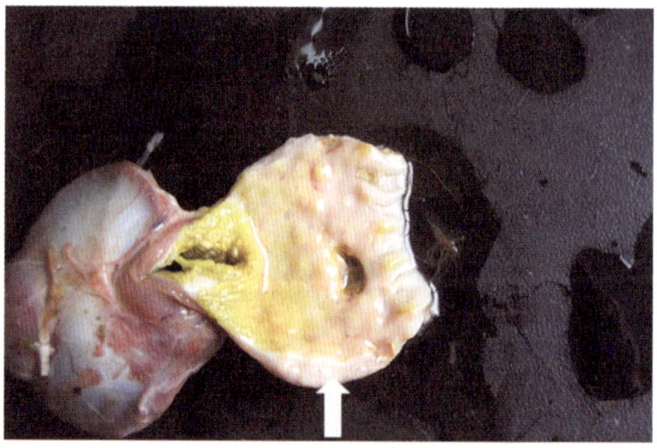

图 6-8　腺胃乳头融合形成“火山口样”病变

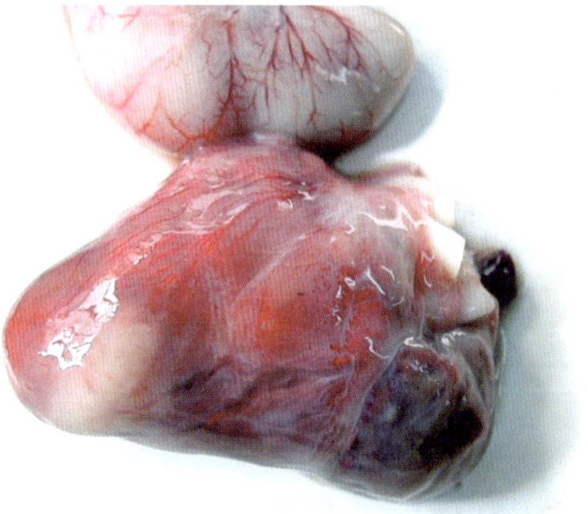

图 6-9　心脏肿瘤

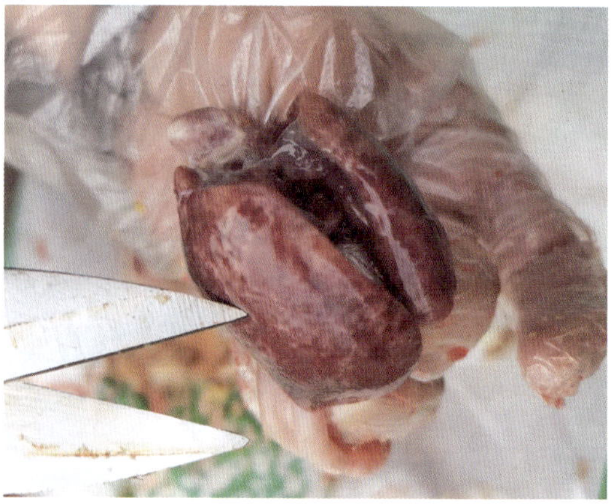

图 6-10　肝肿瘤，质地变硬

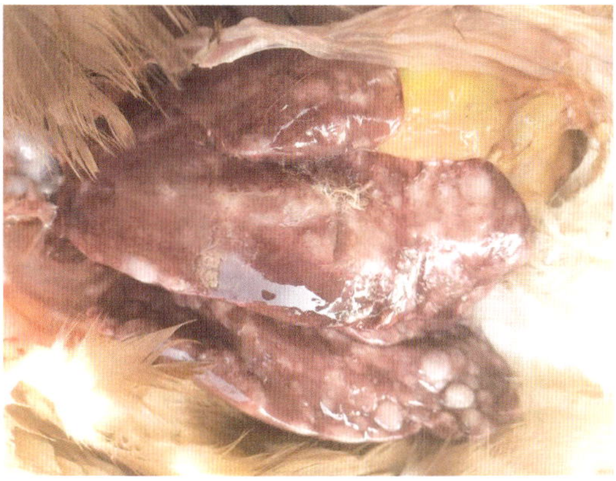

图 6-11 肝脏肿瘤结节

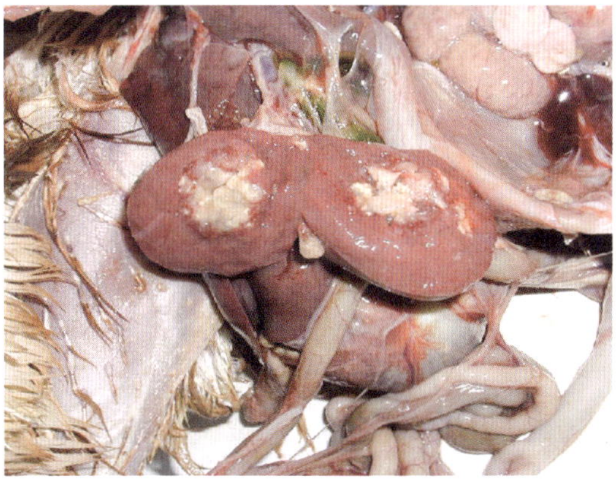

图 6-12 脾脏切面坏死

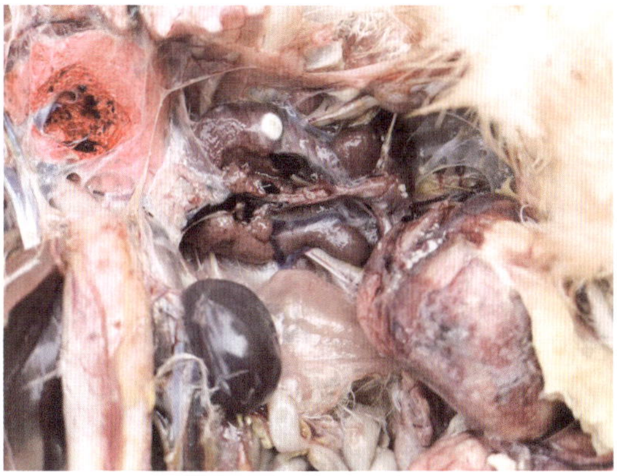

图 6-13 脾脏肿瘤

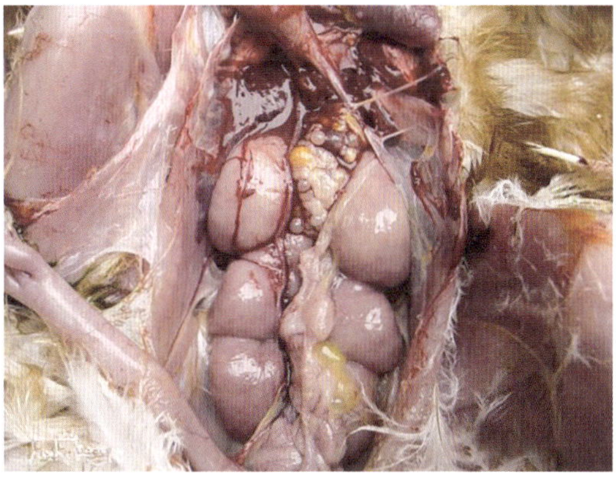

图 6-14 肾脏弥散性增生肿瘤

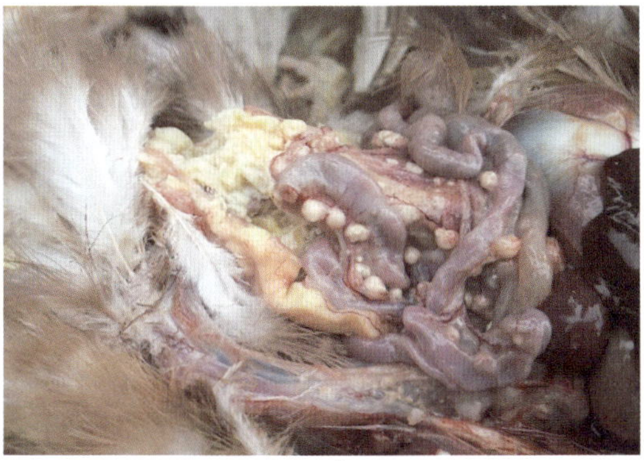

图 6-15 肠系膜形成肿瘤结节

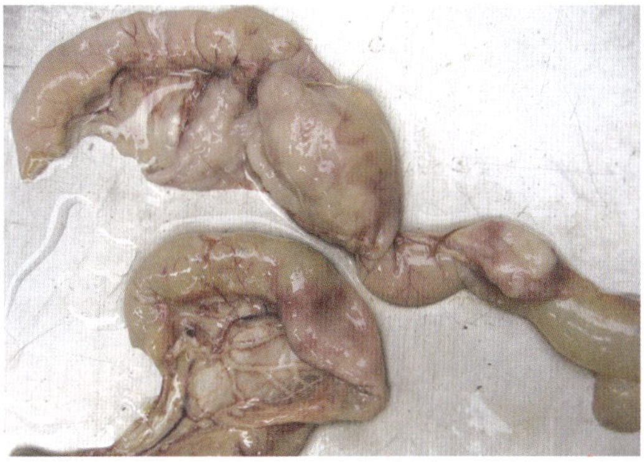

图 6-16 肠及肠系膜肿瘤

二、诊断

本病一般发生于1月龄以上的鸡，2～5月龄为发病高峰时间，呈零星发病或死亡。病鸡常有典型的肢体麻痹和消瘦症状；出现外周神经受害、法氏囊萎缩、内脏肿瘤等病变。如需确诊则需要采用琼脂扩散试验、荧光抗体、ELISA等方法。

三、防制措施

发病后没有治疗的价值，应尽早将病鸡淘汰。接种疫苗是预防本病的主要措施。

1. 疫苗接种

疫苗接种是预防本病的关键。雏鸡在出壳 24 h 内，皮下注射马立克氏病疫苗。接种后的两周内必须加强卫生和消毒管理，杜绝疫苗发生作用前感染野毒。

（1）血清Ⅰ型疫苗　主要是减弱弱毒力株 CVI988 和 CVI814 疫苗，其中 CVI988 应用广泛。

（2）血清Ⅱ型疫苗　主要是 SB1、301B/1 及我国的 Z4 株，SB1 应用广泛，通常与火鸡疱疹病毒疫苗（即血清Ⅲ型疫苗）合用，可以预防超强毒株的感染发病，保护率可达 85%以上。

（3）血清Ⅲ型疫苗　即火鸡疱疹病毒（HVT）疫苗，如 FC126 是已知最好的 HVT 疫苗毒株。由于 HVT 和 MDV 具有共同抗原，两者有交叉免疫作用，对鸡和火鸡均不致瘤，接种后能诱发阻止肿瘤形成的抗体，从而阻止马立克氏病的发病与死亡。

2. 综合措施

加强环境卫生与消毒，尤其是孵化室和育雏室的消毒，对防止雏鸡的早期感染是非常重要的。孵化场应远离鸡舍，孵化器具、疫苗接种室要严格消毒，种蛋入孵前和雏鸡出壳后均应用甲醛熏蒸。育雏舍应远离其他鸡舍，入雏前应彻底清扫和消毒；发病鸡舍应彻底消毒并空置后再用；加强饲养管理，提高鸡的抗病力；采取“全进全出”制度，雏鸡应与成年鸡隔离饲养；预防免疫抑制疾病如传染性法氏囊病、传染性贫血病等的发生。

任务二　传染性法氏囊病

传染性法氏囊病（IBD），又称传染性腔上囊炎、甘布罗病，是由传染性法氏囊病毒（IBDV）引起的雏鸡的一种急性高度接触性、免疫抑制性传染病，主要侵害鸡体液免疫中枢器官法氏囊，以法氏囊肿大、出血以及肾脏损害为特征。我国将传染性法氏囊病列为三类动物疫病。

一、发病特点

1. 流行特点

自然感染仅见于鸡，主要发生于 2～15 周龄的鸡，尤其以 3～6 周最易感，成年鸡一般呈隐性经过。病鸡是主要传染源，其粪便中含有大量的病毒，可污染饲料、饮水、垫料等，通过直接接触和间接接触传播，病毒在污染鸡舍内可存活 3 个多月。一年四季均可发生，多发于春夏之交季节。常呈急性发病，传播迅速，通常在感染后第 3 天开始死亡，5～7 d 达到高峰，后快速下降，表现为尖峰死亡和迅速康复的正态分布曲线。

2. 临床症状

潜伏期为 2～3 d，发病前鸡有啄肛的倾向。易感鸡群感染后发病突然，体温突然升高，出现腹泻，排出白色黏稠或水样稀便，病程一般为 1 周左右。急性病鸡可在出现症状 1～2 d 后死亡，鸡群 3～5 d 达死亡高峰，以后逐渐减少。随着病程的发展，食欲废绝，颈和全身震颤，病鸡步态不稳，羽毛蓬松，精神委顿，卧地不动，呼吸困难，泄殖腔周围的羽毛被粪便污染。后期病鸡脱水严重，趾爪干燥，最后衰竭死亡（图 6-17 至图 6-20）。

图 6-17　拉白色石灰水样稀便

图 6-18　雏鸡精神沉郁、羽毛蓬乱、闭目嗜睡

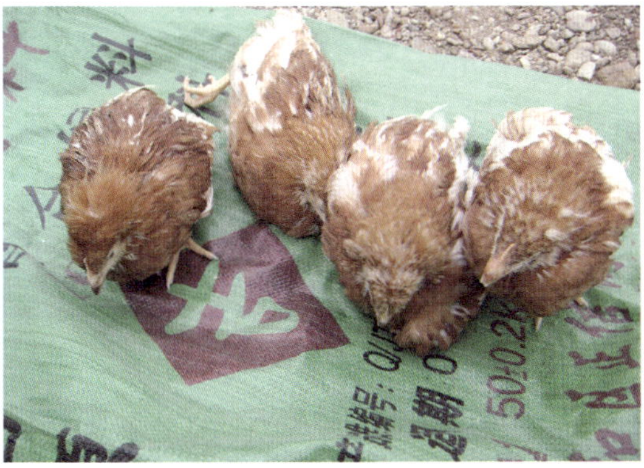

图 6-19　病鸡精神沉郁

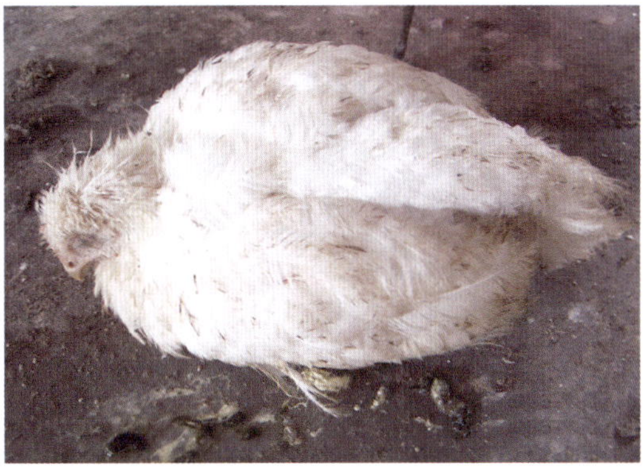

图 6-20　病鸡羽毛松乱、昏睡

3. 剖检变化

病死鸡尸体脱水干燥，严重者腿部和胸部肌肉有条索状或斑块状出血。法氏囊水肿、出血，体积增大，重量增加，初期颜色发黄，外观呈胶冻样，严重者呈紫黑色葡萄状；切开囊腔可见黏膜皱褶条纹或斑状出血，囊腔内积有黏液，后期法氏囊萎缩。肌胃和腺胃交界处出血。肾肿大褪色，肾小管有尿酸盐沉积，呈红白相间“花斑肾”（图 6-21 至图 6-30）。

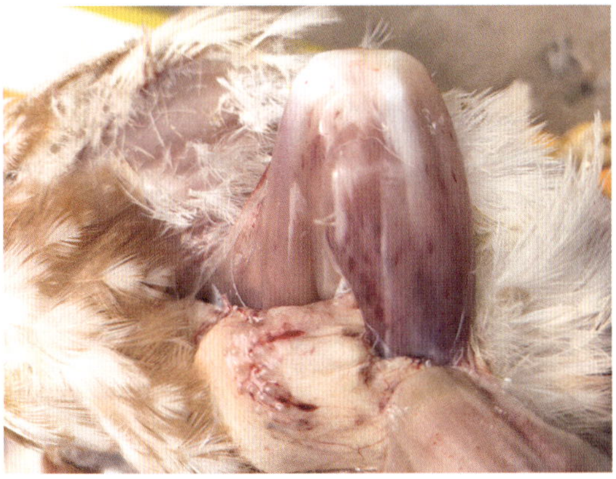

图 6-21　腿肌刷状出血

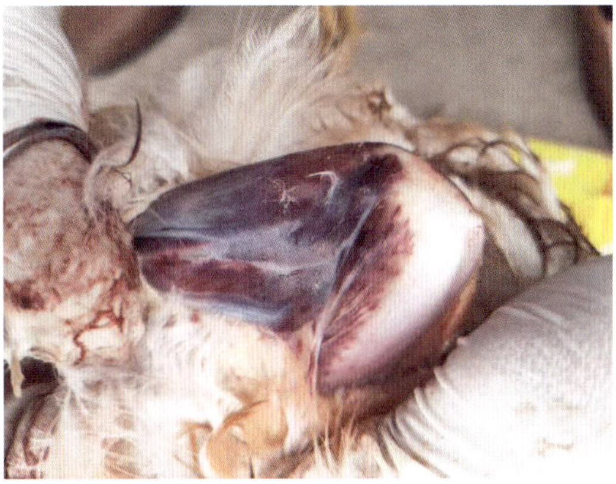

图 6-22　腿肌严重出血

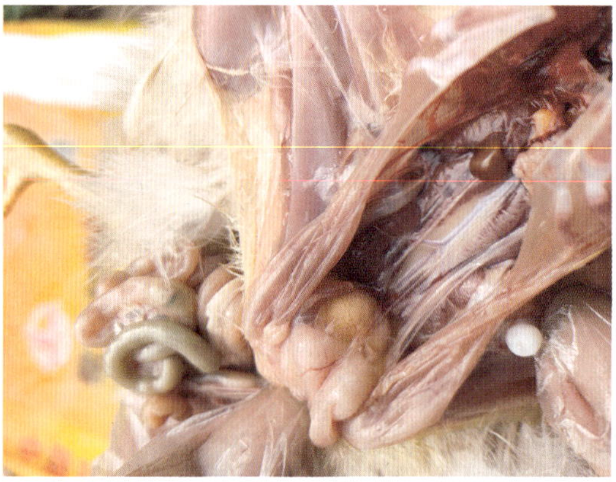
图 6-23　法氏囊水肿，呈胶冻状

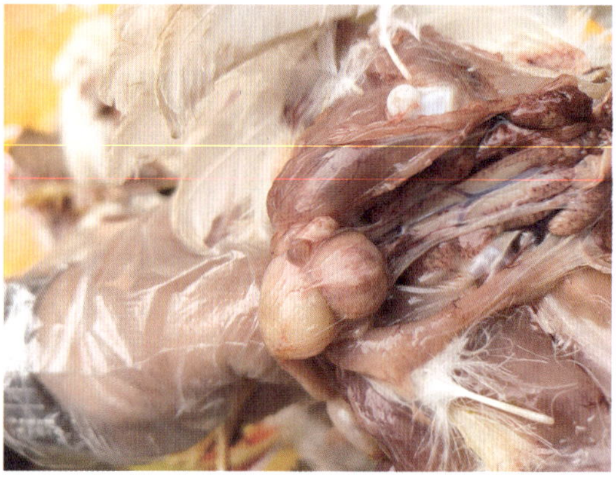
图 6-24　法氏囊肿胀出血

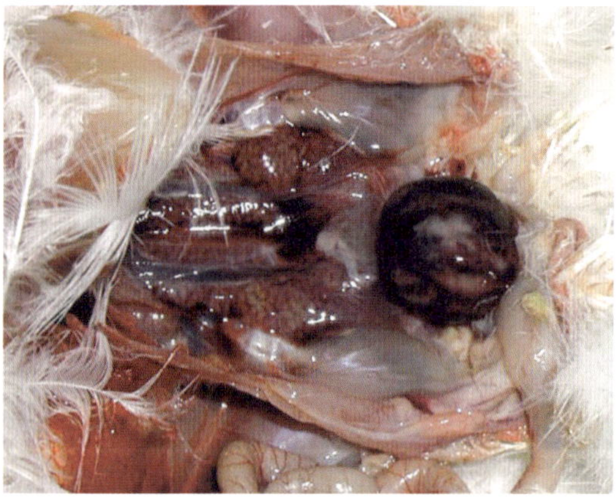
图 6-25　法氏囊的囊壁严重出血

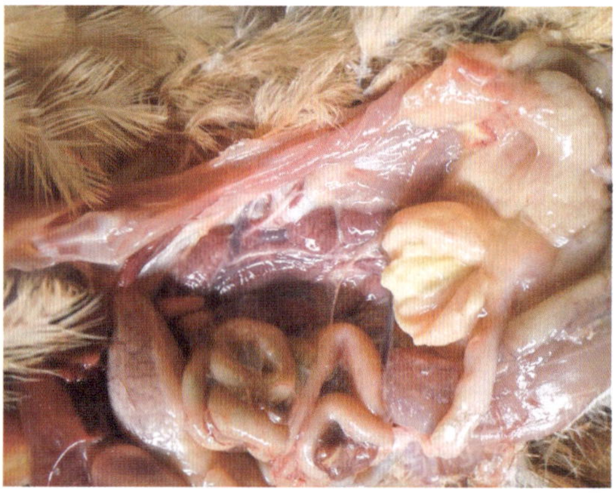
图 6-26　法氏囊的囊壁增厚

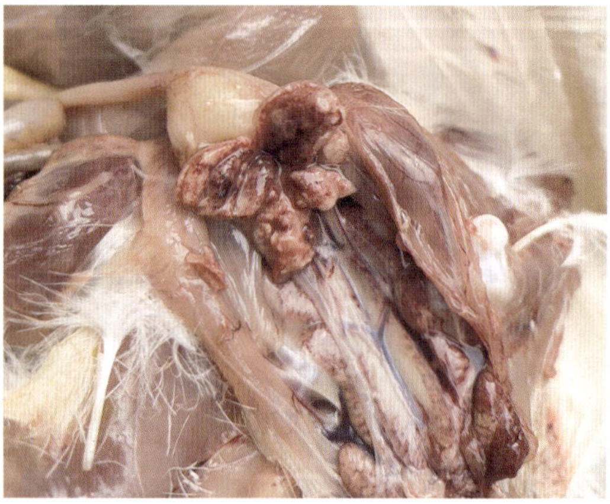
图 6-27　囊腔黏膜皱褶出血，腔内有黏液

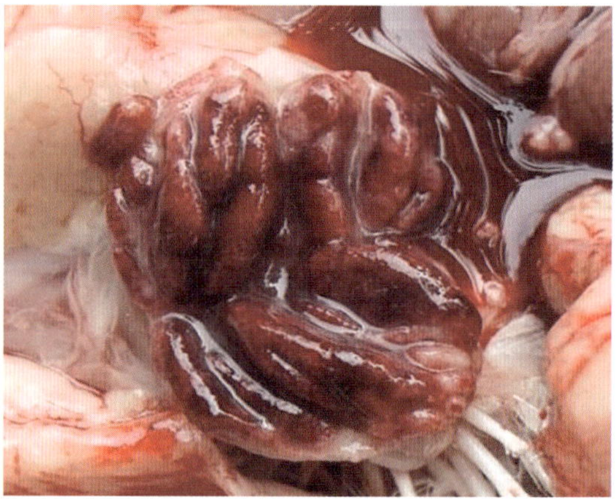
图 6-28　法氏囊黏膜严重出血

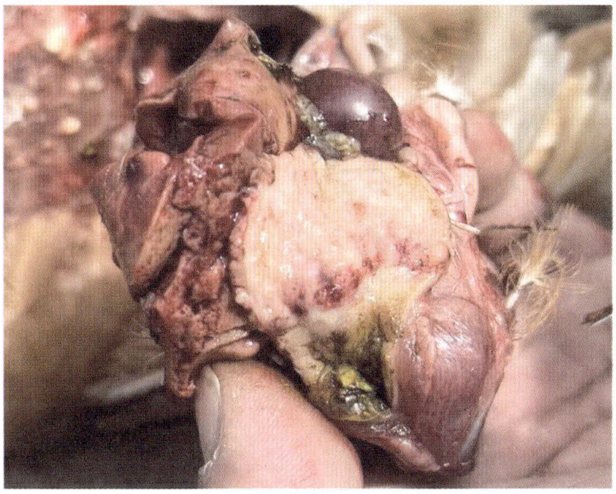

图 6-29 腺胃肌胃交界处出血

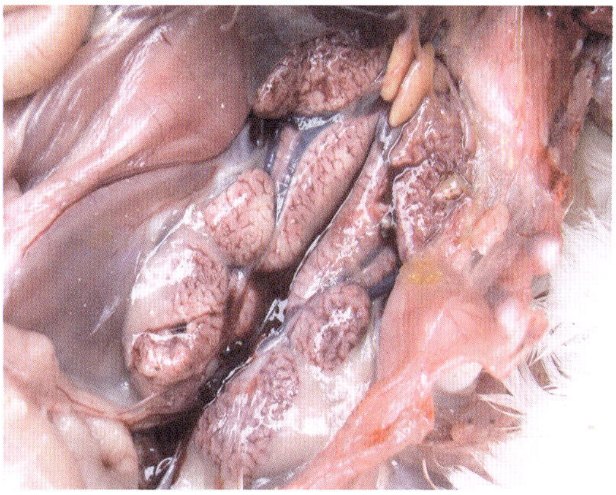

图 6-30 花斑肾

二、诊断

根据发病早期有啄肛现象，畏寒发抖，排石灰水样稀便，5～7 d 尖峰死亡，胸腿肌出血，法氏囊和肾脏特殊病变可做出初步诊断，确诊须做病毒分离鉴定和血清学试验。琼脂凝胶免疫扩散试验、反转录聚合酶链式反应（RT-PCR）、实时荧光 RT-PCR、病毒分离等方法适用于临床疑似样本的检测与病毒分离，琼脂凝胶免疫扩散试验还适用于免疫抗体水平检测。

三、防制措施

1.加强环境卫生和消毒工作

传染性法氏囊病病毒对外界抵抗力强，病毒在鸡舍可存活 3 个多月，因此，做好环境的消毒，包括孵化、接雏和育雏前期各个阶段，特别是育雏室。常用的消毒剂有 0.2%过氧乙酸、2%次氯酸钠和 3%福尔马林等。

2.合理的免疫接种

（1）疫苗　主要有灭活疫苗和活疫苗两类。活毒疫苗有两种类型，一是弱毒疫苗，其特点是毒力弱，对法氏囊组织没有任何损伤，免疫后抗体产生迟，效价较低，对现在流行的超强毒、超超强毒的保护率较低，如 PBG98、LKT、LZD258 等均属弱毒疫苗。二是中等毒力活疫苗，接种后对法氏囊有轻度可逆性损伤，对血清 I 型的超强毒的保护率较高，如 Culm、BJ836、LuKert、TAD 等属于这类疫苗，在实际生产中广泛使用。灭活疫苗主要用于经过两次活疫苗免疫后的种鸡，也适用于污染严重的鸡场，或活疫苗免疫效果差的雏鸡免疫。

（2）提高种鸡母源抗体水平　种鸡开产前（18～20 周龄）和高峰后（40～42 周龄）分 2 次用传染性法氏囊病油乳剂灭活疫苗强化免疫，使子代获得较高而整齐的母源抗体，在 2～3 周龄内得到较好的保护，可防止雏鸡早期感染和免疫抑制。

（3）雏鸡最佳首免日龄的确定　当前多采用传染性法氏囊病琼脂扩散法，按鸡数 0.5%采血，分离血清后用标准抗原和被检血清进行琼脂扩散试验，根据检测结果制定首次免疫时间。鸡群 1 日龄测定阳性率不到 80%的鸡群，应在 7～10 日龄首免；阳性率达到 80%～100%鸡群，应在 7～10 日龄再次采血检测，此次阳性率低于 50%时在 14～21 日龄首免，如果阳性率超过 50%时首免时间在 17～24 日龄进行；若雏鸡来源于未免疫传染性法氏囊病油乳剂灭活疫苗的种鸡场时，首免应在5～7日龄，首免后2～3周加强免疫1次，污染严重的鸡群间隔2周补防1次，免疫方法可采用滴口和饮水免疫。

3.治疗

(1)特异性疗法　发病早期全群肌内注射高免血清或卵黄抗体，是确实有效的治疗方法。

(2)改善饲养管理　提高鸡舍温度，饮水中加5%的红糖或口服补液盐，供给充足饮水，降低病鸡饲料中的蛋白质含量(降至15%为宜)，适当添加抗生素防止细菌继发感染，可有效降低死亡率，对鸡舍和环境进行彻底的消毒。

任务三　禽白血病

禽白血病(AL)是由白血病/肉瘤病毒群中的病毒引起的禽类多种肿瘤性疾病的总称，临床上有多种表现形式，以淋巴细胞白血病最为常见，以在成年鸡中产生淋巴样肿瘤和产蛋率及蛋的品质下降为特征。该病临床上有多种表现形式，主要是淋巴细胞增生性白血病较多，其次是成红细胞白血病、成髓细胞白血病、骨髓细胞瘤、肾母细胞瘤、骨石病、血管瘤、肉瘤和皮瘤等。其中，血管瘤是近几年来常发的一种淋巴细胞白血病，特征性病变为皮肤和内脏器官表面出现血管瘤，发病率近年来有增多的趋势，皮肤血管瘤在一些地方已成为多发病，血管瘤一旦破裂出血，就会出血不止，直至死亡，给养鸡业造成了很大的损失。我国将禽白血病列为三类动物疫病。

一、发病特点

1.流行特点

所有日龄的鸡均可感染，日龄越小越易感，发病年龄往往大于14周龄，通常在30周龄及以上的禽群中发生，感染率可高达60%，发病率通常为5%，高者可达20%，死亡率为5%～6%。传染源是病鸡和带病毒鸡，主要经卵垂直传播，有病毒血症的母鸡，其整个生殖系统都有病毒繁殖，以输卵管病毒含量最高，因此，产出的蛋常带病毒；这种先天性感染的雏鸡常有免疫抑制现象，它不产生抗肿瘤病毒抗体，长期带毒排毒，成为主要传染源。雏鸡2周以内感染病毒，发病率和感染率极高，残存的母鸡产下的蛋带病毒率也很高。4～8周龄雏鸡感染后发病率和死亡率大大降低，产下的蛋常不带病毒；10周龄以上的鸡感染后不发病，产下的蛋也不带病毒。

2.临床症状

病鸡精神委顿，全身衰弱，渐进性消瘦和贫血，鸡冠、肉髯苍白萎缩，偶见发绀，病鸡食欲减退或废绝，腹泻，产蛋停止，体瘦腹大，用手触诊可按压到肿大的肝脏，俗称“大肝病”，最后衰竭而亡。

血管瘤常单个发生于皮肤上，有的鸡群病初开始出现在头部、颈部、胸部、翅膀、脚趾等处，特别是脚趾多发(图6-31、图6-32)，形成比

图6-31　腿爪部形成血管瘤

皮肤表面较为隆起、呈黄豆大至小指肚大的血疱。血疱呈暗红色，一旦遇外伤，破裂出血不止(图 6-33)，直至死亡，所流出的血液黏附于局部组织或皮肤，形成“火山口样”肿瘤。

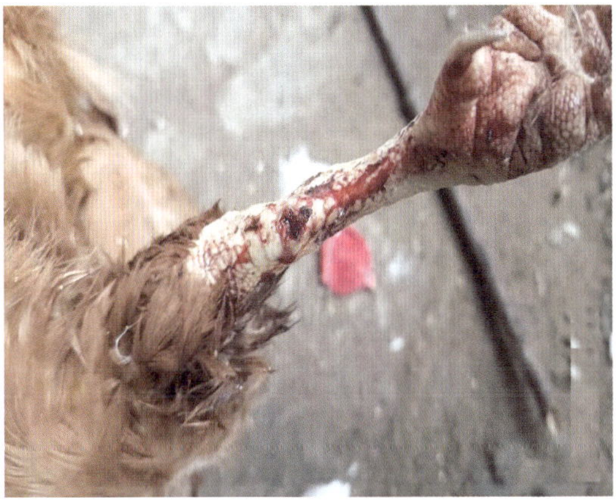

图 6-32 腿爪部血管瘤破裂出血

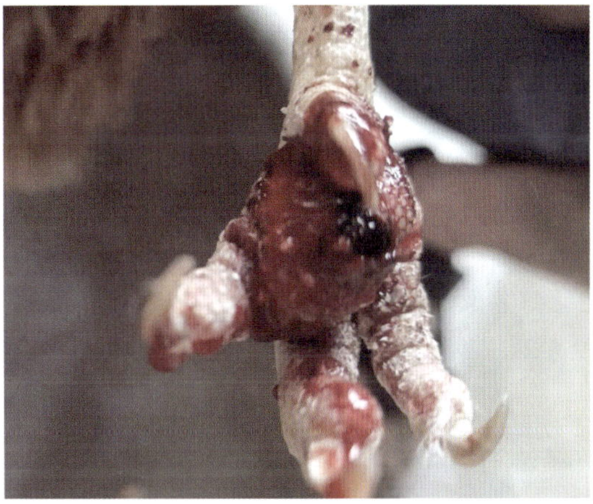

图 6-33 爪部形成血管瘤出血不止

3. 剖检变化

主要特征是内脏多种器官形成弥漫性或结节性肿瘤病，尤其是肝脏、脾脏、肾脏和法氏囊的肿瘤较为常见。肿瘤呈灰白色至淡黄色，大小不一，切面均匀一致，很少有坏死灶(图 6-34 至图 6-36)。

内脏型血管瘤主要病变在性腺、肝脏、心脏等器官表面，形成血管瘤(图 6-37、图 6-38)；有的在腹腔内可见 1～10 mm 大的单发或密发的血疱或血凝块；有的病鸡脾脏苍白，上面布满血管瘤；有的在肌胃、肠管、肠系膜上(图 6-39 至图 6-41)可见密密麻麻的血管瘤。

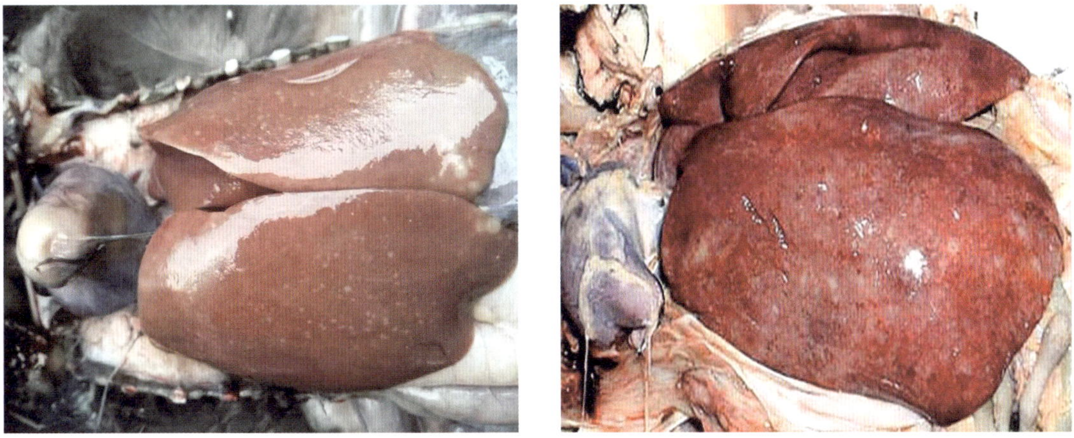

图 6-34 肝脏肿大，弥散性肿瘤结节

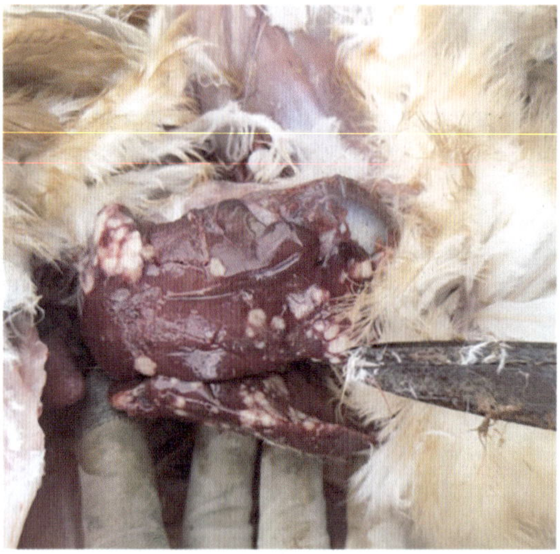
图 6-35　肝脏肿瘤

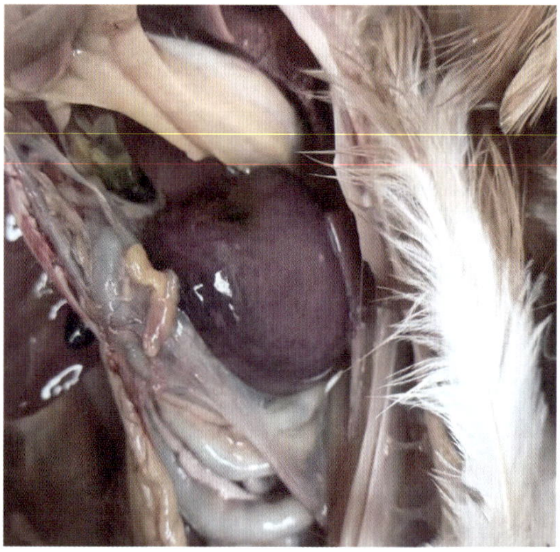
图 6-36　脾脏肿胀增生

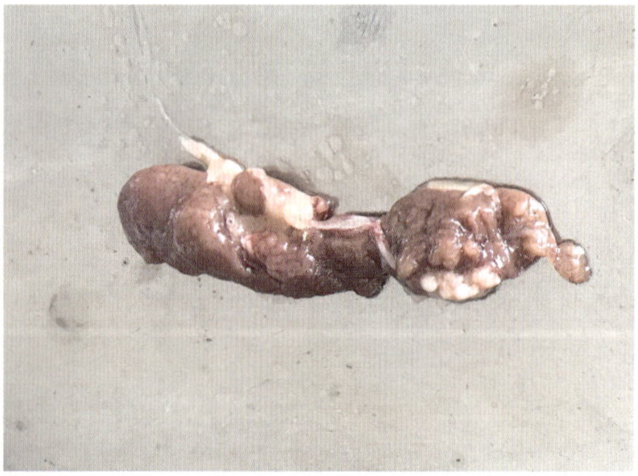
图 6-37　肾脏肿瘤

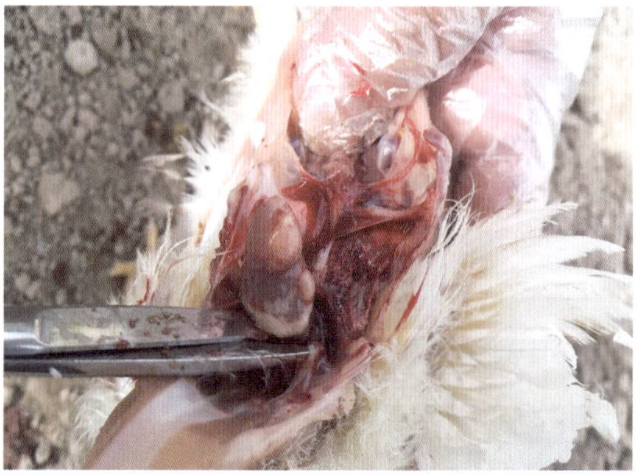
图 6-38　心脏肿瘤

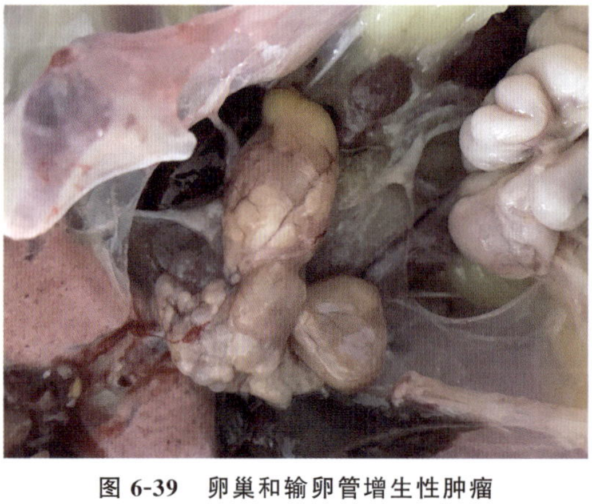
图 6-39　卵巢和输卵管增生性肿瘤

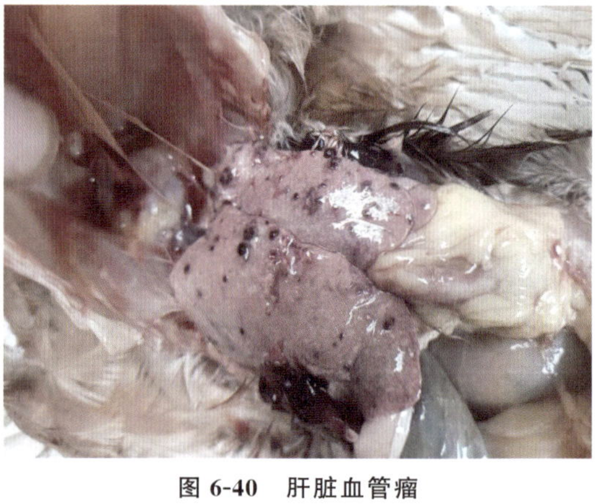
图 6-40　肝脏血管瘤

二、诊断

主要根据流行病学、临床症状和剖检变化，鸡发病在16周龄以上，鸡渐进性消瘦，低死亡率，内脏器官发生肿瘤可做出初步诊断，进行病理组织学检查可确诊。注意与马立克氏病和禽网状内皮组织增殖病相鉴别。马立克氏病多发于青年鸡和产蛋初期，兼有神经型、皮肤型、眼型和内脏型，往往法氏囊萎缩；而淋巴细胞白血病多发生于产蛋高峰期鸡，肿瘤仅发生于内脏，法氏囊有肿瘤，而不萎缩。

图 6-41 肠道血管瘤

三、防制措施

目前，本病尚无有效治疗方法，一旦发病应全部淘汰，以杜绝病的传播。最理想的措施是培育无白血病鸡群。每批即将产蛋的鸡群，用血清学方法（琼脂扩散试验）进行检疫，发现阳性鸡一次性淘汰。每批蛋鸡经三四代淘汰后，鸡群的白血病将会显著降低，并逐步消灭。净化鸡群重点是在原种鸡场和种鸡场。

任务四 禽网状内皮组织增殖病

禽网状内皮组织增殖病（RE）是由网状内皮组织增殖病病毒（REV）引起的鸭、火鸡、鸡和野禽的一组症状不同的综合征，包括急性致死性网状细胞瘤、生长抑制综合征（矮小综合征）以及淋巴组织和其他组织的慢性肿瘤。我国将其列为三类动物疫病。

一、发病特点

1. 流行特点

REV感染的自然宿主有火鸡、鸭、鹅、鸡和鹌鹑，其中以火鸡发病最为常见。在商品鸡群中呈散在发生，在火鸡和野水禽中可呈中等程度流行。病禽的泄殖腔排出物、眼和口腔分泌物常带有病毒。病毒可通过与感染禽接触而发生水平传播，也可经鸡胚垂直传播。REV污染的禽用疫苗也是其传播的一个重要因素，这种情况往往导致免疫失败，大批禽发生矮小综合征。

2. 临床症状和剖检变化

RE包括急性网状细胞肿瘤形成、矮小病综合征、淋巴组织和其他组织的慢性肿瘤形成。

（1）急性致死性网状细胞肿瘤　病程短，常无明显的症状，死亡率可达100%。主要病理变化为肝、脾急性肿大，伴有局灶性或弥漫性浸润病变，还可见于胸腺、心、肾和性腺。组织学变化以大的空泡样淋巴网状内皮细胞的浸润和增生为特征。鸭主要病变是脾脏肿大，有不同程度的坏死点隆起于脾脏表面，严重时脾脏呈紫黑色、绿色或大理石样病变。

（2）慢性淋巴细胞性肿瘤　慢性肿瘤病程长，缓慢地出现消瘦与贫血体征。

（3）矮小综合征　以非肿瘤病变为特征，包括生长抑制、胸腺和法氏囊萎缩、外周神经肿大、羽毛发育异常、肠炎和肝脾坏死等。发病鸡腺胃肿胀，严重时形成乒乓球状(图 6-42)，胃壁增厚，挤压腺胃乳头有血样、水样、脓样分泌物喷射。腺胃黏膜肿胀变厚，乳头肿胀、出血、溃疡，有的乳头融合，界限不清(图 6-43 至图 6-45)，肌胃萎缩。胸腺、胰脏、脾脏及法氏囊严重萎缩，肠壁变薄无内容物，肠道有不同程度的出血性炎症。肝出现较大的空泡样淋巴网状内皮细胞的浸润和增生(图 6-46 至图 6-48)。

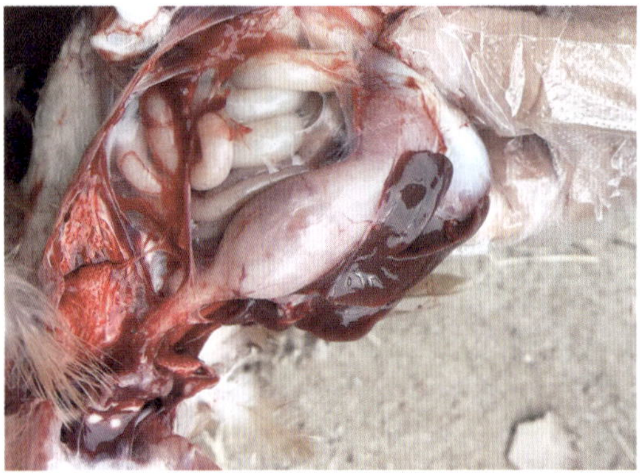

图 6-42　腺胃肿大

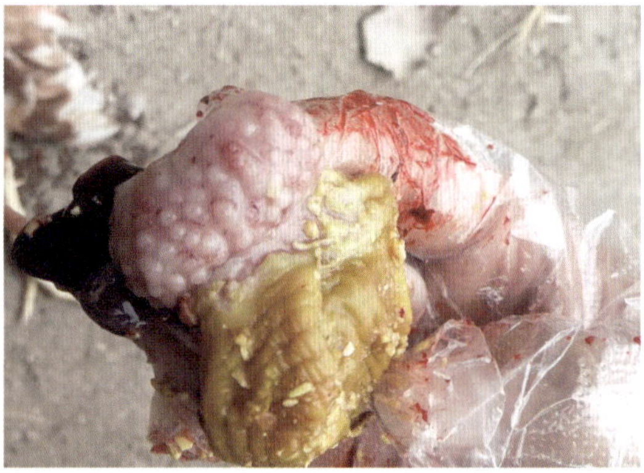

图 6-43　腺胃乳头肿胀出血

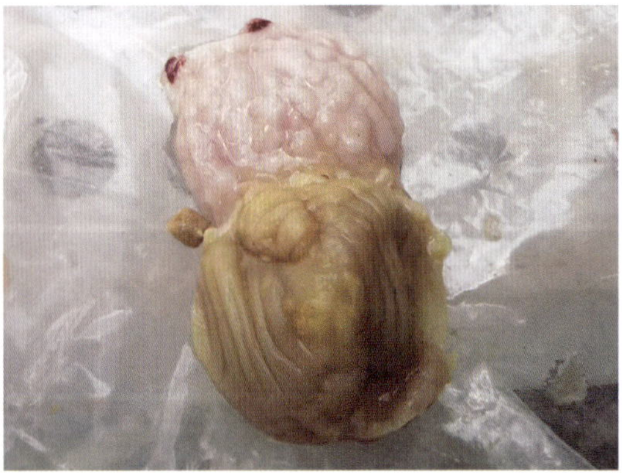

图 6-44　胃黏膜肿胀变厚，有的乳头融合，界限不清

图 6-45　鸡腺胃乳头出血溃疡

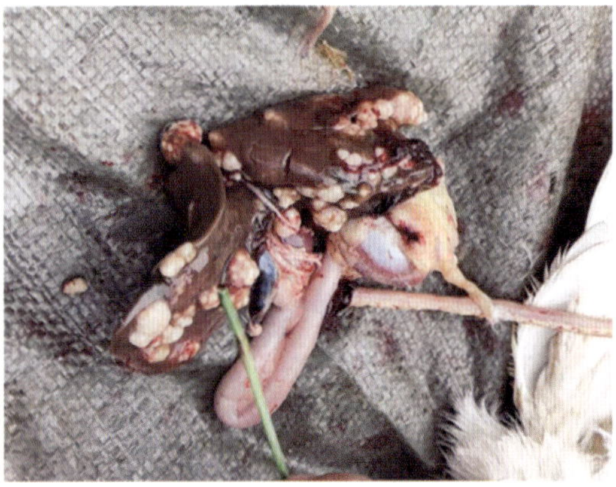

图 6-46　肝脏增生性结节

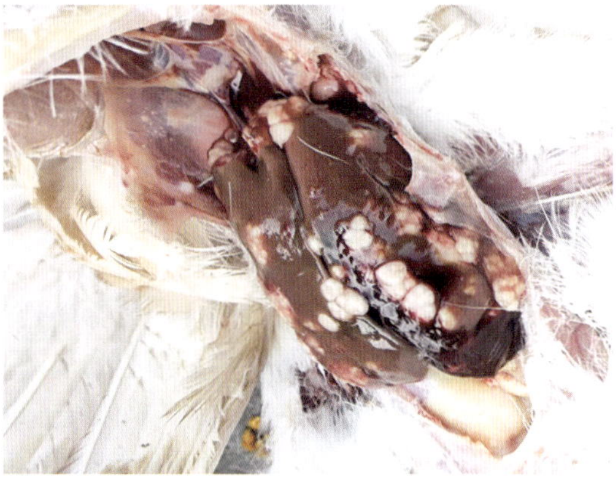

图 6-47　肝脏肿瘤结节

二、诊断

由于 RE 缺乏特征性的症状和病变，并且疾病的表现多种多样，许多变化易与其他肿瘤病相混淆。因此，本病的诊断应尽可能进行病毒的分离、鉴定和血清学试验。

三、防制措施

RE 在防治上至今没有行之有效的方法，预防上主要为检测并淘汰带毒母鸡，以消除垂直传播。

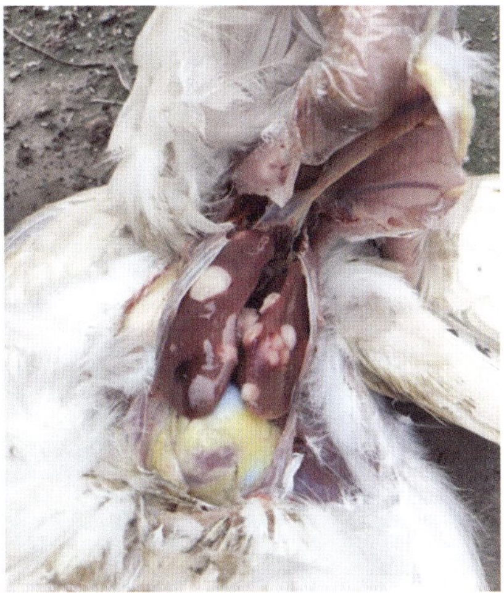

图 6-48 肝脏肿瘤

任务五 鸡传染性贫血

鸡传染性贫血(CIA)，又称鸡贫血因子病，是由鸡传染性贫血病毒(CIAV)引起的雏鸡再生障碍性贫血、全身淋巴组织萎缩、皮下和肌肉出血为特征的一种免疫抑制性疾病。该病曾称为蓝翅病、出血性综合征或贫血性皮炎综合征。我国将其列为三类动物疫病。

一、发病特点

1.流行特点

各品种、年龄的鸡均易感，自然发病多见于 2～4 周龄鸡，1～7 日龄雏鸡最易感染。CIAV 主要经卵垂直传播，也可以水平传播，通过病鸡分泌物、排泄物及污染的用具传播，经消化道感染。成年鸡或有母源抗体的雏鸡感染无明显临床症状。种鸡感染后，可通过种蛋垂直传播给下一代。当有马立克氏病、传染性法氏囊病、禽网状内皮组织增殖病等免疫抑制性疾病发生时，雏鸡对 CIAV 的易感性增高，发病早且严重。

2.临床症状

主要临床特征是贫血，病鸡感染后 14～16 d 贫血最严重，精神沉郁、虚弱、消瘦，聚堆及行动迟缓，羽毛蓬乱，喙、肉髯、面部和可视黏膜苍白(图 6-49)，羽毛囊有淤血和出血性病灶，皮下和肌肉出血，翅尖出血也极为常见(图 6-50)。血液稀薄，血凝时间延长(图 6-51)，一般在发病后 2～3 d 即可出现死亡，5～6 d 时死亡达到高峰，随后逐渐下降。20～28 d 后存活的鸡，可逐渐恢复正常，并获得免疫力，但大多生长迟缓，成为僵鸡。

3.剖检变化

病鸡消瘦，肌肉、内脏器官苍白、贫血(图 6-52)；肝脏、脾脏和肾脏肿大，褪色或淡黄色；血液稀薄如水，凝血时间延长。最具特征性的剖检病变是骨髓萎缩，股骨骨髓呈脂肪色、淡黄色或粉红色(图 6-53)；胸腺萎缩充血，严重时可导致完全退化；法氏囊萎缩不明显，大多数病鸡法氏囊的外观呈半透明状态；肝脏、肾脏萎缩(图 6-54、图 6-55)。

图 6-49　鸡冠苍白，贫血

图 6-50　翅下皮肤出血

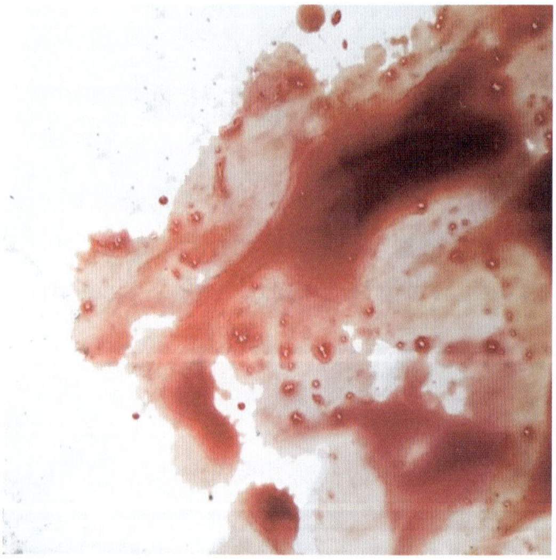

图 6-51　血凝不良

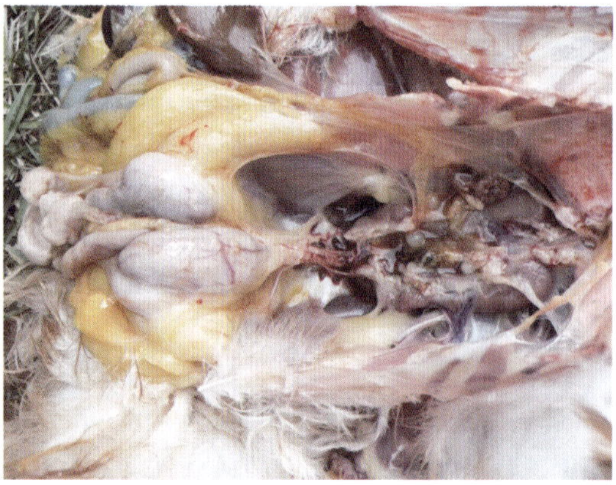

图 6-52　肌肉贫血

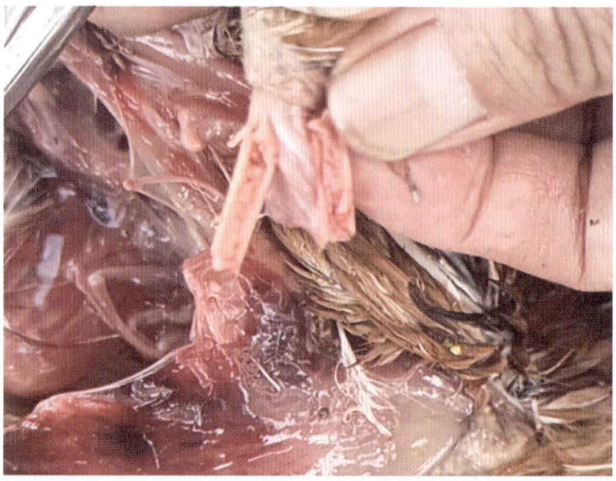

图 6-53　骨髓脂变

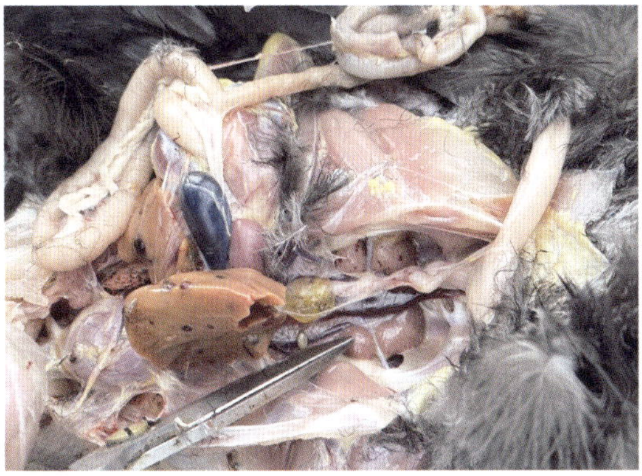

图 6-54 肝脏、肾脏萎缩

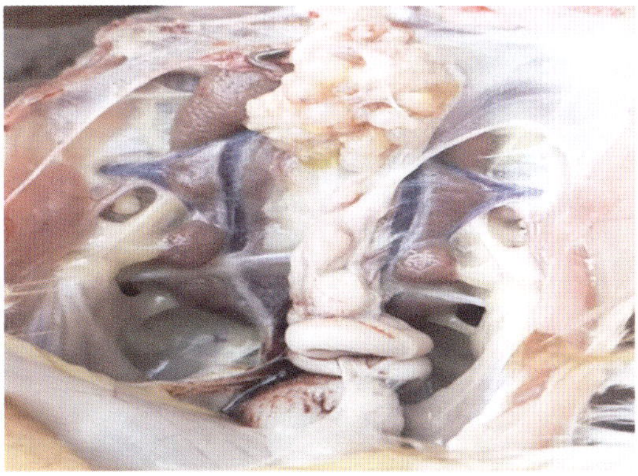

图 6-55 肾脏萎缩

二、诊断

根据 2～3 周龄鸡最易感、贫血、骨髓脂肪样黄色、胸腺萎缩的临床症状可做出初步诊断。血常规检查有助诊断，但最终的确诊需要做病原学和血清学检测。

1. 病毒分离

病毒的分离培养是 CIAV 鉴定中最常用的方法。肝脏含有高滴度的病毒，是分离 CIAV 的最好材料，可将肝脏制成匀浆，离心取上清液，加热 70 ℃ 5 min 或用氯仿处理去除或灭活可能的污染物，用于雏鸡、鸡胚或细胞培养接种。

(1)接种雏鸡　1 日龄 SPF 雏鸡是初次分离 CIAV 最可靠的动物实验方法。用肝脏病料 1∶10 稀释肌肉或腹腔接种 1 日龄 SPF 雏鸡，每只 0.1 mL，观察典型症状和病理变化。

(2)接种鸡胚　用肝脏病料卵黄囊接种 4～5 日龄鸡胚，无鸡胚病变，孵出小鸡发生贫血和死亡。

2. 血清学诊断

有血清中和试验、ELISA 等，可用于检测感染鸡血清中的抗体。其中，ELISA 是检测 CIAV 抗体的一种良好的血清学方法，其敏感性高，操作简便、快速，所需血样少，可以同时检测大量样品，利于大规模普查。

3. 分子生物学诊断

聚合酶链反应试验和荧光聚合酶链反应试验用于组织或细胞中病毒的检测，其敏感性和特异性都比较高。

三、防制措施

1. 综合防控措施

加强饲养管理和兽医卫生措施，防止由环境因素及其他传染病导致的免疫抑制，及时接种传染性法氏囊病疫苗和马立克氏病疫苗。加强检疫，及时淘汰阳性种鸡是控制本病的最佳策略。防止从疫区引种时引入带病毒鸡，将本病传染给健康鸡群。

2. 疫苗免疫接种

可使用减毒的活疫苗，通过肌肉、皮下或翅膀对种鸡进行接种，可有效防止其子代发病，有良好的免疫保护效果。如果后备种鸡群血清学呈阳性,则不宜进行接种。

目前,本病尚无特异的治疗方法。

职业测试题

一、单选题

1. 马立克氏病主要侵害(　　)。

A. 中枢神经　B. 脊神经　C. 外周神经　D. 迷走神经

2. 鸡传染性法氏囊病尤以(　　)最易感。

A. 1～2 周龄　B. 3～6 周龄　C. 8～10 周龄　D. 12～18 周龄

3. 下列疾病能形成家禽血管瘤的是(　　)。

A. 禽传染性支气管炎　B. 传染性法氏囊病

C. 禽白血病　D. 鸡传染性贫血

4. 禽白血病临床上有多种表现形式,主要是(　　)较多。

A. 淋巴细胞增生性白血病　B. 成红细胞白血病

C. 骨石病　D. 血管瘤

5. 下列哪种疾病俗称"大肝病"(　　)。

A. 马立克氏病　B. 传染性法氏囊病

C. 禽白血病　D. 鸡传染性贫血

二、多选题

1. 根据病变发生的部位和临床症状将马立克氏病分为(　　)类型。

A 神经型　B. 内脏型　C. 皮肤型　D. 眼型　E. 呼吸型

2. 传染性法氏囊病的剖检变化有(　　)。

A. 胸腿肌出血　B. 法氏囊肿大

C. 肌胃与腺胃交界处的黏膜有出血或溃疡　D. 花斑肾　E. 肝脏肿大

3. 下列传染病具有免疫抑制的有(　　)。

A. 马立克氏病　B. 传染性法氏囊病

C. 禽白血病　D. 禽传染性支气管炎　E. 新城疫

4. 鸡传染性贫血的症状及剖检变化有(　　)。

A. 贫血　B. 骨髓萎缩

C. 血液稀薄如水,凝血时间延长　D. 胸腺萎缩充血　E. 肝脏肿大

三、判断题

1. 当坐骨神经丛或坐骨神经受 MDV 侵害时,双肢发生完全麻痹,表现为运动失调和步态异常。(　　)

2. 鸡患马立克氏病时,法氏囊形成肿瘤并萎缩。(　　)

3. 防制马立克氏病,仅预防接种疫苗就行。(　　)

4. 禽白血病主要通过垂直传播。(　　)

5. 患白血病的家禽其输卵管病毒含量最高,特别是蛋白分泌部,因此产出的蛋常带病毒。(　　)

6. 单纯的鸡传染性贫血病最具有特征性的剖检病变是骨髓萎缩。(　　)

7. 禽坦布苏病毒感染一年四季均可发生，但多发于蚊子、蜱活动的夏秋季节。（ ）

8. 传染性法氏囊病早期有啄肛现象，畏寒发抖，排石灰水样稀便，5～7 d尖峰死亡。（ ）

9. 鸡传染性贫血经常混合、继发和加重病毒、细菌和真菌感染，发病率和死亡率升高，危害甚大，该病曾称为“蓝翅病”。（ ）

10. 禽坦布苏病毒感染以突然发病、快速传播、采食量和产蛋量大幅度下降，以及卵巢出血、变性为特征。（ ）

四、案例分析题

1. 某养殖户，存栏10 000羽蛋鸡，在27日龄时鸡群突然发病，病初精神沉郁，采食量减少，饮水增多，有些自啄肛门，排白色水样稀便，重者脱水，体温升高，卧地不起，低头嗜睡，被毛蓬松，怕冷扎堆，发病3 d后出现死亡。剖检可见法氏囊明显肿大、水肿，为正常的2～3倍；腿肌条状或块状出血；腺胃和肌胃与食管交界处有出血点或出血斑；盲肠扁桃体肿大出血；肾脏苍白、肿大呈花斑样。

根据以上描述，初步诊断鸡群患了哪种疾病？并分析诊断依据。如果采集病料进行实验室检测，请你给出琼脂扩散试验的检查方法及结果判断标准？并根据流行特点制定该病免疫程序？

2. 某养殖户饲养3 000只蛋鸡，并于1日龄免疫鸡马立克氏病火鸡疱疹病毒疫苗，至65日龄时，开始陆续发病，部分鸡出现食欲下降、消瘦、面部苍白、极度衰弱。部分鸡出现神经症状，站立不稳、两腿呈“劈叉式”前后伸展，瞳孔比正常缩小，虹膜颜色变浅，后期贫血、衰竭死亡。发病后一直用药，效果不明显，至110日龄，已死淘12%。

剖检病死鸡可见病鸡坐骨神经丛粗大，比正常者粗3倍以上，呈黄白色或灰白色，横纹消失；内脏器官受侵害的主要是肝脏，100%的内脏型病例都侵害了肝脏，肝脏有大小不等的肿瘤结节，多呈黄白色，质地坚硬而致密；脾脏肿大；心脏有白色肿瘤结节；肾脏肿大，肿瘤结节；腺胃壁显著增厚；卵巢呈菜花样结节。

根据以上描述，初步诊断鸡群患了哪种疾病？鸡群已接种了疫苗，为什么还会发病，请你分析发病原因。通过查阅资料，给出详细的处理方案。

3. 12月28日，增城区新塘镇简村一养鸡场有2 000多只鸡集体染病。经广州市和增城区动物卫生监督所临床诊断核查，并通过实验室样本检验，农业农村主管部门确认病死鸡感染了“禽白血病并发喉气管炎”，排除了高致病性禽流感。为防止疫病扩散，增城区农业农村局和动检机构于12月31日将全场2.75万只鸡扑杀。

请你根据所学知识，说明禽白血病主要流行特点、临床症状及剖检变化特征。分析说明案例中为什么没对发病鸡进行治疗，而是采取全场扑杀措施？

4. 某养殖户存栏1万只蛋鸡，8日龄时，个别鸡表现精神沉郁、消瘦，鸡冠、肉髯、皮肤和可视黏膜苍白，翅部皮下出血，养殖户投喂抗生素3 d，效果不明显。雏鸡13日龄时，开始出血死亡。剖检可见全身贫血，血液稀薄，凝固不良。肌肉、内脏器官广泛性出血。胸腺明显萎缩，骨髓从正常的深红色变为淡黄红色，部分病例法氏囊萎缩。肝肿大发黄，有坏死点。有的腺胃黏膜出血。

请你根据所学知识，初步诊断鸡群患了哪种疾病？并分析你的诊断依据。查阅相关资料，给出该病详细的防制方案？

二维码 6-6 以免疫抑制为主的传染病防制职业测试题参考答案

项目七 以神经症状为主的传染病防制

【思政与职业素养目标】

在教学过程中，注重培养学生对神经症状为主的传染病的风险意识和应对能力，提高学生的职业能力和职业素养，科学防控神经症状为主症的传染病。

【知识与能力目标】

1. 掌握神经症状为主的家禽传染病的流行特点、临床症状、病理变化、防制措施。
2. 学会对神经症状为主的疫病进行鉴别诊断和综合防控技术。

二维码 7-1 雏鸡神经症状

二维码 7-2 鸭神经症状

二维码 7-3 转圈运动

二维码 7-4 鸭摇头晃脑

二维码 7-5 鸭传染性肝炎濒死状态

任务一 禽传染性脑脊髓炎

禽传染性脑脊髓炎(AE)是由禽脑脊髓炎病毒(AEV)引起的一种急性、高度接触性传染病。主要侵害幼鸡，以运动失调和头颈部震颤为特征，故又称之为流行性震颤。产蛋鸡可出现一时性产蛋率急剧下降。我国将其列为三类动物疫病。

一、发病特点

1. 流行特点

本病自然条件下可感染鸡、雉、火鸡、鹌鹑、鸽子等多种禽类，自然情况下 4 周龄内雏鸡对 AEV 最易感，1 月龄以上鸡感染后不表现临床症状。一年四季均可发病，无明显季节性。病鸡和带毒鸡是主要传染源，通过粪便将病毒排出体外，污染饲料、饮水、环境等，主要经消化道传播，也可通过眼结膜感染，种鸡可经卵垂直传播，导致鸡胚孵化率下降，弱雏增加。本病发病迅速，发病率一般为 40%～60%，死亡率为 10%～25%。

2. 临床症状

当该病经口感染时，潜伏期至少 11 d；经胚胎感染，潜伏期 1～7 d。发病初期，病雏精神稍差，反应迟钝，驱动时行走不协调、摇晃，共济失调，以跗关节或胫部行走。后期雏鸡精神沉郁，运动严重失调，逐渐麻痹和衰竭，头颈震颤，手扶时更明显。由于共济失调不能走动，摄食、饮水不足最后衰竭死亡。成年鸡感染无明显的临床症状，不出现神经症状，可发生短时间(1～2 周)产蛋下降，种蛋孵化率降低，其后可逐渐恢复(图 7-1)。

3. 剖检变化

肉眼病变不明显，仔细检查可在胃的肌层中发现灰白色区。严重时可见脑组织变软，有不同程度淤血，表面有针尖大小的出血点，有时仅见脑膜水肿（图 7-2）。

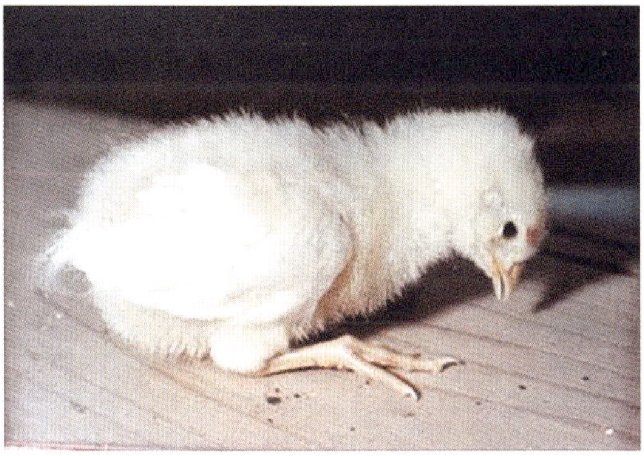

图 7-1 鸡精神沉郁，头颈震颤

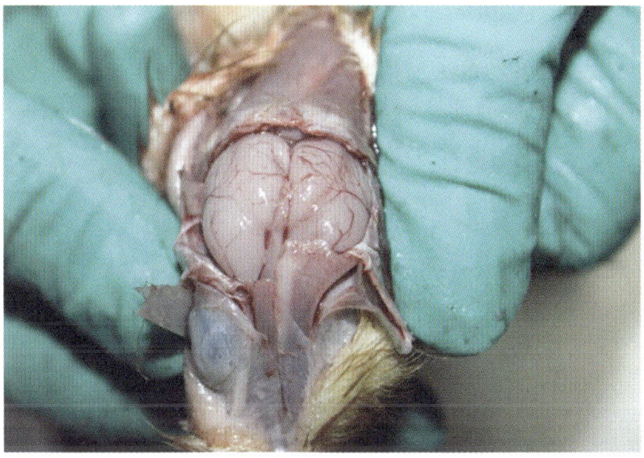

图 7-2 脑膜出血水肿

二、诊断

根据本病多发于 3 周龄内雏鸡，以共济失调、头颈震颤和麻痹为主要临床症状，剖检无明显肉眼病变，即可做出初步诊断。确诊需进行实验室检查，常用的实验室检测方法有病毒分离、琼脂扩散试验、酶联免疫吸附试验、分子生物学检测等。

注意同维生素 B_1 缺乏症相鉴别。两者都会侵害雏鸡，引起麻痹、运动障碍等神经症状。但脑脊髓炎引起的头颈震颤更常见，而维生素 B_1 缺乏症无此症状。

三、防制措施

1. 综合措施

加强消毒与隔离措施，有效防止从疫区引进种苗和种蛋。

2. 疫苗接种

主要通过接种疫苗进行预防，种鸡需 70～80 日龄使用弱毒活疫苗饮水接种，开产前肌内注射灭活疫苗。母源抗体可通过卵传给子代，保护雏鸡不发病。

3. 治疗

目前，本病尚无有效的治疗措施，一旦确诊要及时淘汰，并做无害化处理。如需紧急预防，可对同群未发病鸡注射高免卵黄抗体。

任务二 鸭浆膜炎

鸭浆膜炎（DIS）又称鸭疫里默氏杆菌病或鸭败血病，是由鸭疫里默氏杆菌引起的幼鸭一种慢性或急性败血性、接触性传染病，以纤维素性心包炎、纤维素性肝周炎、纤维素性气囊炎、共济失调为主要特征，俗称“鸭三炎”。其发病率和死亡率均很高，已成为危害养鸭业的一种重要传染病。我国将其列为三类动物疫病。

一、发病特点

1.流行特点

1～8周龄的鸭对鸭疫里默氏杆菌易感，2～4周龄的鸭最易感，成年鸭较少感染发病。一年四季均可发病，尤其以秋末冬初为甚。可通过污染的饲料、饮水、飞沫、尘土等经呼吸道、消化道、皮肤伤口（特别是鸭蹼皮肤）、蚊子叮咬等多种途径传播。发病迅速，感染率可高达90%以上，死亡率在5%～80%不等。

2.临床症状

潜伏期一般为1～3 d，一般症状出现后1～2 d死亡。

最急性病例看不到明显症状而突然死亡。

（1）急性型　主要发生于2～3周龄雏鸭，主要表现为精神沉郁，食欲不振或废绝，行走蹒跚，共济失调，嗜睡，缩颈，甩鼻打喷嚏。眼睛和鼻孔有浆液性或脓液性分泌物，导致呼吸困难。排绿色或黄绿色恶臭稀便。后期病鸭出现消瘦、脱水和神经症状，如两腿僵直，摇头摆尾，头颈震颤或头向后勾于背上，有的出现角弓反张，全身痉挛性抽搐，经几次发作后死亡。

（2）慢性型　主要发生在4～8周龄的小鸭，表现精神沉郁，少食或不食，腿软、不愿走动、站立呈犬坐式、进而出现痉挛性点头或摆尾，前仰后翻，翻转后仰卧，两腿呈游泳状划动。少数病例出现呼吸困难，消化不良，脱水消瘦，最后衰竭死亡。病程1周以上的患病鸭，往往发育不良，生长迟缓或停滞，成为僵鸭，饲料报酬率低，失去经济价值。

3.剖检变化

特征性剖检变化为病鸭浆膜表面有纤维素性渗出物，以心包膜、肝被膜和气囊壁的炎症为主。病程短的病例，可见急性心包炎、心包膜变厚、心包液增多，内有黄白絮状物和淡黄色纤维素性渗出物，心外膜有少量纤维素性渗出物；病程较长者，纤维素性心包炎明显，心包与外膜、胸壁与肺粘连，心包液减少；肝肿大质脆，呈黄红色或土黄色，表面被覆一层灰白色或黄色纤维素性膜，厚薄不均、易于剥离；气囊膜浑浊增厚，有斑点状或絮状纤维素性渗出物，常与胸腹壁粘连，严重的病例气囊内有灰白色的块状物；胆囊肿大，内充满浓稠的胆汁；肠道呈卡他性炎症；肺呈黑色或间质性水肿。有神经症状的病例出现脑膜充血、水肿、增厚和小点状出血，脑室内含有大量的纤维素性渗出物。有些慢性病例常出现单侧或两侧跗关节肿大，切开可见关节液增多，呈乳白色黏稠状；也可发生于胫跖关节（图7-3至图7-5）。

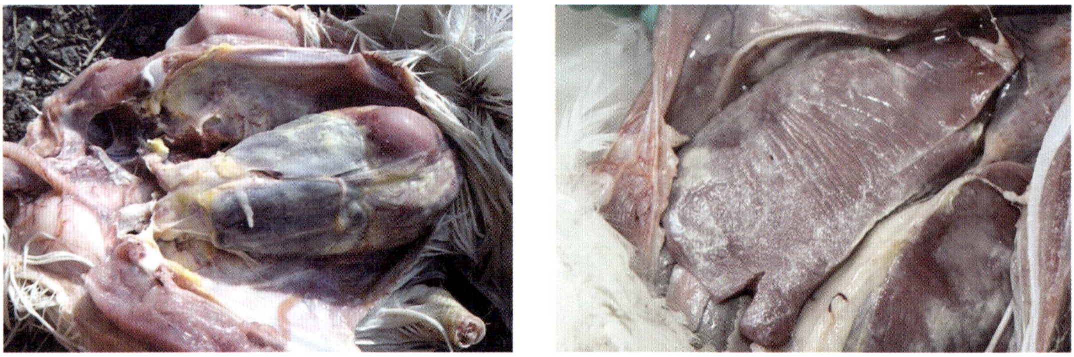

图7-3　病鸭浆膜表面出现纤维素性渗出物

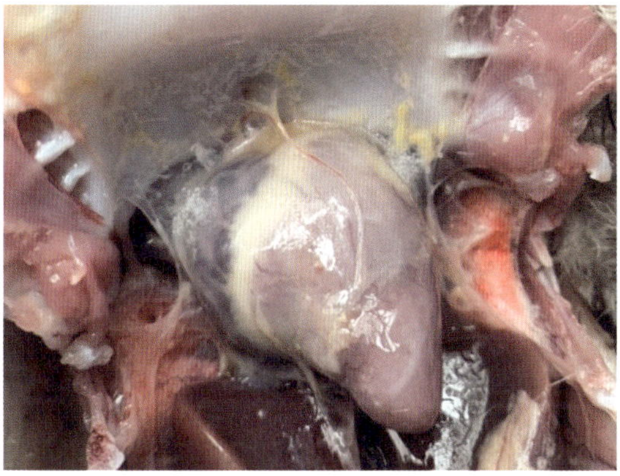

图 7-4　病鸭出现纤维素性心包炎

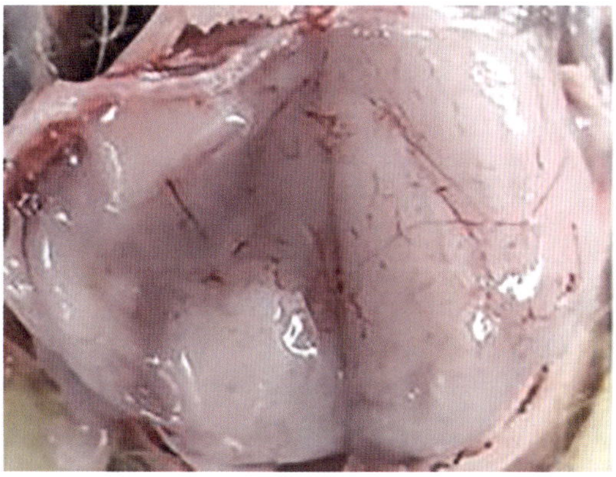

图 7-5　病鸭脑膜水肿出血

二、诊断

根据本病流行特点、临床症状和病理变化可进行初步诊断。确诊须病原学诊断、血清学诊断等实验室诊断。实验室检测常用的方法有细菌分离鉴定、凝集试验、琼脂扩散试验、酶联免疫吸附试验、聚合酶链式反应等。

本病需注意与鸭大肠杆菌败血症相区别。

三、防制措施

1. 综合措施

饲料营养要全面，坚持全进全出的饲养管理制度，尽量减少或避免应激，改善育雏室的卫生条件，定期对鸭舍及周围环境进行消毒。

2. 疫苗接种

疫苗免疫接种是预防本病的有效手段。目前主要有灭活油乳剂疫苗和弱毒灭活苗两种，一般在 7 日龄内进行首次免疫，2 周后进行二次免疫，种鸭可在 18～22 周龄内加强免疫一次，注射灭活苗 0.5 mL/羽。

3. 治疗

鸭疫里默氏杆菌对多种抗菌药物和抗生素敏感，发病时，最好能对当地分离的鸭疫里默氏杆菌进行药敏试验，选择最佳药物进行及时治疗。可采用清瘟败毒饮进行治疗，每千克体重用量为 0.5～1 g，水煎，药液供鸭 2 h 内饮完，2 次/d，连用 3 d。

任务三　鸭病毒性肝炎

鸭病毒性肝炎(DVH)是由鸭肝炎病毒(DHV)引起的雏鸭的一种急性、高度致死性传染病，简称鸭肝炎。主要特征为病鸭角弓反张、肝脏肿大和出血，故又称“背脖病”。我国将其列为三类动物疫病。

一、发病特点

1.流行特点

主要侵害雏鸭，1周龄左右雏鸭最易感，成年鸭常呈隐性感染。传染源为病鸭、带毒鸭或被病鸭污染的器具、饮水、垫料和土壤等，病毒可通过直接接触、呼吸道、消化道传播，也可通过鼠类进行机械性传播。一年四季均可发病，无明显季节性。饲养管理不当，鸭舍环境温度过高或者湿度过大等因素是造成本病发生的诱发因素。

本病传播速度快，很快就可导致全群感染。发病率及死亡率均较高，死亡率可高达100%，对鸭群尤其是雏鸭危害较严重。但随着鸭年龄增长，感染率和死亡率也有所下降，1月龄以上感染的病鸭几乎不死亡。

2.临床症状

潜伏期通常为1～4 d。病鸭表现为突然发病，短时间内会造成鸭群大量的死亡。精神萎靡、缩颈、翅下垂、不爱运动、行动呆滞；蹲伏并半闭眼、厌食；身体失去平衡歪向一侧，发生全身性抽搐，两腿痉挛性划动，有时在地上旋转；死时头向后仰，呈角弓反张姿势；死前常见剧渴、排便和过量排泄尿酸盐等症状。中成鸭一般不发病。部分发病急的病鸭突然倒地不起，而后发生死亡（图7-6至图7-8）。

图 7-6　病鸭运动失调，身体向一侧倾倒

图 7-7　病鸭突然倒地不起，发生死亡

图 7-8　病鸭出现神经症状，角弓反张

3. 剖检变化

特征性剖检变化主要在肝脏。肝肿大、质脆，色暗淡或发黄，表面有点状或淤斑状出血，显斑驳状；胆囊肿大、充满胆汁，胆汁呈褐色、淡茶色或淡绿色；脾有时肿大呈斑驳状；肾肿胀，呈灰红色，血管明显呈暗紫色树枝状；胰腺肿大（图 7-9 至图 7-14）。

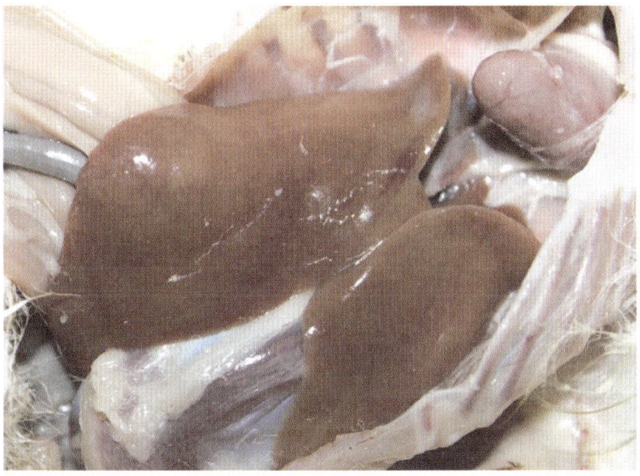

图 7-9 病鸭肝肿大、质脆，色暗淡或发黄

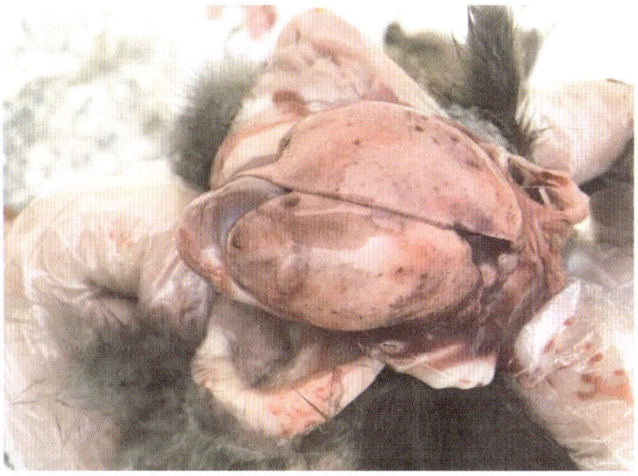

图 7-10 病鸭肝肿大，表面有点状或淤斑状出血

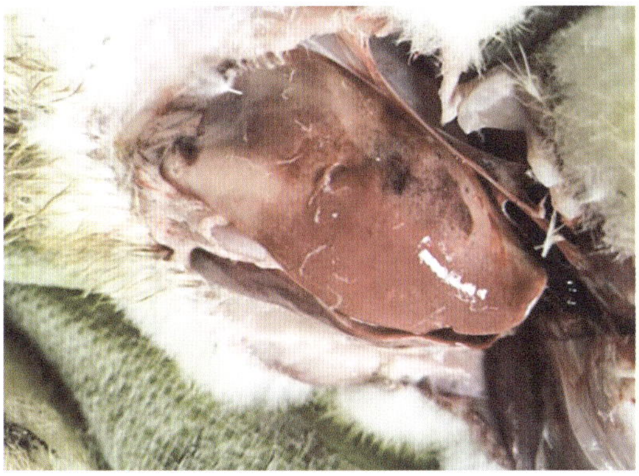

图 7-11 肝脏表面有点状和刷状出血

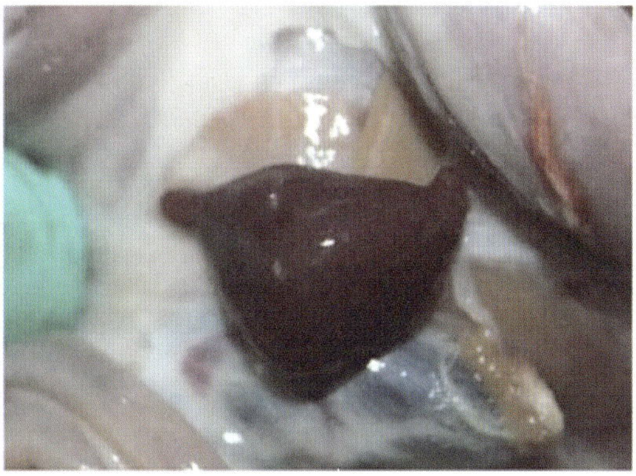

图 7-12 脾肿大，呈斑驳状

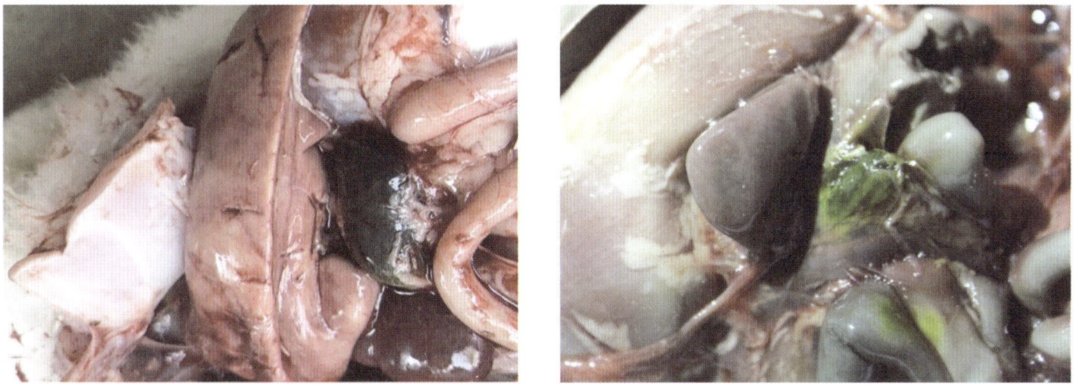

图 7-13 胆囊肿大，胆汁呈褐色或淡绿色

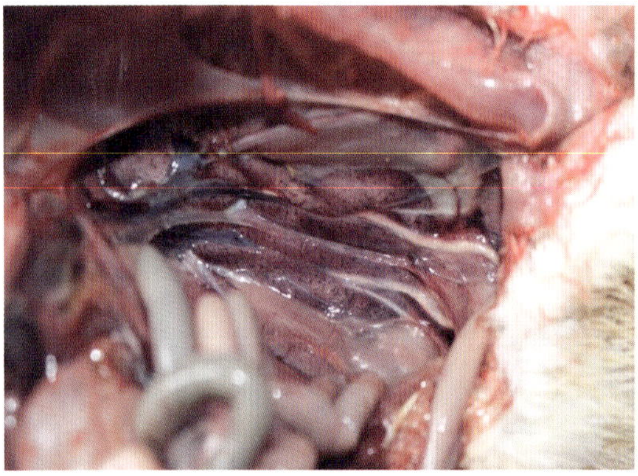

图 7-14 肾肿胀，血管呈暗紫色树枝状

二、诊断

根据本病流行特点、临床症状和剖检病理变化可进行初步诊断。确诊须进行实验室诊断。常用的检测方法有病毒分离与鉴定、PCR及荧光 PCR 方法、血清中和试验等。

注意与鸭浆膜炎的鉴别诊断。二者都发生于雏鸭，都有运动失调，头颈震颤等神经症状，但鸭浆膜炎特征病变是纤维素性心包炎、气囊炎和肝周炎，而鸭肝炎无纤维素性病变。

三、防制措施

1. 综合措施

雏鸭应建立严格的防疫和消毒制度，坚持自繁自养；做好雏鸭的隔离饲养，供给适量的维生素和矿物质，保证饮用水清洁卫生；孵化、育雏、育成、育肥均应严格划分，用具要定期清洗、消毒。

2. 疫苗接种

疫苗接种是预防鸭病毒性肝炎的有效手段。开产前 1 个月的母鸭，可采用肌内注射接种，间隔 2 周后进行第 2 次免疫接种。针对疫区内雏鸭，接种抗体进行紧急预防。

3. 治疗

治疗原则是抗病毒、利水消肿、保肝护肝、防继发感染。可对发病早期鸭群注射高免蛋黄抗体。

职业测试题

一、单选题

1. 禽传染性脑脊髓炎一般只有(　　)表现明显的临床症状。

A. 幼年鸡　B. 青年鸡　C. 成年鸡　D. 产蛋期禽

2. 禽传染性脑脊髓炎又称为(　　)。

A. 背脖病　B. 流行性震颤　C. 三周病　D. 禽伤寒

3. 鸭浆膜炎的病原菌是(　　)。

A. 沙门氏菌　B. 嗜血杆菌　C. 鸭疫里默氏杆菌　D. 葡萄球菌

4. 一群 3 周龄鸭发病，主要症状为精神倦怠、缩颈、食欲降低、口鼻有分泌物，腹泻、排淡绿色粪便，临死前出血神经症状、头颈震颤、角弓反张，抽搐而死。剖检见心包膜、肝脏以及气囊有纤维素性渗出物。该群鸭发生的疾病可能是(　　)。

A. 鸭瘟　B. 禽流感　C. 鸭病毒性肝炎　D. 鸭疫里默氏杆菌感染

5. 主要在心包、肝脏、气囊形成纤维素性渗出性炎症的疾病是(　　)。

A. 鸭浆膜炎　B. 鸭病毒性肝炎　C. 鸭瘟　D. 鸭呼肠孤病毒感染

6. 俗称"雏鸭三炎"之称的疾病是(　　)。
A. 鸭浆膜炎　B. 鸭病毒性肝炎　C. 鸭瘟　D. 小鹅瘟
7. 诊断鸭浆膜炎的主要手段是(　　)。
A. 细菌学检查　B. 病毒分离　C. 凝集试验　D. 酶联免疫吸附试验
8. 鸭病毒性肝炎,引起雏鸭发生急性肝炎,有的可能腹泻,死亡率可高达(　　)。
A. 30%　B. 50%　C. 70%　D. 100%
9. 引起鸭肝脏肿大和出血斑点为病理特征的疾病,最可能是(　　)。
A. 鸭瘟　B. 小鹅瘟　C. 鸭病毒性肝炎　D. 鸭疫里默氏杆菌感染
10. 鸭病毒性肝炎,发病率为100%,死亡率为95%以上的年龄是(　　)。
A. 1周龄雏鸭　B. 2周龄雏鸭　C. 3周龄雏鸭　D. 4周龄雏鸭
11. 控制雏鸭病毒性肝炎的主要技术手段是对(　　)。
A. 种鸭接种　B. 雏鸭接种　C. 雏鸭出售　D. 封锁
12. 鸭病毒性肝炎的快速诊断,取肝、胆等组织冰冻切片做荧光抗体染色,可快速诊断。分离病毒可接种10日龄鸭胚的(　　)。
A. 绒毛膜　B. 尿囊膜　C. 尿囊腔　C. 羊膜腔

二、判断题

1. 禽传染性脑脊髓炎是一种由禽脑脊髓炎病毒引起的,主要引起幼鸡共济失调、头颈震颤为特征的病毒性传染病。(　　)
2. 鸭浆膜炎主要经呼吸道或通过皮肤伤口感染,可通过水平传播,也可通过鸡胚等垂直传播。(　　)
3. 鸭病毒性肝炎多发生于20日龄内雏鸭,表现为腹泻、神经症状、肝肿大呈土黄色,质脆易碎。(　　)
4. 鸭病毒性肝炎临床上以发病急、传播快、死亡率高,剖检肝脏有明显出血点和出血斑为特征。(　　)
5. 鸭病毒性肝炎俗称"背脖病"。(　　)

三、多选题

1. 禽传染性脑脊髓炎的典型症状是(　　)
A. 呼吸困难　B. 共济失调　C. 头脑震颤　D. 红色稀便　E. 肝脏肿大
2. 鸭浆膜炎的特征性病变包括(　　)。
A. 纤维素性心包炎　B. 肝周炎　C. 气囊炎　D. 纤维素性肺炎　E. 心肌炎
3. 鸭病毒性肝炎(　　)。
A. 有7个血清型　B. 传染性强　C. 主要发生于雏鸭　D. 病原对外界抵抗力较强

四、案例分析题

1. 某养殖场饲养1万只肉鸡,9日龄时部分鸡只发生头颈部震颤的现象,然后陆续死亡经,经抗生素治疗无效。经调查得知,该户进雏时就有零星的鸡只发病,初期是雏鸡不愿走动,驱赶时走动失去平衡,有的头颈震颤,部分病鸡头后仰,病鸡一般不能正常采食和饮水。临床检查发现病鸡双眼晶状体浑浊,呈白色云雾状,有的眼睛变成浅蓝色,黑眼球增大、少数失明。剖检可见小脑肿胀明显、脑膜有出血点,其他组织器官无肉眼可见变化。

根据以上描述,初步诊断鸡群患了哪种疾病?并给出诊断理由。请查阅资料,制定本病具体的防控措施？

2. 养鸭户李某存栏幼鸭 1 000 只，于 23 日龄发病，表现蹲伏，腿软不愿走动，共济失调，咳嗽，呼吸困难，眼鼻流出浆液性分泌物，下痢，排绿色或黄绿色稀便，每天死亡 5～8 只不等。死前出现神经症状，如摇头或背脖，呈角弓反张姿势。剖检可见心包积液，心包膜有纤维素性渗出物；肝脏表面有灰白色或灰黄色纤维性渗出物，肿大，较脆；脾脏有白色坏死点。李某曾投过土霉素、磺胺六甲氧嘧啶进行治疗但效果不明显。

根据以上描述，初步诊断鸭群患了哪种疾病？为什么使用土霉素、磺胺六甲氧嘧啶治疗效果不明显？请你给出具体的治疗方案。

3. 某鸭场存栏 3 000 只樱桃谷鸭，在 10 日龄时发现采食下降，个别鸭精神沉郁，喜卧嗜睡，不愿走动，闭目缩颈，第 2 天有的病鸭摇头晃脑、运动失调，身体倒向一侧，两脚发生痉挛，头向后仰、很快死亡。解剖检查发现：鸭肝脏肿大、表面有出血斑点、多数病鸭的肾脏发生充血和肿胀、有的脾脏肿大、呈斑驳状。

根据以上描述，初步诊断鸭群患了哪种疾病？并说明诊断依据。查阅资料，给出具体的治疗方案？

二维码 7-6　以神经症状为主的传染病防制职业测试题参考答案

项目八 禽其他传染病防制

【思政与职业素养目标】

在教学过程中，注重培养学生对家禽其他传染病的风险意识和应对能力，培养学生科学诊断、规范用药的职业能力和职业素养，增强学生作为未来职业兽医的责任感和使命感。

【知识与能力目标】

1. 掌握家禽其他传染病的流行特点、临床症状、病理变化、防制措施。
2. 学会对家禽其他传染病进行初步诊断和综合防控技术。

任务一 禽痘

禽痘又称白喉，是由禽痘病毒引起的一种急性、接触性传染病。特征是在皮肤上出现痘疹，或在上呼吸道、口腔和食管黏膜形成纤维素性坏死性假膜。我国将禽痘列为三类动物疫病。

一、发病特点

1. 流行特点

病禽的皮屑、粪便以及随喷嚏和咳嗽的排出物是主要传染源，主要通过皮肤或黏膜的伤口感染，蚊子和其他吸血昆虫也是主要的传播媒介。家禽中鸡和火鸡最易感，其他禽类易感性较低。各种年龄、品质的鸡都能感染，但以雏鸡和青年鸡最常发病。一年四季都可发生。舍内通风不良，饲养密度过大，环境阴暗潮湿，营养不良，外伤、啄癖现象等都会促使本病的发生。

2. 临床症状

禽痘的潜伏期一般为 4～14 d，病程 3～4 周，通常分为皮肤型、黏膜型和混合型。

(1)皮肤型　在无毛或少毛的皮肤，特别是头部，如鸡冠、肉髯、嘴角、眼皮、腿、脚、泄殖腔、翅内侧等处形成特殊的痘疹。痘疹最初为灰白色的小结节，逐渐增大至豌豆大小，灰色或灰黄色结节，数量较多时可连接成痂块，突出于皮肤表面，2～4 周后痂皮脱落。眼部痘痂可使眼部完全闭合，口角痘痂则影响采食。一般无全身症状，重者会影响雏鸡生长发育甚至死亡，蛋鸡则产蛋率显著下降(图 8-1 至图 8-3)。

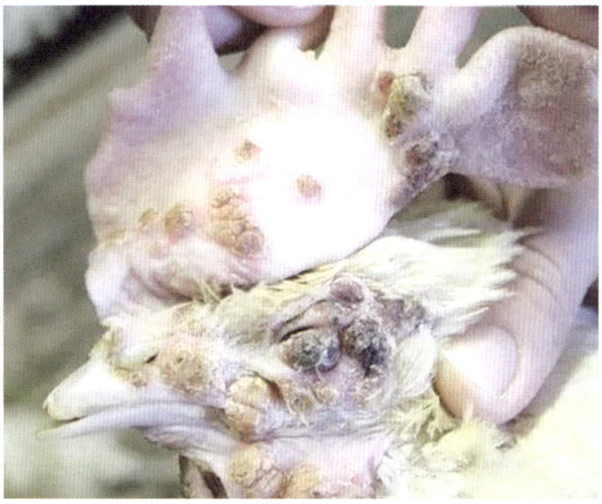

图 8-1　头面部痘疹，突出于皮肤表面

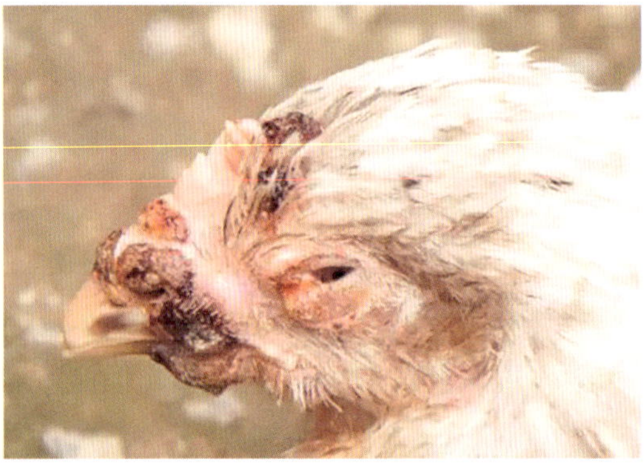

图 8-2　眶下窦黏膜肿胀

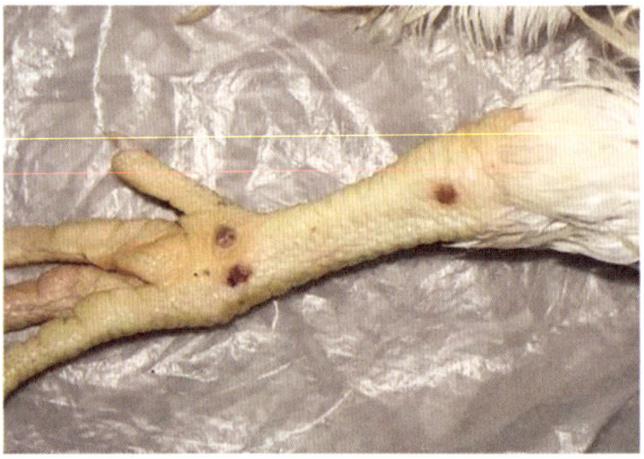

图 8-3　腿部痘疹

(2)黏膜型　又称白喉型,死亡率高,可达 50%。多发生于小鸡或青年鸡。病初流浆液性鼻液,后为脓性。有时眼睑肿胀,结膜粘有脓性或纤维性蛋白渗出物,甚至失明。上述症状出现后 2～3 d,口腔、咽喉黏膜发生痘疹,严重时引起呼吸困难,甚至窒息而死。有的病例鼻腔、眶下窦黏膜肿胀肥厚,有渗出物,导致病禽呼吸、采食及吞咽困难。

(3)混合型　即皮肤与黏膜同时发生痘疹,病情严重,死亡率较高。

3. 剖检变化

(1)皮肤型　冠、肉髯、眼睑、口角等处皮肤有痘疹。

(2)黏膜型　口腔、咽喉及气管黏膜发生痘疹,初呈圆形黄白色小结节,以后逐渐增大融合,形成痘斑,严重时黏膜肿胀、表面形成黄白色干酪样的假膜,不易剥离(图 8-4 至图 8-8)。

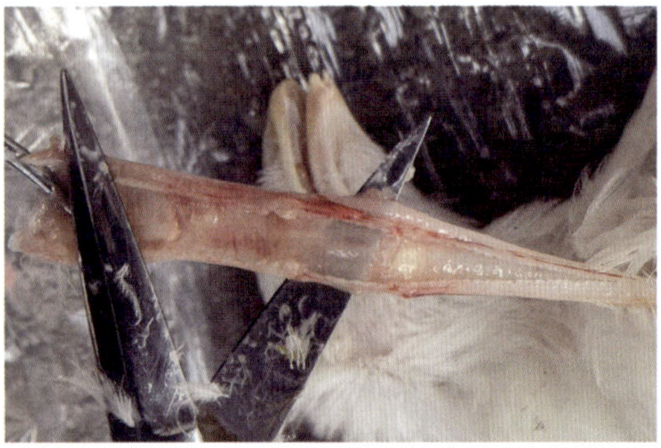

图 8-4　喉头、气管黏膜痘疹

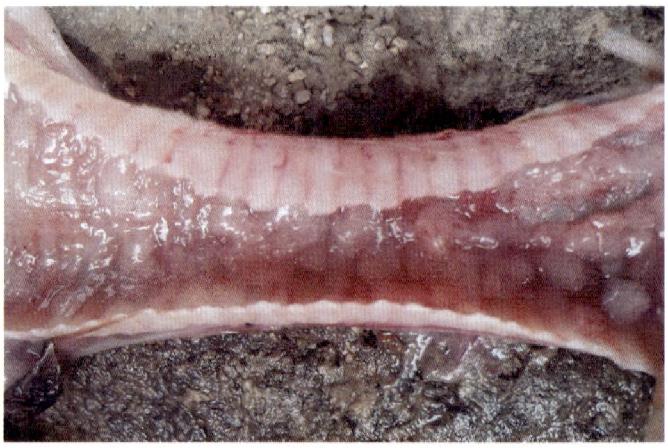

图 8-5　喉头气管黏膜有突起的痘疹

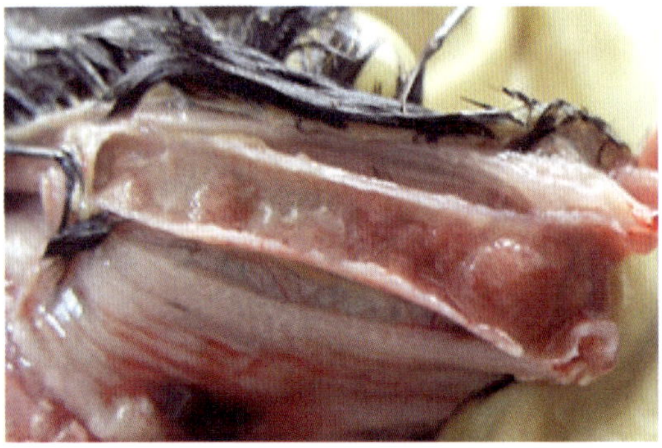

图 8-6　喉头气管黏膜有突起的痘疹,相互融合

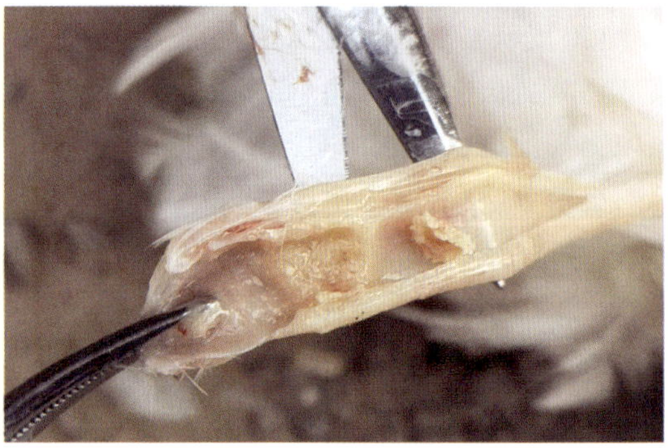

图 8-7　严重时气管黏膜肿胀,表面形成黄白色干酪样的假膜,不易剥离

二、诊断

根据典型的痘疹临床症状、流行特点比较容易做出诊断。对于病情轻微或非典型病例，需进一步做实验室检查，可选择病毒分离与鉴定、抹片镜检、琼脂免疫扩散试验、荧光抗体试验、血凝抑制试验、聚合酶链式反应等。

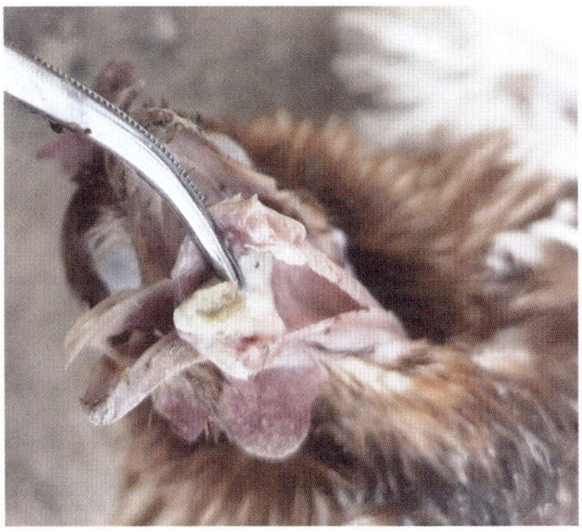

图 8-8 气管黏膜表面黄白色干酪样假膜

三、防制措施

1. 加强饲养管理

搞好禽舍环境卫生，消灭吸血昆虫，减少环境不良因素的应激，防止禽发生外伤造成感染。

2. 免疫接种

疫区需要接种疫苗。一般免疫 2 次，首免在 10～20 日龄进行，二免在开产前进行。接种方法是在翅膀内侧无血管处皮下刺种。接种 7 d 左右，刺种部位应出现红肿、结痂。否则，需要补种疫苗(图 8-9、图 8-10)。

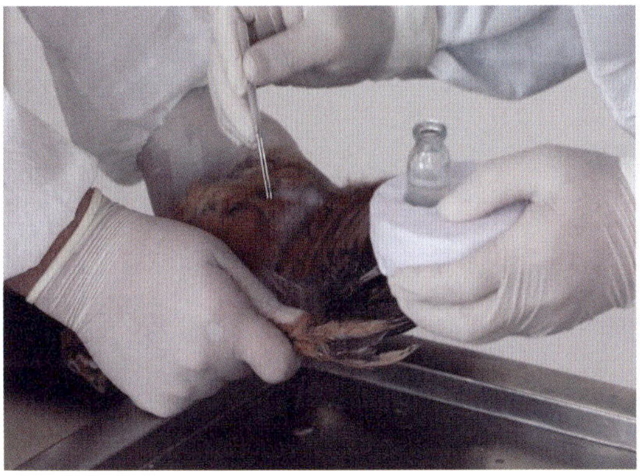

图 8-9 刺种免疫接种

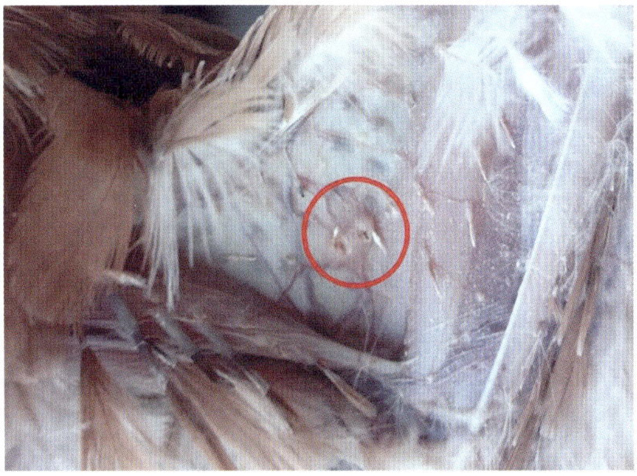

图 8-10 刺种免疫接种部位应红肿结痂

3. 治疗

目前无特效的治疗药物，主要是对症疗法，以减轻症状和防止继发感染。

一旦发病，隔离病禽，重者扑杀无害化处理，并彻底消毒禽舍和用具。健康鸡紧急预防接种疫苗。轻者可采用对症疗法，如皮肤患部破溃，伤口用碘酊或紫药水涂擦消毒。白喉型病鸡可用消毒的镊子将口腔和喉头的假膜剥掉，用碘甘油涂布。全群用抗生素饮水，防止继发感染。可选用清热解毒中药制剂拌料饲喂，有较好效果。

任务二 鸡包涵体肝炎

鸡包涵体肝炎又称贫血综合征，是由禽腺病毒引起的一种急性传染病。主要特征是幼鸡群死亡率突然增高，病鸡严重贫血，肝肿大、出血和坏死，可见肝细胞核内包涵体。我国将其列为三类动物疫病。

一、发病特点

1.流行特点

鸡最易感，多发生在3～7周龄的肉鸡，蛋鸡也偶有发生。番鸭、麻鸭、樱桃谷鸭、鹅等品种也可感染发病。传播途径主要经呼吸道、消化道及眼结膜感染，也可通过种蛋传染给下一代。以春夏两季发生较多。

2.临床症状

潜伏期1～2 d，初期不见任何症状突然死亡，3～5 d达死亡高峰，死亡率达10%，持续3～5 d后，逐渐停止。病禽精神萎靡、食欲减退、羽毛粗乱、皮肤苍白、呼吸困难、排黄绿色稀便、表现贫血、黄疸、虚弱和虚脱。个别出现神经症状，两腿划空，数分钟内死亡。种鸡发生感染时，一般无临床症状，但所产种蛋的孵化率下降，雏鸡死亡率显著增高。

患病水禽不愿下水，软脚，发病率可达100%，死亡率可高达40%以上。

3.剖检变化

肌肉苍白并有出血斑点，尸体表现贫血、黄疸。典型病变在肝脏，主要表现为肝脏肿大，边缘钝圆，质地脆弱，呈黄褐色，表面有不同程度的出血斑点，有时可见大小不等的坏死灶；肝细胞核内出现包涵体，常见圆形均质红染的嗜酸性包涵体；心肌柔软，心包积有淡黄色透明的渗出液；脾脏肿大，呈白色斑点状或环状坏死；肾脏肿大苍白，表面有出血点，肾小管有尿酸盐沉积；有的胸腺肿大有出血点；肺脏普遍水肿，挤压有泡沫，纤维化程度高；法氏囊常萎缩变小；股骨骨髓出血呈桃红色，造血功能下降，液化程度高（图8-11至图8-21）。

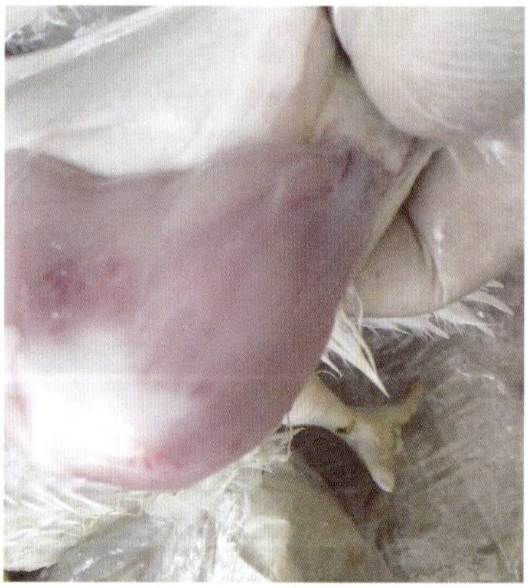

图 8-11　肌肉苍白出血

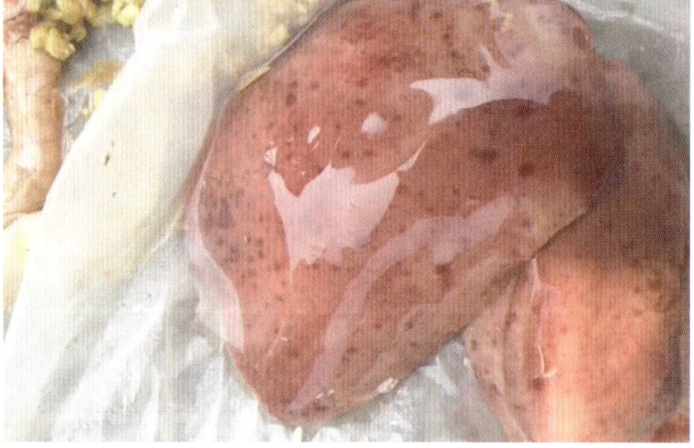

图 8-12　肝脏肿大出血，边缘钝圆，质地脆弱

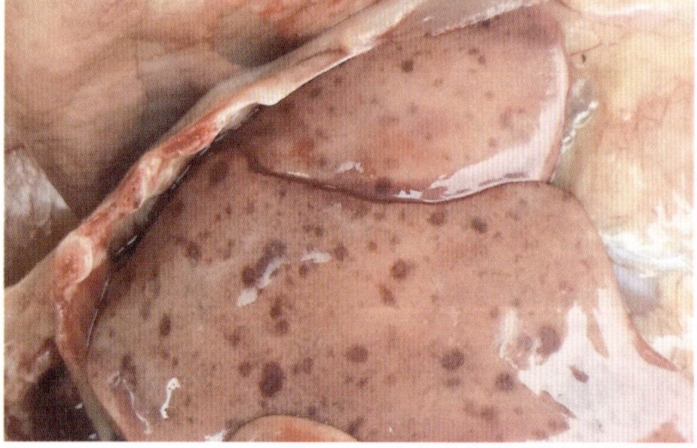

图 8-13　肝脏呈黄褐色，表面有出血斑点

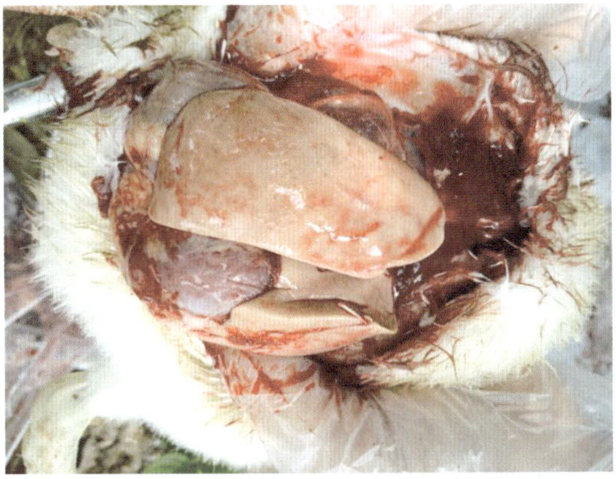

图 8-14 番鸭肝脏褪色，呈土黄色偏白

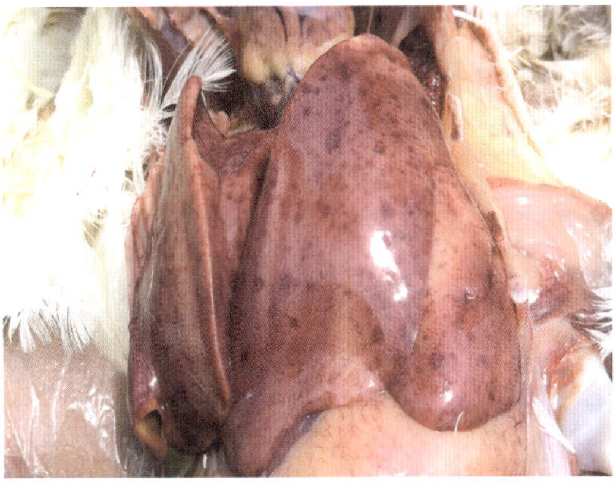

图 8-15 肝脏表面有大小不等的出血点和灰白色坏死灶

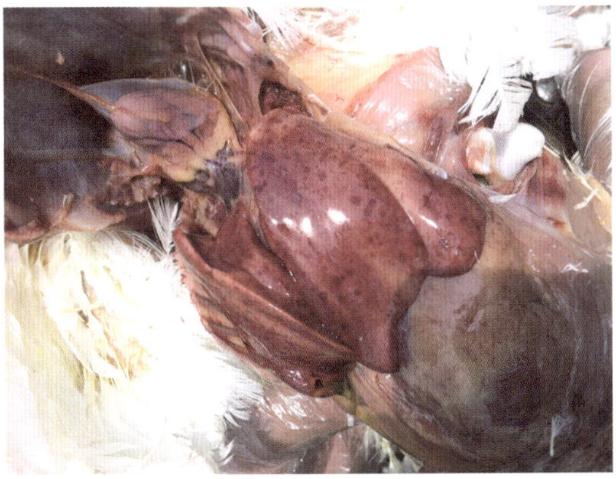

图 8-16 心包积液、肝肿大出血

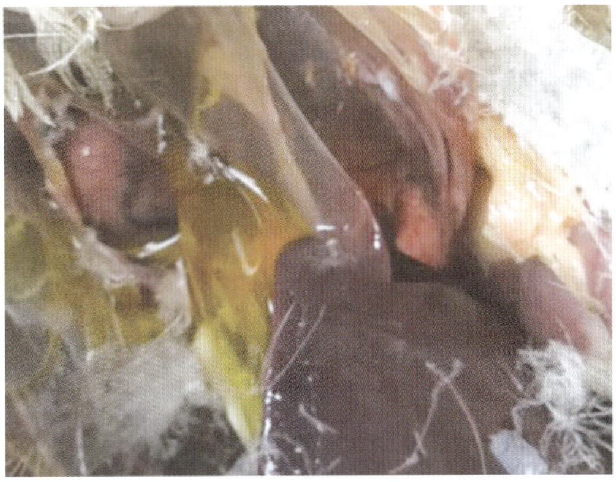

图 8-17 病鸭心包积液、心肌柔软

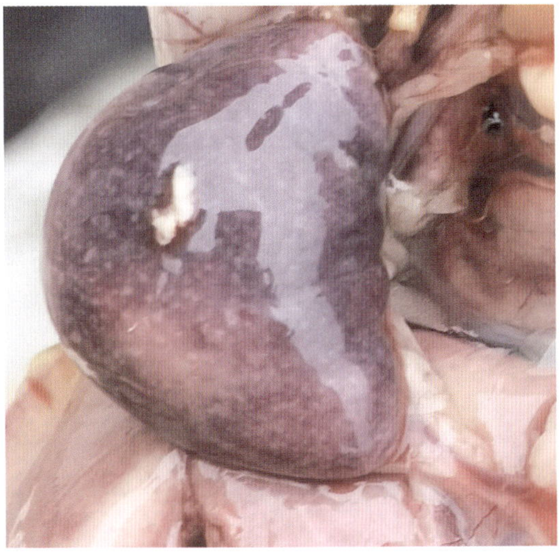

图 8-18 脾肿大，表面有灰白色坏死灶

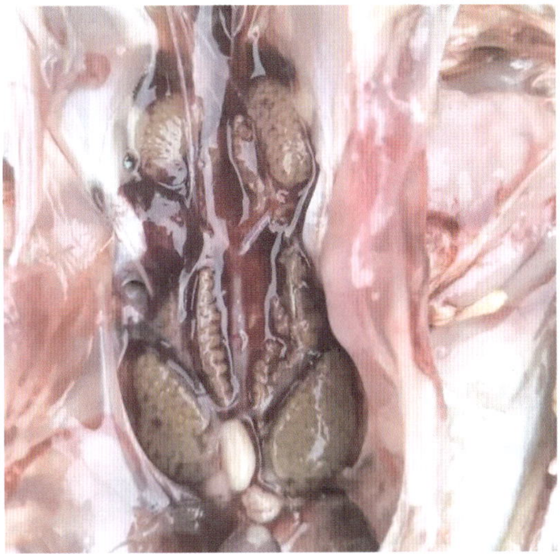

图 8-19 肾肿大出血，苍白或暗黄色

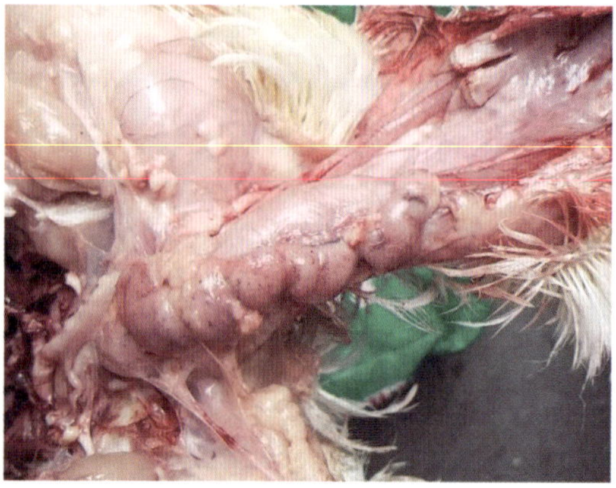

图 8-20　胸腺水肿、点状出血

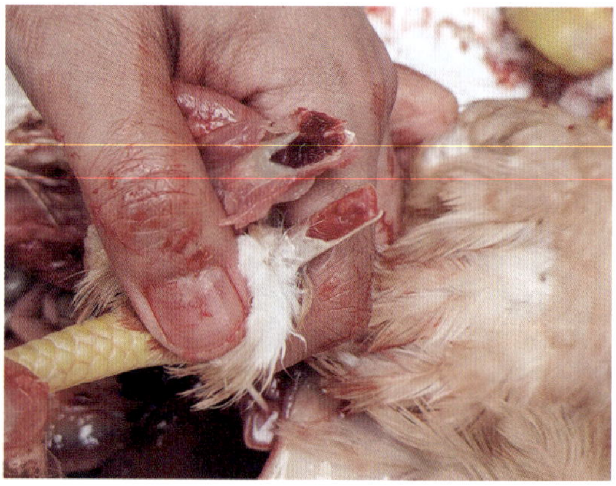

图 8-21　骨髓颜色变浅、液化

二、诊断

根据肝脏肿大、出血、肌肉出血及肝细胞核内包涵体存在可以诊断，也可采用血清学试验确诊，多应用酶联免疫吸附试验检查感染鸡血清中的抗体。也可采用琼脂免疫扩散试验、荧光抗体试验、血凝抑制试验、聚合酶链式反应等检查抗原或抗体。

三、防制措施

1. 疫苗预防

种鸡在产蛋前注射疫苗有利于控制本病的垂直传播。商品肉鸡，在 15～18 日龄免疫注射，或在 10 日龄和 20 日龄进行二次免疫效果更佳。

2. 综合预防措施

多数鸡感染本病后，不出现症状，因此，应加强饲养管理，减少应激，做好鸡舍内外的环境卫生和消毒工作。做好其他传染病的预防，尤其是鸡传染性法氏囊病和传染性贫血可以增加本病毒的致病性。

3. 治疗

尚无有效疗法，原则是抗病毒、利水消肿、保肝护肝、防止继发感染。

卵黄抗体是治疗本病的最有效方法，建议 30 日龄以内每只鸡 1 mL，30～60 日龄每只鸡 1.5 mL，60 日龄以上每只鸡 2 mL；在饲料中加入复合维生素和微量元素；也可以使用中药制剂和干扰素进行治疗。

任务三　鸡弧菌性肝炎

鸡弧菌性肝炎又称鸡弯曲杆菌病，是由空肠弯曲杆菌引起的细菌性传染病，以肝脏肿大、出血、坏死为特征。因腹腔内常积聚大量血水，故又称出血病。

一、发病特点

1. 流行特点

各日龄的鸡群均可感染，但以育成鸡和产蛋鸡多发，肉鸡一旦发病传染率很高。主要通过染菌粪便，污染的饲料、饮水而经消化道感染。温暖季节发病率较高，夏季最易发。饲养管理不善、应激反应、鸡群发病是本病发生的诱因。

2. 临床症状

鸡弧菌性肝炎无特征性症状。发病较慢，病程较长，病鸡精神不振，发育不良，进行性消瘦，鸡冠萎缩苍白、干燥，多数病鸡腹泻。青年鸡开产期延迟；产蛋鸡产蛋率明显下降，降幅可达 25%～35%；肉鸡全群发育迟缓，增重缓慢。病死鸡血凝固不全。

3. 剖检变化

肝脏病变具有特征性，肝脏肿胀、出血，有特征性的局灶性坏死，肝表面散布星状坏死灶和菜花样黄白色坏死区。病鸡腹部膨大有波动感，腹腔内因肝脾破裂而积有大量的血水，其他组织器官苍白。蛋鸡卵泡萎缩、变形（图 8-22 至图 8-29）。

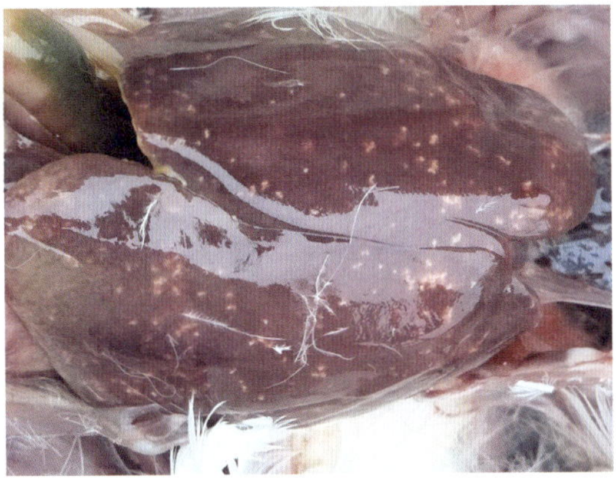

图 8-22　肝肿大、出血，表面散布星状坏死灶或菜花样黄白色坏死区

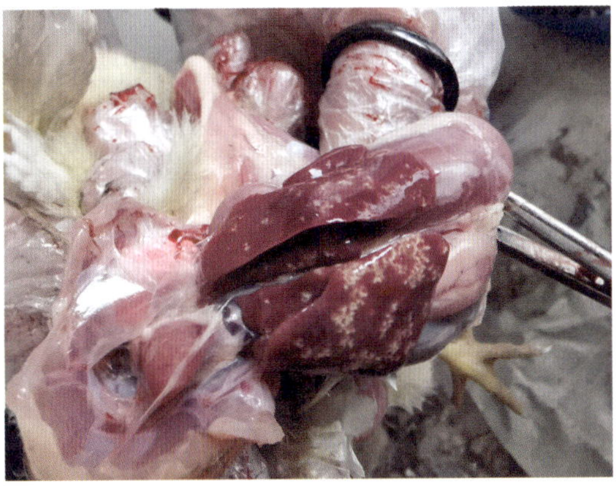

图 8-23　肝脏表面散布星状坏死灶或菜花样黄白色坏死区

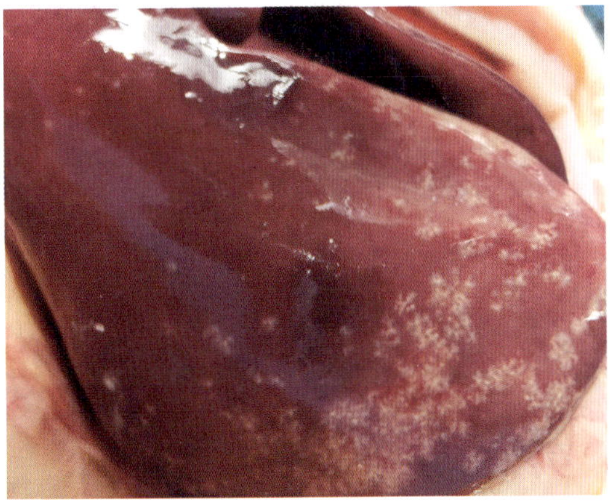

图 8-24　肝肿大、出血，有星状坏死灶

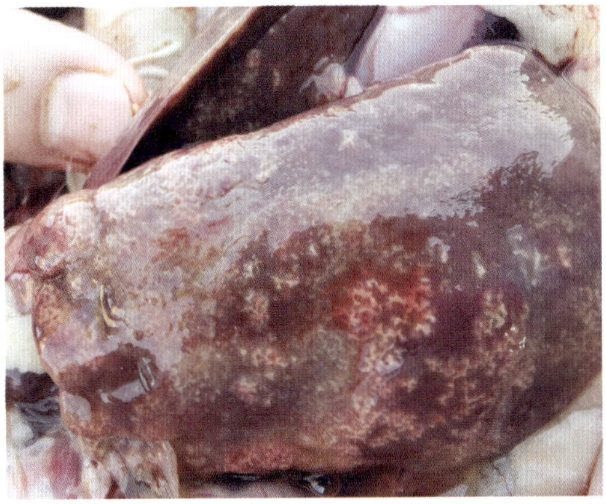

图 8-25　肝肿大、出血，特征性坏死灶

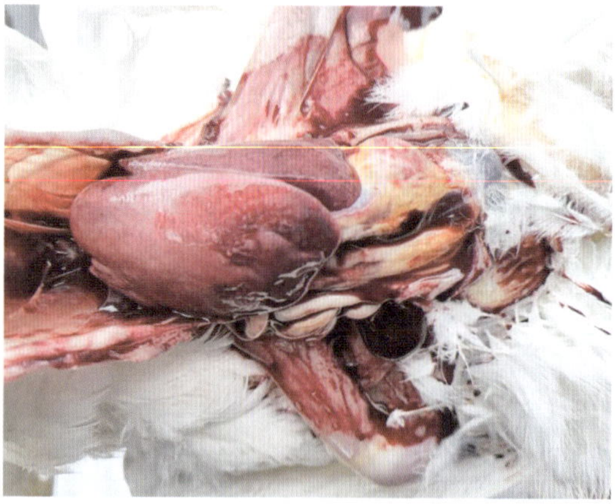

图 8-26　肝脏破裂出血

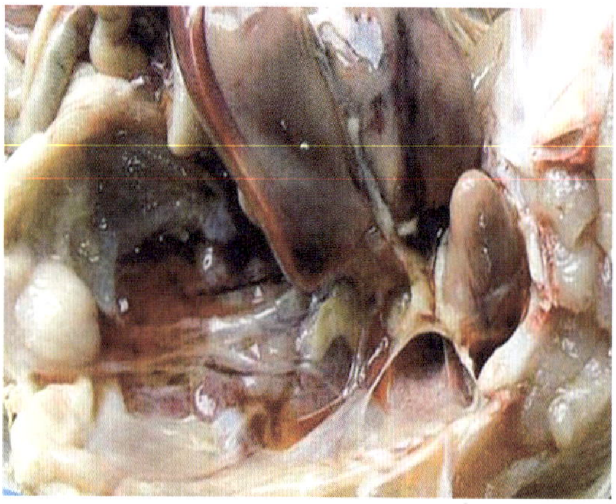

图 8-27　腹腔积有血水，其他组织器官苍白

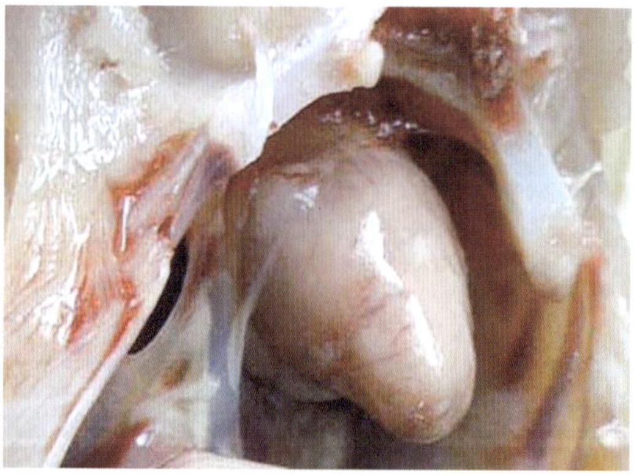

图 8-28　心肌苍白

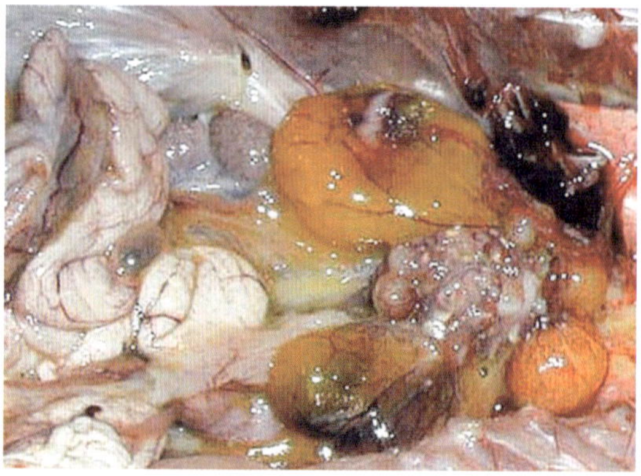

图 8-29　卵泡萎缩变形，卵黄液化

二、诊断

根据流行特点、临床症状和剖检变化可做出初步诊断，确诊须实验室检查。

取病料涂片、染色，镜检为革兰氏阴性、逗点状、S 形或螺旋状小杆菌。进一步确诊可增菌培养后，进行生化试验。

三、防制措施

鸡弧菌性肝炎多散发，零星死亡，平时要加强饲养管理，严格卫生消毒，减少各种应激因素，做好免疫抑制病如马立克氏病、传染性法氏囊病等防制工作。

治疗时可选用强力霉素、庆大霉素、环丙沙星或恩诺沙星等药物，可通过药敏试验选择敏感药物。

任务四　鸡减蛋综合征

鸡减蛋综合征，又名产蛋下降综合征，由腺病毒引起，仅表现产蛋量明显下降的蛋鸡传染病，主要特征是产蛋量突然下降，蛋壳异常、蛋体畸形、蛋质低劣。我国将其列为三类动物疫病。

一、发病特点

1.流行特点

病鸡是主要的传染源。主要经种蛋垂直传播,也可水平传播,多通过污染的鸡蛋、蛋盘、环境、饲料、饮水、用具传播。主要感染鸡,各种年龄的鸡均可感染,但幼年鸡不表现临床症状。以 26～32 周龄的产蛋鸡易感,尤其是产褐壳蛋的母鸡最易感。

2.临床症状

被感染的鸡群,精神状态良好,没有明显症状。发病初期病鸡产异常蛋,接着整群鸡的产蛋量突然下降,鸡群在 27～49 周龄产蛋高峰期产蛋率下降 15%～50%,一般持续 4～10 周产蛋逐渐恢复到正常水平;鸡蛋破损率 5%～20%;畸形蛋、软壳蛋、无壳蛋、薄壳蛋、砂壳蛋增多,时有水样蛋清,褐壳蛋鸡产浅壳蛋或白壳蛋、减蛋量高于产白壳蛋的蛋鸡(图 8-30 至图 8-34)。

图 8-30　蛋破损率增加

图 8-31　软壳蛋

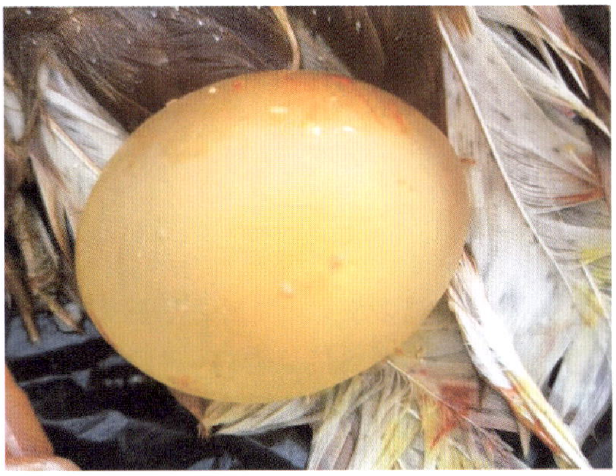

图 8-32　无壳蛋

图 8-33　薄壳蛋、砂壳蛋增多,蛋壳颜色变浅或消退

3.剖检变化

没有明显的特征性病理变化,可见输卵管卡他性炎症,偶见输卵管黏膜水肿或腔内有白色渗出物,少数病鸡卵巢萎缩,卵泡出血、变性(图 8-35)。

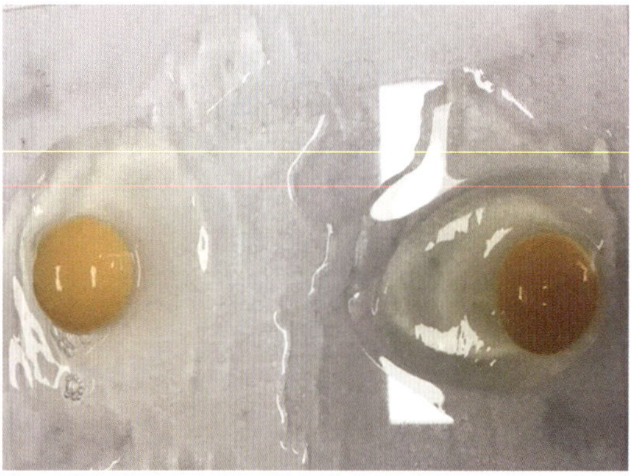

图 8-34　蛋清液稀薄如水、蛋黄色变浅(右正常)

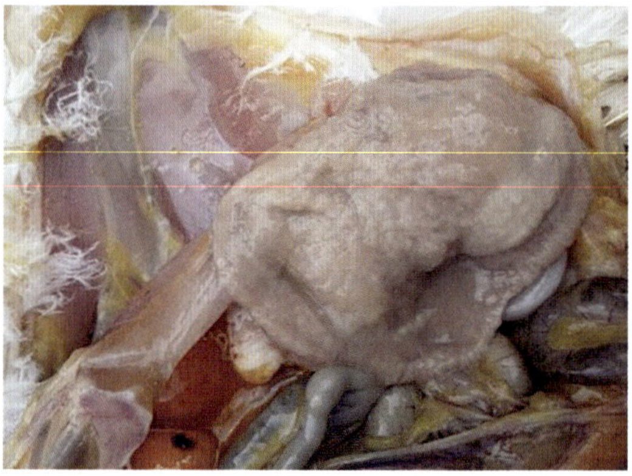

图 8-35　输卵管子宫黏膜水肿

二、诊断

可通过流行特点和临床症状,做出初步诊断。确诊须依靠实验室检查,病毒分离试验、血凝和血凝抑制试验或 PCR 检测为阳性结果,则确诊为鸡减蛋综合征。

三、防制措施

本病无特异性治疗方法。疫苗接种是目前控制本病的最有效方法,在流行区或受威胁地区,使用鸡减蛋综合征油乳剂灭活疫苗,一般首免在开产前 8～10 周,二免在产前 3～4 周,2 周后即产生免疫力。同时,必须采取综合防制措施,加强饲养管理,做好消毒工作,防止由带毒的粪便、蛋盘和运输工具传播本病。发病鸡所产蛋不能留作种用,防止垂直传播。

任务五　鸡病毒性关节炎

鸡病毒性关节炎,也称病毒性腱鞘炎,是由呼肠孤病毒引起的肉鸡的重要传染病。病毒主要侵害关节滑膜、腱鞘和心肌,引起足部关节肿胀,腱鞘发炎,继而使腓肠腱断裂。病鸡关节肿胀发炎,行动不便,采食困难,生长停滞。我国将其列为三类动物疫病。

一、发病特点

1. 流行特点

呼肠孤病毒主要感染肉鸡,偶见蛋鸡和火鸡,4～7 周龄肉鸡多发,10 周龄之后感染明显降低。鸡病毒性关节炎大多呈隐性感染或慢性经过。带毒鸡是重要的传染源,病鸡消化道病毒含量较高,排毒途径主要经消化道,也可经种蛋垂直传播。

2. 临床症状

肉鸡食欲减退、跛行、贫血、消瘦,胫关节、趾关节及连接的肌腱肿胀。后期出现单侧或两侧性腓肠肌腱断裂,外观病变部位呈青紫色。病程稍长时,患肢多向外扭转。严重时瘫痪(图 8-36 至图 8-39)。

图 8-36 病鸡单侧跗关节肿胀

图 8-37 病鸡双侧跗关节肿胀

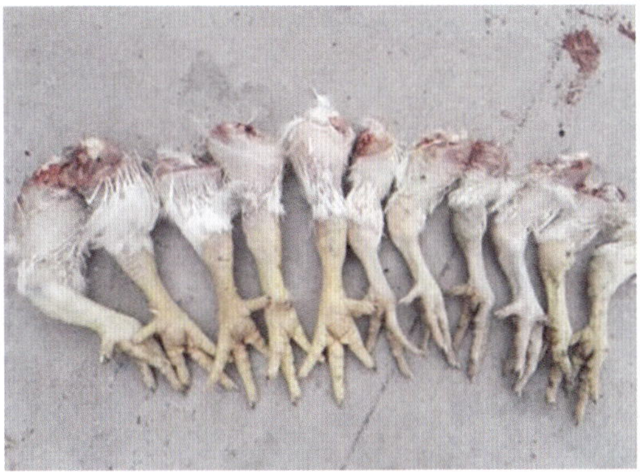

图 8-38 跗关节周围肿胀

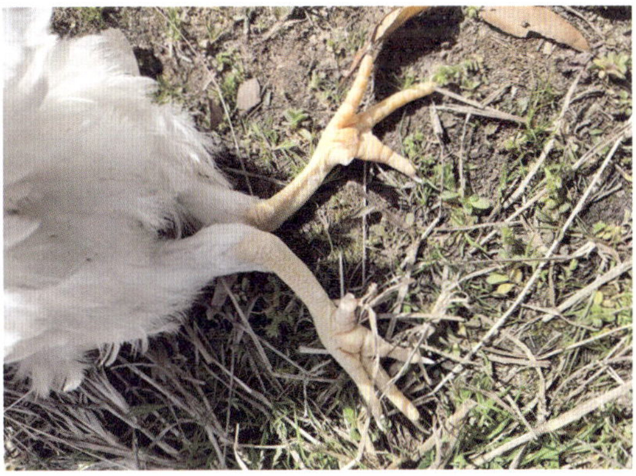

图 8-39 病程长者患肢向外扭转

3. 剖检变化

病鸡跗关节周围肿胀，切开皮肤可见关节上部腓肠腱水肿，滑膜内常有充血或点状出血，关节腔内有黄绿色或血样渗出物。成年鸡容易发生腓肠腱断裂，肌肉出血。慢性病例的关节腔内渗出物较少，腱鞘硬化和粘连，跗关节不能伸直到正常状态。1～7 日龄雏鸡可见肝炎和心肌炎，肝、脾和心肌上有细小的坏死灶（图 8-40 至图 8-46）。

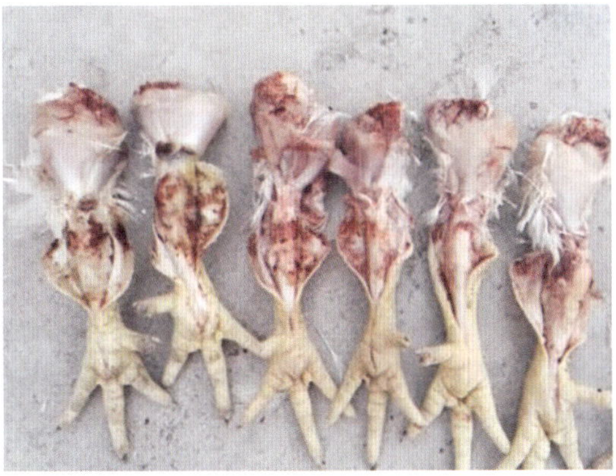

图 8-40 滑膜内点状出血

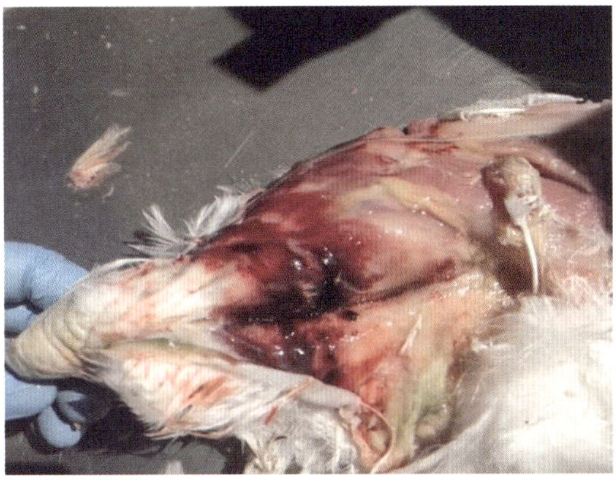

图 8-41 关节上部腓肠腱水肿，肌肉出血

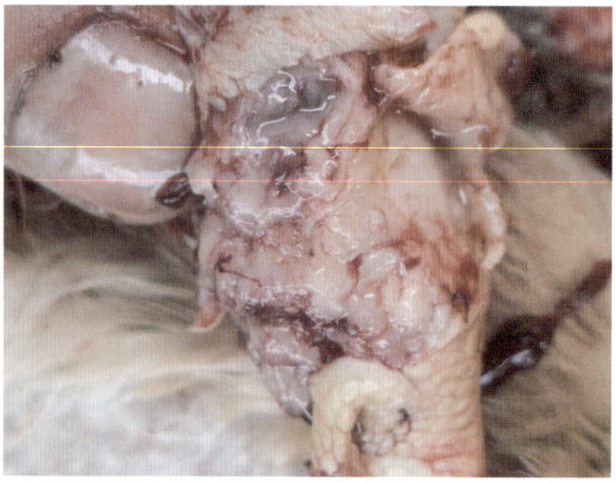

图 8-42　关节腔内含有淡黄色渗出物

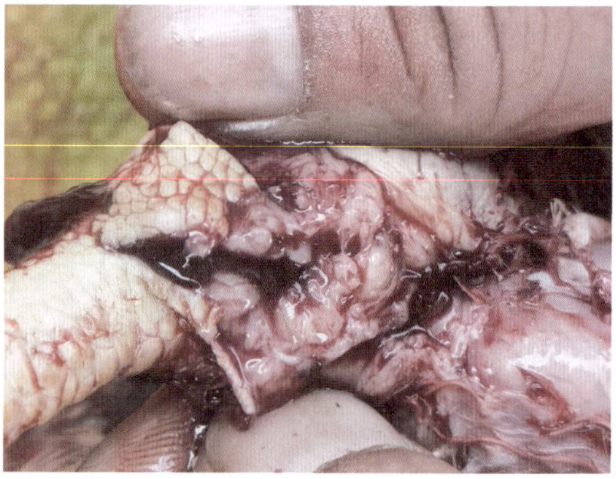

图 8-43　关节腔内有淡黄色或血样渗出物

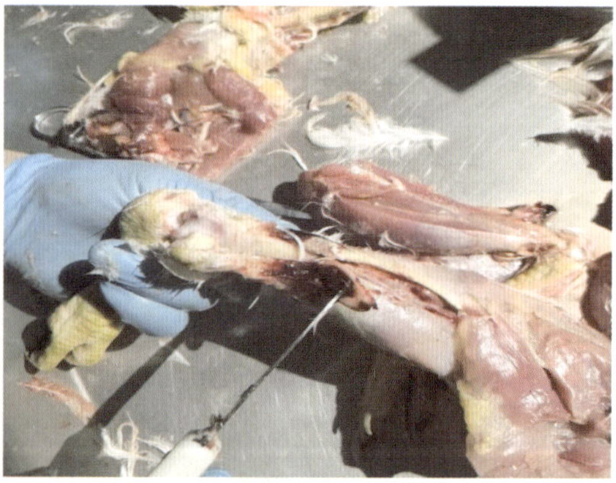

图 8-44　腓肠肌出血

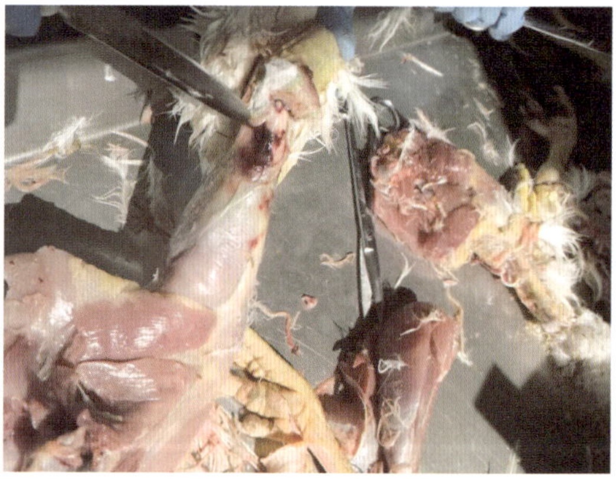

图 8-45　腓肠腱部分断裂

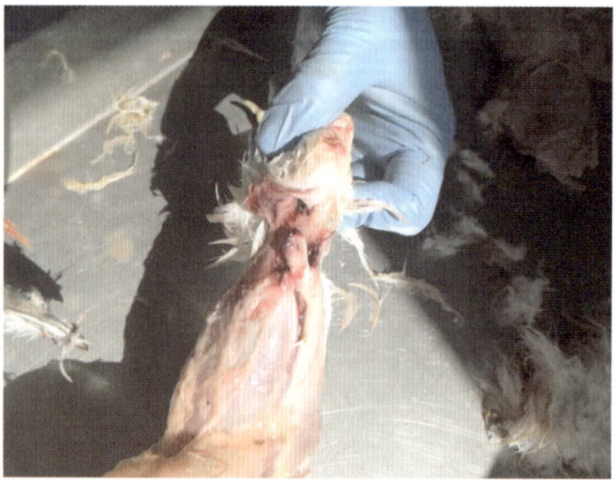

图 8-46　腓肠腱完全断裂、出血

二、诊断

根据病鸡跛行、跗关节肿胀、足胫腱鞘肿胀可进行初步诊断。确诊须进行实验室检查。可采用病毒的分离与鉴定、免疫荧光抗体检测、实时荧光 RT-PCR 试验、琼脂凝胶免疫扩散试验和酶联免疫吸附试验等进行病原和血清的检验。

三、防制措施

鸡病毒性关节炎目前尚无有效的治疗方法，所以预防是控制本病的唯一方法。

1. 预防接种

无母源抗体的后备鸡，可在 6～8 日龄和 6～8 周龄各免疫 1 次活疫苗，第三次免疫在开产前 2～3 周，注射灭活苗，可通过母源抗体给雏鸡提供保护。

2. 加强饲养管理和卫生防疫

采用全进全出的饲养方式，鸡舍定期清洗和消毒，病鸡要及时淘汰，进行无害化处理。

任务六 鸭呼肠孤病毒感染

鸭呼肠孤病毒感染是由鸭呼肠孤病毒引起的多品种雏鸭脾脏和肝脏坏死为主要特征的疾病，又称肉鸭脾坏死症、番鸭出血性坏死性肝炎或番鸭肝白点病。我国将其列为三类动物疫病。

一、发病特点

1. 流行特点

雏番鸭、雏半番鸭、樱桃谷北京鸭及其他品种雏鸭均可感染，多发于 7～35 日龄。既可水平传播，也可经卵垂直传播。粪便污染是接触感染的主要来源，一年四季均可发病，在潮湿高热、卫生条件差、饲养密度高等情况下易促发本病。发病鸭日龄越小，其发病率、病死率越高，发病率为 20%～90%，病死率为 10%～50%。如有混合感染，死亡率可达 90%。

2. 临床症状

病鸭精神沉郁，发育不良，部分鸭腹泻，排黄白色或绿色粪便，软脚，部分病鸭趾关节或跗关节有不同程度的肿胀，多蹲伏，不喜运动，食欲减退。死前极度消瘦，脱水明显，有的出现神经症状(图 8-47 至图 8-49)。

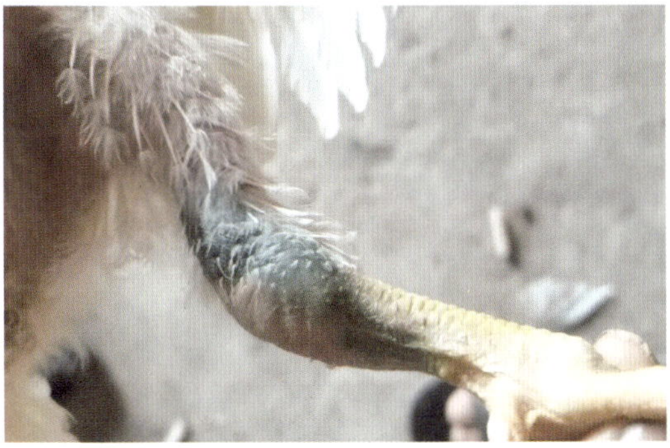

图 8-47 病鸭关节炎

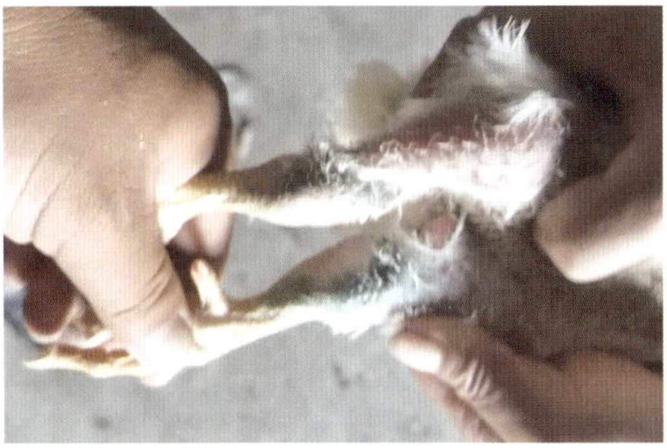

图 8-48 病鸭跗关节及周围肿胀

3. 剖检变化

临床病理变化主要以多脏器坏死和出血为特征。以肝脏和脾脏最为特征，肝脏不同程度点状或斑块状出血和坏死，常引起鸭花肝或肝白点等肝坏死；脾脏大小发生改变、质地变硬变脆、呈现不规则灰白色坏死点和坏死灶，呈花斑状。心肌有出血点、肾肿大出血、肺脏充血出血。产蛋鸭卵巢严重充血、出血(图 8-50 至图 8-56)。

图 8-49 病鸭多蹲伏，不喜运动

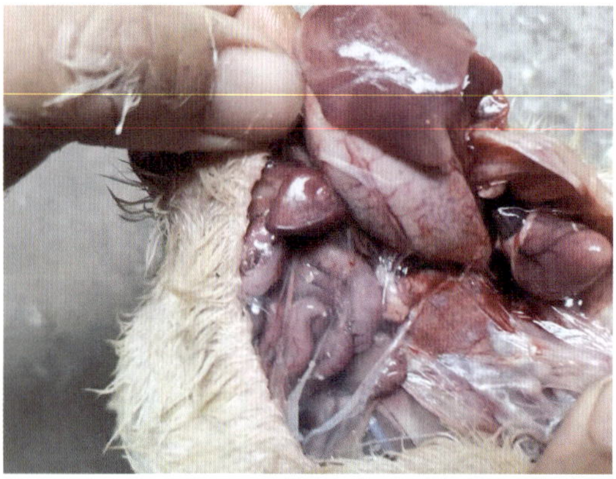

图 8-50　多脏器出血、坏死

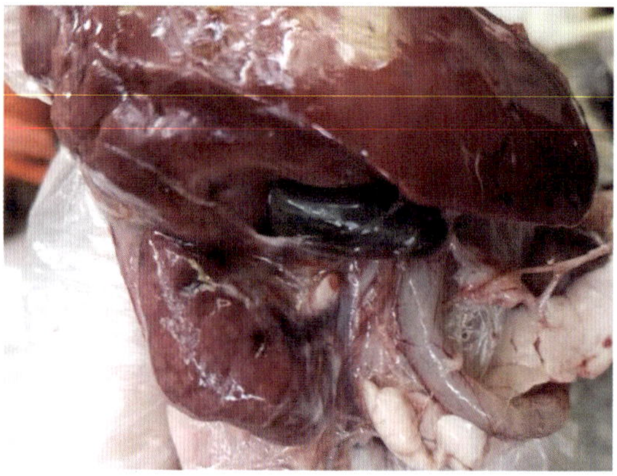

图 8-51　肝脾脏出血、坏死

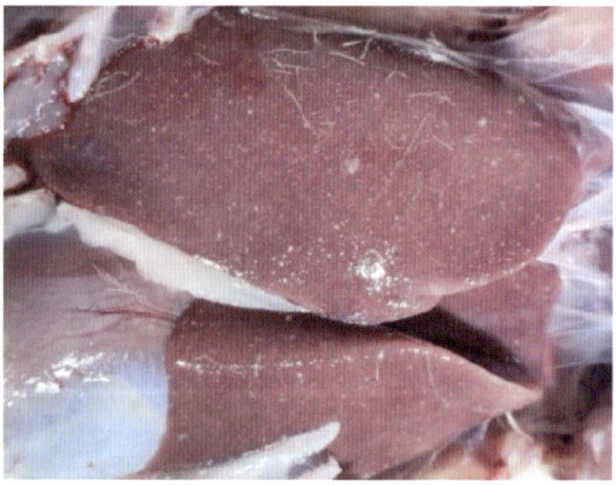

图 8-52　鸭花肝或肝白点，肝脏不同程度点状坏死

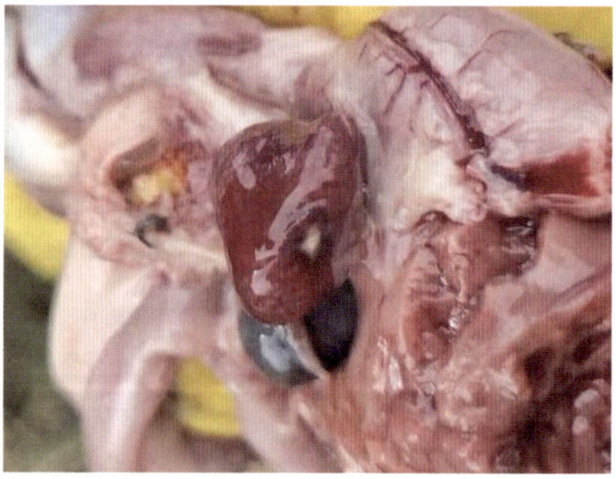

图 8-53　脾脏灰白色坏死灶

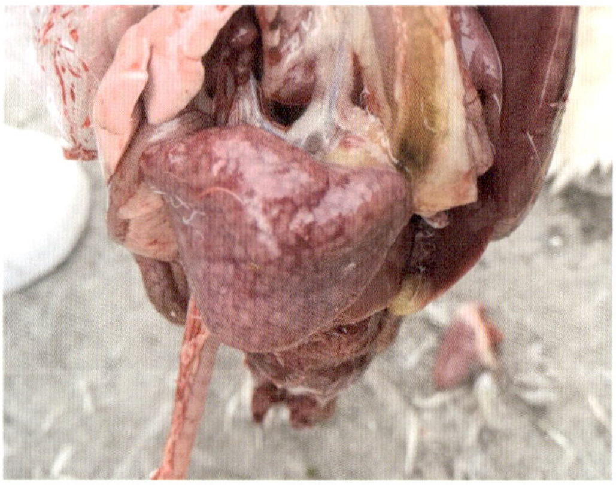

图 8-54　病鸭脾有灰白色坏死灶、呈花斑状

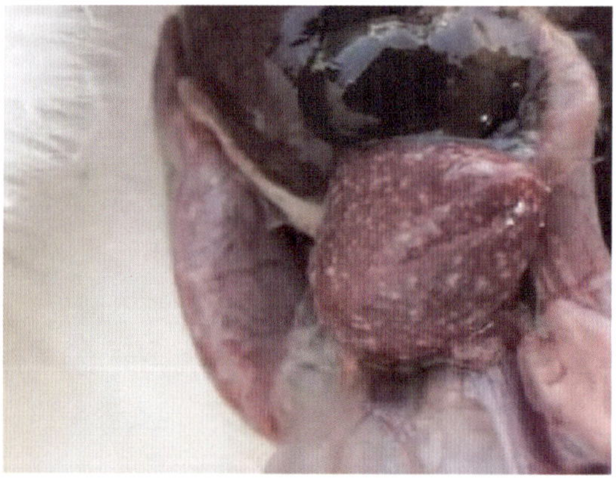

图 8-55　脾脏肿大、呈现不规则灰白色坏死灶

二、诊断

根据症状和病变可做出初步诊断。确诊需要实验室检查，可采用常规 RT-PCR 试验、ELISA、荧光抗体检测、中和试验等检测方法。

本病易与鸭副伤寒相混淆。鸭副伤寒肝脏、肠壁有大量白色坏死点以及肠道黏膜糠麸样坏死，而鸭呼肠孤病毒感染无肠道黏膜糠麸样病变。

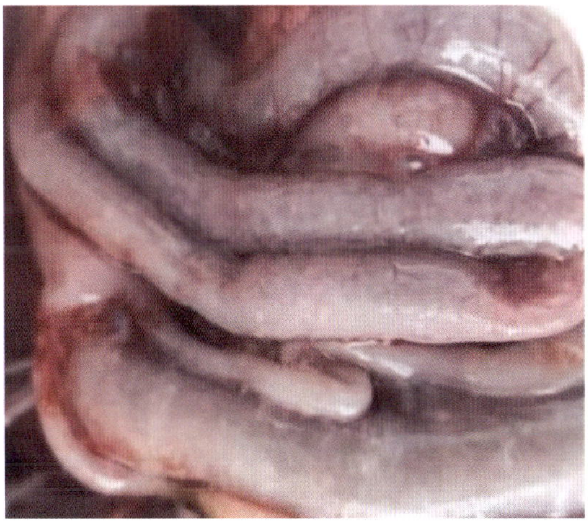

图 8-56 肠道肿胀，出血坏死

三、防制措施

疫苗接种是防制本病的最有效方法，1～2 日龄注射呼肠孤病毒灭活疫苗，或注射呼肠孤高免卵黄抗体，可有效地预防本病的发生。同时建立并完善禽场生物安全措施，加强日常禽舍卫生及消毒工作，保持鸭舍干燥通风。

一旦发病，病鸭应隔离饲养，发病初期立即注射高免卵黄抗体和禽白细胞干扰素，过氧乙酸带鸭消毒，病死鸭要无害化处理。

任务七 禽坦布苏病毒感染

禽坦布苏病毒感染是由坦布苏病毒引起一种家禽传染病，临床上雏鸭以神经症状为主，产蛋鸭以产蛋量下降为特征。我国将其列为三类动物疫病。

一、发病特点

1. 流行特点

鸭、鹅、鸡均可感染坦布苏病毒，但水禽易感性更强，10～25 日龄雏鸭和产蛋鸭易感性更强。坦布苏病毒主要通过粪便以水平传播为主，也可经传播媒介如蚊子、蜱虫等节肢动物感染，还可垂直传播。一年四季均可发病，以夏秋季节多发，与蚊虫传播有一定关系。发病突然，传播迅速。

2. 临床症状

潜伏期一般 3～5 d，发病率可达 100%，但死亡率一般在 1%～5%。

雏禽以病毒性脑炎为特征。主要表现为头部震颤、瘫痪和腹泻。最早在 10 日龄发病，主要集中在 20～40 日龄，以神经症状为主，表现为站立不稳、侧卧、仰卧、瘫痪等症状；病鸭体温升高，精神沉郁，排白绿色稀便，严重病例因采食困难衰竭死亡（图 8-57 至图 8-61）。

产蛋禽以产蛋量下降为特征，甚至绝产，蛋品质下降，软壳蛋、砂皮蛋、畸形蛋和无壳蛋增多。

图 8-57　病鸭腹泻，排白绿色稀便

图 8-58　神经症状，翅膀下垂

图 8-59　病鸭瘫痪

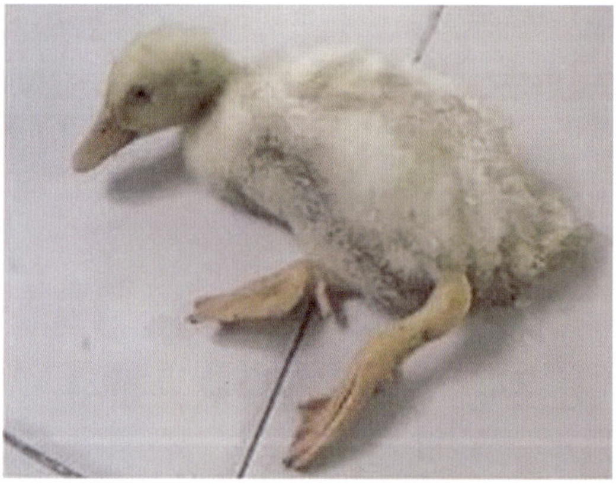

图 8-60　瘫痪、侧翻

3. 剖检变化

产蛋鸭主要以卵巢病变为主，表现为卵泡膜充血、出血，卵泡变性和萎缩，部分病例卵泡破裂形成卵黄性腹膜炎。青年鸭和雏鸭表现为肝脏呈土黄色，局灶性出血；肺脏、脾脏、心脏、腺胃、肠道有不同程度病变。神经症状的病死鸭脑膜出血，脑组织水肿，呈树枝状出血，有时伴有肾脏红肿或尿酸盐沉积（图 8-62 至图 8-74）。

图 8-61　病鸭瘫痪，排白绿色稀便

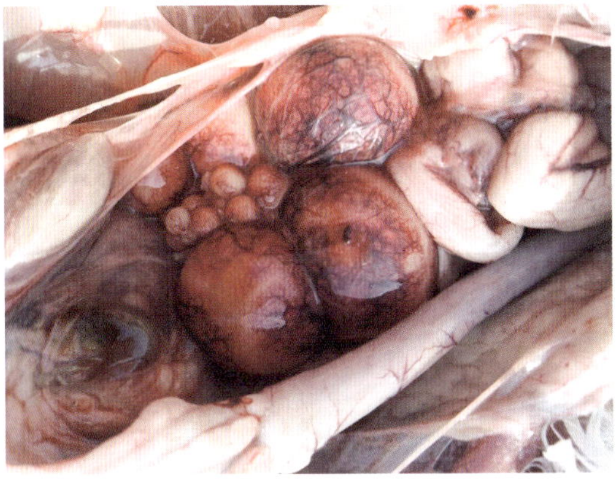

图 8-62 卵泡充血出血

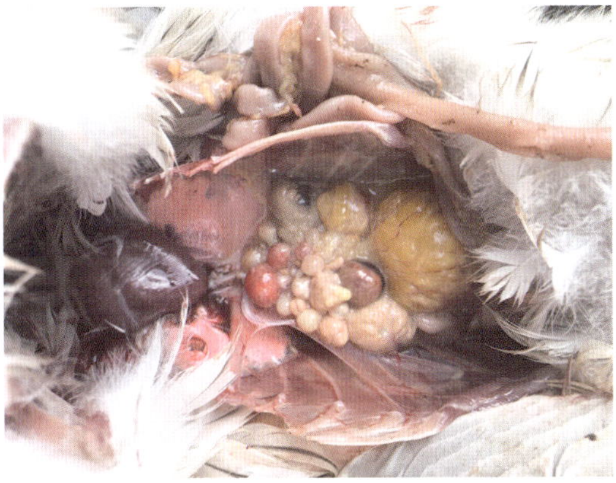

图 8-63 卵泡变性和萎缩、数量减少

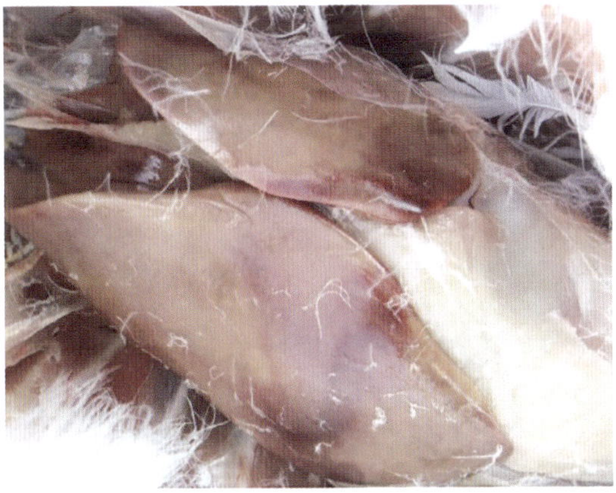

图 8-64 肝脏呈土黄色，局灶性出血

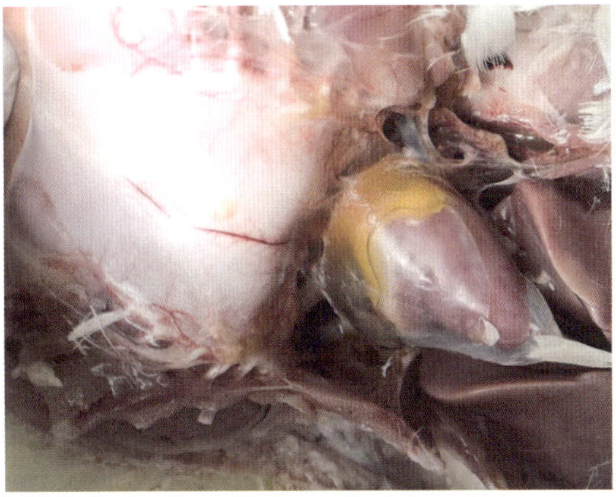

图 8-65 心包积液

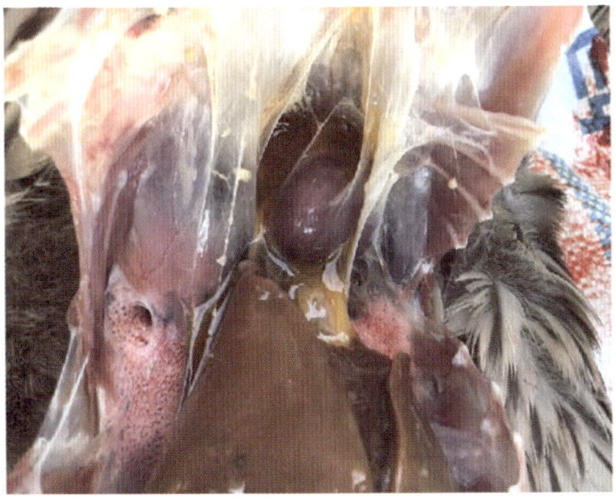

图 8-66 黄色心包积液

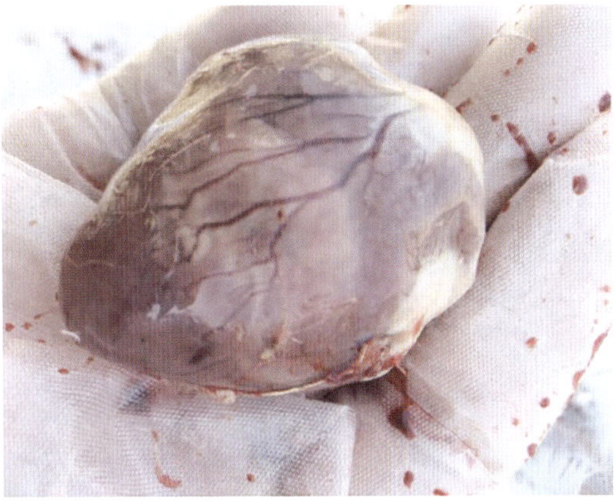

图 8-67 心脏变形

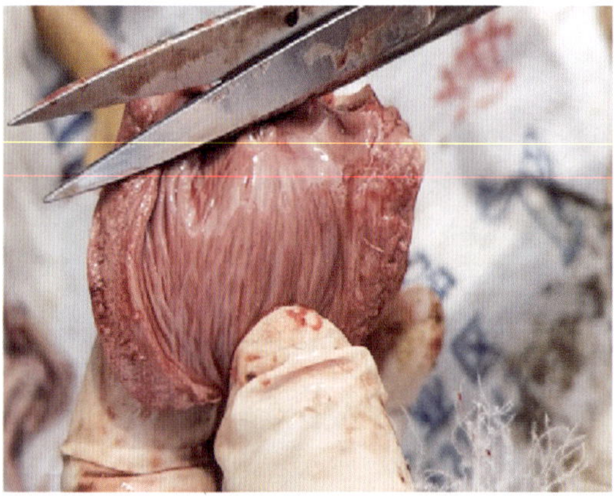

图 8-68　心内肌轻微出血

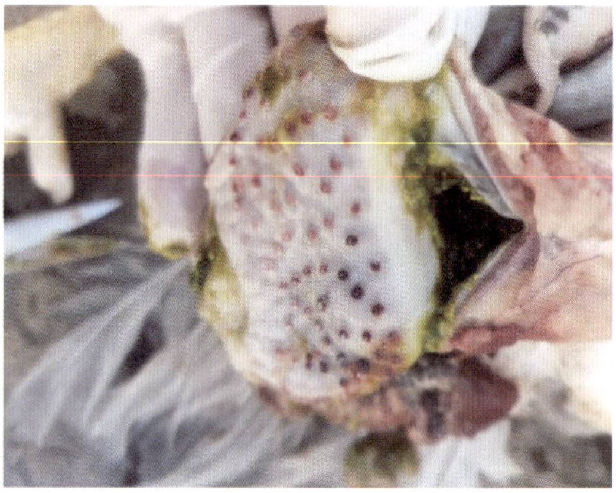

图 8-69　鸡腺胃乳头出血

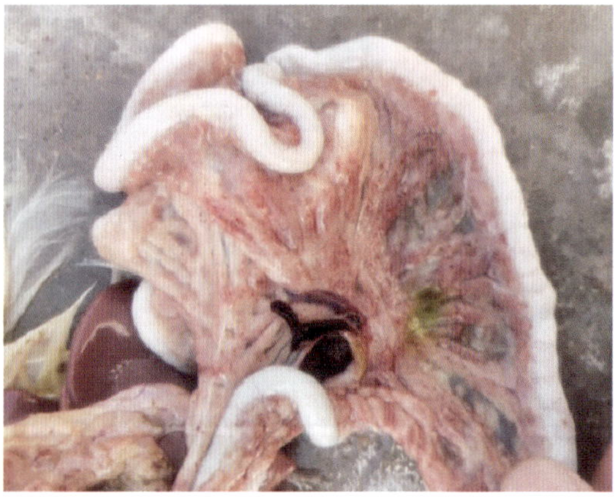

图 8-70　鸡肠系膜出血

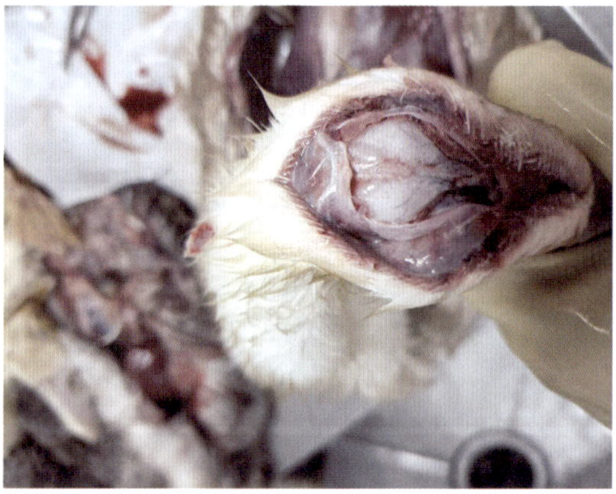

图 8-71　脑组织水肿

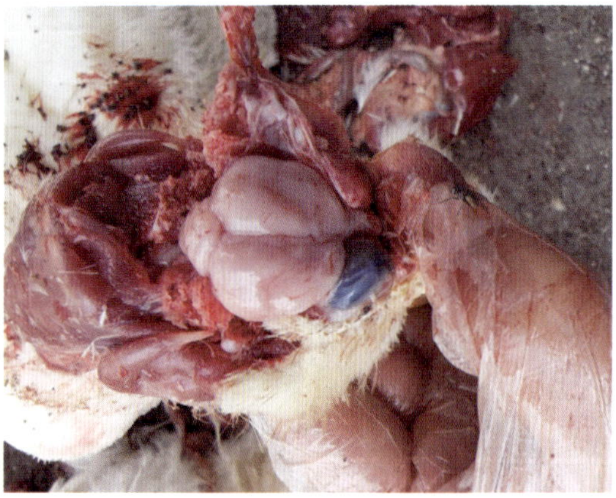

图 8-72　脑膜水肿出血

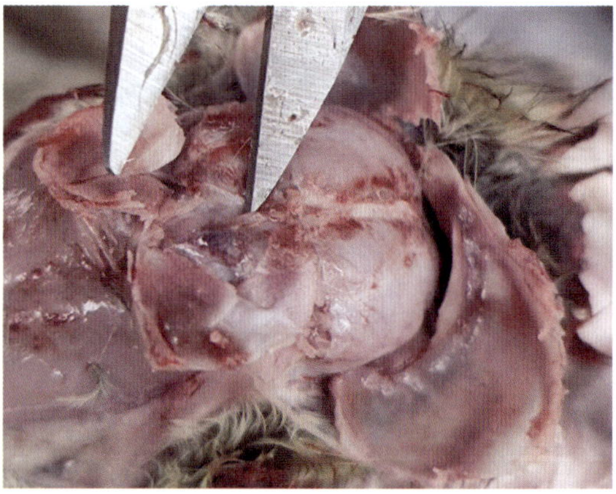

图 8-73　脑膜树枝状出血

二、诊断

根据流行特点、临床症状和剖检病变，可初步诊断，确诊须进行实验室检查。可通过病原分离鉴定、病原分子生物学检测方法及抗体检测方法检验，RT-PCR 试验方法多用于坦布苏病毒的检测，ELISA 抗体检测方法适用于血清学诊断。

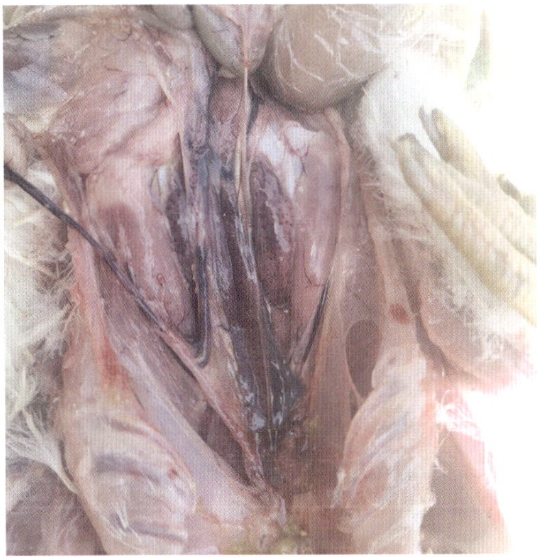

图 8-74 肾脏红肿

三、防制措施

目前，本病尚无有效的治疗措施，生产中以预防为主。

1. 加强饲养管理

应从健康禽群引进种苗，供给全价饲料，减少各种应激，夏季做好驱蚊、灭蚊工作，做好疫病防疫，尤其是对免疫抑制性疾病的预防。

2. 严格执行消毒制度

养殖场要有完善的消毒设施，场舍进出口应设消毒池，消毒液定期更换，进场人员要经过消毒池，进出场车辆喷雾消毒方可进入场区；所有人员进入生产区首先要经过严格消毒，更换工作服后方可进入；进入禽场的用具也要经过严格消毒，养禽环境要定期消毒；发现病禽及时隔离，粪便及废弃物要及时进行无害化处理。

3. 免疫接种

(1)肉鸭 5～9 日龄，每只颈部皮下注射 0.3 mL。

(2)麻鸭或种鸭 5～9 日龄首免，0.3 mL/只；2 周后加强免疫一次，0.5 mL/只；开产前 2～4 周进行第三次免疫，1 mL/只。

根据鸭群的具体状况，建议采用弱毒疫苗和灭活疫苗相结合的免疫接种模式。鸭群发病时建议采用弱毒疫苗紧急接种。

任务八 禽衣原体病

禽衣原体病，又名鹦鹉热、鸟疫，是由鹦鹉热衣原体引起的自然疫源性疾病。以呼吸道和消化道病变为特征，不仅会感染家禽和鸟类，也会危害人类健康。为了便于区别，将家禽和野鸟发生的衣原体病称为鸟疫，而将鹦鹉发生的衣原体病称为鹦鹉热。人感染后也称为鹦鹉热或鸟疫。我国将衣原体病列为三类动物疫病。

一、发病特点

1. 流行特点

禽衣原体可感染全部禽类，但不同品种易感性不同。一般来说，幼禽较成年家禽易感和容易死亡。衣原体可经呼吸道和消化道传播，呼吸道是最常见的传播途径。一年四季均可发生，以秋冬季节多发。无论是临床型还是亚临床型感染的禽鸟，均能向外排出病原体，对其他动物和人类构成健康威胁。

2. 临床症状

禽衣原体可引起嗜睡、高热、异常分泌物、鼻腔和眼睛分泌物以及产蛋量下降，死亡率可达30%。观赏鸟最常出现的临床症状是食欲减退，体重减轻、腹泻、黄色粪便、窦炎以及呼吸道症状。很多鸟，特别是大一些的鹦鹉不表现临床症状，但是在很长时间内排出衣原体；火鸡感染强毒株表现为羽毛松乱，精神沉郁，厌食，恶病质，排黄绿色粪便，严重感染的母火鸡产蛋率严重下降10%～20%；火鸡感染弱毒株表现为厌食，排绿色稀便，对产蛋率影响不大；幼鸭发病后表现震颤，共济失调，排绿色稀便，眼鼻有浆液性和脓性分泌物，病鸭消瘦，死于痉挛；急性病鸽表现为精神不振，厌食和腹泻，有些出现结膜炎，鼻炎和呼吸困难。

3. 剖检变化

依据禽衣原体血清型和禽类宿主的不同，禽衣原体可引起心周炎、气囊炎、肺炎、鼻炎、腹膜炎、肝炎和脾炎。病禽剖检的特征性病变包括肝、脾肿大，呼吸道、腹膜、心包表面的纤维有脓性渗出。病鸭剖检可发现肝脾肿大、肝脏表面有坏死灶、纤维素性浆膜炎及肺炎。感染鸟剖检时常发现脾、肝肿大，纤维素性气囊炎，心包炎和腹膜炎。

二、诊断

患病禽有衣原体病临床症状及剖检变化，而且具有较高水平的抗体时，可做出初步诊断。

禽衣原体病诊断方法包括病原的鉴定和血清学试验。世界动物卫生组织推荐的病原鉴定技术包括组织化学染色、实时荧光PCR检测，推荐的血清学试验是改良直接补体结合试验。在进出口禽类检疫中普遍采用的血清学方法是间接红细胞凝集试验、琼脂免疫扩散试验、间接补体结合试验。

三、防制措施

本病尚无有效疫苗，预防应加强管理，建立并严格执行防疫制度。严格禁止野鸟和野生动物进入禽舍。尤其是从国外引进新品种或观赏珍禽时，应严格执行国家的动物卫生检疫制度，隔离饲养，周密观察。

一旦发病，病禽应隔离治疗，可选择敏感抗生素治疗；污染物要无害化处理；禽舍、用具使用2%甲醛溶液、2%漂白粉或0.1%新洁尔灭消毒。

职业测试题

一、单选题

1. 对禽痘病毒易感性最高的是(　　)。

A. 火鸡　　B. 鸡　　C. 鸽　　D. 鸵鸟　　E. 麻雀

2. 黏膜性鸡痘多发生于(　　)。

A. 青年鸡　　B. 幼雏　　C. 中雏　　D. 幼雏和中雏　　E. 产蛋鸡

3. 可在咽喉部及上部气管处的黏膜表面形成白色假膜的传染病是(　　)。

A. 禽流感　　B. 新城疫

C. 禽痘　　D. 禽传染性支气管炎

E. 禽传染性喉气管炎

4. 禽痘的接种途径是(　　)。

A. 饮水　B. 点眼或滴鼻　C. 肌内注射　D. 气雾　E. 皮肤刺种

5. 鸡包涵体肝炎剖检可见肝脏(　　)、褪色质脆,表面有出血斑点,有时见弥漫性黄白色坏死灶。

A. 肿大　B. 萎缩　C. 增生　D. 坏死　E. 变性

6. 以下传染病是由禽腺病毒引起的是(　　)。

A. 禽传染脑脊髓炎　B. 鸡传染性贫血　C. 鸡包涵体肝炎
D. 禽痘　E. 鸡白痢

7. 包涵体肝炎的可造成(　　)发病、死亡。

A. 5~7 周龄鸡　B. 5~7 日龄鸭　C. 5~7 日龄鹅　D. 300 日龄蛋鸡

8. 鸡包涵体肝炎多发于(　　)两季。

A. 春夏　B. 春秋　C. 春冬　D. 秋冬　E. 夏冬

9. 鸡弧菌性肝炎又称鸡弯曲杆菌病,以(　　)肿大坏死、高发病率、低死亡率,慢性经过为特征。

A. 肝脏　B. 心脏　C. 脾脏　D. 肾脏　E. 肺脏

10. 鸡弧菌性肝炎的病原体是(　　)。

A. 鹦鹉热衣原体　B. 支原体　C. 真菌　D. 细菌　E. 空肠弯曲杆菌

11. 产蛋下降综合征的最佳免疫时间是(　　)。

A. 1~10 日龄　B. 20~35 日龄　C. 80~100 日龄
D. 110~130 日龄　E. 130~140 日龄

12. 减蛋综合征病毒抗体检测最常用的方法是(　　)。

A. ELISA　B. 血凝抑制试验　C. 中和试验
D. 琼脂扩散试验　E. 补体结合试验

13. 减蛋综合征的病原是(　　)。

A. 副嗜血杆菌　B. 腺病毒　C. 疱疹病毒　D. 呼肠孤病毒　E. 细小病毒

14. 减蛋综合征以(　　)的产蛋鸡易感。

A. 10~20 周龄　B. 26~32 周龄　C. 30~40 周龄　D. 50~55 周龄　E. 60~62 周龄

15. 鸡病毒性关节炎的病原体是(　　)。

A. 疱疹病毒　B. 传染性支气管炎病毒　C. 丝状支原体
D. 禽呼肠孤病毒　E. 禽腺病毒

16. 鸡病毒性关节炎(　　)易感。

A. 肉鸡比蛋鸡　B. 蛋鸡比肉鸡　C. 母鸡比公鸡　D. 公鸡比母鸡　E. 良种鸡比土杂鸡

17. 分离鸡病毒性关节炎病毒,应采集病鸡的样品是(　　)。

A. 脑组织　B. 法氏囊　C. 肝脏　D. 肺脏　E. 肠内容物

18. 发生减蛋综合征时,除表现产蛋下降外,还出现(　　)。

A. 蛋壳变薄、变色、易碎　B. 排出白色黏稠或水样稀便
C. 呼吸困难　D. 翅下垂、头颈歪斜　E. 喷嚏、啰音

19. 被称为"番鸭肝白点病"或"花肝病"的疫病是(　　)。

A. 禽传染性脑脊髓炎　B. 鸡传染性贫血　C. 鸡包涵体肝炎
D. 禽痘　E. 鸭呼肠孤病毒感染

20. 禽坦布苏病毒可感染(　　)。

A. 鸡　B. 鸭　C. 鹅　D. A+B　E. A+B+C

21. 禽坦布苏病毒感染主要表现(　　)。

A. 病禽采食下降　B. 蛋禽产蛋下降　C. 肉禽出现神经症状

D. A+B　E. A+B+C

22. 禽坦布苏病毒的传播途径有(　　)。

A. 经粪便水平传播　B. 蚊虫叮咬　C. 经卵垂直传播

D. A+B　E. A+B+C

23. 不仅会感染家禽和鸟类,也会危害人类健康。禽感染后可引起心周炎、气囊炎、肺炎、鼻炎、腹膜炎、肝炎和脾炎,该病可能是(　　)。

A. 口蹄疫　B. 布鲁氏菌病　C. 乙型脑炎　D. 细小病毒病　E. 衣原体病

24. 禽衣原体病的病原是(　　)。

A. 鹦鹉热衣原体　B. 支原体　C. 真菌　D. 细菌　E. 放线菌

二、判断题

1. 鸡包涵体肝炎为一种急性细菌性传染病。(　　)
2. 鸡包涵体肝炎主要特征是成年鸡死亡率突然增高,肝肿大、出血和坏死。(　　)
3. 鸡弧菌性肝炎由空肠弯杆菌引起的雏鸡传染病,以肝萎缩、腹泻和肠炎为特征。(　　)
4. 鸡弧菌性肝炎可以经卵垂直传播。(　　)
5. 减蛋综合征主要侵害产蛋3~6周龄的鸡群。(　　)
6. 减蛋综合征多数为垂直传播,也可水平传播。(　　)
7. 减蛋综合征可采用血凝抑制试验(HI)进行实验室诊断。(　　)
8. 鸡病毒性关节炎是一种由呼肠孤病毒引起的鸡传染病。(　　)
9. 鸡病毒性关节炎只能水平传播。(　　)
10. 鸭呼肠孤病毒主要侵害成鸭,引起病鸭肝脏和其他脏器出现白色或黄色的坏死灶。(　　)
11. 樱桃谷肉鸭感染鸭呼肠孤病毒后多表现为脾脏坏死,所以临床中又称“脾坏死症”。(　　)
12. 禽衣原体病是一种能由禽类传染给人的疾病,又称鸟疫、鹦鹉热。(　　)
13. 黏膜型鸡痘病变主要发生在口腔、气管及食道黏膜,主要感染雏鸡。(　　)
14. 减蛋综合征可通过种蛋和种公鸡的精液垂直传播。(　　)

三、多选题

1. 下列能引起产蛋下降的传染病是(　　)。

A. 新城疫　B. 禽流感　C. EDS-76

D. 鸡传染性支气管炎　E. 鸡传染性喉气管炎

2. 下列有呼吸道症状的传染病是(　　)。

A. 新城疫　B. 禽流感　C. EDS-76

D. 鸡传染性支气管炎　E. 鸡传染性喉气管炎

3. 下列疫病中,表现为关节炎的有(　　)。

A. 禽葡萄球菌病　B. 禽痛风　C. 禽呼肠孤病毒感染

D. 鸡大肠杆菌病　E. 禽流感

4. 实验室诊断中能常采用血凝抑制试验的传染病有(　　)。
A. 新城疫　　B. 禽流感　　C. EDS-76
D. 鸡传染性支气管炎　　E. 鸡传染性喉气管炎
5. 下列哪些是鸡痘的病型(　　)。
A. 皮肤型　　B. 神经型　　C. 内脏型
D. 黏膜型　　E. 混合型
6. 下列属于鸡包涵体肝炎病理变化的是(　　)。
A. 肝脏肿大,有出血点或出血斑　　B. 肝细胞内出现核内包涵体
C. 骨髓呈淡红色至淡黄色　　D. 肌肉出血
E. 肺有小结节
7. 在治疗鸡弧菌性肝炎时,常用到的药物包括有(　　)。
A. 强力霉素　　B. 庆大霉素　　C. 环丙沙星
D. 恩诺沙星　　E. 青霉素
8. 跨省调运种鸡检疫时,怀疑感染鸡病毒性关节炎的典型症状有(　　)。
A. 跛行,站立姿势改变　　B. 头部苍白　　C. 跗关节上方腱囊双侧肿大
D. 头颈震颤　　E. 血便
9. 鸡病毒性关节炎的病理变化有(　　)。
A. 关节软骨糜烂
B. 关节囊及腱鞘水肿、充血或点状出血
C. 关节腔内含有少量淡黄色或带血色的渗出物
D. 肌腱破裂、出血、坏死
E. 雏鸡肝、脾和心肌上有细小的坏死灶
10. 下列关于鸡减蛋综合征的描述,不正确的是(　　)。
A. 该病引起鸡群产蛋率下降所持续的时间较长
B. 该病引起鸡群产蛋骤然下降,但很快恢复正常
C. 该病侵害鸡的各种器官,生殖器官的病变尤其明显
D. 该病可发生于雏鸡,引起严重损失
E. 该病传播方式主要是水平传播
11. 以下传染病是由禽腺病毒引起的是(　　)。
A. 禽传染性脑脊髓炎　　B. 鸡传染性贫血　　C. 鸡包涵体肝炎
D. 禽痘　　E. 减蛋综合征
12. 鸭坦布苏病毒感染的症状及剖检变化有(　　)。
A. 采食量、产蛋率急剧下降　　B. 出现神经症状
C. 卵泡膜充血、出血,卵泡变性和萎缩　　D. 心肌白色坏死

四、案例分析题

1. 某蛋鸡场现存栏3万羽,190日龄鸡群突然发生了不明原因的产蛋下降,而且伴随着蛋壳表面粗糙、颜色变浅;畸形蛋、软壳蛋、无壳蛋、小型蛋增多;没表现出明显的临床症状,解剖后发现病鸡输卵管子宫部黏膜水肿,似小水泡。

通过以上描述,发病鸡群初步诊断为何种疾病?请制定出该病详细的免疫程序(包括所用疫苗名称、免疫时间、使用剂量、免疫方法)。

2.某养殖场32日龄鸡群开始出现轻微咳嗽，按照普通的呼吸道疾病，用了4 d强力霉素与氟苯尼考，鸡群咳嗽情况无改善。相继出现个别鸡只有眼流泪、肿胀严重的表现。有的鸡精神不振，羽毛蓬乱，不愿走动，频频伸颈张口呼吸。

剖检病变：可见眼内有灰白色脓性分泌物；咽喉部黏膜上有多量淡黄色丘疹样结节；气管黏膜上也有散在的黄豆大小的丘疹样结节，结节较柔软、不易剥离，个别病鸡气管和喉头被坏死的纤维素性假膜形成的干酪物阻塞。

根据以上描述，初步诊断鸡群患了哪种疾病？并分析诊断依据。为什么使用强力霉素与氟苯尼考治疗无效？查阅相关资料，给出该病详细的治疗方案。

3.某规模鸡场的肉鸡，10月底，在28日龄时发现雏鸡采食下降，鸡死亡率持续升高。解剖检查：鸡肝脏肿大、质脆易碎、褪色、呈黄褐色或者土黄色，肝脏表面有密集的出血点，被膜下有较大淤血；全身的浆膜和肌肉的出血明显，有的出现黄疸；心包积有淡黄色透明的渗出液、肾肿胀出血。

根据以上描述，初步诊断鸡群患了哪种疾病？并给出诊断理由。通过查阅资料，给出详细的防制方案。

4.2021年4月江西省宜春市某养殖场饲养的5 000只商品肉鸭（樱桃谷和麻鸭杂交品种）从28日龄开始每天不断出现20只以上瘫痪的肉鸭，死亡每天5～6只，治疗一个疗程没有效果，到35日龄时当天瘫痪50只，死亡21只，日死亡率最高达0.4%以上。35日龄现场诊治情况如下。

临床症状：鸭大群精神正常，发病鸭群精神萎靡，采食量下降20%以上，饮水不详（池塘饲养，无饮水设施）。

病理变化：解剖10只鸭，所有病鸭心肌柔软，心内肌轻微出血；肝脏肿大出血，发黄变脆；心包膜有少量黄色心包积液；脾脏坏死。其他症状不典型。

根据给出的资料，初步分析鸭群患有何种疾病？如何进一步确诊？查阅资料写出你的治疗方案。

5.某朗德鹅养殖户，养殖4 000只鹅，25日龄死亡2只，到26日龄死亡数上升到10只，26日龄现场诊治情况如下。

临床症状：大群中5%左右的鹅精神状态较差，表现为腿软、喜卧、走路无力；排白色稀便。

病理变化：肝脏肿大，表面有大量白色坏死点；脾脏稍肿大、变形，有白色坏死点；胰腺出血，有白色的针尖样坏死点；消化道肿胀，表面呈灰白色；肾脏肿大，呈“花斑样”。

根据案例中提供的资料，初步分析鸭群患有何种传染病？如何进一步确诊？查阅资料写出你的治疗方案。

二维码8-1　禽其他传染病防制职业测试题参考答案

模块三

家禽寄生虫病防制

项目九　寄生虫病综合防制

【思政与职业素养目标】

寄生虫病急性感染造成家禽大批死亡，隐性感染造成家禽生产缓慢，饲料报酬率降低，免疫力下降。通过学习，掌握家禽寄生虫病防控技术，为健康养殖和食品安全保驾护航，对促进家禽产业发展具有重要意义。

【知识与能力目标】

1. 掌握寄生虫的基本知识、寄生虫病的诊断和防治要点。

2. 能够通过形态分辨寄生虫的类型、能够初步诊断相关寄生虫病。

任务一　寄生虫认知

一、寄生虫与宿主

1. 寄生虫的定义及类型

暂时或永久地在动物体内或体表营寄生生活的动物称为寄生虫。

(1)内寄生虫与外寄生虫　内寄生虫是指凡是暂时或永久性寄生于宿主体内某器官、组织内的寄生虫称为内寄生虫，如寄生于消化道的线虫、绦虫、吸虫等；外寄生虫是暂时或永久性寄生在宿主体表或皮内的寄生虫称为外寄生虫。如寄生于皮肤表面的蜱、螨、虱等。

(2)长久性寄生虫与暂时性寄生虫　长久性寄生虫指在宿主体内或体表过一生的寄生虫，如旋毛虫、螨；暂时性寄生虫是指在整个生存期中，只短期侵袭宿主、解除饥饿、获得营养的寄生虫，如雌蚊。

(3)专性寄生虫与兼性寄生虫　专性寄生虫是指整个发育过程的各个阶段都营寄生生活(如丝虫)或某个阶段必须营寄生生活(如钩虫)的寄生虫；兼性寄生虫是指既可营自立生活，又能营寄生生活的寄生虫，如类圆线虫。

(4)单宿主寄生虫与多宿主寄生虫　单宿主寄生虫是指整个生活史中只需要一个宿主的寄生虫，又称土源性寄生虫，如猪蛔虫。多宿主寄生虫是指整个生活史中需要更换两个或两个以上宿主的寄生虫,又称生源性寄生虫,如肝片形吸虫。

(5)专一宿主寄生虫和非专一宿主寄生虫　专一宿主寄生虫是指有些寄生虫只寄生于一种特定的宿主,对宿主有严格的选择性,如鸡球虫只感染鸡。非专一宿主寄生虫是指有些寄生虫能够寄生于许多种宿主。

2.宿主的定义及类型

被寄生虫寄生的动物称为宿主。

(1)终末宿主　成虫或有性繁殖阶段寄生的宿主。所谓成虫,一般指性成熟阶段的虫体,也就是能产生幼虫或虫卵的虫体,如人是猪囊虫的终末宿主。

(2)中间宿主　幼虫或无性繁殖阶段寄生的宿主。

(3)补充宿主　某些种类的寄生虫在发育过程中需要两个中间宿主,后一个中间宿主有时称为补充宿主,也是第二中间宿主。

(4)贮藏宿主　有时某些寄生虫的感染幼虫或虫卵进入一个并非它们生理上所需要的动物体内,但保持着对宿主的感染力,这个动物被称为贮藏宿主,又称为转续宿主、转运宿主,如蚯蚓是鸡蛔虫的贮藏宿主。

(5)保虫宿主　在多宿主寄生虫所寄生的动物中,有一部分主要是保有虫体而成为传播来源,称之为保虫宿主。

(6)带虫宿主　有时一种寄生虫病在自行康复或治愈之后,或处于隐性感染之时,宿主对寄生虫保持一定免疫力,但也保留着一定量的虫体感染,这时称这种宿主为带虫者。

(7)传播媒介　指在脊椎动物宿主间传播寄生虫病的一种低等动物,常指的是传播血液原虫的吸血节肢动物,如蚊子、蜱。

二、寄生虫生活史

寄生虫的生活史是指寄生虫完成一代的生长、发育和繁殖的全过程,即发育史。可分为直接型和间接型。

1.直接型

寄生虫完成生活史不需要中间宿主,虫卵或幼虫在外界发育到感染期后直接感染动物或人,也称为土源性寄生虫,如蛔虫、鸡球虫。

2.间接型

寄生虫完成生活史需要中间宿主,幼虫在中间宿主体内发育到感染期后感染动物或人,也称为生物源性寄生虫,如旋毛虫、鸡绦虫。

三、寄生虫的分类和命名

1.寄生虫的分类

在同一群体内,其基本特征,特别是形态特征相似,这是目前寄生虫分类的重要依据。进化则是寄生虫的分类基础。根据界、门、纲、目、科、属、种进行分类。为了表述方便,习惯上将吸虫纲、绦虫纲、线虫纲和棘头虫纲的寄生虫统称为蠕虫;蛛形纲的寄生虫主要为蜱和螨;昆虫纲的寄生虫通常称为昆虫;原生动物门的寄生虫称为原虫。由其所致的寄生虫病则分别称为蠕虫病、蜱螨与昆虫病和原虫病。

界	门	纲	类别	
动物界	原生动物门	鞭毛虫纲	原虫	兽医寄生虫
		孢子虫纲		
		梨形虫纲		
		纤毛虫纲		
	扁形动物门	吸虫纲	蠕虫	
		绦虫纲		
	线形动物门	线虫纲		
	棘头动物门	原棘头虫纲		
		古棘头虫纲		
	节肢动物门	蜘形纲	外寄生虫	
		昆虫纲		

2.寄生虫的命名

1758年，瑞典人林奈提出的，给予每一种动植物一个正式名称，即科学名，也称为双名制命名法。学名由两个不同的拉丁文或拉丁化文字单词组成，属名在前，属名第一个字母大写，种名在后，字母全部小写。如日本分体吸虫的学名：属名＋种名＋命名人＋命名年代

Schistosoma japonicum，Katsurada，1904

分体属　　日本种　（人名和年代可以省略不写）

四、寄生虫免疫学

宿主机体对寄生虫识别和排斥的一系列复杂的生物学反应，具有保护机体完整性的作用。寄生虫的个体大、生活史多样、抗原复杂以及在演化过程中对宿主免疫的逃避等，构成了它的免疫特点。研究这种免疫特点对于了解寄生虫病病理发生及其康复，以及提高诊断与防治技术等具有重要意义。

寄生虫的免疫致敏和免疫效应，寄生虫免疫致敏的特点是：抗原复杂，并和免疫剂量密切相关；容易出现免疫耐受性，如在寄生虫感染太少时可引起低带耐受性，感染太多时又可能出现高带耐受性；免疫致敏也与寄生部位有关，如弓形虫寄生在细胞内时，其抗原不易接触淋巴系统，也就没有免疫原性，即使有时漏出细胞激发免疫，其抗体或致敏细胞也达不到隐藏的弓形虫。此外，有的寄生虫感染还可使多种淋巴细胞包括巨噬细胞等失去功能，从而使其和抗体合作的应答减弱，抑制T细胞和巨噬细胞介导的细胞毒作用。

寄生虫的免疫效应是指免疫效应细胞（致敏的淋巴细胞和浆细胞）及其免疫产物（淋巴因子和抗体）与相对应的抗原物质或带有抗原的靶细胞之间的免疫效应。可分为特异性体液抗体介导（体液免疫）和特异性致敏T淋巴细胞介导（细胞免疫）两大类。免疫效应随不同寄生虫种类或其他条件而异。

寄生虫对宿主免疫的逃避是寄生虫免疫的一个特点，寄生虫逃避免疫有多种方式。①抗原变异。寄生虫抗原复杂而易变异。如非洲锥虫身体和鞭毛表膜有一光滑的外层，可在血流中经常更换而逃避宿主的特异性免疫效应。②可溶性封闭抗原。有些来自寄生虫的可溶性循环抗原，或称"外抗原"，可将特异性抗体所介导的免疫效应封闭，已在非洲、南美的鼠类锥虫病、疟疾、巴贝斯虫病，以及有些蠕虫感染中发现。③宿主抗原。又称抗原伪装，已知血吸虫成虫能借此避开宿主的免疫应答，从而使宿主获得了伴随免疫。④隐蔽部位。较多见的如肠胃

中的一些蠕虫、溶组织内变形虫和结肠巴兰弟纤毛虫，以及阴道毛滴虫和牛胎儿毛滴虫等都有其隐蔽的寄生部位，就可发生免疫耐受性。

任务二　寄生虫病的诊断

由寄生虫所引起的疾病，称为寄生虫病。寄生虫病的诊断，是在流行病学调查及临床诊断的基础上，通过实验室诊断检查出宿主体内的病原体，必要时可进行寄生虫学剖检。

一、流行病学调查

流行病学调查可为寄生虫病的诊断提供重要依据。调查的内容主要有以下几个方面。

1. 基本概况

主要了解当地地理环境、河流与水源、降雨量及其季节分布、草原数量、土壤植被特性、野生动物的种类与分布等。

2. 被检动物群概况

了解被检动物的数量、品种、性别和年龄组成、产奶量、产肉量、产蛋率、繁殖率、饲养方式、饲料来源及质量、水源及其他环境卫生状况等。

3. 动物发病背景资料

主要为近两三年动物发病情况，包括发病率、死亡率、发病与死亡原因，采取的措施及效果、平时防制措施等。

4. 动物发病现状资料

主要包括发病时间、临床症状、发病率、死亡率、剖检结果、是否诊断及诊断结论、是否采取措施及效果等。

5. 中间宿主和传播媒介

中间宿主和传播媒介以及其他各类型宿主的存在和分布情况。

6. 人兽共患病调查

了解当地居民饮食及卫生习惯；人的发病数量及诊断结果等。

二、临床检查诊断

临床检查主要是检查动物的营养状况、临床表现和疾病的危害程度。对于具有典型症状的疾病基本可以确诊，如球虫病的排血便等；对于某些外寄生虫病可发现病原体而建立诊断，如各类虱病等；对于非典型疾病，可获得有关临床诊断资料，为下一步采取其他诊断方法提供依据。

三、寄生虫学剖检诊断

寄生虫学剖检是诊断寄生虫病可靠而常用的方法，尤其适合于群体动物的诊断。剖检可用自然死亡的动物、急宰的患病动物或屠宰的动物。它是在病理解剖的基础上进行，既要检查各器官的病理变化，又要检查各器官内的寄生虫并分别采集，确定寄生虫的种类和感染强度，以便确诊。

四、实验室病原体检查诊断

实验室病原体检查诊断是寄生虫病诊断中必不可少的手段，一般在流行病学调查和临床检查的基础上进行。通过对各种病料的检查从中发现寄生虫病的病原体，可为确诊提供重要依据。不同的寄生虫病采取不同的检验方法。主要有：粪便检查（如虫卵检查法、毛蚴孵化法、幼虫检查法等）、皮肤及其刮取物检查、血液检查、尿液检查、生殖器官分泌物检查、肛门周围刮取物检查、痰液、鼻液和淋巴穿刺物检查等。

五、药物诊断

药物诊断是对疑似寄生虫病的患病动物，用对该寄生虫病的特效药物进行驱虫或治疗而进行诊断的方法。

1. 驱虫诊断

用特效驱虫药对疑似动物进行驱虫，收集驱虫后 3 d 内排出的粪便，肉眼检查粪便中的虫体，确定其种类及数量，以达到确诊的目的。适用于绦虫病、线虫病等胃肠道寄生虫病。

2. 治疗诊断

用特效抗寄生虫药对疑似动物进行治疗，根据治疗效果来进行诊断。治疗效果以症状缓解、全身状态好转以至痊愈等表现评定。多用于原虫病、螨病以及组织器官内蠕虫病的诊断。

六、免疫学诊断

免疫学诊断是利用免疫反应的原理，在体外进行抗原或抗体检测的一种诊断方法，常用的免疫学诊断方法有间接红细胞凝集试验、酶联免疫吸附试验、间接荧光抗体试验等。

七、分子生物学诊断

分子生物学技术具有高度的灵敏性和特异性。在寄生虫学上应用的分子生物学技术主要有 DNA 探针技术和 PCR 技术等。

任务三　寄生虫病的防控措施

一、控制和消除感染来源

1. 动物驱虫

驱虫是综合性防制措施的重要环节，通常是用药物杀灭或驱除寄生虫。根据驱虫目的不同，可分为治疗性驱虫和预防性驱虫。

（1）治疗性驱虫　即发现患病动物及时用药治疗，驱除或杀灭寄生于宿主体内或体表的寄生虫。通过驱虫使患病动物恢复健康，同时还可以防止向外界散播病原体。

（2）预防性驱虫　即根据各种寄生虫病的流行规律有计划地进行定期驱虫。如春季驱虫在放牧前进行，目的在于防止牧场被污染。预防性驱虫尽可能在成虫期前驱虫，因为这时寄生虫的虫卵或幼虫尚未产生，可以最大限度地防止散播病原体。

2.对保虫宿主的处理

某些寄生虫病的流行，与保虫宿主(如犬、猫、野生动物和鼠类等)关系密切。因此，应加强对犬和猫的管理，城市和农村要限制养犬，牧区也应控制饲养数量，对允许饲养的犬、猫应定期检查、及时治疗或进行驱虫。很多野生动物是某些寄生虫的保虫宿主，鼠类是某些寄生虫的中间宿主和带虫者，应搞好灭鼠工作。

3.加强兽医卫生检验

某些寄生虫病可以通过被感染的肉、鱼、淡水虾等动物性食品传播给人类和动物，要加强兽医卫生检验工作，对患病以及含有寄生虫的肉、鱼、虾等，按有关规定销毁或无害化处理，杜绝病原体的扩散。

4.粪便生物热除虫

杀灭粪便中寄生虫的病原体最简单最有效的方法是粪便生物热发酵，杀死粪便中的虫卵、幼虫或卵囊，可以防止动物感染。

二、切断传播途径

1.轮牧

轮牧是牧区草地除虫的最好措施。放牧时动物粪便污染草地，其中的寄生虫虫卵和幼虫可在适宜的温度和湿度下开始发育，如果在它们还未发育到感染期时，把动物转移到新的草地，可有效地避免动物感染。不同地区和季节对寄生虫发育到感染期的时间影响很大，在制订轮牧计划时均应予以考虑。

2.合理的饲养方式

随着集约化、专业化畜牧生产的发展，要求必须改变传统落后的饲养方式，建立先进的有利于疾病防治的饲养方式，可以减少寄生虫的感染机会。

3.消灭中间宿主和传播媒介

对生物源性寄生虫病，消灭中间宿主和传播媒介可以阻止寄生虫的发育，起到消除感染源和阻断感染途径的双重作用。消灭中间宿主和传播媒介，可通过改造生态环境、使用化学药物、生物方法和生物工程方法等。

三、增强动物抵抗力

1.科学饲养

实行科学化养殖，饲喂全价饲料，能保证动物机体营养状态良好，以获得较强的抵抗力，制止寄生虫病的发生。

2.卫生管理

严格把控饲料和水源等环境卫生，保持圈舍通风干燥，动物密度适宜，及时清除粪便等。

3.保护幼年动物

幼年动物由于抵抗力弱而容易感染，而且发病严重，死亡率较高。因此，哺乳仔畜断奶后应立即分群，安置在经过除虫处理的圈舍。放牧时先放幼年动物，转移后再放成年动物。

4. 免疫预防

寄生虫虫苗可分为5类:弱毒活苗、排泄物—分泌物抗原苗、基因工程苗、化学合成苗和基因苗。目前,国内外比较成功地研制了预防弓形虫病和鸡球虫病等的虫苗。

职业测试题

一、单选题

1. 暂时或永久性寄生于宿主体内某器官、组织内的寄生虫是(　　)。

A. 外寄生虫　B. 内寄生虫　C. 暂时性寄生虫　D. 长久性寄生虫

2. 下列不属于外寄生虫的是(　　)。

A. 蜱　B. 螨　C. 虱　D. 线虫

3. 单宿主寄生虫是指整个生活史中只需要一个宿主的寄生虫,又称(　　)。

A. 土源性寄生虫　B. 专一宿主寄生虫　C. 专性寄生虫　D. 多宿主寄生虫

4. 幼虫或无性繁殖阶段寄生的宿主是(　　)。

A. 终末宿主　B. 中间宿主　C. 补充宿主　D. 贮藏宿主

5. 成虫或有性繁殖阶段寄生的宿主是(　　)。

A. 终末宿主　B. 中间宿主　C. 补充宿主　D. 贮藏宿主

6. 有时一种寄生虫病在自行康复或治愈之后,或处于隐性感染之时,宿主对寄生虫保持一定免疫力,但也保留着一定量的虫体感染,这种宿主称为(　　)。

A. 终末宿主　B. 中间宿主　C. 补充宿主　D. 带虫宿主

7. 鸡球虫只感染鸡,说明鸡球虫是(　　),对宿主有严格的选择性。

A. 土源性寄生虫　B. 专一宿主寄生虫　C. 专性寄生虫　D. 多宿主寄生虫

8. 某些种类的寄生虫在发育过程中需要两个中间宿主,后一个中间宿主有时称为(　　)。

A. 终末宿主　B. 中间宿主　C. 补充宿主　D. 带虫宿主

二、判断题

1. 单宿主寄生虫又称土源性寄生虫。(　　)

2. 肝片形吸虫是多宿主寄生虫。(　　)

3. 旋毛虫是长久性寄生虫指在宿主体内或体表过一生的寄生虫。(　　)

4. 扁卷螺是姜片吸虫的中间宿主。(　　)

5. 间接发育型指寄生虫完成生活史不需要中间宿主。(　　)

6. 杀灭粪便中寄生虫的病原体最简单最有效的方法是粪便生物热发酵。(　　)

7. 猪蛔虫是直接发育型。(　　)

8. 轮牧是牧区草地除虫的最好措施。(　　)

三、多选题

1. 下列属于内寄生虫的是(　　)。

A. 线虫　B. 绦虫　C. 吸虫　D. 虱子

2. 贮藏宿主又称(　　)。

A. 转续宿主　B. 转运宿主　C. 补充宿主　D. 保虫宿主

3. 下列属于传播媒介的是(　　)。

A. 线虫　　B. 绦虫　　C. 蜱　　D. 虱子

4. 寄生虫宿主包括(　　)。

A. 中间宿主　　B. 终末宿主　　C. 贮藏宿主　　D. 补充宿主

E. 保虫宿主

二维码 9-1　寄生虫病综合防制
职业测试题参考答案

项目十 常见寄生虫病防制

【思政与职业素养目标】

在教学过程中，注重培养学生对家禽寄生虫病的风险意识和应对能力，提高公共卫生安全和个人防护意识，科学防控寄生虫病的发生。

【知识与能力目标】

1. 掌握禽类相关重要寄生虫病的临床症状、剖检变化和防治方法。
2. 学会寄生虫病的诊断、药物预防和治疗。

任务一 鸡球虫病

鸡球虫病是由艾美耳属球虫寄生于鸡肠上皮细胞引起的疾病。主要特征是出血性肠炎和雏鸡的高度死亡率。

一、发病特点

1. 流行特点

病原为艾美耳属球虫，目前主要有 7 种，即柔嫩艾美耳球虫、毒害艾美耳球虫、堆型艾美耳球虫、布氏艾美耳球虫、巨型艾美耳球虫、和缓艾美耳球虫、早熟艾美耳球虫等。其中致病力最强、危害最大的是柔嫩艾美耳球虫，寄生于盲肠，又称盲肠球虫。其次是毒害艾美耳球虫，寄生于小肠中段，严重时可扩展到整个小肠，又称小肠球虫。其他球虫致病力较低。生产中多数是一种以上球虫混合感染。粪便排出的卵囊无致病性，在适宜的温度和湿度条件下，经 1～2 d 发育成感染性卵囊。这种卵囊被鸡吃了以后，子孢子游离出来，钻入肠上皮细胞内发育成裂殖子、配子、合子。合子周围形成一层被膜即为卵囊，随粪便被排出体外。卵囊对恶劣的外界环境条件和消毒剂具有很强的抵抗力。鸡球虫在肠上皮细胞内不断进行有性和无性繁殖，使上皮细胞受到严重破坏，遂引起发病（图 10-1、图 10-2）。

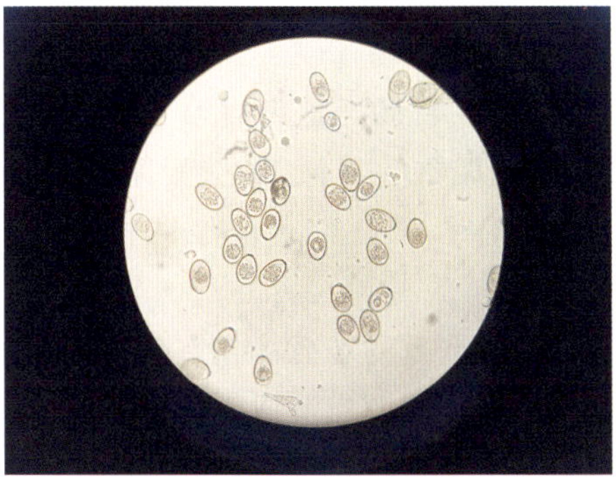

图 10-1　饱和盐水漂浮法检查到鸡球虫卵囊

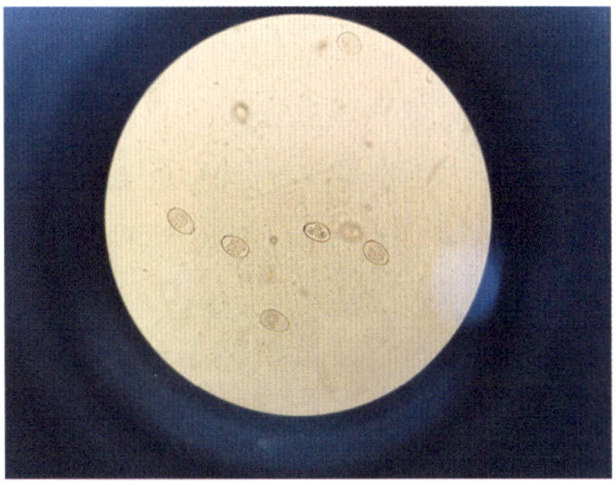

图 10-2　粪便直接涂片法检查到鸡球虫卵囊，中间为孢子化卵囊

球虫特异性强，具有宿主特异性和寄生部位特异性。生活史短，无中间宿主。繁殖力强，7 d 可排 100 万个卵囊。22～28 ℃，18～36 h 就可形成含有子孢子的感染性卵囊。各种球虫的致病性不同，生产中多是一种以上球虫混合感染。球虫病一般暴发于 3～6 周龄的雏鸡，2 周龄以内的雏鸡很少发病，毒害艾美耳球虫常危害 8～18 周龄的鸡。病鸡是主要传染源，凡被带虫鸡污染过的饲料、饮水、土壤和用具等，都有卵囊存在。鸡感染球虫的途径主要是吃了感染性卵囊。人及其衣服、用具等以及某些昆虫都可成为机械传播者。拥挤、潮湿或卫生条件恶劣的鸡舍最易发病。多在温暖潮湿的季节流行。北方 4—9 月份为流行季节，以 8 月份最为严重。舍饲鸡场中，一年四季均可发病。

2. 临床症状

(1)急性型　对 3～6 周龄的雏鸡致病性最强。病初食欲不振，随着肠道损伤的加重，出现特征性症状下痢、血便，呈西红柿样粪便，有的呈鲜红色(图 10-3、图 10-4)。病鸡战栗，拥挤成堆，死前体温下降，食欲废绝。重症者严重贫血，鸡冠和面部苍白，后期由于肠道炎症和肠细胞崩解等，有毒物质被吸收，导致自体中毒而死亡。严重感染时死亡率为 50%～80%，耐过鸡发育受阻。

(2)慢性型　见于少量球虫感染，以及致病力不强的球虫感染(如堆型艾美耳球虫、巨型艾美耳球虫)。病鸡下痢，但多不带血。生产性能下降，对其他疾病易感性增强。

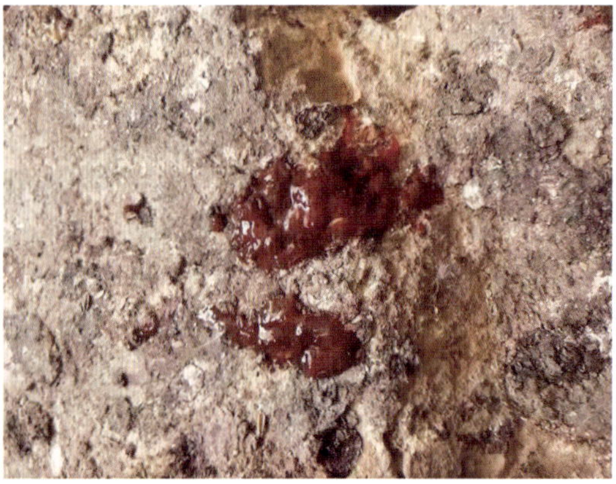

图 10-3　血粪

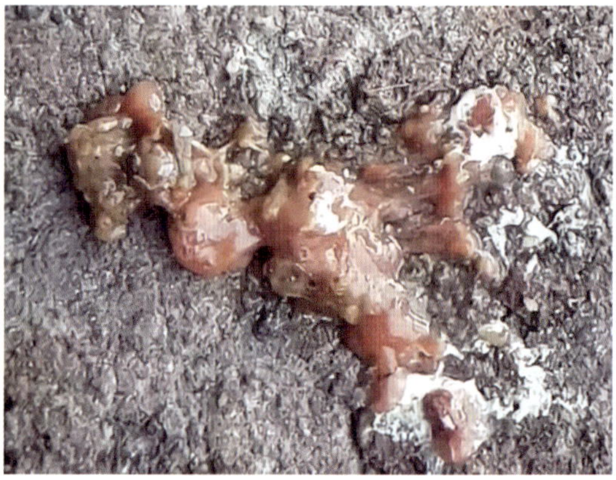

图 10-4　西红柿样粪便

3. 剖检变化

(1)柔嫩艾美耳球虫寄生于盲肠，致病力最强，病变主要在盲肠。感染后第 4～5 天，盲肠显著肿大，可为正常的 3～5 倍，肠腔中充满凝固的或新鲜的暗红色血液，肠壁变厚，有严重的糜烂。感染后第 6～7 天，盲肠中的血液和脱落黏膜逐渐变硬，形成红色或红白相间的肠芯(图 10-5 至图 10-7)。

(2)毒害艾美耳球虫损害小肠中段，使肠壁扩张、增厚，有严重的坏死。在裂殖体繁殖的部位，有明显的淡白色斑点，黏膜上有许多小出血点。肠管中有凝固的血液或有胡萝卜色胶冻状的内容物(图 10-8、图 10-9)。

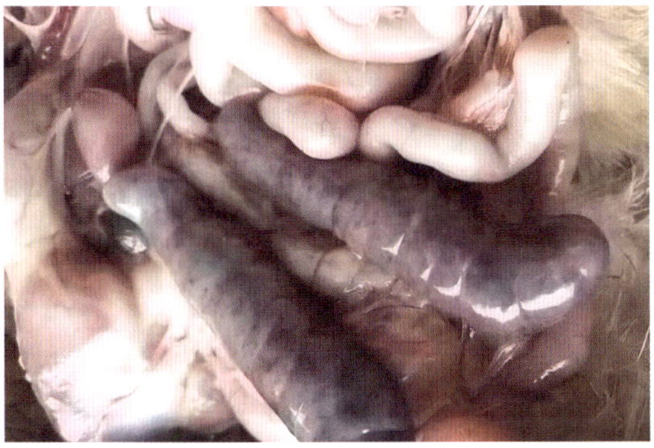

图 10-5　盲肠显著肿大

图 10-6　盲肠肠腔中充满暗红色血液，肠壁变厚

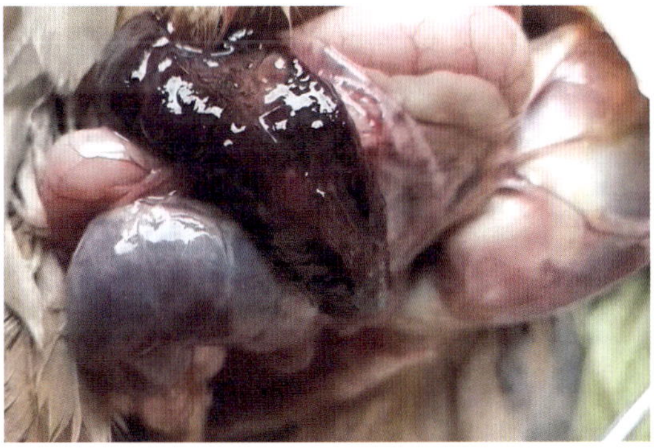

图 10-7　肠黏膜脱落，糜烂

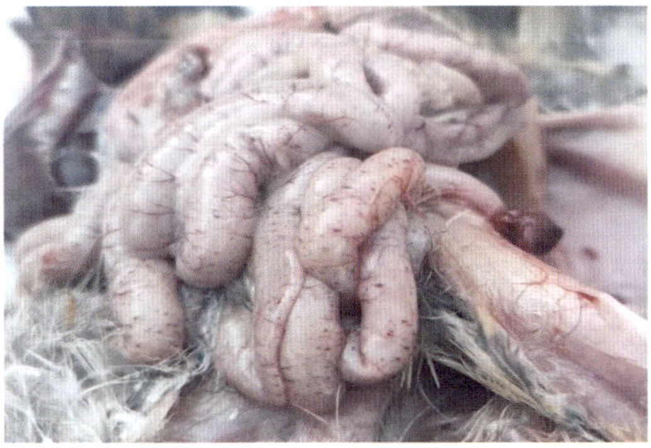

图 10-8　小肠肿胀出血

(3)巨型艾美耳球虫损害小肠中段，可使肠管扩张，肠壁增厚；内容物黏稠，呈淡灰色、淡褐色或淡红色。

(4)堆型艾美耳球虫多在上皮表层发育，并且同一发育阶段的虫体常聚集在一起，在被损害的肠段出现大量淡白色斑点。

(5)哈氏艾美耳球虫损害小肠前段，肠壁上出现针头大小的出血点，黏膜有严重的出血。

(6)若多种球虫混合感染，则肠管粗大，肠黏膜上有大量的出血点，肠管中有大量的带有脱落的肠上皮细胞的紫黑色血液。

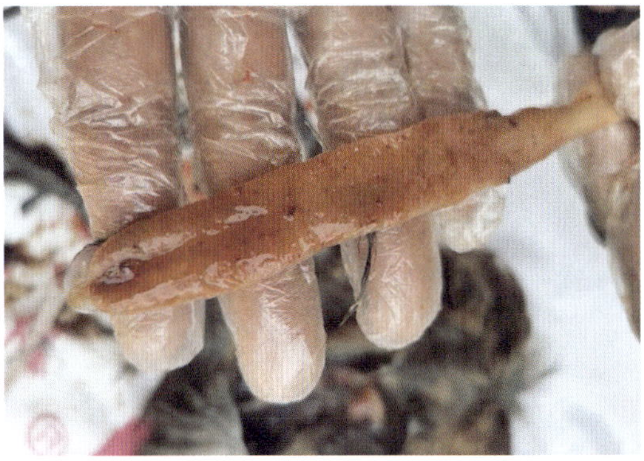

图 10-9　小肠黏膜有出血点和白色斑点

二、诊断

必须根据其流行病学、临床症状、剖检变化及粪检或肠管病变部黏膜内发现卵囊而确诊。不能单纯依靠粪检来确诊，因为有时在急性病例的粪中不一定能检出卵囊，而且雏鸡和育成鸡的带虫现象又极为普遍，因此单纯根据粪检是否发现卵囊来确诊球虫病是不正确的。

三、防制措施

1. 治疗

应不晚于感染后 96 h 给药，否则会有较高的死亡率。常用治疗药物如下。

(1)磺胺二甲基嘧啶(SM2)　按 0.1%的浓度饮水，连用 3 d；间隔 2 d，再连用 3 d，休药期 10 d。

(2)磺胺二甲氧嘧啶(SDM)　按 0.05%混入饮水，连用 6 d，休药期为 5 d。

(3)百球清 2.5%溶液　按 0.002 5%混入饮水，即 1 L 水中用百球清 1 mL，在后备母鸡群可用此剂量混饲或混饮 3 d。

2. 预防措施

(1)要保持鸡舍通风透光良好、地面干燥、维持适宜的温度和湿度。平养鸡要控制垫料湿度为 20%～30%。

(2)要保持鸡舍的清洁卫生，及时清除地面上的粪便，防止饲料和饮水被鸡粪污染。

(3)要对进出养鸡场的车辆和人员进行严格的消毒，防止病原体传播。

(4)要给雏鸡提供全价营养饲料。因麸皮中含有促进球虫发育的物质，所以在暴发球虫病时，应限制日粮中的麸皮含量。另据资料介绍，补充维生素 K 和维生素 A 有助于降低球虫病的死亡率。

(5)采用全进全出饲养管理模式，每一批鸡出栏后要对鸡舍进行全面彻底的清理和消毒。

(6)免疫预防　目前使用的疫苗为活苗。重复地每天给予 1 个或 3 个卵囊，持续 20 d 以上，可产生强大的免疫力，比单纯 1 次接种同样或更大剂量的卵囊效果更好。这种获得性免疫具有虫种特异性，一般无虫种间交叉免疫。其免疫力程度，在虫种间也存在差异。巨型艾美耳球虫免疫力最强，柔嫩艾美耳球虫和毒害艾美耳球虫是免疫形成比较迟的虫种，必须反复感染，才能获得高度免疫。

(7)药物预防。

①氨丙啉　按 0.012 5%混入饲料，从雏鸡出壳第 1 天用到屠宰上市为止，无休药期。

②尼卡巴嗪　按 0.012 5%混入饲料，休药期为 4 d。

③杀球灵　按 0.000 1%混入饲料，无休药期。

④莫能菌素　按 0.01%～0.012 1%混入饲料，无休药期。

⑤拉沙菌素　按 0.007 5%～0.012 5%混入饲料，休药期为 3 d。

⑥那拉菌素　按 0.005%～0.007%混入饲料，无休药期。

⑦马杜霉素　按 0.000 5%～0.000 6%混入饲料，无休药期。

任务二　住白细胞虫病

住白细胞虫病，又称急性白冠病，是由疟原虫科住白细胞虫属的原虫寄生于鸡的白细胞和红细胞内引起的一种血孢子虫病。

一、发病特点

1. 流行特点

我国寄生于鸡体的白细胞原虫主要有两种：卡氏住白细胞虫和沙氏住白细胞虫。主要通过吸血性昆虫库蠓和蚋叮咬病鸡再叮咬健康鸡而进行传播，使得住白细胞原虫寄生在鸡体内。本病呈地方性、季节性流行，在高温多雨季节多发，成年鸡发病率低，症状较轻或不明显，为带虫者，1～3月龄的雏鸡发病率高，症状明显，雏鸡、育成鸡死亡率可高达90%。

2. 临床症状

病鸡贫血，下痢，两腿麻痹，口流黏液。1月龄雏鸡发病严重，死亡率高。常突然发病，引起出血，咯血，排出黄绿色粪便，运动失调，两腿轻瘫，呼吸困难而死亡，死前口流鲜血是最具有特征性症状。中年鸡和成年鸡感染，可见鸡冠苍白，食欲不振，精神沉郁，排出白色水样稀便，产蛋下降或停产，偶有死亡(图10-10)。

图10-10 病鸡贫血，鸡冠苍白

3. 剖检变化

尸体消瘦，肌肉苍白，血液稀薄，高度贫血。最具有特征性的病变是全身系统性出血：皮下、肌肉、肠道出血，内脏器官肝、脾、肺、肾、腺胃出血，剪开口腔见喉头、食道出血。骨髓变黄，肌肉、心脏和脑壳上见裂殖体形成的黄色米粒状结节(图10-11至图10-14)。

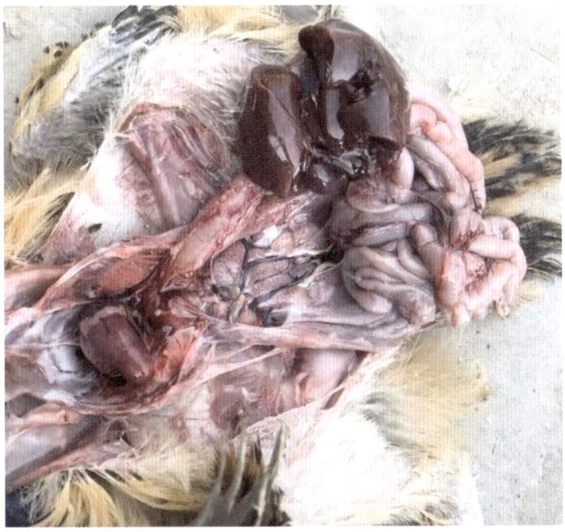

图10-11 皮下、肌肉、组织器官出血

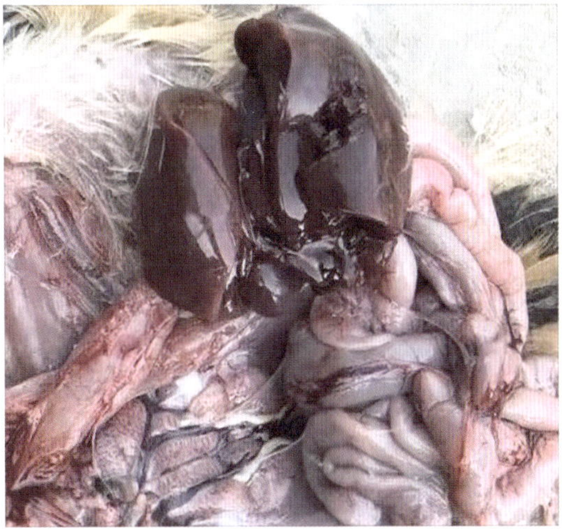

图10-12 肝肿大出血

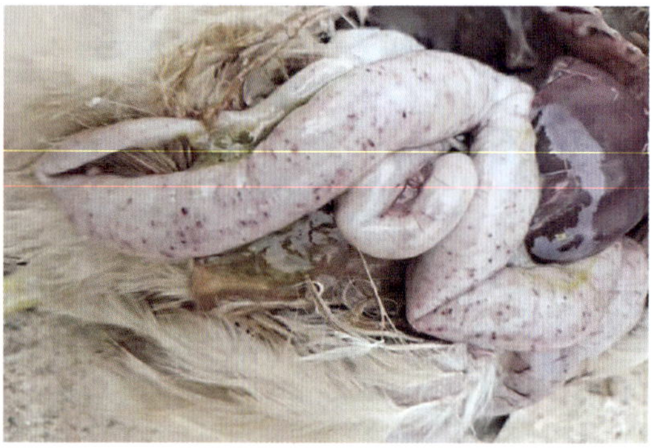

图 10-13　肠道出血

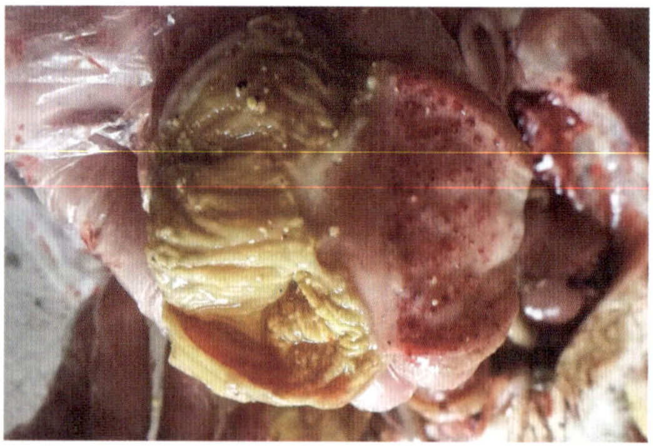

图 10-14　腺胃出血

二、诊断

根据临床症状(咯血、白冠、绿色水样稀便)、流行病学(蠓、蚋流行季节及发病季节)、剖检变化(出血和境界分明的米粒状结节)和实验诊断进行确诊。实验室诊断一般是取病鸡血液做成涂片,吉姆萨染色液染色,高倍镜检,发现红、白细胞内有裂殖体及大小不等的圆形配子体,还发现游离在血浆中的紫红色圆点状的裂殖子即可确诊。

三、防制措施

1. 治疗

可选用磺胺二甲氧嘧啶 0.05%饮水 2 d,然后再用 0.03%饮水 2 d。氯羟吡啶每千克饲料 250 mg 混饲给药。球虫宁 0.02%~0.04%拌料,连用 4 d;泰灭净 0.4%拌料,连用 5 d。

2. 预防措施

防止媒介昆虫蠓和蚋进入鸡舍,在鸡舍内外可用 5%蝇毒磷乳剂喷洒,以减少昆虫的侵袭。控制住白细胞原虫病的主要措施是灭蠓(蚋),在流行感染季节对鸡舍内用 2.5%的溴氢菊酯以 3 000 倍水稀释喷雾消毒,连续 1 周,以杀灭库蠓、蚋等昆虫。

任务三　禽组织滴虫病

禽组织滴虫病是由火鸡组织滴虫寄生于禽类的盲肠和肝脏引起的一种急性原虫病,也称盲肠肝炎或黑头病。本病以肝的坏死和盲肠溃疡为特征,多发于雏鸡和雏火鸡,也发生于野雏、孔雀和鹌鹑等鸟类。

一、发病特点

1. 流行特点

火鸡组织滴虫主要寄生于鸡、火鸡、鹧鸪、鹌鹑、孔雀的盲肠和肝脏。火鸡组织滴虫为多形性虫体,随寄生部位和发育阶段不同而形态变化较大,根据其寄生部位分为肠型虫体和组织型虫体。此病易发生于 3~12 周龄的小火鸡,鸡也常发生。鸡和火鸡盲肠中的异刺线虫的感染性虫卵可携带火鸡组织滴虫,是典型的超寄生现象。异刺线虫卵常被蚯蚓吞食,可存活几个月到几年。蚯蚓是异刺线虫和组织滴虫贮藏宿主。

2. 临床症状

主要症状为下痢，排出多量泡沫状的淡黄色、淡绿色的恶臭粪便。急性病例粪中带血或全是血粪，并有盲肠坏死组织。后期，病禽血液循环障碍，皮肤变成紫蓝色或黑色(图 10-15)，故有“黑头病”之称。

图 10-15 病鸡肉冠呈紫色

3. 剖检变化

主要病变在盲肠和肝脏，故本病又称盲肠肝炎。盲肠肿大，盲肠黏膜出血、坏死、溃疡，肠内容物干燥呈柱状，横切面呈同心圆状的坚硬肠芯。肝脏肿大，表面形成特征性坏死病灶，病灶为黄色或黄绿色，呈圆形或车轮状，豆大或指头大小，散在或密布于肝脏表面(图 10-16 至图 10-20)。

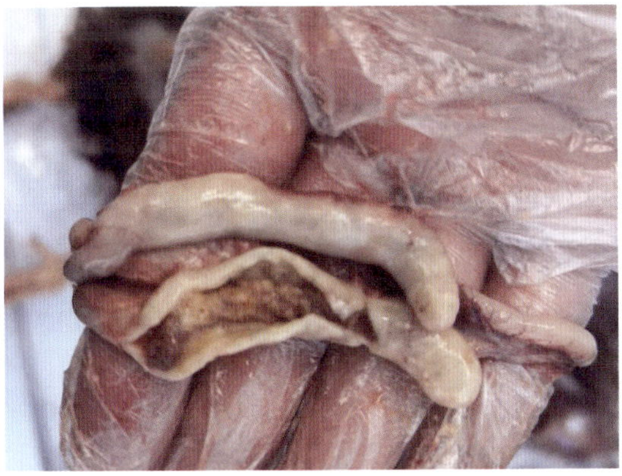

图 10-16 盲肠肿大，肠壁增厚

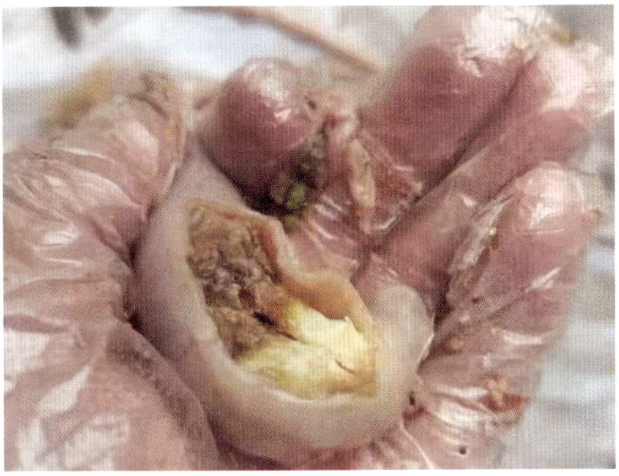

图 10-17 肠腔内可见凝固性坏死

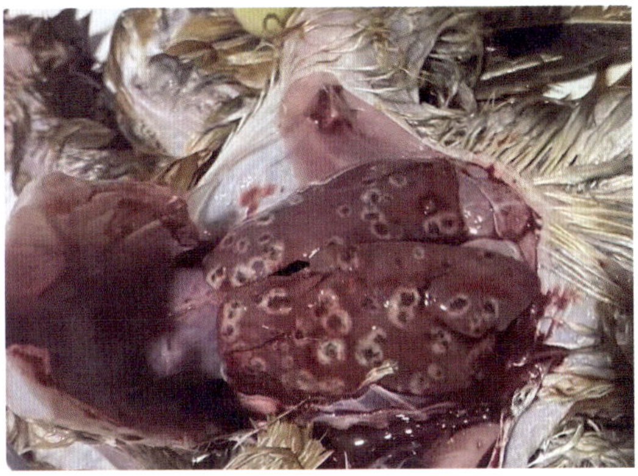

图 10-18 肝脏肿大，表面黄色局限性圆形溃疡灶

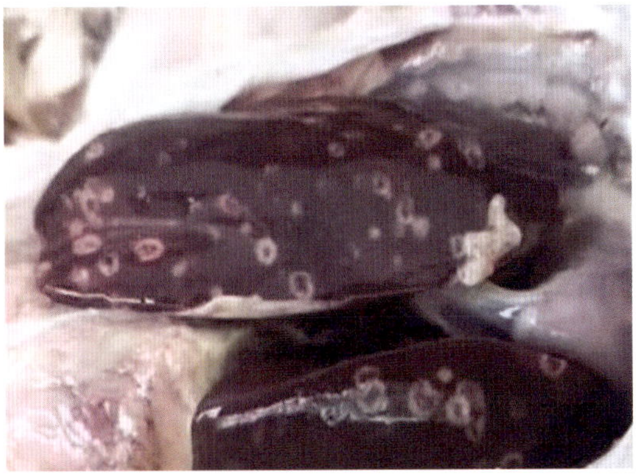

图 10-19 肝脏肿大，表面车轮状硬币大小溃疡灶

二、诊断

解剖病死禽，发现典型病变。检查病原体，加 40 ℃温生理盐水稀释盲肠黏膜刮下物，制作悬滴标本，置显微镜下检查；或取肝、肾组织印片，经吉姆萨染色镜检。如果怀疑有组织滴虫病，应该将病料送实验室进行鉴别诊断以区别其他疾病如沙门氏菌病、球虫病等。

三、防制措施

1. 治疗

二甲硝咪唑，也可使用中药治疗。取白头翁 20 g，苦参 12 g，陈皮 10 g，黄连 10 g，白芍 15 g，乌梅 20 g，双花 12 g，甘草 15 g，郁金 15 g，煮水后加糖诱饮，供 100 只雏鸡 1 d 饮用，对中、大鸡可酌情加量，连用 3～5 d。

2. 预防措施

加强饲料的营养成分，定期消毒和给鸡驱虫。加强环境卫生和饲养管理；成年鸡与幼鸡分开饲养；定期驱除鸡体内的异刺线虫。

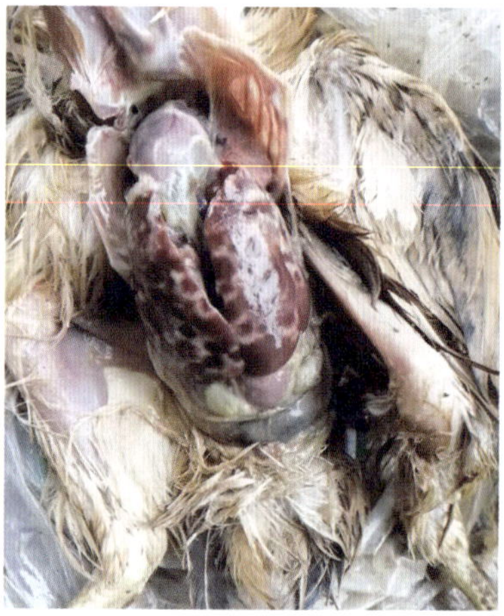

图 10-20　肝脏肿大，肝脏表面有硬币大小溃疡灶

任务四　鸡蛔虫病

鸡蛔虫病的病原体属禽蛔科禽蛔属的鸡蛔虫，寄生于鸡的小肠内，是一种常见寄生虫病，在地面大群饲养的情况下常感染严重，影响雏鸡的生长发育，甚至引起大批死亡，造成严重损失。

一、发病特点

1. 流行特点

鸡蛔虫病对 3～4 月龄以内的雏鸡易感，病情较重。12 月龄以上的鸡往往是带虫者。不同品种的鸡易感性有差异，肉鸡比蛋鸡抵抗力强；土种鸡比良种鸡抵抗力强。鸡饲料中缺乏维生素 A、B 族维生素时易遭受感染。感染性虫卵被蚯蚓食入后，鸡吃蚯蚓时可感染。虫卵对外界环境因素和常用消毒药抵抗力强，对高温和干燥敏感，特别是阳光直射、沸水处理情况下可使之迅速死亡。

2. 临床症状

雏鸡发病后表现为生长发育不良、精神委顿，行动迟缓，羽毛松乱，双翅下垂，鸡冠苍白，黏膜贫血，便秘、下痢相交替，有时有血便，严重时衰弱死亡。成年鸡多不表现症状，可影响产蛋鸡的产蛋量。

3. 剖检变化

幼虫破坏肠黏膜、肠绒毛和肠腺引起出血和发炎，并易继发感染，此时在肠壁上常见颗粒状化脓灶或结节。成虫寄生数量多时引起肠阻塞，甚至破裂(图 10-21、图 10-22)。

二、诊断

鸡生前粪检虫卵；死后剖检找虫体。

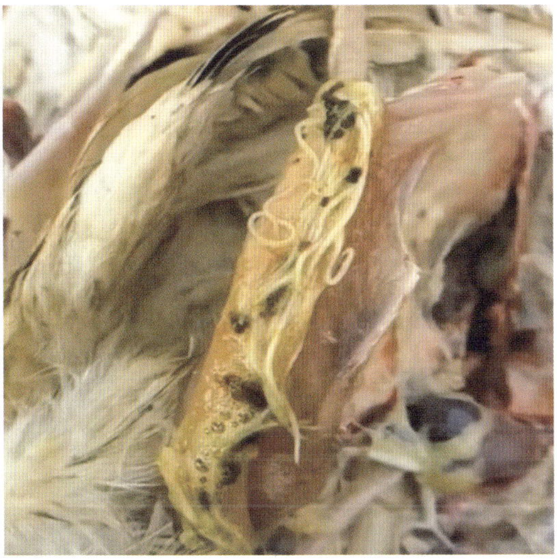

图 10-21 成虫寄生于肠道

图 10-22 鸡蛔虫虫体，寄生数量多时引起肠阻塞

三、防制措施

1. 治疗

可用左旋咪唑、丙硫咪唑、氟苯咪唑等药物驱虫。蛔虫病流行的鸡场每年进行 2～3 次定期驱虫。雏鸡 2 个月龄左右进行第 1 次驱虫，第 2 次在冬季进行。

2. 预防措施

雏鸡与育成鸡分开饲养，不共用运动场。加强饲养管理，饲料平衡全价，富含维生素 A 和 B 族维生素。搞好环境卫生，集中粪便生物热发酵处理；饲槽和饮水器应每隔 1～2 周消毒 1 次。

任务五 绦虫病

绦虫病是由多种绦虫引起的，以贫血、消瘦、拉稀、产蛋减少或停止为特征的肠道寄生虫病。

一、发病特点

1. 流行特点

寄生于鸡体内的绦虫种类繁多，常见的有赖利绦虫有棘沟赖利绦虫、四角赖利绦虫和有轮赖利绦虫等 3 种，它们均寄生在鸡的小肠，主要是十二指肠内。蚂蚁、金龟子或陆生的软体动物为中间宿主，孕卵节片随病鸡的粪便排出，虫卵在外界环境中，被中间宿主吞食后，六钩蚴在其体内发育成似囊尾蚴。当鸡吞食了带有似囊尾蚴的中间宿主后，幼虫在鸡体内经半个月左右，发育为成虫。因此绦虫病多发生于场地潮湿，卫生条件差，中间宿主多的鸡场。

散养鸡常年感染发病，笼养蛋鸡每年 6—11 月份感染发病多。各种年龄的鸡都可能感染，但雏鸡容易感染，而且 25～40 日龄的鸡感染后发病率和死亡率高，近年来蛋鸡发病较多。山鸡、火鸡、鸽、孔雀、鹌鹑等禽类也能够感染。

2. 临床症状

绦虫感染鸡群发病过程较慢，临床症状出现缓慢。主要引起鸡贫血、消瘦、下痢、产蛋鸡产蛋量减少，甚至停产。绦虫自身代谢的有毒物质会造成鸡神经症状。

绦虫寄生于肠道，头节吸附于肠道黏膜，对肠壁造成损伤，引起出血性肠炎，造成饲料颗粒无法充分吸收利用就排出体外，引起常见的红粪、过料。特征性粪便颜色呈红色或铁锈色，粪便上有白色"芝麻粒样"绦虫节片（图 10-23）。

3. 剖检变化

小肠黏膜肥厚，呈点状出血，可发现虫体。严重时，虫体阻塞肠道，可引起肠堵塞，造成肠破裂和腹膜炎，重者导致死亡。部分病例肠道生成灰黄色小结节，中央凹陷，其内可找到虫体或黄褐色干酪样栓塞物（图 10-24 至图 10-28）。

图 10-23　粪便中的鸡绦虫节片

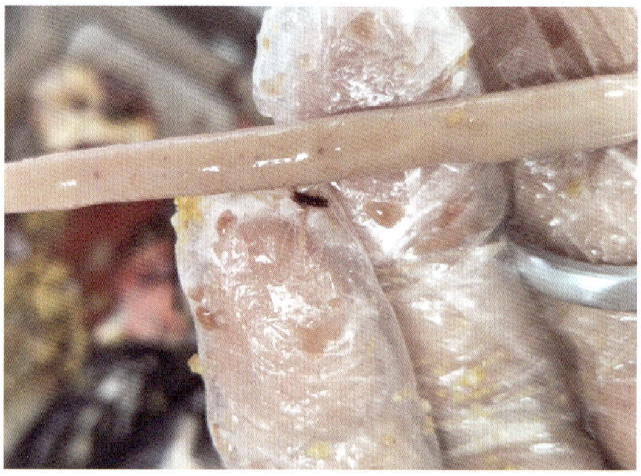

图 10-24　肠壁增厚，出血

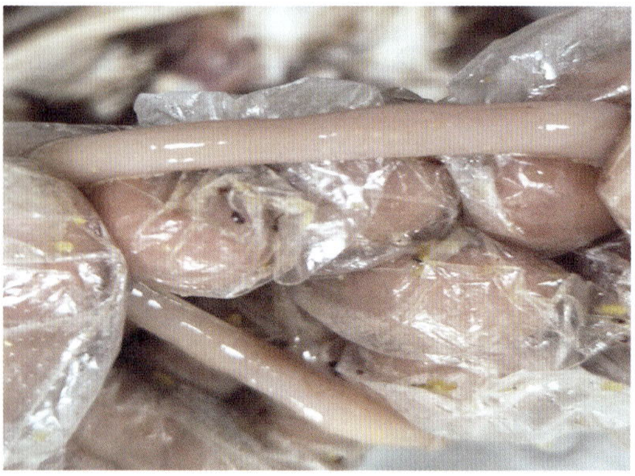

图 10-25　肠壁增厚，有白色结节

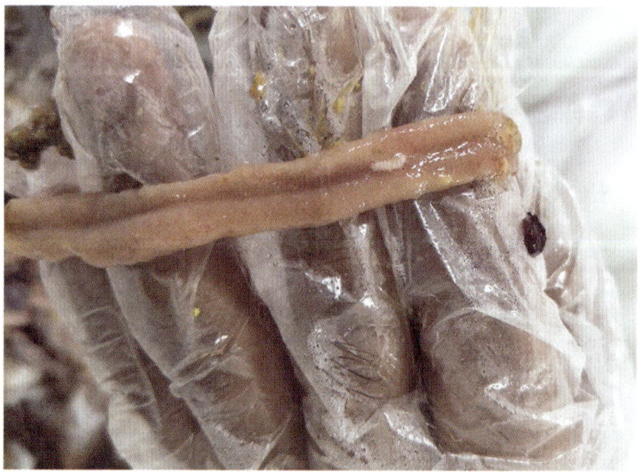

图 10-26　肠黏膜有白色结节，可见虫体

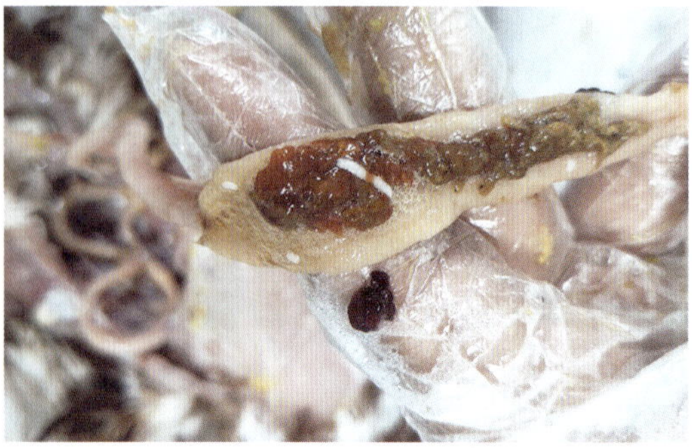

图 10-27　肠道中的鸡绦虫

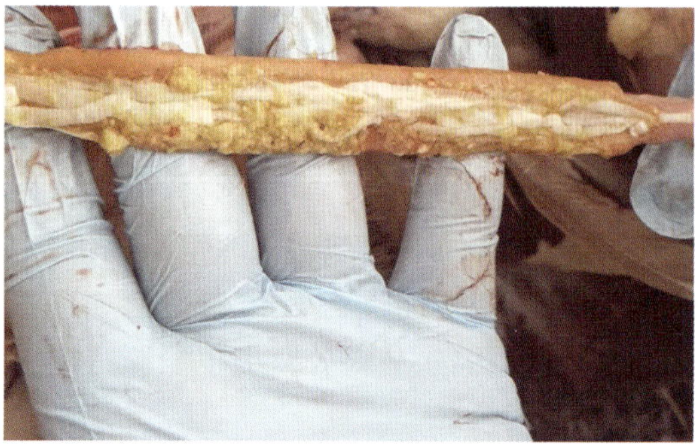

图 10-28　肠道中的鸡绦虫

二、诊断

常用尸体剖检法。剪开肠道，可发现白色带状的虫体或散在的节片；活禽通过粪检可找到白色小米粒样的孕卵节片。结合临床症状进行确诊。

三、防制措施

1. 治疗

当禽类发生绦虫病时，必须立即对全群进行驱虫。常用的驱虫药有以下几种。

(1)硫双二氯酚(别丁)　鸡每千克体重 150～200 mg，鸭每千克体重 200～300 mg，以 1∶30 的比例与饲料配合，一次投服。鸭对该药较为敏感。

(2)氯硝柳胺(灭绦灵)　鸡每千克体重 50～60 mg，鸭每千克体重 100～150 mg，一次投服。

(3)吡喹酮　鸡、鸭均按每千克体重 10～15 mg，一次投服，可驱除各种绦虫。

(4)丙硫苯咪唑　鸡、鸭均按每千克体重 10～20 mg，一次投服。

(5)氟苯哒唑　鸡按 3×10^{-5} 浓度混入饲料，对棘沟赖利绦虫有效，其驱虫率可达 92%。

2. 预防措施

(1)定期驱虫　60 日龄青年鸡和 120 日龄初产蛋鸡，各驱虫 1 次。成年产蛋鸡，7—8 月份、11—12 月份各预防驱虫 1 次。

(2)加强饲养管理　及时清除鸡粪，做发酵处理；做好防蝇灭虫工作；雏鸡与成年鸡应分开饲养。

任务六　前殖吸虫病

前殖吸虫病是由前殖科前殖属的多种吸虫寄生于鸡、鸭、鹅等禽鸟类的直肠、泄殖腔、腔上囊和输卵管内引起的寄生虫病，常导致母禽产蛋异常，甚至死亡。

一、发病特点

1. 流行特点

前殖吸虫的发育需要两个中间宿主，第一中间宿主是豆螺等淡水螺，第二中间宿主为各种蜻蜓的成虫或稚虫。成虫在寄生部位产卵，卵随粪便及泄殖腔的排泄物排出体外，虫卵遇水孵出毛蚴，毛蚴在螺体内发育为胞蚴和尾蚴，成熟的尾蚴游于水中，遇到蜻蜓从稚虫的肛孔进入体内，在肌肉中形成囊蚴。家禽由于啄食含有囊蚴的蜻蜓稚虫而感染。囊壁被家禽的消化液所溶解，童虫脱囊而出。经肠道下行，移行到泄殖腔，再转入输卵管或腔上囊，经 1～2 周发育为成虫。

前殖吸虫病多呈地方性流行，其流行季节与蜻蜓的出现季节相一致，多发生在春季和夏季。家禽感染多因到水池岸边放牧时，捕食蜻蜓而引起；同时，含虫卵的粪便落入水中，造成病原散播。

2. 临床症状

前殖吸虫病感染初期，患禽外观正常，但蛋壳粗糙或产薄壳蛋、软壳蛋、无壳蛋，或仅排蛋黄或少量蛋清，继而患禽食欲下降，消瘦，精神萎靡，或排乳白色石灰水样液体，有的腹部膨大，步态不稳，两腿叉开，肛门潮红、突出，泄殖腔周围沾满污物，严重者因输卵管破裂，导致泛发性腹膜炎而死亡（图 10-29）。

3. 剖检变化

前殖吸虫病导致输卵管发炎，黏膜充血、出血，极度增厚，后期输卵管壁变薄甚至破裂。腹腔内有大量浑浊的黄色渗出液或脓样物（图 10-30、图 10-31）。

图 10-29　蛋品质下降，破蛋增多

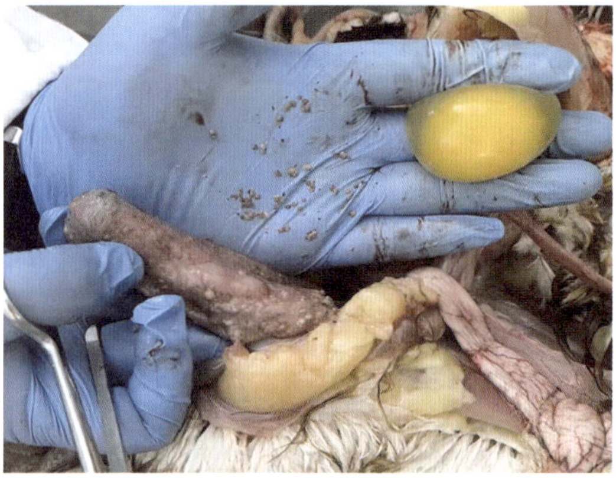

图 10-30　输卵管和泄殖腔内大量似芝麻粒虫体

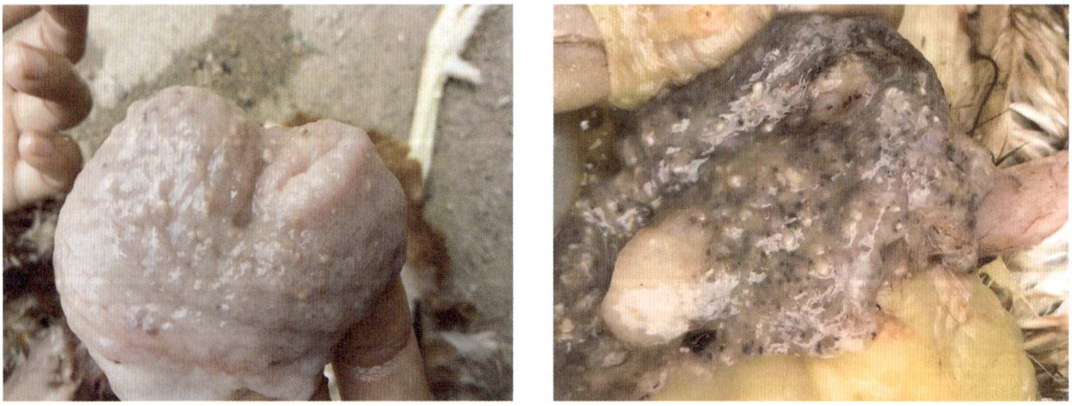

图 10-31　输卵管黏膜增厚，寄生大量虫体

二、诊断

产蛋量减少，并产畸形蛋时，可怀疑为本病。根据症状，结合查到粪便中虫卵，或剖检有输卵管病变并查到虫体可确诊。

三、防制措施

1. 治疗

(1)六氯乙烷　以每千克体重 0.2～0.3 g，混入饲料中喂给，1 次/d，连用 3 d。

(2)丙硫苯咪唑（抗蠕敏）　每千克体重 80～100 mg，一次内服。

(3)吡喹酮　每千克体重 30～50 mg，一次内服。

2. 预防措施

勤清除粪便，堆积发酵，杀灭虫卵，避免活虫卵进入水中；圈养家禽，防止吃入蜻蜓及其幼虫；及时治疗病禽，每年春秋两季有计划地进行预防性驱虫。

任务七 鸡羽虱

鸡羽虱是鸡的一种常见的外寄生虫，患鸡表现羽毛断落，皮肤损伤，发痒，消瘦贫血，生长发育受阻，产蛋鸡产蛋下降，并可降低对其他疾病的抵抗力。

一、发病特点

1. 流行特点

鸡羽虱病在秋冬季节多发，密集饲养时易发。虱主要通过直接接触传播，此外还可通过各种用具、褥草、饲养人员等间接传播。

2. 临床症状

羽虱寄生于禽类体表，以羽毛、绒毛及表皮鳞屑为食，使禽类发生奇痒和不安，因啄痒而伤及皮肉，羽毛脱落，掉毛处皮肤可见红疹、起皮屑。常引起食欲不佳、消瘦和生产力降低。有时还可见皮肤上形成痂皮、出血、寝食难安，甚至引起贫血，消瘦，生长发育停止，产蛋下降，啄羽啄肛等(图 10-32、图 10-33)。

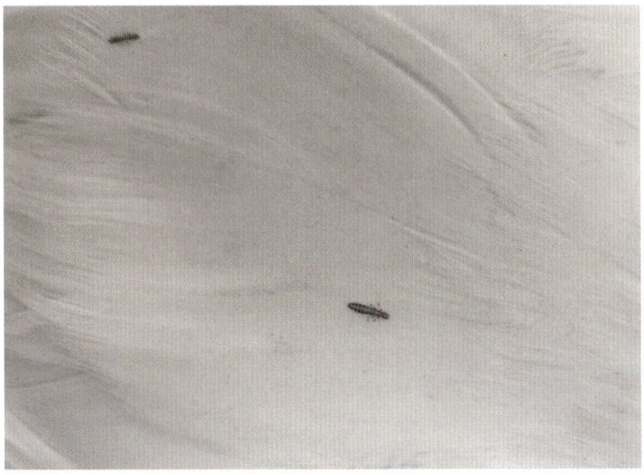

图 10-32 鸡体上的羽虱

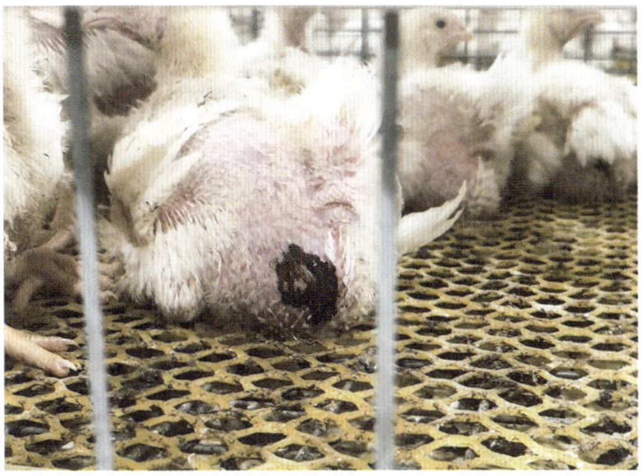

图 10-33 啄羽啄肛，羽毛脱落

二、诊断

根据鸡群奇痒不安的表现对鸡群进行检查，发现鸡体皮肤羽毛基部寄生大量羽虱，剖检未见病理变化，可确诊为鸡羽虱感染。

三、防制措施

1. 治疗

(1)阿维菌素按每千克体重有效成分 0.3 mg 拌食。

(2)阿维菌素 1%粉剂 10 g，拌入 20～30 kg 沙中，任鸡自行沙浴。

(3)10%二氯苯醚菊酯，加 5 000 倍水，用喷雾器对鸡逆毛喷雾，全身都必须喷到，然后遍喷鸡舍。

2. 预防措施

鸡舍内卫生死角彻底打扫，清除出陈旧干粪、垃圾杂物，其余用杀虫药液充分喷淋，堆到远处。鸡舍要保持清洁卫生，开展经常性消毒工作，杀虫灭虱是提高鸡生产性能、增加养殖效益重要措施之一，鸡群定期用药物喷洒消毒，每 2 个月进行 1 次。

职业测试题

一、单选题

1. 鸡球虫病是由艾美耳球虫寄生于鸡(　　)引起的疾病。
A. 肌肉组织　B. 肠上皮细胞　C. 纤维组织　D. 皮下
2. 毒害艾美耳球虫常危害(　　)的鸡。
A. 6～9 周龄　B. 20 周龄以上　C. 3～6 周龄　D. 8～18 周龄
3. 柔嫩艾美耳球虫寄生于(　　)。
A. 小肠后半段　B. 小肠中段 1/3　C. 小肠　D. 盲肠
4. 毒害艾美耳球虫侵害(　　)。
A. 小肠后半段　B. 小肠中段 1/3　C. 小肠　D. 盲肠
5. 球虫病一般暴发于(　　)的雏鸡。
A. 6～9 周龄　B. 20 周龄以上　C. 3～6 周龄　D. 8～18 周龄
6. 巨型艾美耳球虫寄生于小肠的(　　)。
A. 中段　B. 中段 1/3　C. 前段　D. 后段
7. 堆型艾美耳球虫寄生于十二指肠及小肠(　　)。
A. 中段　B. 中段 1/3　C. 前段　D. 后段
8. 致病力最强的鸡球虫病是(　　)。
A. 堆型艾美耳球虫　B. 和缓艾美耳球虫
C. 巨型艾美耳球虫　D. 柔嫩艾美耳球虫
9. 鸡球虫常用的检查方法是(　　)。
A. 大体显微镜观察　B. 离心沉淀法
C. 饱和盐水漂浮法　D. 毛蚴孵化法
10. 沙氏住白细胞虫的传播媒介是(　　)。
A. 蠓　B. 蚋　C. 蜱虫　D. 蚊子
11. 下列可以治疗组织滴虫的药物是(　　)。
A. 丙硫苯咪唑　B. 甲硝唑　C. 阿苯达唑　D. 硫氯酚
12. 前殖吸虫病的流行与(　　)有关。
A. 青蛙　B. 蜻蜓　C. 蜱虫　D. 跳蚤
13. 鸡蛔虫对(　　)的雏鸡易感，病情较重。
A. 9 月龄以内　B. 8 月龄以上　C. 3～4 月龄　D. 2～3 月龄
14. 虱为(　　)发育。
A. 胎生　B. 间接型发育　C. 不完全变态　D. 完全变态

15. 鸡羽虱是鸡的一种常见的外寄生虫，在(　　)季节尤其严重。

A. 初夏　　B. 夏秋　　C. 秋冬　　D. 晚春

二、判断题

1. 鸡球虫具有宿主特异性和寄生部位特异性。(　　)

2. 球虫病一般暴发于 3～6 周龄的雏鸡，2 周龄以内的雏鸡很少发病。(　　)

3. 球虫卵囊对恶劣的外界环境条件和消毒剂具有很强的抵抗力。(　　)

4. 裂殖体在肠上皮细胞大量增殖时，破坏肠壁黏膜，引起肠炎。(　　)

5. 柔嫩艾美耳球虫引起的球虫病，开始粪便为咖啡色，后期为血粪。(　　)

6. 药物治疗，应不晚于感染后 96 h 给药，否则会有较高的死亡率。(　　)

7. 鸡球虫在北方 4—9 月份为流行季节，以 7—8 月份最为严重。(　　)

8. 鸡球虫的发育过程需要中间宿主。(　　)

9. 鸡球虫的繁殖力很强，在 22～28 ℃，18～36 h 就可形成子孢子。(　　)

10. 在我国，寄生于鸡体的白细胞虫主要有卡氏住白细胞虫和沙氏住白细胞虫。(　　)

11. 蚯蚓是异刺线虫和组织滴虫贮藏宿主。(　　)

12. 硫氯酚不能治疗鸡绦虫病。(　　)

13. 羽虱主要以羽毛、皮屑和皮肤分泌物为食，因此患鸡表现羽毛断落，皮肤损伤，发痒，消瘦贫血，生长发育受阻，产蛋鸡产蛋下降，并可降低对其他疾病的抵抗力。(　　)

14. 鸡组织滴虫病又称黑头瘟，黑头病。(　　)

15. 卡氏住白细胞虫成熟配子体为长形，所寄生细胞呈纺锤形，胞核被挤压至一侧，宿主细胞两伸张似牛角状。(　　)

三、多选题

1. 治疗鸡球虫病的药物可以用(　　)。

A. 磺胺二甲氧嘧啶　　B. 百球清　　C. 拉沙菌素　　D. 马杜霉素

2. 下列属于鸡球虫种属的是(　　)。

A. 堆型艾美耳球虫　　B. 和缓艾美耳球虫

C. 巨型艾美耳球虫　　D. 柔嫩艾美耳球虫

3. 鸡组织滴虫病虫体在(　　)和(　　)寄生。

A. 肝脏　　B. 盲肠　　C. 心脏　　D. 腺胃

4. 驱除鸡蛔虫的药物可以有(　　)。

A. 左旋咪唑　　B. 丙硫咪唑　　C. 氟苯咪唑　　D. 甲硝唑

5. 驱除鸡绦虫的药物可以有(　　)。

A. 吡喹酮　　B. 氯硝柳胺　　C. 氟苯咪唑　　D. 硫氯酚

四、案例分析题

1. 2021 年 8 月，某黄羽肉鸡养殖场饲养 80 d 出栏黄羽肉鸡，发现鸡只饲料摄入量明显降低，消瘦、脱毛、啄毛严重，鸡的背部和脖颈羽毛下部发现大量虫体、虫卵以及分泌物。虫体 1 mm 左右，显微镜下观察，有短宽的也有细长的，头部比胸部宽，咀嚼式口器，触角由 3～5 节组成。结合所学内容分析病鸡可能患有何种疾病？如何预防该病？

2. 2015 年 07 月 20 日，某家养 50 只蛋鸡，鸡群出现产无壳蛋和软壳蛋的现象。整个鸡群为初产的小母鸡。鸡只表现食欲减退、精神沉郁、消瘦、羽毛粗乱、腹围增大、步态失常，体温升高，泄殖腔突出，肛门边缘潮红，腹部及肛门周围羽毛脱落，有2只已经死亡。将2只死鸡解剖，发现输卵管发炎、黏膜增厚、充血、出血、腹膜发炎，输卵管和泄殖腔内发现大量虫体，虫体似芝麻粒大，密密麻麻镶嵌在子宫部黏膜内不易剥落，形如玉米胚乳。鸡是放到山上自行采食、且发现养殖户用蜻蜓喂食母鸡。同时蛋鸡到山上采食时，也发现母鸡吃到了一些蜻蜓。结合所学内容综合分析病鸡可能患有何种疾病？查阅资料，请你给出治疗方案？

3.4月龄的产蛋鸡860只，6月11日开始出现瘫痪鸡，起初认为是料中营养缺乏，便在料中加浓缩鱼肝油AD_3和乳酸钙。但半月过后还出现瘫痪鸡，产蛋量下降7%。病鸡精神委顿，羽毛蓬乱，鸡冠苍白，消瘦，下痢，有时拉血便。严重者食欲不振，两腿瘫痪不能站立，最后衰竭而死。新鲜粪便可见多少不等的白色、小米粒大、长方形的绦虫节片。剖检可见肠黏膜出血，肠腔内有多量恶臭黏液，有的还可见肠黏膜上有中央凹陷的小结节，肠内容物中可见到绦虫节片及左右对称的带状绦虫虫体。结合所学内容综合分析病鸡可能患有何种疾病？

4.养鸡专业户王某所饲养的160日龄蛋鸡发现有个别死亡。就诊时，大群鸡精神正常，无明显临床症状，只有个别病鸡表现腹泻，有粉红色、似番茄酱样粪便，产蛋量减少。个别病鸡腿软，蹒跚、瘫痪，双翅下垂。病程长也能导致严重的死亡。剖检可见死亡鸡消瘦，泄殖孔周围羽毛被排泄物污染，病变主要在小肠。病变在小肠前段时，主要表现肠黏膜出现大量淡白色斑点。病变在小肠中、后段时，肠管肿胀，肠壁增厚，肠壁上出现大头针头样大小的淡白色斑点和小出血点，肠黏膜脱落，形成管形，严重的从肠浆膜面就可看见有出血及坏死点，肠内容物腐臭，肠黏膜呈淡灰色、淡褐色或淡粉红色。结合所学分析病鸡可能患有何种疾病？

5.某鸡场，总存栏4.5万只蛋鸡，发病鸡群1.5万羽，210日龄。产蛋率92%，3 d前出现零星死亡，每天死亡7～8只，其间以为高温引起的中暑死亡，没有得到重视。剖检可见病鸡鸡冠，有明显的蚊虫叮咬留下的痕迹。病死鸡，天然孔出血，口腔内有明显血迹，心脏有虫卵结节。十二指肠以及胰腺均有虫卵结节和肠系膜虫卵结节，肝脏剖解，血液凝固不良。肠系膜大量虫卵结节，整个腹腔充灰白色或褐色虫卵结节。请结合所学内容分析鸡群最有可能患有何种疾病？分析发病原因。如何预防此类疾病发生？

6.某养殖户养殖1 000只麻鸡，地面散养，3月龄，死亡5只。发病初期精神沉郁，食欲减退，不爱运动，羽毛松乱，两翅下垂，下痢，粪便呈淡黄色至深黄色，有时带血，逐渐消瘦。冠尖明显皱缩，无光泽，严重的呈灼焦状，未及时治疗，7 d左右死亡。剖检病死鸡可见肝脏表面出现数量较多的圆形、中央凹陷、周围隆起、似火山口样的溃疡病灶，盲肠一侧或两侧肿大变粗、呈腊肠状出血，剖开肠管，肠腔内有干酪样物堵塞，未见其他脏器病变。查阅资料，分析病鸡可能患有何种疾病？给出治疗方案。结合所学分析该病可能是什么？

7.2015年5月，某养殖户饲养柴鸡500余只，出现鸡群整体消瘦、个别极度消瘦，羽毛蓬乱，贫血，并有零星死亡现象。经调查，没有进行过防疫和驱虫，自己配料，营养搭配不合理，直接投放地面，让鸡自由采食，没有进行定期消毒。对2只鸡进行剖检观察，各内脏基本正常，肝脏颜色较浅，小肠肠壁增厚，肠管增粗明显，并且粗细不均。剖开肠管发现无数白色虫体，多不可计，长短不一。结合所学内容综合分析病鸡可能患有何种疾病？给出治疗方案？

二维码10-1　常见寄生虫病防制职业测试题参考答案

模块四

家禽普通病防制

项目十一　营养代谢病防制

【思政与职业素养目标】

营养代谢病并没有传染性，目前禽类集约化的养殖模式，使营养代谢病具有群发性。在教学过程中，注重培养学生具有良好的职业精神、工匠精神和劳动精神，具备从事本专业安全生产、公共卫生和环境保护的意识。

【知识与能力目标】

1. 掌握营养代谢病的病因、临床症状、剖检变化及预防措施。
2. 学会进行营养代谢病的鉴别诊断和治疗。

任务一　维生素缺乏症

一、维生素 A 缺乏症

本病是由于饲料中维生素 A 及胡萝卜素缺乏所引起的，以生长发育受阻，视觉障碍和皮肤黏膜损伤为特征的疾病。多发生于冬春季节，以幼禽多见。

(一)发病特点

1. 病因

饲料中维生素 A 或胡萝卜素不足，饲料调制、加工、贮藏不当，可使胡萝卜素的含量降低和维生素 A 活性下降。母源性维生素 A 缺乏，种禽维生素 A 缺乏是雏禽先天性维生素 A 缺乏的主要原因。雏禽的快速发育、产蛋高峰期及疾病过程中维生素 A 的需求量增大。长期多病，特别是患肝脏、肠道疾病时，也会发生维生素 A 不足或缺乏症。

2. 临床症状

幼禽缺乏维生素 A，经 6～7 周可出现症状。病初，雏禽精神不振，羽毛蓬乱，生长停滞，流眼泪，眼睑内积聚黄白色干酪样物，喙和小腿皮肤黄色消退。继而出现神经过敏和共济失调，常歪头。捕捉等刺激常引起间歇性神经症状发作，头扭转，转圈运动，同时做后退运动和惊叫。

成年禽维生素 A 缺乏多见于产蛋期，呈慢性经过。病禽逐渐消瘦，体弱，羽毛蓬乱，步态不稳，产蛋量明显下降，孵化率也低。眼内蓄积乳白色干酪样分泌物，角膜软化或溃疡，上下眼睑常被黏着，外观似乎失明。舌背、舌系带、硬腭、喉头和食道前端有米粒大小干酪样疱状结节，剥离后黏膜完整而无出血和溃疡。鼻孔常流出黏稠鼻液，以致堵塞鼻道而引起呼吸困难。由于黏膜腺管鳞状化而发生脓痘性咽炎和食管炎。

3. 剖检变化

主要变化是眼、消化道、呼吸道、泌尿生殖器官等上皮组织角化、脱落、坏死。雏禽鼻窦、喉头、气管前端有多量黏液性分泌物和少量干酪样物，食道上端至嗉囊口均有散在的粟粒大白色脓疱。在肝表面、心外膜、心包、肾外膜、肾盂和输尿管均有明显的白色尿酸盐沉积。

（二）诊断

根据家禽眼流浆液性或脓性分泌物，角膜软化，共济失调和麻痹等临床表现；血浆中维生素 A 含量低于 0.18 μg/L；维生素 A 治疗有效等，可建立诊断。

（三）防制措施

1. 预防

平时要注意饲料的配合和维生素 A 与胡萝卜素的含量；饲料要防止霉变、久贮；及时治疗家禽的胃肠疾病；应激状态下适当提高日粮中维生素 A 含量。

2. 治疗

消除病因，对于禽大群发病，可按每千克饲料 2 000～5 000 IU 的量添加维生素 A，重者以每千克体重 1 200 IU 的治疗量皮下注射维生素 A。

二、维生素 B_1 缺乏症

维生素 B_1 又称硫胺素、抗神经炎维生素，参与鸡体碳水化合物的代谢，其缺乏会导致神经组织的病变和碳水化合物代谢障碍，是以多发性神经炎为典型症状的营养缺乏性疾病。

（一）发病特点

1. 病因

（1）饲料中硫胺素含量不足　饲料的加工不当或贮藏时间太长，饲料发霉等造成维生素 B_1 分解损失。

（2）拮抗作用　饲料中含有抗球虫病、抗生素等对维生素 B_1 有拮抗作用的物质，如氨丙啉、磺胺类药物。蕨类植物含有抗硫胺素因子，可使硫胺素变构而降低生物活性。

（3）吸收利用障碍　胃肠道出现疾病时，导致消化吸收障碍，也会引起维生素 B_1 的缺乏。

（4）硫胺素酶影响　生鲜鱼或品质差的鱼粉中含有很高的硫胺素酶，会引起维生素 B_1 的破坏。

2. 临床症状

雏鸡对维生素 B_1 缺乏非常敏感，缺乏约 1 周即可发病，表现为厌食、消瘦，生长发育不良，羽毛蓬乱无光泽，两腿无力，步态不稳，有的病鸡出现下痢。逐渐出现多发性神经炎的症状，病鸡的腿、翅、颈的伸肌痉挛，以尾部着地，坐于地上或倒地侧卧，头向后极度扭曲，呈特殊的“观星”姿势或角弓反张状。

成年鸡发病缓慢，多在缺乏 3 周后才出现症状。病初食欲减退，羽毛松乱，腿软无力，鸡冠呈蓝紫色，以后逐渐出现神经症状，脚趾的屈肌、腿、翅和颈部的伸肌逐渐麻痹，有的病鸡有贫血和腹泻症状。

3. 剖检变化

可见皮肤广泛水肿；肾上腺肥大，母鸡比公鸡明显；生殖器官萎缩，睾丸比卵巢的萎缩更明显；心脏轻度萎缩，右心扩张；胃和肠壁严重萎缩，十二指肠溃疡。

（二）诊断

根据本病的特殊临床症状（“观星”姿势）、饲料分析结果进行综合分析，即可确诊。

（三）防制措施

1. 预防

主要是饲料配合要全价，避免减少含维生素 B_1 丰富的糠麸类饲料；妥善贮藏饲料，防止霉变；避免对饲料进行不适当的加工调制；对影响维生素 B_1 摄入、吸收的疾病要积极治疗；饲料中添加破坏或与硫胺素拮抗的物质时，要适当增加糠麸类饲料的比例，或添加人工合成的维生素 B_1 粉。

2. 治疗

可用硫胺素，每千克饲料加 10～20 mg，连用 1～2 周。重病鸡可采用口服或肌内注射的方法，每只鸡 5～10 mg，1～2 次/d，连用 3 d，经过治疗多数可康复。

三、维生素 B_2 缺乏症

维生素 B_2 也称为核黄素，是鸡体内用于生物氧化还原反应的多种酶的主要物质，并与碳水化合物、脂肪、蛋白质以及核酸的代谢都紧密相关，在很大程度上影响机体生长发育和繁殖功能。患维生素 B_2 缺乏症的幼禽趾爪向内蜷曲，两腿瘫痪，快速生长的雏鸡和肉鸡最易发病。

（一）发病特点

1. 病因

很多原因都可引起维生素 B_2 缺乏症，如饲料因素、药物因素等，都能够引起发病。

（1）饲料中补充维生素 B_2 不足　禾谷类饲料中核黄素特别缺乏，又易被紫外线破坏，饲料加工不合理，发生霉变、遇碱性物质、遇热以及直射阳光、过于潮湿等，都能够导致维生素 B_2 流失，从而引起发病。

（2）药物拮抗作用　鸡群长时间使用大量的抗生素，如抗球虫药物，导致体内微生物区系的平衡状态被打破，明显影响机体消化、吸收维生素 B_2，从而出现发病。另外，氯丙嗪也会影响机体吸收和利用维生素 B_2，从而容易出现发病。

（3）疾病因素　当鸡患有胃肠道疾病时，会影响机体转化和吸收维生素 B_2。如鸡发生重度贫血和慢性腹泻，都可继发引起维生素 B_2 缺乏症。

（4）其他因素　鸡处于低温环境中，会促使其所需的维生素 B_2 量增多；给鸡群供给高脂肪、低蛋白的日粮，也会促使机体需要更多的维生素 B_2。

2. 临床症状

雏鸡饲喂维生素 B_2 含量不足的日粮后，通常在 1～2 周龄出现腹泻，生长发育迟缓，机体日渐消瘦衰弱，趾爪呈“握拳状”向内蜷曲，并发生麻痹，两肢瘫痪，以飞节着地，行走困难，皮肤粗糙，腿部肌肉松弛或者萎缩，眼睛发生角膜炎和结膜炎。

成年鸡发病后，产蛋量明显降低，蛋白变得稀薄，种蛋孵化率下降，入孵 12～14 d 后大量胚胎死亡，有时也能孵出雏禽，但多数带有先天性麻痹症状，体小浮肿。

3. 剖检变化

坐骨神经和臂神经显著肿大和变软，严重者比正常粗大 4～5 倍；胃肠道黏膜萎缩，肠道变薄，肠道中有多量泡沫状内容物；心冠脂肪消失，肝肿大，呈紫红色。

（二）诊断

根据本病的特殊临床症状（趾爪“握拳状”姿势、坐骨神经增粗）、饲料分析结果进行综合分析，即可确诊。

（三）防制措施

1. 预防

饲料中添加蚕蛹粉、酵母和青绿饲料等富含维生素 B_2 的原料。雏鸡一开食应饲喂标准配合日粮，或在每千克饲料中添加 2～3 mg 维生素 B_2，可预防本病；妥善保管饲料，在运输途中避免日晒、风吹、雨淋，配制饲料时也要防止日光照射。

2. 治疗

对症状较轻的病鸡，在每千克饲料中添加 4 mg 维生素 B_2，连喂 7～15 d，可收到较好的治疗效果。造成坐骨神经炎的病鸡，在每千克饲料中添加 10～20 mg 维生素 B_2，或肌内注射 0.5～0.8 mL/只，连续使用 3～5 d。对于卧地不起、腿部肌肉萎缩的病鸡，通常不易治愈，在用药治疗 1 个疗程后，如果症状没有缓解，最好采取淘汰处理。

四、维生素 D 缺乏症

本病是由于饲料中维生素 D 供应不足、光照不足或消化吸收障碍等，使家禽的钙、磷吸收和代谢障碍，发生以骨骼、喙和蛋壳形成受阻为特征的疾病。

（一）发病特点

1. 病因

（1）家禽饲料中维生素 D 缺乏。

（2）日光照射不足。维生素 D 种类很多，其中以维生素 D_2（麦角钙化醇）和 D_3（胆钙化醇）较为重要，在动物皮肤表面及食物中含有维生素 D 原经紫外线照射转变为维生素 D。如动物表皮内的 7-脱氢胆固醇（又称维生素 D_3 原），植物内的麦角固醇（又称维生素 D_2 原），都可经日光或紫外线照射分别转变为维生素 D_3 和维生素 D_2。对家禽有作用的仅是维生素 D_3。维生素 D_3 在植物性饲料中含量很少，在动物中以鱼肝油含量最丰富，其次为牛奶、动物肝脏及蛋黄中较多。

（3）消化吸收功能障碍等因素影响维生素 D 的吸收。凡患有消化吸收功能障碍时会严重地影响维生素 D 的吸收，也能造成维生素 D 缺乏症。

（4）患有肾、肝疾病。患肝、肾疾病时，维生素 D_3 羟化作用受到影响而易发病。

2. 临床症状

雏禽大多在 3～4 周龄后出现症状。雏禽生长缓慢，行走困难、跛行、步态不稳、左右摇摆，常以跗关节蹲伏，故有“佝偻病”或“软骨病”之称。嘴(喙)变形，指压即弯，故又称“橡皮嘴”。产蛋母鸡产蛋率下降，蛋壳薄或产软壳蛋，腿软不能站立，呈“企鹅型”蹲伏姿势，嘴、爪、龙骨、胸骨变软弯曲。

3. 剖检变化

雏禽骨骼柔软肿大，特殊性变化是肋骨与脊椎、肋骨与肋软骨连接处明显肿大，呈白色突起的串珠状结节，长骨骨骺肿大，钙化不良；产蛋禽骨软易碎，长骨弯曲，自发性骨折，肋骨的内侧表面有小球状突起。

(二)诊断

可根据饲料中维生素D原不足及光照时间短、临床上出现佝偻病或软骨症状、蛋鸡产蛋情况确定诊断。结合实验室化验，血磷、血钙降低及碱性磷酸酶活性升高也可做出诊断。

(三)防制措施

1. 预防

保证饲料中维生素 D_3 含量。雏禽每千克饲料中应含220 IU维生素 D_3，产蛋鸡每千克饲料中应含520 IU。

2. 治疗

可在饲料中添加鱼肝油，浓度按每千克饲料10～20 mL，同时在饲料中适当多添加一些多种维生素，连用10～20 d；也可用维生素 D_3 注射液，每次按每千克体重10 000 IU，肌内注射；重病瘫痪鸡，可肌内注射维丁胶性钙，1次/d，每只1 mL，连用3 d。

五、维生素E-硒缺乏症

本病是因饲料中维生素E和微量元素硒缺乏而使机体抗氧化功能障碍，从而导致骨骼肌、心肌、肝脏、血液、脑、胰腺的病变和生长发育、繁殖等功能障碍的综合征。临床上以脑软化症、渗出性素质、白肌病和成年禽繁殖障碍为特征的营养缺乏性疾病。

(一)发病特点

1. 病因

维生素E-硒缺乏症的发生很大程度上与饲料有关。

(1)饲料中缺乏富含维生素E的成分。

(2)饲料加工、贮存过程中维生素E被氧化酶破坏。

(3)饲料中不饱和脂肪酸过多，其酸败时产生的过氧化物使维生素E氧化。

(4)疾病因素　球虫病、肠道疾病及其他慢性病，可使维生素E的吸收利用率降低。

(5)需要量增加　饲料中硒不足，则对维生素E的需要量增加。

2. 临床症状和剖检变化

雏鸡维生素E-硒缺乏时主要表现脑软化症、渗出性素质、白肌病3种类型。成年鸡主要表现为繁殖障碍。

(1)脑软化症　一般在15～30日龄雏鸡多发。病雏共济失调、站立不稳、行走摇摆、喜后坐于胫关节上，倒地后头向后仰或向下弯曲，双腿痉挛。病理剖检呈现脑膜水肿，小脑肿胀柔软，表面有小出血点，可见到黄绿色浑浊样坏死区。

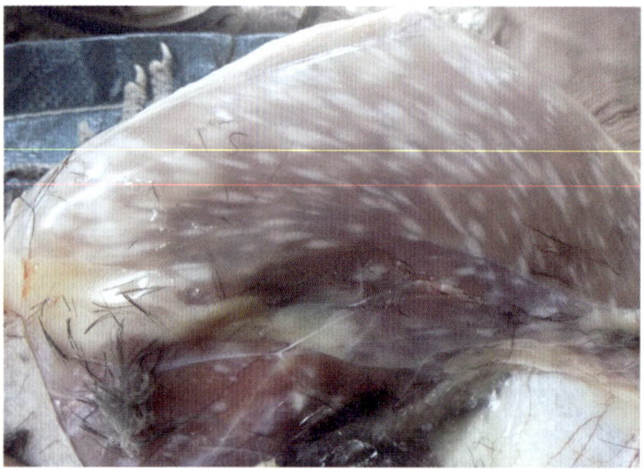

图 11-1 胸部肌肉有灰白色条纹，失去光泽和弹性

(2)渗出性素质　一般在1月龄内雏鸡多发。患鸡皮下水肿，胸腹部皮下蓄积大量紫蓝色液体。病理剖检，病鸡胸部、腿部肌肉及肠壁有轻度出血。

(3)白肌病(肌营养不良)　常发生于2～3周龄的幼鸭。患鸭全身衰弱，肌肉萎缩，运动失调，不能站立，常引起大批死亡。病理剖检，胸肌和腿部肌肉中出现灰白色条纹，肌肉色泽苍白、贫血，故有“白肌病”之称(图11-1)。

(4)繁殖障碍　成年母鸡表现产蛋率降低，种蛋受精率、孵化率明显下降，死胚、弱雏明显增多；公鸡精子形成不全，繁殖力下降，受精率低。病理剖检可见胰腺萎缩变窄。

(二)诊断

根据发病史、临床典型症状和饲料分析结果进行综合分析。

(三)防制措施

1. 预防

饲料中添加足量的维生素E和微量元素硒，鸡日粮中应含有维生素E的量为10～15 IU/kg；饲料中添加抗氧化剂，防止饲料贮藏时间过长，或受到无机盐、不饱和脂肪酸所氧化及拮抗物质的破坏。饲料中硒含量应为0.25 mg/kg。

2. 治疗

脑软化症可用维生素E油或胶囊治疗，每只禽一次喂250～350 IU，饮水中供给速溶多维；渗出性素质病禽可同时补硒，每只禽肌内注射0.1%亚硒酸钙生理盐水0.05 mL，或每千克饲料中添加0.05 mg硒添加剂；白肌病时，每千克饲料中再加入亚硒酸钠0.2 mg，蛋氨酸2～3 g可收到良好疗效，也可使用亚硒酸钠维生素E粉。

任务二　钙磷缺乏症

日粮中钙磷的含量不足或比例不当，饲料中缺乏维生素D含量，都会影响钙磷的吸收和利用，从而引起钙磷缺乏症。雏鸡发生佝偻病，蛋鸡则发生软骨症，又称笼养蛋鸡疲劳症。

一、发病特点

1. 病因

(1)饲料中钙磷含量不足。家禽饲料中钙磷含量不能满足机体的需要，生长发育阶段和产蛋期的家禽对钙磷需要量较大，容易产生钙磷缺乏症。

(2)钙磷比例不合理，抑制钙磷的吸收，导致钙、磷缺乏症发生，肠道吸收钙磷最佳的比例是雏禽饲料中钙磷比为2∶1，产蛋禽饲料为4∶1。

(3)饲料中缺乏充足的维生素D，影响肠道正常充分吸收钙磷，从而引起钙磷缺乏症。

2. 临床症状

雏禽发生佝偻病，瘫痪，软骨增加，不能钙化。多发生于6周龄以下的雏禽，雏鸡生长停滞，骨骼发育不良，腿部骨骼变软而易弯曲，严重缺乏时，两腿变形外展，站立不稳，喜卧，重病者瘫痪。胸廓变形，龙骨弯曲。喙变软，呈橡皮样，易弯曲。与维生素D缺乏症相似。

产蛋母鸡产蛋量下降，产薄壳蛋、软壳或无壳蛋，严重缺乏时则停止产蛋，同时骨骼变薄，易发生自发性骨折，种蛋孵化率降低。

笼养蛋鸡在产蛋高峰期，如果日粮中缺乏钙磷或其比例失调，满足不了蛋壳形成需要的大量钙，则动用自身骨骼中的钙和磷，导致骨质疏松，出现笼养蛋鸡疲劳症。病鸡脚软无力，站立困难，负重时呈弓形或以飞节和尾部支撑身体，发生跛行，骨质变薄脆弱，易骨折，脊椎变形，肋骨凹陷，胸软骨呈S状弯曲(图11-2)。

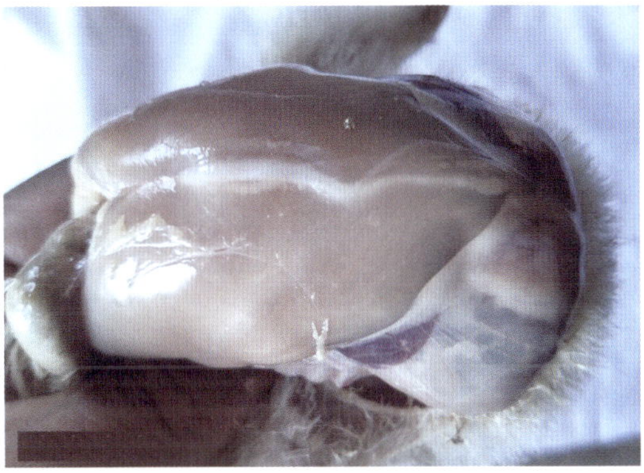

图 11-2 发病后期胸软骨呈"S"状弯曲变形

3. 剖检变化

雏禽骨骼软化，似橡皮样，长骨末端增大，骺的生长盘变宽和畸形或变薄；胸骨变形呈S弯曲，与脊柱连接处的肋骨呈明显球状隆起，肋骨增厚弯曲，致使胸廓两侧变扁。瘫痪或死亡的产蛋禽肛门外翻，淤血，骨骼可见腿骨、翼骨和胸骨变形；在胸骨和椎骨结合部位，肋骨向内弯曲；许多病禽卵巢退化、淤血和脱水。

二、诊断

根据发病日龄、症状和病理变化可确诊。分析饲料成分，计算饲料中的钙磷和维生素D_3的含量发现其缺乏或不平衡，能证实本病的存在。

三、防制措施

1. 预防

首先要保证家禽饲料中钙磷的供给量，一般在日粮中补充骨粉、贝壳粉、鱼粉预防本病较好。其次要调整好钙磷的比例，舍饲笼养家禽，使之得到足够的日光照射。

2. 治疗

若日粮中钙多磷少，则在补钙的同时重点补充磷酸氢钙、过磷酸钙等。若钙少磷多，则主要补钙。另外，对病禽加喂鱼肝油或补充维生素D_3。

任务三 痛风症

痛风症又称尿酸素质、尿酸盐沉积症和结晶症，是由于体内蛋白质代谢障碍和肾脏受到病害，引起尿酸盐沉积过多或排泄过少，在体内形成结晶并蓄积的一种代谢性疾病。临床上以关节肿大、运动障碍、高尿酸血症为特征。尤以高蛋白质饲料饲喂的肉仔鸡更易发生。

一、发病特点

1.病因

(1)蛋白质过量。饲喂过量富含核蛋白和嘌呤碱的蛋白质饲料，如动物内脏(肝、脑、肾、胸腺、胰腺)、肉屑、鱼粉、大豆、豌豆等。

(2)饲料含钙或镁过高。用蛋鸡料喂肉鸡或补充矿物质用石灰石粉，也引起痛风。

(3)肾脏排泄功能障碍。肾脏是排泄尿酸的唯一途径，如长期服用磺胺类药物而引起慢性中毒，饲喂霉饲料引起的中毒，鸡肾型传染性支气管炎、鸡白痢、球虫病等疾病均可引起肾功能不全，导致本病的发生。

(4)饲养在潮湿和阴暗的禽舍，密集的管理，运动不足，日粮中维生素 A、维生素 D 缺乏和衰老等因素皆可能成为促进本病发生的诱因。

2.临床症状和剖检变化

本病多呈慢性经过，急性死亡者少数，母禽多发。根据临床症状及剖检变化分为内脏型痛风和关节型痛风两型，有时两型混合发生，但以内脏型痛风较常见。

(1)内脏型痛风　临床上不易发现，多呈慢性经过。病禽精神较差，食欲不振，消瘦，贫血，冠苍白或萎缩，羽毛松乱或脱毛；排石灰水样粪便，内含多量白色尿酸盐，泄殖腔充血，周围羽毛沾污，最后脱水，突然死亡。

剖检可见肾脏肿大，色淡，肾小管增粗，蓄积多量尿酸盐，使肾表面呈花纹状；输尿管变粗，内含石灰样物质。心、肝、脾、肺、心包、胸膜、肠系膜、腹膜等处表面散布一层白色絮状物质(尿酸盐结晶)，似粉末状(图 11-3 至图 11-6)。

(2)关节型痛风　病禽运动障碍，活动困难，腿、趾及翅关节显著肿大、疼痛，行走迟缓，跛行，不能站立，多蹲伏。同时出现精神欠佳、食欲不振、贫血、冠苍白等症状(图 11-7)。

剖检时，切开肿大关节，可见关节腔流出白色黏性液体，关节面及周围组织也可见多量半液体状白色尿酸盐，形成所谓的“痛风石”；有时关节面及关节组织发生溃疡和坏死。

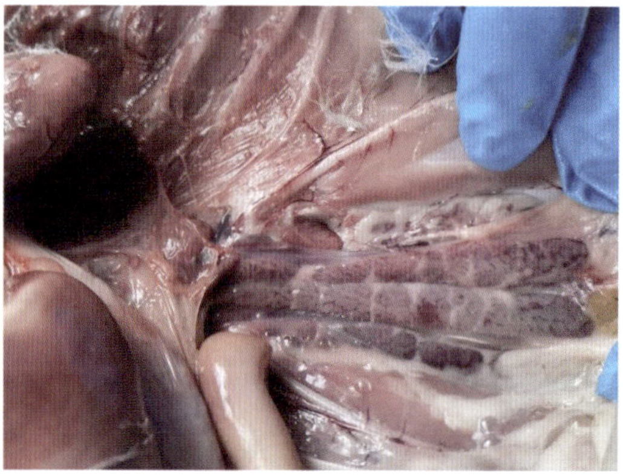

图 11-3　肾尿酸盐沉积

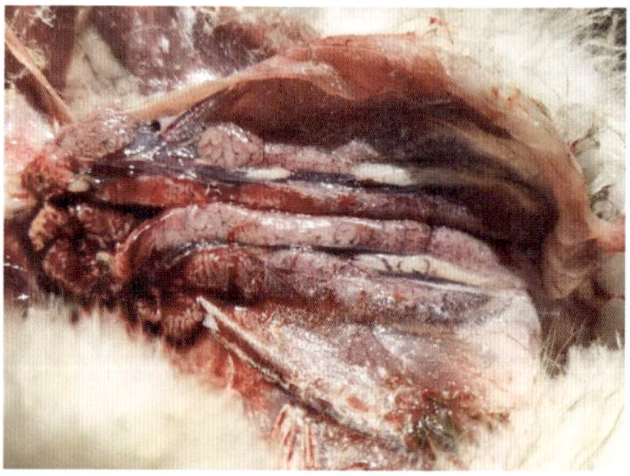

图 11-4　肾和输尿管肿胀出血，白色尿酸盐沉积(鹅痛风)

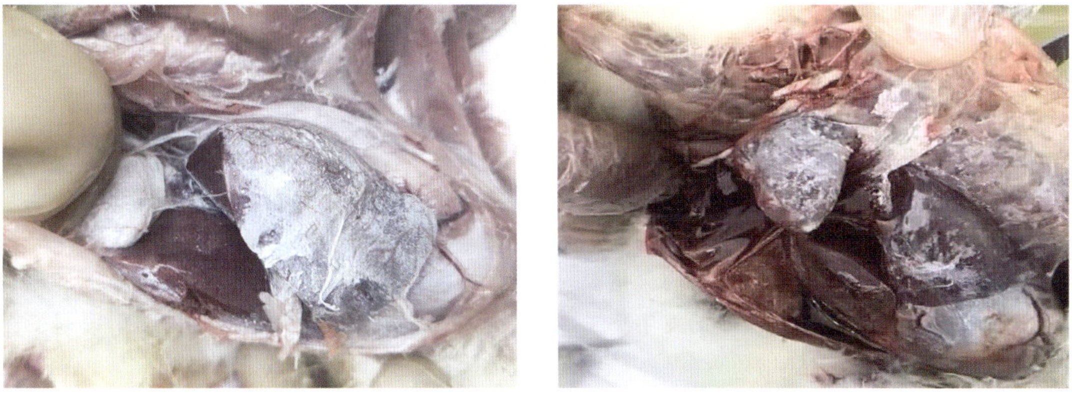

图 11-5　肝脏和腹膜上白色尿酸盐沉积(鹅痛风)

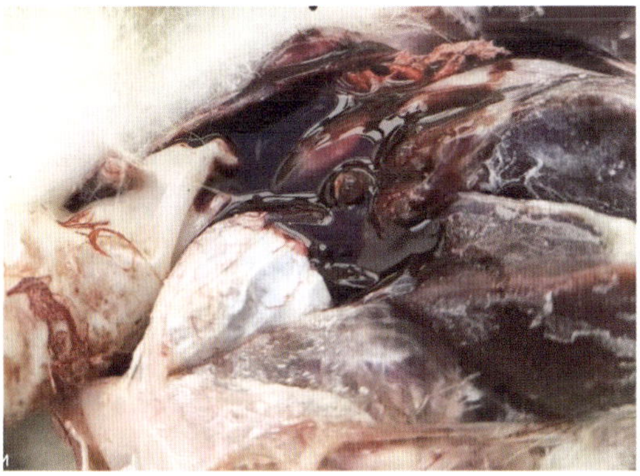

图 11-6　心脏、肝脏尿酸盐沉积

图 11-7　关节型痛风,病鹅关节肿胀

二、诊断

根据病因、病史、特征性症状和病理变化即可诊断。必要时采病禽血液检测尿酸的含量,以及采取肿胀关节的内容物进行检查,显微镜观察见到细针状和禾束状尿酸钠结晶或放射性尿酸钠结晶,即可进一步确诊。

三、防制措施

1. 预防

对本病尚无有效的治疗方法,预防为主。按照科学配方添加蛋白质制备饲料。平时注意避免或减少各种可能引起痛风的因素,如适量供给蛋白质,供给含维生素 A 的饲料,合理搭配饲料中的钙磷比例,供给充足的饮水,改善饲养管理,减少各种应激因素等。

2. 治疗

鸡群中发现病鸡时,应立即改变饲料配合比例,减少饲料中蛋白质含量,尤其是动物性蛋白质饲料,供给含丰富维生素 A 的饲料,多给饮水,以及消除致病的其他因素。

任务四　肉鸡猝死综合征

肉鸡猝死综合征,又称暴死症、急性死亡综合征或两脚朝天症,以肌肉丰满,外观健康的肉鸡突然死亡为特征，是肉鸡常见的非传染性疾病。

一、发病特点

1. 病因

(1)遗传及个体因素　包括品系、日龄、性别、生长速度和体重等。在肉鸡生产中，生长速度较快的肉鸡品系，尤其是个体较大的公鸡易发，发病日龄多数为 5～35 日龄。

(2)营养因素　①饲料中蛋白质含量高，可减少腹脂的形成，降低鸡群对热环境的应激反应，从而减少了肉鸡猝死综合征的发生率。②饲料中的矿物质元素如钠、钾、钙、氯、磷是影响肉鸡体液酸碱平衡的重要物质，当某些矿物质元素缺乏或过量时，酸碱平衡遭到破坏，心脏、脑血管系统受到损害而导致本病的发生。③饲喂添加动物性脂肪的饲料较添加植物油的饲料的鸡群，其猝死综合征发生率高。④维生素也与本病发生有关，在肉鸡饲养中添加水溶性的维生素，猝死综合征的发生率显著降低。

(3)应激因素　噪声、抓鸡、转群等应激因素使肉鸡受到惊吓，交感神经异常兴奋，肾上腺素分泌增加，使心脏搏动超限加快、加强，冠状动脉挛缩，心脏供氧障碍，导致心搏骤停而死亡。

(4)饲养管理因素　饲养密度过大，鸡群互相挤压，争抢食料，舍内通风换气不良等也可导致本病的发生。

(5)药物因素　在肉鸡生产过程中，饲喂离子载体类抗球虫药时，猝死综合征发生率明显高于喂非离子载体类抗球虫药。

2. 临床症状

多发于生长速度快、肌肉丰满、体型健硕的肉鸡，死前无任何发病症状，所有患病鸡都是突然发病，多在走动、采食或饮水时突然失控，跳跃拍打两翅，表现为共济失调，失去平衡，向前或向后倒地，个别还会离地跳起，肌肉强烈地收缩和翅膀剧烈扇动，部分病鸡在死亡前疯狂尖叫，持续 1 min 左右即死亡，死后多数为两脚朝天伸直，少数呈伏卧姿势，肌肉持续性痉挛，颈部扭曲。

二、诊断

目前尚无特异性诊断标准，只能通过综合分析加以判断。在诊断过程中，应该与传染病、中毒病相区别。猝死鸡的粪便正常，而传染病鸡的粪便多有异常；猝死鸡死亡时间短，1 min 左右即可死亡，而传染病鸡死亡时间一般为 1～4 d，病程最短者也都在数小时以上；猝死鸡皮肤多数为白色，而中毒鸡皮肤多呈青色；猝死鸡体重偏大、肌肉丰满、发育良好，死后多呈仰卧姿势，血液中磷、钾浓度显著低于正常鸡。

三、防制措施

1. 预防

加强科学饲养管理，减少应激因素，保持鸡舍清洁卫生，注意通风换气，调整光照时间和光照强度，防止饲养密度过大；避免转群或受惊吓时的互相挤压等刺激。不用颗粒料或破碎料，而改用粉料饲喂；对 3～20 日龄肉仔鸡进行限饲，降低生长速度，可减少发病；在 10～21 日龄的肉仔鸡饮水中添加 $NaHCO_3$ 或 KCl，可有效降低该病的死亡率；在饲料中适当添加电解多维、维生素 C 等抗应激药物可有效预防本病的发生。

2. 治疗

$KHCO_3$ 拌料或饮水，降低采食量，提高饲料中的生物素含量，颗粒料改为相同成分的粉状饲料。

任务五　肉鸡腹水综合征

肉鸡腹水综合征又称肉鸡肺动脉高压综合征，是一种由多种致病因子共同作用引起的以右心肥大扩张和腹腔内积聚大量浆液性淡黄色液体为特征，并伴有明显的心、肺、肝等内脏器官病理性损伤的非传染性疾病。多见于快速生长的肉用仔鸡，成活率下降，死淘率上升。

一、发病特点

1. 病因

引起本病的原因较多，主要有以下几个方面。

(1)遗传因素　主要与鸡的品种和龄期有关。肉鸡生长速度快，对能量和氧的需求量高，尤其是 4 周龄快速生长期，能量代谢快，机体发育快于心肺的发育，导致肺动脉高压引起腹水症。

(2)缺氧　肉鸡生长发育过快是造成相对缺氧的先天性因素。饲养在高海拔地区的肉鸡，氧分压低，肉仔鸡因大气性缺氧致使本病发生较多。在低海拔地区饲养时，通风不良将致使氧气减少，造成慢性缺氧。饲养环境寒冷，通风不良，肉鸡代谢加快，耗氧增多，发生本病，且死亡率增加。

(3)饲料因素　高能饲料、颗粒饲料、营养缺乏或过剩等都可以引起本病发生。

2. 临床症状和剖检变化

病鸡腹部膨大，呈水袋状，触压有波动感，腹部皮肤变薄发亮。严重者皮肤淤血发红，有的病鸡站立困难，以腹部着地呈企鹅状，行动迟缓，呈鸭步样。

剖检病禽可见心包、胸腹腔积聚大量的清亮淡黄色渗出液，渗出液中混有黄色胶冻样物质，液体量达 100～500 mL 甚至更多；肺水肿，心室积血，血凝不良，右心室肥大；肝脏肿大或硬化，表面有灰白色胶冻样薄膜附着；肠系膜淤血及肠道黏膜广泛性充血或出血(图 11-8、图 11-9)。

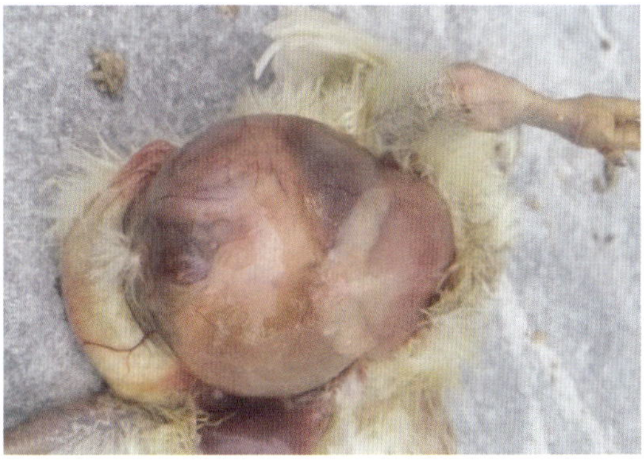

图 11-8　腹部膨大，充满液体

图 11-9　腹腔内大量黄色半透明腹水

二、诊断

根据发病情况、临床症状和典型的病理变化不难做出诊断，但要注意与其他疾病所引起的腹水相鉴别。后者除有腹水外，还有其原发性疾病的特征。

三、防制措施

发病或出现临床症状，多以淘汰和死亡告终，所以本病以预防为主。

(1)选育抗缺氧，心、肺和肝等脏器发育良好的肉鸡品种。

(2)加强鸡舍的环境管理，解决好通风和控温的矛盾，保持舍内空气新鲜，氧气充足，减少有害气体，合理控制光照。另外，保持舍内湿度适中，及时清除舍内粪污，减少饲养管理过程中的人为应激，给鸡提供一个舒适的生长环境。

(3)低能量和蛋白水平的饲料，早期进行合理限饲，适当控制肉鸡的生长速度。此外，可用粉料代替颗粒料或饲养前期用粉料，同时减少脂肪的添加。

(4)料中磷水平不可过低(大于 0.05%)，食盐的含量不要超过 0.5%，Na^+ 水平应控制在 2 000 mg/kg 以下，饮水中 Na^+ 含量宜在 1 200 mg/L 以下，否则易引起腹水综合征。在日粮中适量添加碳酸氢钠代替氯化钠作为钠源。

(5)饲料中维生素 E 和硒的含量要满足营养标准或略高，可在饲料中按 0.5 g/kg 的比例添加维生素 C，以提高鸡的抗病、抗应激能力。

(6)执行严格的防疫制度，预防肉鸡呼吸道传染性疾病的发生。另外，要合理用药，对心、肺、肝等脏器有毒副作用的药物应慎用。

任务六　脂肪肝综合征

脂肪肝综合征常发于产蛋母鸡，以过度肥胖和产蛋下降为特征，病鸡的肝脏、腹腔及皮下有大量的脂肪蓄积，常伴有肝脏出血，故又称为脂肪肝-出血综合征。多出现在产蛋多的鸡群或鸡群的产蛋高峰期，病鸡体况良好。

一、发病特点

1.病因

(1)营养过剩　过量的能量摄入是造成脂肪肝综合征的主要原因之一，大量的碳水化合物可引起肝脏脂肪蓄积，这与过量的碳水化合物通过糖原异生转化成为脂肪有关。

(2)营养缺乏　维生素 C、维生素 E、B 族维生素、Zn、Se、Cu、Fe、Mn 等是体内抗氧化防御系统的主要成员和抗氧化剂的组成成分，在维持体内自由基的生成与清除的动态平衡过程中起重要作用，自由基对脂类的过氧化作用可能是脂肪肝发生的原因之一。维生素及微量元素的缺乏可导致肝脏脂肪变性。胆碱、生物素缺乏也是导致脂肪肝的重要因素。

(3)环境高温　环境温度升高可使能量需要减少，进而使脂肪分解减少。热带地区的 4—6 月份是脂肪肝的高发期，炎热季节发生脂肪肝可能和脂肪沉积量较高有关。

(4)饲养方式　笼养是鸡脂肪肝的一种重要诱因，因为笼养限制鸡的运动，过多的能量转化为脂肪。

(5)应激因素　任何形式的应激都可能是脂肪肝综合征的诱因。突然应激可增加皮质酮的分泌，皮质类固醇刺激糖原异生，促进脂肪合成。尽管应激会使体重下降，但会使脂肪沉积增加。环境温度突然改变、饲料更换缺乏过渡期、接种疫苗操作不规范等，也容易导致脂肪肝的发生。

(6)毒素　黄曲霉毒素也是蛋鸡发生脂肪肝的基本元素之一。日粮中黄曲霉毒素达 20 mg/kg 可引起产蛋下降，鸡蛋变小，肝脏变黄、变大、发脆。即使是低水平的黄曲霉毒素，如果长期存在也会引发鸡脂肪肝综合征。

2. 临床症状

发病鸡和死亡鸡都是过度肥胖的产蛋鸡，发病前无明显征兆。鸡只突然发病，初期不愿活动，低头呆立，精神沉郁，喜卧，腹部凸起而绵软下垂，冠及肉髯色淡，或发绀，继而变黄、萎缩。鸡群产蛋量明显下降，可以从产蛋率75%～85%突然下降到35%～55%。严重者嗜睡，瘫痪，随即全身麻痹，最后迅速死亡。

3. 剖检变化

病死鸡皮下和腹部有大量脂肪沉积。肝脏质地极脆，易破碎如泥样。肝脏肿大、边缘钝圆，呈黄色油腻状。多数病例在腹腔内有血凝块，肝表面有条状破裂口。心脏肌肉组织出现黄白色病变，心脏包膜上有大量脂肪包裹。肠系膜、腺胃、肌胃的周围均有大量的淡黄色的脂肪组织(图 11-10 至图 11-12)。

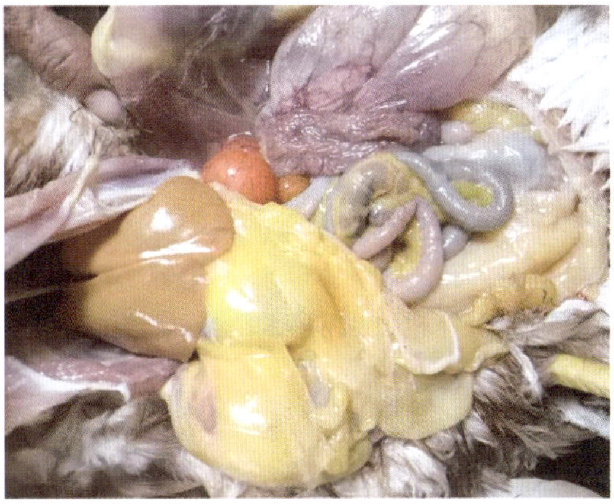

图 11-10　脂肪肝

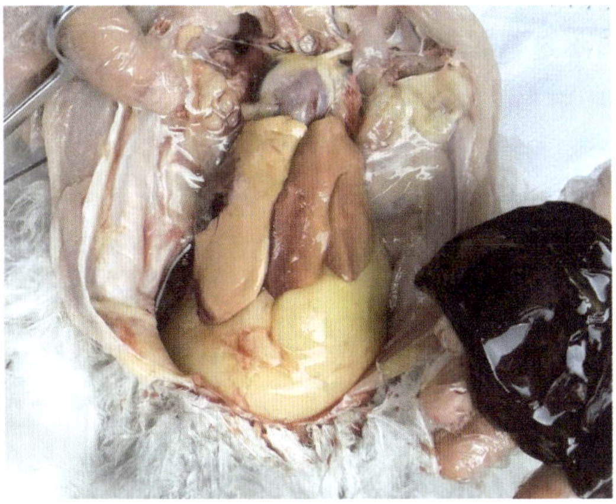

图 11-11　肝脏呈黄色油腻状

图 11-12　腹部脂肪沉积，腹腔内有血凝块

二、诊断

根据病因、发病特点、临床症状和病理变化即可做出诊断。

三、防制措施

1. 预防

本病预防为主，针对病因采取防治措施。降低能量和蛋白质含量的比例，有效方法是限制饲料采食量或降低日粮的能量水平。通过限饲，减少饲料供给量的8%～12%；或掺入一定比例的粗纤维（如苜蓿粉）；或添加富含亚麻酸的花生油等来降低能量的摄入；同时增加蛋白质含量，特别是含硫氨基酸，饲料中蛋白质水平可提高1%～2%。减少应激因素，控制饲养密度，夏季做好通风降温。在饲料中供应足够的氯化胆碱（1 kg/t）、维生素 B_{12}、维生素E、蛋氨酸等营养物质。控制日增重，在8周龄时严格控制体重，不宜过肥。

2. 治疗

当出现脂肪肝综合征时，饲料中补加胆碱22～110 mg/kg，连用7 d。饲料中加入适当的抗霉菌毒素药物，做好饲料的保管工作，防止霉变。

任务七　异嗜癖

异嗜癖也称异食癖、恶食癖、互啄癖，产生的原因很复杂，多因营养代谢紊乱、日粮营养不均衡引起，而饲养管理不当，如饲养密度过大、环境潮湿、闷热、舍内氨浓度过高、光线过强、垫料管理不当等也可引发啄癖。

一、发病特点

1. 病因

（1）自然环境综合因素的诱导　天气炎热，温度过高，鸡体内热量无法散失导致鸡烦躁不安，持续强光照射，使鸡的神经系统处于高度紧张，鸡舍地段通风不良，空气高度干燥，相对湿度不足，易发生啄斗或啄羽等啄癖。

（2）人为条件的不足　料槽、水槽不够，产蛋箱不足，鸡食破壳蛋异食，饲养密度过大，在换羽时，鸡自啄解痒过度用力导致出血，红色的血易刺激鸡群，导致群起攻击的局面，换料时应激和没有及时断喙，都可导致鸡的异食癖、自啄等啄癖。

（3）饲料营养的不足　饲料过分单一，缺乏某些维生素和含硫氨基酸，钙磷缺乏或者比例不当，锌、铜、铁等微量元素缺乏或比例不当，日粮中粗纤维含量不足，长期使用某些抗球虫药都可导致鸡因缺营养而发生啄癖。

（4）疾病诱导并发症　鸡群发生球虫病、白痢时易发啄癖，鸡体表有寄生虫或者外伤易引发啄癖。患病鸡被健康鸡践踏、叼啄，母鸡生理性或病理性脱肛导致啄肛癖。鸡群感染法氏囊病早期易引起啄肛。

2. 临床症状

（1）啄羽癖　其危害较轻，多发生于产蛋鸡，尤其是高产蛋鸡，或鸡群换羽时，也易发生。鸡只相互啄食羽毛。

（2）啄肛癖　啄食肛门是最严重的一类恶啄癖，雏鸡、初产蛋鸡和高产蛋鸡较常见。病鸡会被其他鸡只啄食其肛门，造成肛门损伤和出血，严重时直肠脱出，很快死亡。产蛋鸡产蛋时泄殖腔外翻，被其他鸡啄食后，往往引起输卵管脱垂和泄殖腔溃烂。

(3)啄蛋癖　主要发生于产蛋高峰期的母鸡，时常与产软壳蛋和无壳蛋并发。病鸡常把自己产的蛋啄食掉。

(4)啄趾癖　雏鸡易发生，表现为相互啄食脚趾，出血后则啄食更严重，导致病鸡跛行，有的甚至脚趾被啄断。

(5)啄头癖　多因公鸡的相互斗殴造成鸡冠出血，继而引发啄头，导致被啄部位出血、发紫变黑。

(6)异食癖　采食一些不能食用的东西，如粪便、垫草、木屑等。

二、诊断

根据饲养管理情况、病史和临床症状可做出初步诊断。

三、防制措施

1. 预防

断喙能有效减少啄癖的发生率及减轻损伤。首次断喙在 7～10 日龄，二次断喙在 12～14 周龄进行；饲喂平衡的全价日粮，日粮除满足蛋白质、矿物质、维生素的需要外，同时在日粮中添加 0.2%的蛋氨酸或 1%～2%的羽毛粉，能有效预防由于营养不良引起的啄癖；要做好传染性疾病的防控和免疫，还要定期做好驱虫工作，防止啄癖的发生和蔓延；加强饲养管理，定时喂料、喂水，并提供足够数量的料槽和水槽。提供足够的优质垫料。饲养密度适宜，照明适当，夏季要避免强烈的太阳光直射入鸡舍。

2. 治疗

鸡群一旦发生啄食癖，应立即将被啄的鸡只移出饲养，对有啄食癖习惯的鸡也单独饲养或淘汰。被啄有外伤的鸡隔离饲养时，在伤口上涂上消毒药物，严重外伤的应淘汰。

职业测试题

一、单选题

1. 蛋鸡群 300 日龄，近来体重明显增加，产蛋率下降至 50%，喜卧，有的病鸡突然死亡，剖检见腹腔有大量脂肪沉积，肝脏明显肿大色黄，质脆并有油腻感，该病可能是(　　)。

A. 肺动脉高压综合征　B. 禽后睾吸虫病　C. 大肝大脾病
D. 脂肪肝综合征　E. 脂肪肝-肾综合征

2. 蛋鸡群，8 000 只，近期产蛋率下降到 55%，软壳蛋或薄壳蛋量增加，病鸡运动困难，日粮中钙含量为 1%，剖检可见的类型病变是(　　)。

A. 皮下出血　B. 肺水肿　C. 肠道出血
D. 肝脏肿大　E. 骨骼变形易折

3. 肉鸡群，35 日龄，部分鸡精神萎靡，呼吸困难，心跳加快，腹部膨大，触诊有波动感剖检可见腹腔内有淡黄色透明的液体。该病最可能的诊断为(　　)。

A. 禽痛风　B. 脂肪肝综合征　C. 生长障碍综合征
D. 腹水综合征　E. 食盐中毒

4. 肉鸡群,35 日龄,部分鸡精神萎靡,呼吸困难,心跳加快,腹部膨大,触诊有波动感剖检可见腹腔内有淡黄色透明的液体。本病的心脏主要病变是(　　)。

A. 右心室扩张　　B. 左心室扩张　　C. 右心萎缩

D. 左心萎缩　　E. 心肌出血

5. 饲料中核蛋白和嘌呤碱太多常常引起(　　)。

A. 蛋鸡脂肪肝综合征　　B. 禽痛风　　C. 鸡肝肾综合征

D. 奶牛肥胖综合征　　E. 奶牛酮病

6. 小鸡呈现观星症状,主要是由于(　　)。

A. 维生素 B_1 缺乏　　B. 维生素 B_2 缺乏　　C. 维生素 A 缺乏

D. 维生素 B_{12} 缺乏　　E 维生素 K 缺乏

7. 内脏型禽痛风时肾脏主要病变是(　　)。

A. 出血　　B. 坏死　　C. 水肿

D. 变性　　E. 尿酸盐沉积

8. 肉鸡腹水综合征又称为(　　)。

A. 肺动脉高压综合征　　B. 肉鸡生长障碍综合征　　C. 肉鸡猝死综合征

D 脂肪肝综合征　　E. 软骨病

9. 某鸡群发病,以进行性肌麻痹和头颈后仰呈"观星姿势"等临床症状为特征。该群鸡的病因可能是缺乏(　　)。

A. 维生素 A　　B. 维生素 B_1　　C. 维生素 C

D. 维生素 D　　E. 维生素 E

10. 鸡场饲养 3 000 只蛋鸡,日粮中钙含量为 1%,钙磷比例为 3∶1。在鸡群中最可能出现具有诊断意义的症状是(　　)。

A. 腹泻　　B. 呼吸增快　　C. 体温升高

D. 鸡冠苍白　　E. 产软壳蛋

11. 蛋鸡,产蛋高峰期始终有 15% 软壳蛋,部分鸡表现腹泻,喜卧,龙骨轻度变形,实验室确诊应首先检测 (　　)。

A. 钙水平　　B. 磷水平　　C. 钾水平

D. 钠水平　　E. 镁水平

12. 硒缺乏的病理变化特征是(　　)。

A. 脂肪肝　　B. 脾脏肿大　　C. 尿酸盐沉积

D. 渗出性素质　　E. 法氏囊坏死

13. 肉鸡腹水综合征发生的根本原因是(　　)。

A. 生长过快　　B. 细菌感染　　C. 微量元素缺乏

D. 气温过高　　E. 营养缺乏

14. 下列几种症状和现象中,对家禽痛风诊断意义最大的是(　　)。

A. 关节腔有尿酸盐沉积　　B. 肝脏脂肪变性　　C. 跛行

D. 异嗜　　E. 关节肿胀

15. 下列几种情况中,与佝偻病的病因关系最密切的是(　　)。

A. 维生素 B_1 缺乏　　B. 维生素 B_2 缺乏　　C. 维生素 D 缺乏

D. 维生素 E 缺乏　　E. 维生素 A 缺乏

16. 禽痛风有两种类型，即关节型和(　　)。
A. 神经型　B. 泌尿型　C. 内脏型
D. 光过敏型　E. 呼吸型
17. 佝偻病是幼畜和幼禽的钙磷代谢障碍性疾病，其主要病理特征是(　　)。
A. 骨骼疏松　B. 骨干增粗　C. 成骨细胞钙化不足
D. 骨纤维增生　E. 骨质变脆
18. 鸡维生素 B_2 缺乏的典型症状之一是(　　)。
A. 趾爪向内蜷缩　B. 脑软化　C. 观星姿势
D. 滑腱症　E. 精神萎靡
19. 下列(　　)是维生素 A 缺乏的特征。
A. 干眼病　B. 夜盲症　C. 上皮角化
D. 神经症状　E. 趾爪呈“握拳状”向内蜷曲
20. 下列几种情况中，(　　)与鸡小脑软化症的病因关系密切。
A. 维生素 A 缺乏　B. 维生素 B_1 缺乏　C. 维生素 B_2 缺乏
D. 维生素 E 缺乏　E. 维生素 D 缺乏
21. 鸡维生素 B_1 缺乏的典型症状之一是(　　)。
A. 趾爪向内蜷缩　B. 脑软化　C. 观星姿势
D. 滑腱症　E. 精神萎靡
22. 下列几种情况中，(　　)与笼养鸡疲劳症的病因关系最密切。
A. 维生素 B_1 缺乏　B. 维生素 B_2 缺乏　C. 维生素 D 缺乏
D. 维生素 K 缺乏　E. 维生素 E 缺乏
23. 下列几种情况，(　　)是肉鸡腹水综合征发生的一个重要诱发因素。
A. 高海拔　B. 天气炎热　C. 低蛋白日粮
D. 低能量日粮　E. 维生素 E 缺乏

二、判断题

1. 营养代谢病具有传染性。(　　)
2. 维生素 A 及胡萝卜素缺乏的特征是病禽生长发育受阻，视觉障碍和皮肤黏膜损伤。(　　)
3. 维生素 B_2 缺乏症是以多发性神经炎为典型症状的营养缺乏性疾病。(　　)
4. 维生素 B_1 缺乏症幼禽趾爪向内蜷曲，两腿瘫痪，快速生长的雏鸡和肉鸡最易发病。(　　)
5. 异嗜癖产生的原因很复杂，多因营养代谢紊乱、日粮营养不均衡引起。(　　)
6. 维生素 D 缺乏症出现胸骨弯曲，肋骨与肋软骨连接处有串珠状肿大。(　　)
7. 维生素 E-硒缺乏症的成年鸡主要表现脑软化症、渗出性素质、白肌病三种类型。(　　)
8. 肉鸡猝死综合征多发于生长速度快、肌肉丰满、体型健硕的肉鸡。(　　)
9. 肉鸡腹水征多见于快速生长的肉种鸡。(　　)
10. 脂肪肝综合征的发病鸡和死亡鸡都是过度肥胖的肉鸡。(　　)

三、案例分析题

1. 某养殖场饲养 5 000 只海兰褐蛋鸡，笼养，7 月份部分鸡只出现羽毛蓬松，伏卧不动，腿部软弱，站立困难，个别鸡只甚至瘫痪，薄壳蛋和软壳蛋的数量明显增加，蛋变小，产蛋量下降，部分鸡只还出现啄蛋癖。通过加强通风和降温等措施，效果不明显。请你分析鸡群最可能患了哪种疾病并给出诊断依据？查阅资料制定治疗方案。

2. 某养殖场饲养5 000只蛋鸡，均处于产蛋高峰期，部分鸡开始发病，发病鸡食欲不振，喜卧，站立不稳，肥大的病鸡从发病到死亡仅1 d。剖检可见腹腔内有大量脂肪沉积，肝脏明显肿大，颜色变浅呈浅黄色，质地松软易破碎，有的腹腔内有血凝块。初步诊断鸡群患了哪种疾病并给出诊断依据？查阅资料制定本病的预防措施。

3. 某肉鸡场，35日龄的肉鸡出现部分鸡只采食量减少，行动迟缓，跛行，排石灰水样粪便。剖检可见肾脏肿大、色苍白，表面有石灰样的尿酸盐沉积物，切开肿胀关节，流出白色黏稠的液体，含有白色结晶物质。你认为鸡群最可能患有哪种疾病并分析初步诊断的依据？查阅资料给出治疗方案。

4. 饲养户刘某，饲养黄鸡500只，自配日粮，10日龄时鸡群发病，患病雏鸡生长发育缓慢、羽毛松乱无光泽、腹泻。个别出现“劈叉”腿，趾爪向内卷曲，腿部肌肉萎缩，不能站立，驱赶则以关节着地，张开两翅，以翅尖支地来维持身体平衡。严重者多因采食困难而导致死亡。剖检肠道内有泡沫状内容物，胃肠壁变厚，其他脏器无肉眼可见病变。请你分析发病原因？初步诊断为何种疾病并给出治疗方案？

5. 某养殖场存栏肉鸭500只，从25日龄开始发病，每日死亡6～10只，一周内共死亡56只。病鸭精神不振，可视黏膜苍白，喙、胫、趾蹼由橘黄色变成粉红色，胫、趾蹼有鳞片状皮屑，两眼或一眼有白色黏稠分泌物，眼睑粘连，角膜浑浊。泄殖腔周围黏膜粗糙，覆有白色或淡黄色薄膜或豆腐渣样物质。口腔和食道黏膜覆盖一层白色的豆腐渣样的薄膜，剥离后黏膜完整并无出血溃疡现象。你认为肉鸭最可能患了哪种疾病并分析诊断依据？查阅资料给出治疗方案。

6. 某鸡场饲养雏鸡6 000羽，喂自配的混合料，雏鸡突然发病，且发病数和死亡数逐渐增加，发病20 d左右，累计死亡2 000羽左右，死亡率约为33.3%。雏鸡发病后，饲养员用土霉素和青霉素等药物治疗，没有效果。临床检查发现病鸡采食减少，闭目嗜睡，两翅下垂，腿软无力，喜卧地，有的两脚麻痹外翻呈“劈叉”样，有的头颈向后仰呈“观星状”，病鸡最后因不能采食而衰竭死亡。解剖可见心脏轻度萎缩，右心房扩大，个别雏鸡的消化道黏膜有出血和溃疡。请你分析本案例的发病原因？初步诊断为何种疾病并给出治疗方案？

7. 某肉鸡养殖场，在12月份由于天气寒冷，为了保温，养殖户将鸡舍的顶棚和门窗都用塑料布遮盖很严实。后期不断有鸡只死亡，患病鸡精神沉郁，行动迟缓，采食量和饮水量都下降，部分鸡的鸡冠发紫，呼吸很急促，严重的病鸡腹围明显增大，死亡鸡只腹腔有淡黄色的腹水。根据描述，你认为鸡群最可能患有哪种疾病？分析发病的原因并给出治疗方案。

二维码11-1　营养代谢病防制

职业测试题参考答案

项目十二 中毒病防制

【思政与职业素养目标】

中毒病与营养代谢病都没有传染性，目前禽类集约化的养殖模式，使中毒病和营养代谢病一样都具有群发性。在教学过程中，注重培养学生具有良好的职业精神、工匠精神和劳动精神，具备从事本专业安全生产、公共卫生和环境保护的意识。

【知识与能力目标】

1. 掌握饲料原料、常用药物和有害气体引起中毒病的病因、症状及预防。
2. 能够进行中毒病的诊断和治疗。

任务一 食盐中毒

食盐是机体生命活动中不可缺少的成分，饲料中加入一定量的食盐对增进食欲，增强消化机能，促进代谢，保持体液的正常酸碱平衡度，增强体质具有十分重要的作用，若采食过量，可引起中毒甚至死亡。

一、发病特点

1. 病因

食盐是鸡日粮配方不可缺少的成分之一，含量一般为0.3%～0.4%。超过0.5%时，或同时饮水受到限制很快出现中毒反应，鸡和鸭的食盐最小致死量为4 g/kg，鸭比鸡更敏感。实验证明，当雏鸡料中食盐含量达1%、育成鸡料中食盐含量达3%时，或饮水中食盐含量达0.9%时，即可引起鸡的大批中毒死亡。

2. 中毒症状

症状轻微的，饮水增加，粪便稀薄或混有稀水；严重者，病雏羽毛松乱无光，争相饮水，食欲不振或废绝，嗉囊软胀，口角有黏性分泌物流出，两腿软弱无力，行走困难或瘫痪，有的出现神经症状，惊厥、头颈弯曲，仰卧挣扎，呼吸困难，最后死亡。

3. 剖检变化

皮下水肿，内脏器官水肿，腹腔和心包积水，肺水肿，胃肠道黏膜充血、出血，脑膜血管充血、扩张，输尿管和排泄物中有尿酸盐沉积。

二、诊断

根据饲料情况和饲喂史调查，结合症状和病变，可做初步诊断。必要时取嗉囊内容物测定食盐含量以确诊。

三、防制措施

1. 预防

正确计算用盐量，均匀拌料，平时配料所用鱼干或鱼粉一定要测定其含盐量，根据含盐量高低加入食盐。发现鸡群喝水异常，要对饲料抽样进行盐分测定。

2. 治疗

发现中毒，应立即停用原饲料和饮水，供给充足、新鲜淡水或 5% 葡萄糖水，症状可逐渐好转。严重中毒的鸡，要限制供给饮水，每隔 1 h 让其饮水 15 min 左右，以免一次大量饮水，加重组织水肿。

任务二　禽黄曲霉毒素中毒

黄曲霉毒素是黄曲霉菌的一种代谢产物，对人和动物都有很强的毒性，主要损害肝脏，影响肝功能，可引起急性死亡，慢性的可引起癌变。

一、发病特点

1. 病因

本病的病原是黄曲霉毒素，由黄曲霉、寄生曲霉和软毛青霉产生，其中黄曲霉为主要产毒菌种。黄曲霉素有 20 多种，以毒素 B1、B2、G1、G2 的毒力最强，并具有致癌作用。黄曲霉广泛存在于自然界，寄生于饲料原料如花生、玉米、豆饼等，可产生黄曲霉毒素。在夏季高温季节，家禽饲料也极易发生霉变，可产生大量黄曲霉毒素。家禽吃了发霉的饲料可发生急性或慢性中毒，重者会导致家禽大批死亡。雏鸭、雏鸡和火鸡最易感，一年四季均有发生，但以春夏梅雨季节发病率最高。

2. 中毒症状

雏禽多数为急性中毒，表现为食欲不振，腹泻、粪便多混有血液。皮肤苍白或黄疸、冠苍白，生长缓慢，双腿无力，颈肌痉挛，死前共济失调，角弓反张。成年禽多呈慢性中毒症状，表现为食欲减少，消瘦，开产期推迟或产蛋率和孵化率有所降低。有时颈部肌肉痉挛、头向后背，时间长者，可陆续发生死亡。

3. 剖检变化

病死家禽在肝脏有特征性损害。急性中毒表现为肝脏肿大，颜色变淡，呈黄白色，有出血斑点和坏死；胆囊扩张，胰腺有出血点，肾微肿呈苍白色，胸肌和腿肌有出血和白色条纹。亚急性和慢性中毒时，肝脏缩小，颜色变黄，质地坚硬，常有白色点状或结节状增生病灶。病程在 1 年以上，肝脏可出现肝癌结节（图 12-1 至图 12-3）。

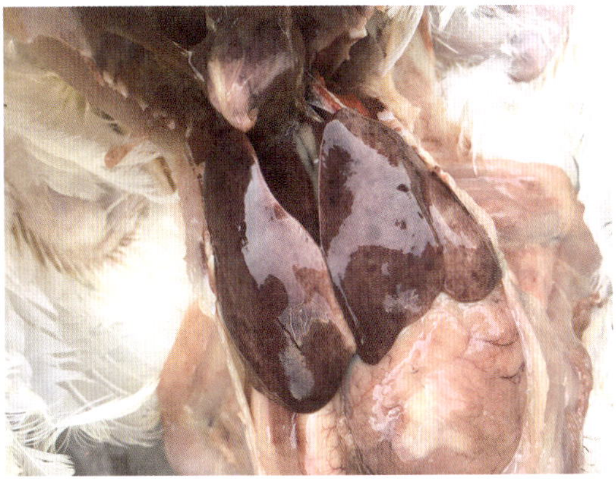

图 12-1 肝脏肿大,颜色变淡,有出血斑点和坏死

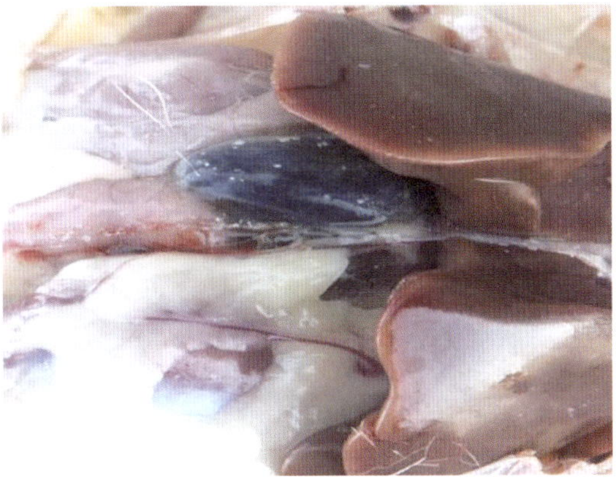

图 12-2 胆囊扩张

二、诊断

首先要调查病史,检查饲料品质与霉变情况,结合临床症状和剖检变化等进行综合性分析,可做出初步诊断。若要确诊,必须进行可疑饲料的病原真菌分离培养与鉴定,以及可疑饲料的黄曲霉毒素测定。

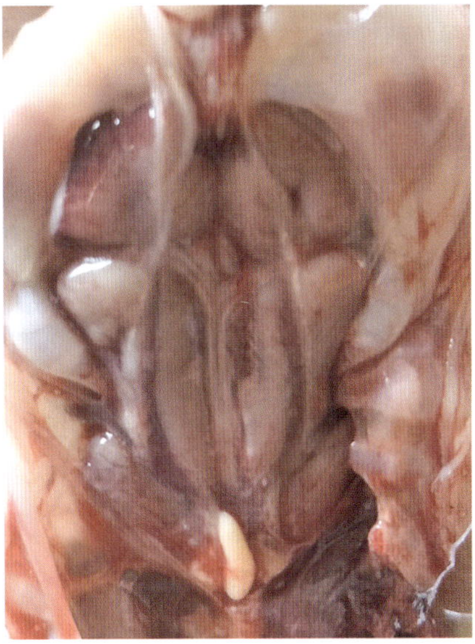

图 12-3 肾肿胀,呈苍白色

三、防制措施

1. 预防

主要措施是不喂发霉变质的饲料;严把原料采购关,杜绝霉变原料入库;控制仓库的温度,注意通风,防雨淋和潮湿,防止原料在贮藏过程中变质;控制饲料加工、配制、运输等环节,尽量缩短贮藏时间,防止饲料在禽舍中发霉变质;养鸡户要有计划地采购与贮藏饲料,无计划采购饲料,造成饲料积压超过保质期,使饲料中的营养类添加剂损失殆尽,特别在夏季最易霉变;也可在饲料或原料中加入制霉菌素等抗生素预防霉变。

2. 治疗

发现中毒要立即更换新鲜饲料,无特效解毒药物。尽早服用盐类轻泻剂,排出肠道内毒素;对症治疗,饮用 5%的葡萄糖水,饮用 4 次/d,并增加维生素 C 等。

任务三 菜籽饼粕中毒

菜籽饼含粗蛋白 35%以上,含可消化蛋白 27.8%,比玉米高 2.8 倍,是一种优质的蛋白质饲料原料,但其含有害成分芥子苷,大量饲喂或长期饲喂菜籽饼粕易引起动物中毒。

一、发病特点

1. 病因

菜籽饼中含有害成分芥子苷，在芥子酶作用下可水解成有毒的异硫氰酸丙烯酯、唑烷硫铜、单宁等。若不经过适当处理直接喂鸡就容易引起中毒。菜籽饼的含毒量与其品种有关，不同品种的鸡对菜籽饼的耐受能力也有差异。普通菜籽饼在饲料中的比例为产蛋鸡占8%、肉仔鸡后期饲料占10%即可引起中毒。

2. 中毒症状

最初是采食减少，粪便干硬或稀薄、带血等不同的异常变化。生长缓慢，产蛋显著下降，软蛋增多，孵化率下降。

3. 剖检变化

主要是甲状腺肿大、胃黏膜充血或出血、肾肿大、肝脏萎缩有滑腻感，消化道尤其是胃内容物稀薄呈黑绿色，肠黏膜脱落出血。

二、诊断

根据症状和病变，结合有长期食入或过多食入菜籽饼粕病史来确诊。

三、防制措施

1. 预防

在平时配料时，6周龄以下蛋鸡及4周龄以下肉仔鸡不使用菜籽饼，使用菜籽饼时在饲料中的比例应不超过5%。

2. 治疗

中毒后，要立即停喂含有菜籽饼的饲料，采用对症疗法，并饮用10%葡萄糖水，饲料中添加维生素C。

任务四　鱼粉中毒

鱼粉蛋白质含量高达60%以上，氨基酸组成完善，维生素与矿物质含量丰富，钙磷比例适当，对雏鸡生长和蛋鸡产蛋、种鸡配种都有良好的效果，因而成为养鸡业中最理想的动物性饲料。

一、发病特点

1. 病因

由于鱼粉含盐量高，易吸潮，有利于细菌、霉菌和酵母的繁殖，鱼粉在生产加工和运输过程中也会产生一些有害物质如溃疡素、组胺等，鱼粉被这些有害物质污染，会对消化道有强烈的刺激、腐蚀和破坏作用。当饲料中添加这类污染的鱼粉或过量添加鱼粉时，就会引起中毒。

2. 中毒症状

病禽精神沉郁，采食量急剧下降，羽毛无光泽，鸡冠和肉髯发绀或者出现贫血症状，嗉囊膨大，倒提时从口中流出黑色液体，病鸡腹泻排黑色粪便。病情严重的迅速死亡，病程稍长的逐渐消瘦，最后衰竭死亡。

3. 剖检病变

腺胃扩张，黏膜出血，附有大量黑色炎性分泌物，肌胃体积增大，内容物呈黑褐色，在发病后期，肌胃角质层糜烂溃疡，重者穿孔，流出的黑褐色黏液污染整个腹腔。其他器官无明显的病变。

二、诊断

具有饲喂过量鱼粉或变质鱼粉的病史，倒提病鸡从嗉囊中流出黑褐色黏液，剖检可见肌胃糜烂溃疡，甚至穿孔即可诊断。

三、防制措施

1. 预防

用鱼粉配制饲料时应选择优质鱼粉；正确把握用量，一般优质鱼粉用量应在 5%以下，普通鱼粉在 4%以下，禁用劣质鱼粉。鱼粉在生产加工、运输和贮藏过程中要保持新鲜，避免腐败变质。

2. 治疗

发现中毒后，立即停喂变质鱼粉或减少鱼粉用量。发病初期，在饲料和饮水中加入 0.2%～0.4%小苏打，2 次/d，连用 3 d；每只鸡肌内注射 0.5～1 mg 的维生素 K_3 或 50～100 mg 止血敏，连用 4 d；严重的也可投服抗生素控制继发感染。

任务五　磺胺类药物中毒

磺胺类药物常用于鸡球虫病、禽巴氏杆菌病、鸡白痢等病的防治。磺胺类药物的治疗量接近于中毒量，且鸡较敏感，故使用剂量过大或连续用药时间过长，很容易引起中毒。

一、发病特点

1. 病因

用量过大和使用不当，任意增大剂量均易发生中毒。雏禽、产蛋禽、体弱禽对磺胺类药物更敏感，应慎用或禁用，经拌料或饮水时应搅拌均匀。磺胺类药物及其代谢物乙酰化物遇酸性时易析出结晶造成肾损害，因此在使用时要注意配伍，不可与氯化铵、氯化钙等合用。为减少对肾脏的损害，建议与碱性药物如碳酸氢钠合用，用药期间应充分供给饮水。

磺胺药物乙酰化产物溶解度较小，常在肾小管内析出形成结晶，造成肾脏肿胀，形成花斑肾并引发尿酸盐沉积于输尿管中。当大剂量使用或长时间使用磺胺类药物时，易引起肝脏损伤，导致肝脏肿大出血，颜色变黄；导致红细胞溶解，出现溶血性贫血，红细胞和血红蛋白数量减少，血凝不良、结膜黄染；会抑制肠道正常菌群产生维生素 K_3 和 B 族维生素。B 族维生素缺乏导致鸡肠道功能紊乱，肝脏解毒功能下降。维生素 K_3 缺乏会造成皮下、肌肉、内脏出血。

2. 中毒症状

病禽表现羽毛松乱，精神沉郁，厌食，鸡冠、头面部及肉髯苍白或青紫，可视黏膜黄疸，生长停滞，排酱油状或灰白色稀便或蛋清样稀便；不同程度的死亡。产蛋禽，食欲减少，羽毛松乱，精神沉郁，产蛋率明显下降，产软壳蛋，蛋壳薄，表面粗糙，棕色蛋壳褪色。

3. 剖检变化

皮肤、肌肉和内部器官的出血是常见病变，全部肠管出现点状或斑状出血，肝肿大呈黄色、有出血点，肾肿胀，输尿管充满白色尿酸盐，骨髓变为粉红色或黄色。

二、诊断

根据症状和病变，结合磺胺类药物使用剂量过大或长期使用的病史，即可诊断。

三、防制措施

1. 预防

用药一般不超过 7 d，拌料要均匀，可适当配以等量的碳酸氢钠，同时供给充足的饮水，以减轻磺胺药物的副作用。对 1 月龄以下的雏禽和产蛋禽不使用磺胺类药物。

2. 治疗

立即停止使用磺胺类药物，给予充足饮水，在饮水中添加 0.2%～0.5%碳酸氢钠，同时在饲料中添加维生素 C、维生素 K_3、维生素 B_{12} 及保肝中药，连用 5 d。

任务六　高锰酸钾中毒

高锰酸钾具有抑菌、防腐、除臭等功能，在家禽中常做饮水消毒剂，同时也能提供微量元素锰，使用不当也会引起中毒。

一、发病特点

1. 病因

高锰酸钾是一种强氧化剂，是兽医常用的消毒药和外用药。易溶于水，常用做家禽饮水、种蛋孵化、用具及伤口等的消毒。高锰酸钾配制浓度大、饮用量多等都可能引起中毒。消毒种蛋和皮肤常用 0.1%的浓度，饮水消毒的浓度控制在 0.01%～0.03%是安全的，当饮水中高锰酸钾浓度达到 0.03%以上，对消化道黏膜就有一定的刺激和腐蚀作用，0.1%的高锰酸钾溶液可引起中毒，可使消化道黏膜受到刺激和腐蚀，被吸收入血后，还能损害肾脏和大脑，钾离子对心脏有毒害作用，可使心脏受到高度抑制，导致死亡。

2. 中毒症状

家禽口、舌及咽部黏膜发紫，水肿，呼吸增数、困难，有时见拉稀，严重者可引起死亡。

3. 剖检变化

主要是引起一定的腐蚀性，多限于与药物直接接触的组织，如口腔、嗉囊及整个消化道黏膜有腐蚀现象和轻度出血，严重时嗉囊壁腐蚀，黏膜脱落或糜烂。

二、诊断

根据饮水调查，结合症状和病变可诊断。

三、防制措施

1. 预防

按照常用浓度配制和应用，平时预防用药时，不超过 0.01%～0.02%。

2. 治疗

如发现有中毒现象时立即停服药物，充分供给清洁饮水，一般 3～5 d 可恢复。必要时，在饮水中加入 2%～3%鲜牛奶或奶粉，以保护消化道黏膜。

任务七 一氧化碳中毒

一氧化碳主要是由煤炭在氧气供应不足的状态下不完全燃烧而产生的一种无色无味、无刺激性的窒息性毒气，当吸入一定量的一氧化碳后，导致家禽全身组织缺氧性中毒，主要见于育雏期的雏禽。

一、发病特点

1. 病因

一氧化碳中毒即煤气中毒，多发生在育雏期的雏禽，以冬季、早春时节发生为多。由于育雏室内通风不良或煤炉装置不适当，或煤燃烧不充分，或排烟不畅，门窗紧闭等，一氧化碳不能排出，结果造成空气中的一氧化碳浓度增高引起雏鸡中毒，甚至造成大量死亡。空气中含有 0.04%～0.05%一氧化碳即可引起中毒。

2. 中毒症状

急性重度中毒时，病雏起初烦躁不安，随后嗜睡，呆立，呼吸困难，运动失调，不能站立，倒于一侧，头向后伸，昏迷，临死前发生痉挛和惊厥。轻度中毒时，病雏羽毛粗乱，食欲减少，精神呆钝，不爱活动，生长缓慢。

3. 剖检变化

急性中毒主要变化是肺、血液、黏膜、脏器和肌肉等呈鲜红或樱桃红色，有充血或出血现象。亚急性中毒不见明显病变。

二、诊断

根据现场调查，结合症状和剖检血液呈樱桃红色可做出诊断。必要时检查血液中的碳氧血红蛋白浓度，进行实验室诊断。

三、防制措施

1. 预防

育雏室内应注意通风良好，烧煤取暖的育雏室，煤炉装置要确实安全，随时注意和检查煤火燃烧情况及烟筒通畅情况，特别是在饲养员交接班时更要精心。

2. 治疗

发现中毒征象时，要立即打开窗户，排出煤气，换进新鲜空气。轻度中毒的雏鸡，打开门窗通风后，即可较快恢复。中毒严重的也可以皮下注射少量的生理盐水或 5% 葡萄糖溶液及强心剂。同时查找根本原因，及时解决问题。

职业测试题

一、单选题

1. 磺胺类药物中毒时，下述说法不正确的是(　　)。

A. 可导致肾脏肿胀、尿酸盐沉积　B. 皮肤、肌肉、内脏多器官出血　C. 肝脏萎缩、苍白
D. 骨髓变为淡红色　E. 溶血性贫血

2. (　　)可引起鸡肠道弥漫性出血斑点，腺胃和肌胃角质膜下出血，肝肿胀呈黄色等病理变化。

A. 药物中毒　B. 磺胺类药物中毒　C. 鱼粉中毒
D. 脂肪肝综合征　E. 腹水综合征

3. 畜禽食盐中毒尚未出现神经症状者，给予清洁饮水的方法是(　　)。

A. 大量多次　B. 少量多次　C. 不限次数
D. 不限饮量　E. 自由饮水

4. 鸡发生食盐中毒的主要原因一方面是食入盐过量，另一方面原因是(　　)。

A. 品种不同　B. 易吸收盐　C. 难排泄盐
D. 不能自由饮到水　E. 自由饮水

5. 黄曲霉毒素对人和动物都有很强的毒性，主要损害(　　)。

A. 心脏　B. 肺脏　C. 脾脏
D. 肾脏　E. 肝脏

6. 家禽中以对黄曲霉毒素为敏感(　　)。

A. 雏鸭和雏鸡　B. 鹅　C. 鸡
D. 鹌鹑　E. 鸽子

7. 黄曲霉菌能产生多种毒素，其中以(　　)毒性最强。

A. B1　B. B2　C. G1　D. G2　E. M1

8. 高锰酸钾用作饮水消毒时，其浓度控制在(　　)是安全的。

A. 1%　B. 0.5%　C. 0.1%
D. 0.03%～0.04%　E. 0.01%～0.03%

9. 下列选项中最能说明一氧化碳中毒的病症(　　)。

A. 血液呈黑色　B. 血液呈樱桃红色　C. 神经症状
D. 食欲减退　E. 生长缓慢

10. 与鸡鱼粉中毒时有关的病症(　　)。

A. 排黑色粪便　B. 倒提时从口中流出黑色液体
C. 肌胃角质层糜烂溃疡　D. 嗉囊膨大　E. A+B+C+D

二、判断题

1. 磺胺类药物的治疗量接近于中毒量，连续用药时间过长，很容易引起中毒。（　　）
2. 高锰酸钾具有抑菌、防腐、除臭等功能，在家禽中常做地面消毒剂。（　　）
3. 一氧化碳中毒主要发生于成年鸡。（　　）
4. 在发病初期，在饲料和饮水中加入0.2%～0.4%小苏打可以治疗鱼粉中毒。（　　）
5. 在平时配料时，6周龄以下蛋鸡及4周龄以下肉仔鸡不使用菜籽饼。（　　）
6. 菜籽饼是一种优质的蛋白质饲料原料，大量饲喂或长期饲喂不会引起动物中毒。（　　）
7. 食盐中毒严重的鸡，要限制供给饮水，以免一次大量饮水，加重组织水肿。（　　）
8. 使用添加劣质鱼粉的饲料饲喂雏鸡不会出现中毒现象。（　　）
9. 高锰酸钾中毒时，灌服盐类泻药可恢复。（　　）
10. 禽黄曲霉毒素中毒一年四季均有发生，但以秋冬季节发病率最高。（　　）

三、案例分析题

1. 某养殖户饲养5 000只蛋鸡，病鸡精神不振，采食量急剧下降，羽毛无光泽；病鸡腹泻排黑色粪便，嗉囊膨大，倒提鸡从口中流出黑色液体；鸡体消瘦，口腔黏液增多，腺胃扩张黏膜出血，附有大量黑色分泌物，肌胃角质层糜烂溃疡，严重者可见穿孔。按新城疫处理无效，按肠炎处理也无效。经过现场询问养殖户，在大概3个月前，某饲料业务员推荐给养殖户一种预混料，内含5 kg鱼粉，鱼粉是在预混料内另行包装的，价格也是相当诱人，养殖户在换料后大概40 d就发现鸡群状况不正常。根据案例请你判定鸡群最有可能患了什么病？分析发病的原因并给出解决方案。

2. 某养殖场2 000只90日龄商品蛋鸡，突然出现食欲减退、燥渴，大量饮水，排水样粪便。剖检可见病鸡嗉囊水肿，消化道空虚，腺胃及肠黏膜充血、出血，肺水肿，有的心包腔和腹腔积液，肾脏肿大变硬，有尿酸盐沉积症状。经询问，养殖户为降低生产成本，发病3 d前自行配制了部分饲料进行饲喂。如果你是兽医人员，请你分析鸡群最有可能患了什么病？如何治疗？

3. 某养殖户在塑料大棚饲养了2 000只黄羽鸡，于12月6日进雏，前期生长良好。12月18日夜间突然出现死亡，鸡群中有2%的鸡呼吸时出现头向后仰，呼吸困难，步态不稳，羽毛蓬松，精神不振。剖检死亡鸡嗉囊空虚，多数死鸡血液为鲜红色，30%的死鸡血液呈樱桃红色、脏器有出血和充血现象。塑料大棚为双层塑料薄膜，大棚内地面为水泥面，大棚覆盖的塑料薄膜严密，当门帘放下时，即形成封闭的空间，保温性能极强，怕鸡只受凉，架设两道门帘，用两只煤炉加热。请你分析鸡群最有可能患了什么病？分析理由。

4. 辽宁省某养殖户，饲养北京麻鸭3 000只，采用圈地放养，当鸭18日龄时，为了消毒饮水，饮水中加入了高锰酸钾，溶解后的饮水呈深粉红色，鸭群饮水1 h后，出现打蔫、死亡，先后死400余只。经当地兽医人员确诊为高锰酸钾中毒。请你给出治疗方案，并说明饮水消毒时该如何正确使用高锰酸钾？

5. 某蛋鸡养殖场的200日龄产蛋鸡陆续出现流鼻涕、打喷嚏、面部和眼睑出现肿胀，经当地兽医诊断疑似鸡传染性鼻炎，于是养殖户购买磺胺-5-甲氧嘧啶进行拌料治疗。第1天使用0.3%拌料，第2～6天使用0.2%拌料，第7天发现部分鸡精神抑郁，采食量下降，产蛋率从用药前的95%下降到78%，并且出现蛋壳变薄、软壳蛋增多的现象，个别鸡只的鸡冠苍白，日死亡率1%左右。请你分析鸡群最有可能患了什么病？给出治疗方法，并说明磺胺类药物中毒的危害。

二维码12-1　中毒病防制职业测试题参考答案

模块五

禽病防制职业技能训练

项目十三　禽病预防措施职业技能训练

【思政与职业素养目标】

通过职业技能训练，培养学生动手操作能力、分析问题能力和解决问题能力，提升学生的职业能力和职业素养，具备从事本专业安全生产、公共卫生和环境保护的意识，为学生后续的职业发展奠定基础。

【知识与能力目标】

1. 掌握养殖场消毒效果检测方法及结果判定。
2. 掌握养殖场水源细菌检测方法及结果判定。
3. 学会疫苗免疫接种方法及结果判定。
4. 学会新城疫抗体检测方法、结果判定及实践应用

二维码 13-1　养殖场水样细菌总数的测定

二维码 13-2　疫苗免疫接种技术

二维码 13-3　1%红细胞制备

二维码 13-4　鸡新城疫抗体水平监测

二维码 13-5　鸡新城疫抗体水平检测凝集试验

实训一 禽舍消毒技术

【实训目标】掌握禽舍的消毒方法，学会常用消毒器械的使用和消毒药物的配制。

【材料准备】喷雾器（各种类型）、铁铲、锄头、火焰喷灯、天平或台秤、盆、桶、清扫及洗刷用具、高筒胶鞋、工作服、橡胶手套、漂白粉、氢氧化钠（苛性钠）、甲醛（福尔马林）、氧化钙（生石灰）、高锰酸钾、氯化铵等。

【方法步骤】

1. 禽舍的喷洒消毒

禽舍的消毒分两个步骤进行，第一步进行机械清扫，第二步用化学消毒液消毒。

首先对禽舍地面、饲槽等进行彻底清扫。清扫前用清水或消毒液喷洒，以免灰尘及病原微生物飞扬。然后扫除粪便、垫草及残余的饲料等污物（扫除的污物按粪便消毒法处理）。水泥地面的禽舍，在扫除污物后，再用清水冲洗，效果更好。预防消毒常用的消毒液为 11%～20% 石灰乳、10%漂白粉乳剂、2%～4%粗制氢氧化钠、5%来苏尔。喷洒消毒液的用量一般按 1 000 mL/m^2 计算。消毒时，先由离门远处开始，对墙壁、地面、天棚、饲槽等按一定顺序均匀地喷洒，然后打开门窗通风至干燥，并用水清洗饲槽及水槽，以除去消毒液药味。

2. 禽舍甲醛熏蒸消毒

(1)药物浓度和剂量　所用药品为甲醛和高锰酸钾，用量比例为 2∶1，根据禽舍空间，计算出所需甲醛和高锰酸钾的量。一般情况下，常用以下两种比例浓度：一是每立方米甲醛 42 mL、高锰酸钾 21 g，用于重度污染或全进全出时的消毒；二是每立方米甲醛 28 mL、高锰酸钾 14 g，多用于一般性消毒。反应结束后，可依残留物的状态来判断反应是否完全。若反应后的残渣呈微湿的褐色粉末状，则表明二者比例适当；若残渣是紫色，则表明高锰酸钾过量；若残渣太湿，则表明高锰酸钾不足或加水过多。

(2)消毒容器的选择　因高锰酸钾和甲醛都具有一定的腐蚀性，所以要选用陶瓷或搪瓷等耐腐蚀的器皿，也可用塑料桶或木桶。因混合后反应剧烈，有热量产生并释放，且持续时间较长（10～30 min），所以为防止药液外溢，通常容器的容量应为所盛甲醛体积的 4 倍以上。如果消毒空间较大、药量较多，则可放置多个容器。

(3)消毒环境的温度和湿度　甲醛熏蒸要求适宜的温度为 25 ℃，湿度为 60%～70%，所以，在冬季环境温度较低进行熏蒸消毒时，应对禽舍提前预温，并可采取洒水等措施以提高环境湿度，保证消毒效果。

(4)操作方法　消毒前将门窗密闭，将容器按一定位置摆放好，先加入温水，再加高锰酸钾，搅拌均匀，按照从舍内向门口的方向顺序依次加入甲醛，完成后操作人员要迅速离开，将门关闭并封严。操作人员要佩戴一定的防护工具，以确保人身安全。操作时，切不可将高锰酸钾倒入甲醛中，以免药液迸溅，造成人员灼伤。

(5)消毒时间　消毒时间的长短因消毒目的的不同而不同。相对来讲，消毒时间越长越好，一般情况下，密闭熏蒸 24 h 即可，如不急用，也可密闭 1～2 周。种蛋以 30 min 为宜，切记，种蛋消毒时间不可过长，浓度也不可过大，以免造成胚胎活力降低甚至胚蛋的早期死亡。

(6)消毒后处理　消毒后，因舍内有较强的刺激性气味，不能立即使用，所以要打开门窗，通风换气 3～5 d，以降低舍内甲醛的气味浓度。如需要急用，可以用氨气中和甲醛气体，用量按每立方米禽舍空间用 5 g 氯化铵、10 g 生石灰和 75 ℃左右的热水 10 mL 计算，混合放入容器中，即可放出氨气；也可用氨水直接中和，用量按每立方米 25%氨水 12.5 mL，30 min 后，打开门窗通风 30～60 min，即可使用。

(7)废弃物处理　消毒结束后，对反应残渣应采取定点堆放或深埋的处理方式，不可随意乱放，以免造成环境污染。

3.禽舍及隔离的入口消毒

应设置消毒槽(坑)，消毒槽的宽及长应以车辆通过时，车轮能消毒一周为宜。坑内放置浸有消毒液的草垫或麻片，并须经常添加消毒液。消毒液一般用 10%克辽林溶液或 2%～4%粗制氢氧化钠溶液，冬季为防止冻结，可在消毒液中加入 5%～10%食盐。在患病舍、隔离舍的出入口处应放置浸有消毒液的麻袋片或草垫，如为病毒性传染病则消毒液可用 2%～3%氢氧化钠，而对其他的一些传染病则可浸以 10%克辽林溶液。

4.常用消毒药物的配制

(1)3%来苏尔溶液配制　取来苏尔 5 份加清水 95 份(最好用 50～60 ℃温水配制)，混合均匀即成。

(2)石灰乳配制　1 g 生石灰加 5 g 水即为 20%石灰乳。配制时最好用陶缸、木桶或木盆。首先把等量水缓慢加入石灰内，稍停，石灰变为粉状时，再加入余下的水，搅匀即成。

(3)漂白粉乳剂及澄清液的配制

①20%漂白粉乳剂　每 1 000 mL 水加漂白粉 200 g(含有效氯 25%)，混匀所得混悬液即是。

②20%漂白粉澄清液　把 20%漂白粉乳剂静置一段时间，上液即为 20%澄清液，使用时可稀释成所需浓度。

(4)福尔马林溶液制法　福尔马林为 40%甲醛溶液(市售商品)。取 10 mL 福尔马林加 90 mL 水，即成 10%福尔马林溶液。如需其他浓度的溶液，同样按比例加入福尔马林及水。

(5)粗制氢氧化钠溶液　称取一定量的氢氧化钠，加入清水中(最好用 60～70 ℃热水)搅匀溶解。如配制 4%氢氧化钠溶液，则取 40 g 氢氧化钠加 1 000 mL 水即成。

【实训任务单】

任务单　禽舍消毒技术

班　级：		姓　名：	
学　号：		组　别：	
步骤一：方法步骤			
问题 1　禽舍喷洒消毒的流程图。 问题 2　禽舍熏蒸消毒正确的操作方法。			

续表

问题 3　禽舍熏蒸消毒药物浓度和剂量的计算方法。   问题 4　禽舍常用的消毒剂及配制方法。
步骤二:综合分析
问题 5　发生一般性传染病时,养殖场该如何消毒?

实训二　养殖场消毒效果检测技术

【实训目标】学会空气中微生物的采样方法及菌落的计数方法,学会物体表面微生物的检测操作方法及杀菌率的计算,通过效果评价指标学会评价养殖场的消毒效果。

【材料准备】

营养琼脂制备:蛋白胨 10 g、牛肉膏 3 g、氯化钠 5 g,调整 pH 至 7.2～7.6,加入琼脂粉 15 g、蒸馏水 1 000 mL,121.3 ℃高压灭菌 20 min 备用。成品商品培养基按说明书配置即可。

【方法步骤】

1.采样

消毒前与消毒后应在同一采样点进行采样。根据消毒剂作用效果产生时间确定消毒后的采样时间。

(1)物体表面样品采集

①采样点　采样区域包括地面、墙壁、下水道、设施设备和器械工具表面(饮水器、水线、料槽、料线、围栏、门窗、工具等)、场区道路、车辆。地面、墙壁和下水道按照“对角线”位置,设定 5 个采样点;设施设备和器械工具表面随机均匀设定 3～5 个采样点;场区道路采样区域为养殖场主干道,选择道路中央平整处,随机均匀设定 3～5 个采样点;车辆采样区域为车头、驾驶室(方向盘、脚踏处、中控台等)、车底盘、车轮、车厢厢体、厢底、车厢夹缝和随车物品(如篷布)等部位,随机均匀设定 3～5 个采样点。

②采样方法　采样点有规则平面的,将 5 cm×5 cm 的正方形标准灭菌规格板,放置于采样点表面,用浸有相应中和剂的棉拭子,反复均匀涂满整个方格;采样点无规则平面的,如饮水器、水线、料槽、料线、围栏、门窗、工具、车辆方向盘、车厢夹缝等处,用浸有相应中和剂的棉拭子直接涂擦采样。采样后将棉拭子采样部位放入含 10 mL 中和剂的采样管中,弃去手接触部分的棉拭子。现场样品送实验室检测,如无法及时检测,室温存放不超过 2 h,4 ℃冰箱存放不

超过 4 h。

(2)舍内空气样品采集

①采样点　室内面积不足 50 m^2 的设置 1 个测点，50～200 m^2 的设置 2 个测点，200 m^2 以上的设置 3～5 个测点。室内 1 个测点的设置在中央，2 个采样点的位置在室内对称点上，3 个测点的位置在室内对角线 4 等分的 3 个等分点上，5 个测点按梅花布点，其他的按均匀布点原则布置。测点距离地面高度 1.0～1.5 m，距离墙壁不小于 0.5 m。测点应避开通风口、通风道等空气流通处。

②采样方法　采用空气沉降法采样，将营养琼脂平板置于采样点处，用记号笔标记上养殖场名称、放置位置或者数字代码，打开培养皿盖，于空气中暴露 10 min，盖上培养皿用保鲜膜包好带回实验室。

2. 检测与计算方法

(1)物体表面样品　将放有棉拭子的采样管充分振荡，随后将样品 10 倍稀释，取 1 mL 以琼脂倾注法接种平皿，每个样品接种 2 个平皿，置(36±1) ℃恒温箱培养 48 h 后，进行菌落计数(CFU/mL)，每个采样区域采样点取平均值并换算为对数值。

$$杀灭对数值=消毒前活菌浓度的对数值-消毒后活菌浓度的对数值$$

(2)舍内空气样品　将采样平皿置(36±1) ℃恒温箱培养 48 h，进行舍内空气菌落数计数(CFU/皿)，菌落计数以菌落形成单位(CFU)表示，舍内多个采样点取平均值并计算出杀菌率。

$$杀菌率=\frac{消毒前样品平均菌落数-消毒后样品平均菌落数}{消毒前样品平均菌落数}\times 100\%$$

$$细菌总数(CFU)/m^3= N\times 100，N\ 表示平皿上长出的菌落数$$

(3)对照试验

①阴性对照　将试验未用完的中和剂溶液和培养基分别作为阴性对照。

②阳性对照　使用标准菌(金黄色葡萄球菌或大肠杆菌)作为阳性对照。

【消毒效果评价】

(1)物体表面样品消毒效果评价　阴性对照应无菌生长，阳性对照细菌生长良好，杀灭对数值均≥1，判为消毒合格。其余为不合格。

(2)舍内空气样品消毒效果评价　阴性对照应无菌生长，阳性对照细菌生长良好，杀菌率≥90%，判为消毒合格。其余为不合格。

【注意事项】

(1)采样前，采样人员应穿上防护服、鞋套，戴上口罩和护目镜，手部用 75%酒精消毒处理，并戴上一次性橡胶手套采样；每采集一个样品，更换一次手套。棉拭子涂抹采样时，需尽量使棉拭子大小、涂抹的力度一致。空气舍内采样前 1 h 需要将待检房舍门窗与通风口关闭好。

(2)消毒前与消毒后应该在同一采样点进行采样。

(3)养殖场的消毒可采用物理、化学或生物学方法清除和杀灭环境和各种物品中的病原微生物及其他有害微生物的处理过程。

(4)为了准确评价消毒剂对微生物的杀灭作用，在进行消毒效果评价前，应选择能及时终止消毒剂的杀灭微生物作用，而本身及其与消毒剂的反应产物对微生物无抑制或杀灭作用，且对培养基无不良影响的中和剂进行中和试验。

【实训任务单】

任务单 养殖场消毒效果的检查

班　级：		姓　名：	
学　号：		组　别：	
步骤一：空气中微生物检测			
问题 1　空气中微生物检测怎么采样？ 问题 2　空气中微生物检测操作中有哪些注意事项？ 问题 3　空气中微生物检测结果怎样分析？			
步骤二：物体表面微生物检测			
问题 4　物体表面微生物检测怎么采样？ 问题 5　物体表面微生物检测结果怎样分析？			
步骤三：综合分析			
问题 6　通过计算本试验杀灭对数值和杀菌率，养殖场消毒效果，如果消毒不合格，请分析原因。			

实训三　养殖场水源细菌检测技术

【实训目标】掌握养殖场水源的采样、细菌检测方法和结果判断。

检测水中的细菌数量是评价水质状况的重要指标之一。养鸡场饮水是否符合卫生标准，需要进行水中细菌数量及大肠菌群数量的测定。养殖场饮用水细菌学指标：菌落总数≤1 000 CFU/mL，大肠菌群系以 100 mL 检样内大肠菌群最大可能数(MPN)表示，即大肠菌群 MPN/100 mL≤10。

【材料准备】

营养琼脂培养基、乳糖蛋白胨发酵管(内倒置小管)、双倍乳糖蛋白胨发酵管、伊红-亚甲蓝琼脂培养基、无菌空瓶、无菌水、无菌培养皿、移液管、试管。

【方法步骤】

一、菌落总数的检测

1. 采取水样

采取深井水、水箱水和水线水。先将自来水龙头用火焰灭菌，再开放水龙头使水流 5 min 后，用无菌空瓶接取水样。水样采取后应立即检验，不得超过 4 h。

2. 水样稀释

将灭菌的 3 支试管分别加入 9 mL 的无菌水，标上 1、2、3 的记号。充分振荡水样，从中吸取 1 mL 于 1 号试管中，充分振荡即得的稀释液。同理配制 1∶100 及 1∶1 000 稀释液。深井水、水箱水和水线水分别按照以上方法进行稀释。

3. 制作平板

分别在无菌平皿内加入 1∶1 000、1∶100、1∶10、原样品各 1 mL，每个稀释度水样各做 2 个平板，另取 2 个灭菌培养皿，各加 1 mL 灭菌的蒸馏水，作为空白对照。将冷却至 45 ℃左右的营养琼脂倾注于平皿中，并立即在桌上旋摇平皿，使水样与培养基充分混匀。

4. 菌落培养

待培养基凝固后，倒置于(36±1) ℃培养箱内，培养 48 h，进行菌落计算。

5. 菌落计数方法

做平皿菌落计数时，可用眼睛直接观察，必要时用放大镜检查，以防遗漏。

先计算同一稀释度的平均菌落数。若其中一个平板有较大片状菌苔生长时，则不应采用，而应以无片状菌苔生长的平板作为该稀释度的平均菌落数。若片状菌落不到平皿的一半，而其余一半中菌落数分布又很均匀，则可将此一半的菌落数乘 2 代表全平板的菌落数，然后再计算该稀释度的平均菌落数。

6. 不同稀释度的选择及菌落计算方法

(1)首先选择平均菌落在 30～300 的平板，当只有一个稀释度的平均菌落符合此范围时，则以该平均菌落数乘其稀释倍数即为该水样的细菌总数(表 13-1 中实例 1)。

(2)若有两个稀释度的平均菌落数都在 30～300，则按两者菌落总数之比值来决定。若其比值小于 2 应取两者的平均数；若大于 2 则取其中稀释度较小的菌落数；若等于 2 则取其中稀释度较小的菌落数(表 13-1 中实例 2、3、4)。

(3)若所有稀释度的平均菌落数均大于 300,则按最高稀释度的平均菌落数乘以稀释倍数计数(表 13-1 中实例 5)。

(4)若所有稀释度的平均菌落数均小于 30,则按最低稀释度的平均菌落数乘以稀释倍数计数(表 13-1 实例 6)。

(5)若所有稀释度的平均菌落数均不在 30～300,则以最接近 300 或 30 的平均菌落数乘以稀释倍数计数(表 13-1 中实例 7)。

(6)若所有稀释度的平板上都无菌落生长,则以未检出报告。

(7)如果所有平板上都菌落密布,不要用“多不可计”报告,而应在稀释度最大的平板上,任意计其中 2 个平板 1 cm^2 中的菌落数,除 2 求出每平方厘米内平均菌落数,乘以底面积 63.6 cm,再乘其稀释倍数作为报告数。

【菌落计数结果的报告】菌落数在 100 以内时按实有数报告,大于 100 时,采用两位有效数字,在两位有效数字后面的数值,以四舍五入方法计算,为了缩短数字后面的零数,也可用 10 的指数来表示(表 13-1 报告方式列)。如果检测水样菌落总数≤1 000 CFU/mL,报告为养殖场饮用水质细菌指标合格,如果检测水样菌落总数>1 000 CFU/mL,报告为养殖场饮用水质细菌指标不合格,应采取相应措施。

表 13-1 稀释度选择及菌落总数报告方法(两位数以后的数字采取四舍五入)

实例	不同稀释度的平均菌落数/(个/mL)			两个稀释度菌落数之比	菌落总数/(个/mL)	报告方式/(个/mL)
	10^{-1}	10^{-2}	10^{-3}			
1	1 365	164	20	—	16 000	16 000 或 1.6×10^4
2	2 760	295	46	1.6	37 750	38 000 或 3.8×10^4
3	2 890	271	60	2.2	27 100	27 000 或 2.7×10^4
4	150	30	8	2.0	1 500	1 500 或 1.5×10^3
5	多不可计数	4 650	513	—	513 000	510 000 或 5.1×10^5
6	27	11	5	—	270	270 或 2.7×10^2
7	多不可计数	305	12	—	30 500	31 000 或 3.1×10^4

二、大肠菌群的检测

1. 采取水样

同菌落总数的检测,采用多管发酵法进行检查。

2. 水样稀释

同菌落总数的检测。选取 3 个适宜稀释度,每个稀释度接种 5 管。

3. 乳糖发酵实验

(1)取 10 mL 水样接种到 10 mL 双倍乳糖蛋白胨培养液中,取 1 mL 水样接种到 10 mL 单倍乳糖蛋白胨培养液中,另取 1 mL 水样注入 9 mL 灭菌生理盐水中,混匀后吸取 1 mL(即 0.1 mL 水样)注入 10 mL 乳糖蛋白胨培养液中,每一稀释度接种 5 管。

(2)如需经常检验或每天检验一次的,可直接接种 5 支双倍培养基,每支培养基接种

10 mL 水样。

（3）如水样污染较严重，应加大稀释度，可接种 1 mL、0.1 mL、0.01 mL，甚至 0.1 mL、0.01 mL、0.001 mL，每个稀释度接种 5 管，每个水样共接种 15 管。接种 1 mL 以下水样时，必须做 10 倍递增稀释后，取 1 mL 接种，每递增稀释 1 次，换用 1 支 1 mL 灭菌刻度吸管。

（4）轻摇试管，使液体充分混匀，置（36±1）℃培养箱中，培养 24 h。

（5）观察每管是否产气，如不产气报告为大肠杆菌阴性。若有气体产生则为推测性试验阳性，需做进一步的证实试验。

4. 证实试验

（1）平板分离　自推测性检验阳性管中取一接种环培养液，接种到伊红-亚甲蓝琼脂平板上，置（36±1）℃培养箱培养 18～24 h，观察菌落形态，典型的大肠菌群菌落为黑紫色或紫红色，具有金属光泽。

（2）乳糖复发酵试验　挑取可疑大肠菌群菌落 1 或 2 个进行革兰氏染色，同时接种乳糖发酵管，于（36±1）℃培养箱中，培养 24 h。

（3）结果判定　凡乳糖发酵管最终产酸产气，革兰氏染色为阴性的无芽孢杆菌，即证实有大肠菌群存在，说明所检水样中有大肠菌群存在。

5. 结果报告

根据证实试验的阳性管数，查 MPN 检索表（表 13-2、表 13-3），得出大肠杆菌的最可能数。结果以每 100 mL 水样中的总大肠菌群最可能数（MPN）报告。稀释样品查表后所得结果应乘以稀释倍数。如所有乳糖发酵管均阴性时，可报告总大肠菌群未检出。如果水样检测不合格，养殖场应采取相应措施。

表 13-2　大肠埃希氏菌（MPN）检索表（部分）

（总接种量 55.5 mL，其中 5 份 10 mL 水样、5 份 1 mL 水样、5 份 0.1 mL 水样）

接种量/mL			总大肠菌群/（MPN/100 mL）	接种量/mL			总大肠菌群/（MPN/100 mL）
10	1	0.1		10	1	0.1	
0	0	0	<2	1	0	0	2
0	0	1	2	1	0	1	4
0	0	2	4	1	0	2	6
0	0	3	5	1	0	3	8
0	0	4	7	1	0	4	10
0	0	5	9	1	0	5	12
4	5	0	41	5	5	0	240
4	5	1	48	5	5	1	350
4	5	2	56	5	5	2	540
4	5	3	64	5	5	3	920
4	5	4	72	5	5	4	1 600
4	5	5	81	5	5	5	>1 600

表 13-3 用 5 份 10 mL 水样时各种阳性和阴性结果组合时的最可能数(MPN)

5 个 10 mL 发酵管中阳性管数量/支	最可能数(MPN)/(MPN/100 mL)
0	<2.2
1	2.2
2	5.1
3	9.2
4	16.0
5	>16

【注意事项】

(1)定期进行水质监测。养殖场应充分重视饮水质量对畜禽生产成绩的影响,每个季度应对本场的水质进行一次检测,发现不合格要及时采取处理措施,保证饮水质量长期稳定合格。

(2)在空舍期间要彻底进行水线的清洗。一种方法是用高压水冲洗管道,然后加去垢的消毒剂浸泡 6 h 以上,再用高压水冲洗管道至流出清水为止,能达到充分去垢、消毒双重效果。

(3)饲养阶段可每月 2 次用酸化剂浸泡水线 6 h 以上,用清水反冲处理 1~2 次来进行清洗消毒。

(4)饮水中细菌严重超标出现腹泻症状的养殖场,可以定期在饮水中添加消毒剂,一般每月使用 2~3 次,可选用高锰酸钾(0.01%,现配现用)、过氧乙酸(0.02%)、酸化剂等。

【实训任务单】

任务单 养殖场水质细菌的检测

班 级:		姓 名:	
学 号:		组 别:	
步骤一:菌落总数的检测			
问题 1 水样取样方法是什么? 问题 2 菌落总数检测的方法及步骤是什么? 问题 3 菌落总数的计算与结果判定。			
步骤二:大肠菌群的检测			
问题 4 本试验中大肠菌群检测采用的是什么方法? 问题 5 怎么判断分离到的微生物是大肠杆菌? 问题 6 分组讨论大肠菌群计算方法。			

水质检测报告单

<table>
<tr><td>样品</td><td>样品数量</td><td colspan="2">菌落总数/(CFU/mL)</td><td colspan="2">总大肠菌群/(MPN/100 mL)</td></tr>
<tr><td>深井水</td><td>1</td><td colspan="2"></td><td colspan="2"></td></tr>
<tr><td>水箱水</td><td>1</td><td colspan="2"></td><td colspan="2"></td></tr>
<tr><td>水线水</td><td>1</td><td colspan="2"></td><td colspan="2"></td></tr>
<tr><td colspan="2">参照标准</td><td colspan="2">1 000 CFU/mL</td><td colspan="2">MPN/100 mL</td></tr>
<tr><td colspan="2">报告结果(合格/不合格)</td><td colspan="2"></td><td colspan="2"></td></tr>
<tr><td colspan="2">总　　评</td><td colspan="4"></td></tr>
<tr><td>送检日期</td><td></td><td>送检人及电话</td><td></td><td>送检样品及数量</td><td></td></tr>
</table>

Note: the last row continues with 检验项目 and an empty cell.

检验人：　　　　复核人：　　　　检验日期：　　　年　　月　　日

实训四　疫苗免疫接种技术

【实训目标】初步掌握疫苗免疫接种技术，免疫接种后应急处理。

【材料准备】

根据动物种类、日龄、用途等合理选择器械。家禽采用 1 mL、2 mL、5 mL 注射器或连续注射器，5—9 号针头、气雾免疫发生器、镊子、剪毛剪、塑料盆、毛巾、纱布、脱脂棉、搪瓷盘、工作服、登记卡片等。5%碘酊、75%酒精、来苏尔或新洁尔灭等消毒剂、疫苗。

【免疫操作原则】

(1)先检查后免疫　操作人员应认真检查免疫动物健康状况、疫苗质量、器械配备，确认无误后方可实施免疫。

(2)消毒　免疫操作时应对接种器械及接种部位进行消毒。

(3)生物安全防护　操作人员应严格遵守生物安全操作相关规定，避免病原微生物传播和对人体的伤害。免疫废弃物应进行生物安全处理。

(4)人员要求　免疫操作人员应具备兽医专业知识，掌握动物疫病传播流行与预防、生物制品的相关知识，熟悉动物保定和疫苗使用技术，身体健康，无人兽共患性疾病。

【方法步骤】

一、免疫接种前的准备

1. 一般准备

根据动物传染病免疫接种计划，统计接种对象及数量，确定接种日期；准备器材和药品、疫苗出入库登记表、免疫登记表；安排及组织接种和动物保定人员。见表 13-4、表 13-5。

表 13-4 （单位名称）__________疫苗出入库登记表

日期	疫苗名称	规格	数量	生产企业	批号	生产日期	失效期

经办人： 复核人： 年 月 日

表 13-5 （单位名称）__________疫苗免疫登记表

日期	疫苗名称	接种对象	接种剂量	操作人

经办人： 复核人： 年 月 日

2. 疫苗检查

接种前准备足够的疫苗，认真检查，对无瓶签或瓶签模糊不清、瓶盖松动、疫苗瓶裂损、失真空、破乳（油层超过 1/3）、超过有效期、色泽与说明不符、瓶内有异物、气味异常、发霉、结块、不溶解等的疫苗不得使用。

3. 免疫动物

接种前对预定接种的动物进行了解及临床观察，必要时进行体温检查。①对完全健康的动物进行疫苗接种；②凡体质过于瘦弱、体温升高或疑似患病的动物均不应接种，做好记录，以后及时补种；③紧急接种应按安全区、受威胁区、疫区的顺序进行；④调入动物，应在隔离观察结束后进行免疫。

4. 器械准备

注射器、针头、疫苗稀释瓶等器械应洁净，使用前将所用器械用纱布包裹，经 121 ℃高压蒸汽灭菌 20～30 min，或煮沸消毒 30 min 后用无菌纱布包裹，冷却备用。

二、免疫接种方法

根据不同疫苗的使用要求采用相应的接种方法。详见项目一任务三。

三、免疫接种后的护理和观察

接种后的家禽可发生暂时性的抵抗力降低现象，应对其进行较好的护理与管理，有时还可发生疫苗反应，需仔细观察。免疫接种后 30 min 内，应注意观察家禽精神、食欲、行为状况等有无异常；接种家禽 24 h 内出现一般副反应，表现为精神沉郁、食欲不振、注射部位肿胀等症状，不需特殊治疗；接种家禽 24 h 内出现严重副反应，表现呼吸加快、肌肉震颤、口吐白沫、倒地抽搐等严重症状，可应采取对症疗法，家禽多淘汰，进行无害化处理。

四、免疫接种的注意事项

（1）工作人员穿工作服及胶鞋，戴口罩。工作前后洗手消毒。

（2）仅对健康禽类进行接种。

(3)选择与流行毒株相同血清型的疫苗。

(4)疫苗现用现配,配好的疫苗应在 1 h 内用完。

(5)为了减少应激,最好在晚上接种或光线稍暗的环境下接种。

(6)饮水免疫只能使用塑料容器,不能使用金属容器。

(7)严格执行消毒及无菌操作,家禽注射时应每笼更换一个针头。

(8)每次免疫用的疫苗名称、批号、有效期、数量及生产厂家均应详细记录,以备查。

(9)对使用过的疫苗空瓶、酒精棉、一次性注射器,以及废弃疫苗,应进行生物安全处理。

【实训任务单】

任务单　免疫接种技术

班　级:		姓　名:	
学　号:		组　别:	
步骤一:免疫接种准备			
问题 1　免疫接种前需要准备的物品有哪些? 问题 2　操作人员应该如何准备?			
步骤二:免疫接种实施			
问题 3　免疫接种的方法有哪些? 问题 4　免疫接种的注意事项有哪些?			
步骤三:接种后护理			
问题 5　接种后需要对禽群的哪些情况进行观察记录?			
综合分析			
制定一份详细的商品蛋鸡免疫程序,包括接种日龄、疫苗名称、接种途径、接种剂量。			

实训五 动物传染病疫情调查分析

【实训目标】掌握传染病流行病学调查的一般方法和资料的初步统计。

【材料准备】传染病流行病学的调查表、计算器、某养殖场的疫情资料等。

【方法步骤】

1.拟定调查提纲

(1)单位及养殖户(场)名称和地址。

(2)单位概况 包括地理情况、地形特点、气象资料(季节、天气、雨量等)、耕地数量及性质、草原数量、土壤和植物特性、野生畜禽的种类及分布、单位职工情况,被调查的动物概况(数量、品种、性别、年龄组成、补充来源等)。

(3)养殖场卫生状况 包括动物的饲养(共同的或单个的)、护理和使役;畜禽舍及邻近地区状况;饲料的品质、来源地、贮藏、调配和饲喂方法;水源的状况和饮水处(水井、水池、河流等)的情况;中间宿主和传播媒介存在和分布情况;预防消毒和一般预防措施的执行情况;尸体的处理和毁灭的方法;尸体、废物利用场的位置、设备和卫生状况及兽医监督情况等;有无检疫室、隔离室、屠宰场、产房等及其兽医卫生状况,洗涤水的排泄情况。

(4)一般流行病学资料 包括农牧场补充动物的条件、预防检疫规则的执行情况;何时由该场运出家畜和原料以及运往何处;该农牧场以往的疫情、禽群何时患过疫病,有多少猪感染,发病、死亡,在所调查疫病发生之前,何时登记最后一个疫病的病例;邻近地区的疫情,禽群发病死亡情况:营养状况,发病数,临床表现,死亡数,病死动物的剖检情况,发病和死亡时间,已采取的措施及其效果。

2.调查方法

按照调查提纲,采取询问、查阅各种记录(如气象、生产、治疗等)和实地考察等方式进行。

3.调查材料的整理与分析

对于所获得的资料,应进行数据统计(如发病率、死亡率、病死率等)和情况分析,提出规律性资料(如生产能力,发病季节,与降雨量及水源的关系,与中间宿主和传播者的关系,与人、犬、猫等的关系等)。

【实训任务单】

任务单 校内实训基地鸡场流行病学的调查

班 级:		姓 名:	
学 号:		组 别:	
步骤一:拟定调查提纲			
问题1 了解实训基地鸡场的现有存栏数量和鸡群免疫程序。 问题2 了解实训基地鸡场使用的消毒药物和消毒方法。			

续表

问题 3　了解实训基地鸡场年饲养数量、出栏数量、发病数量、死亡数量。 问题 4　实训基地鸡场的粪污处理方法。
步骤二：调查方法
问题 5　画出实训基地鸡场的布局草图并分享。
步骤三：调查材料的整理与分析
问题 6　讨论列出实训基地鸡场在规划布局上与之前所学知识不符的地方。
综合分析
小组讨论完成，根据校内基地调查结果，给出合理化的建议。

实训六　新城疫抗体监测技术

【实训目标】掌握新城疫免疫抗体水平测定的操作方法、结果判断及实践应用。

【材料准备】普通天平、分析天平、离心机、微量振荡器、冰箱、高压灭菌器、微量移液器、试管、吸管、96 孔 V 形血凝反应板、1%鸡红细胞悬液、阿氏液、pH 7.2 磷酸盐缓冲液(PBS)、灭菌生理盐水、新城疫抗原、新城疫阳性血清、被检鸡血清等。

1. 1%鸡红细胞悬液

采集至少 3 只 SPF 公鸡或无新城疫抗体的非免疫鸡的抗凝血液，放入离心管中，加入 3～4 倍体积的 PBS 混匀，以 2 000 r/min 离心 5～10 min，去掉血浆和白细胞层，重复以上过程，反复洗涤 3 次，用 PBS 配成体积分数为 1%的鸡红细胞悬液，于 4 ℃保存备用。

2. pH 7.2 磷酸盐缓冲液(PBS)配制

氯化钠 8.0 g、氯化钾 0.2 g、磷酸氢二钠 1.44 g、磷酸二氢钠 0.24 g，加蒸馏水至 1 000 mL。将上述成分依次溶解，pH 调至 7.2，分装，121 ℃、15 min 高压灭菌，于 4 ℃保存。

3. 被检血清制备

新城疫免疫鸡群采血，翅静脉采血 2 mL 装入小离心管中，放置室温下静置 2～3 h 或 4 ℃冰箱过夜，自然析出或凝固后离心，吸出于 4 ℃保存。

【方法步骤】

新城疫抗体水平检测最常用方法是微量血凝抑制(HI)试验。在进行 HI 试验之前必须先进行 HA 试验,测定病毒抗原的血凝效价,以确定 HI 试验 4 个血凝单位所用病毒抗原的稀释倍数。

一、血凝(HA)试验

1. 血凝试验操作程序(表 13-6)

(1)取 96 孔 V 形微量反应板,用微量移液器在 1～12 孔每孔加 25 μL PBS。

(2)吸取 25 μL 标准新城疫病毒抗原加入第 1 孔中,吹打 3～5 次充分混匀。

(3)从第 1 孔中吸取 25 μL 混匀后的标准新城疫病毒抗原加到第 2 孔,混匀后吸取 25 μL 加入第 3 孔,依次进行系列倍比稀释到第 11 孔,最后从第 11 孔吸取 25 μL 弃之,设第 12 孔为 PBS 对照。

(4)每孔再加 25 μL PBS。

(5)每孔加入 25 μL 体积分数为 1%的鸡红细胞悬液。

(6)将反应板置于微型振荡器上振荡混匀,或手持反应板轻轻摇动均匀,并放室温 20～30 ℃ 下静置作用 20～30 min 后,观察结果,若环境温度太高,放 2～8 ℃静置 60 min,PBS 对照孔的红细胞呈明显的纽扣状沉于孔底时判定结果。

2. 结果判定

在 PBS 对照孔出现正确结果的情况下,将反应板倾斜,观察红细胞有无泪痕流下,红细胞完全凝集时不流淌。# 表示红细胞 100%凝集,+++ 表示 75%凝集,++ 表示 50%凝集,+ 表示 25%凝集,－表示不凝集。以完全凝集的病毒最大稀释度为该抗原的血凝滴度或称血凝效价。表 13-6 例的抗原的血凝效价为 1∶256。第 12 孔为红细胞对照,应不凝集。

表13-6 新城疫血凝试验操作程序 μL

孔号	1	2	3	4	5	6	7	8	9	10	11	12
病毒稀释倍数	1∶2	1∶4	1∶8	1∶16	1∶32	1∶64	1∶128	1∶256	1∶512	1∶1 024	1∶2 048	红细胞对照
PBS	25	25	25	25	25	25	25	25	25	25	25	25
病毒	25 →	25 →	25 →	25 →	25 →	25 →	25 →	25 →	25 →	25 →	25 →	弃 25
PBS	25	25	25	25	25	25	25	25	25	25	25	25
1%鸡红细胞	25	25	25	25	25	25	25	25	25	25	25	25
室温 20～30 ℃下静置 20～30 min												
结果判定	#	#	#	#	#	#	#	#	+++	++	+	－

注:“#”表示 100%凝集,“+++”表示 75%凝集,“++”表示 50%凝集,“+”表示 25%凝集,“－”表示不凝集。

二、血凝抑制试验

1. 4 个血凝单位抗原配制及验证

根据血凝试验结果配制 4 个血凝单位(4 HAU)抗原。完全凝集的病毒的最高稀释倍数为 1 个血凝单位(HAU),本试验 1 HAU 的血凝滴度为 1∶256,那么 1∶128、1∶64、1∶32 分别为 2 个、4 个、8 个凝集单位。则 4 HAU 抗原的稀释倍数应为 1∶64(256 除以 4),将 1 mL 抗原加入 63 mL PBS 中即为 4 HAU 抗原。配置好后必须对 4 HAU 的抗原进行测试验证，方法见表 13-7。

表 13-7　4 HAU 抗原验证试验术式　　μL

孔号	1	2	3	4	5
4 HAU 抗原稀释度	1:2	1:4	1:8	1:16	血细胞对照
生理盐水	25	25	25	25	25
4 HAU 病毒	25 ↘	25 ↘	25 ↘	25 ↘	弃去 25
生理盐水	25	25	25	25	25
1%鸡红细胞	25	25	25	25	25
室温静置 20～30 min					
判定结果	#	#	++	+	−

注："#"表示 100%凝集，"++"表示 50%凝集，"+"表示 25%凝集，"−"表示不凝集。

2. 血凝抑制试验操作程序(表 13-8)

(1)取 96 孔 V 形微量反应板，用移液器在第 1～11 孔各加入 25 μL PBS，第 12 孔加入 50 μL PBS。

(2)在第 1 孔加入 25 μL 新城疫待检血清，充分混匀后移出 25 μL 至第 2 孔，依次类推，倍比稀释至第 10 孔，第 10 孔弃去 25 μL，第 11 孔为新城疫阳性对照，第 12 孔为 PBS 对照。HI 效价高于 10 log 2 时可继续增加稀释的孔数。

(3)在第 1～11 孔各加入 25 μL 含 4 HAU 抗原，使反应物混合均匀，室温下(20～25 ℃)静置不少于 30 min，4 ℃下不少于 60 min。

(4)每孔加入 25 μL 体积分数为 1%的红细胞悬液，轻晃混匀后，室温下静置约 40 min，若环境温度太高，放 4 ℃静置 60 min。当 PBS 对照孔红细胞呈明显纽扣状沉于孔底时判定结果。

表 13-8　新城疫血凝抑制试验操作程序　　μL

孔号	1	2	3	4	5	6	7	8	9	10	11	12
血清稀释倍数	1:2	1:4	1:8	1:16	1:32	1:64	1:128	1:256	1:512	1:1 024	病毒对照	PBS 对照
PBS	25	25	25	25	25	25	25	25	25	25	25	50
被检血清	25 ↘	25 ↘	25 ↘	25 ↘	25 ↘	25 ↘	25 ↘	25 ↘	25 ↘	25 ↘	弃 25	
4 单位病毒	25	25	25	25	25	25	25	25	25	25	25	
室温 20～30 ℃下静置 20～30 min												
1%鸡红细胞悬液	25	25	25	25	25	25	25	25	25	25	25	25
室温 20～30 ℃下静置 20～40 min												
结果判定	−	−	−	−	−	−	−	++	#	#	#	−

注："#"表示 100%凝集，"++" 表示 50%凝集，"−"表示不凝集。

3. 结果判定

应在第 11 孔完全凝集,第 12 孔红细胞呈明显纽扣状沉于孔底时,进行结果判定。以完全抑制 4 HAU 的病毒抗原的最高血清稀释倍数为血凝抑制效价,即 HI 效价。表 13-8 的血凝抑制效价为 1∶128,通常用以 2 为底的负对数(－log 2)表示,血凝抑制效价也可以记为 7 log 2(1∶128)。

4. 结果应用

(1)雏鸡最适首次免疫时间的确定　主要根据其血清母源抗体的水平,雏鸡在 3 日龄时母源抗体滴度最高,以后逐渐下降,其半衰期约为 4.5 d,一般认为,当母源抗体滴度下降至 3 log 2(1∶8)以下进行首次免疫可获得理想免疫效果,有条件鸡场可以通过检测母源抗体,准确确定新城疫疫苗首免时间。

(2)监测免疫效果　鸡群免疫后 10～14 d,抽样采血测定 HI 效价,若 HI 抗体滴度增加 2 个以上,如免疫前 1∶8,免疫后 1∶32,则为合格;若免疫后抗体滴度很低仅有 1∶(4～8),则应进行重新免疫。监测时要随机抽样采血,血样数根据鸡群的大小而定。1 000 只以下的鸡群,取 10～15 只鸡的血样;1 000～5 000 只的鸡群,取 25～30 只鸡的血样;5 000～10 000 只的鸡群,取 40～50 只鸡的血样。

血清抗体 HI 效价低于 4 log 2 为抗体不保护,鸡群需要及时接种疫苗;如果 HI 效价大于 10 log 2 以上时,应注意结合鸡群状态,观察鸡群是否感染新城疫病毒。

【实训任务单】

任务单　新城疫抗体监测技术

班　级:		姓　名:	
学　号:		组　别:	
步骤一:器材装备			
问题 1　图示 1%鸡红细胞悬液制备流程图。			
步骤二:方法步骤			
问题 2　图示血凝试验(HA 试验)流程图。 问题 3　图示血凝抑制试验(HI 试验)流程图。			

续表

问题 4　在什么情况下判定 HI 试验结果成立?
步骤三:结果应用
问题 5　HI 效价为多少时,需接种新城疫疫苗? 问题 6　新城疫疫苗的首次免疫时间是如何确定的?
综合分析
小组讨论制定商品蛋鸡新城疫免疫程序,列出免疫日龄、疫苗名称、免疫剂量及途径。

项目十四 常见禽病诊断与治疗职业技能训练

【思政与职业素养目标】

通过职业技能训练，培养学生动手操作能力、分析问题能力和解决问题能力，提升学生的职业能力和职业素养，具备从事本专业安全生产、公共卫生和环境保护的意识，为学生后续的职业发展奠定基础。

【知识与能力目标】

1. 学会鸡病理剖检技术及病理检查程序。
2. 学会病料采集、保存与送检方法。
3. 学会鸡白痢的快速检测方法及临床应用。
4. 学会 RT-PCR 诊断技术及结果判定。
5. 学会鸡大肠杆菌病的微生物学诊断技术及结果判定。
6. 学会药敏试验方法及临床应用。
7. 学会琼脂扩散试验诊断方法及临床应用。
8. 学会鸡球虫卵囊的检查方法与结果判定。
9. 学会寄生虫标本观察。

二维码 14-1 鸡病理剖检技术

二维码 14-2 传染病病料采集

二维码 14-3 鸡白痢检疫

二维码 14-4 鸡翅静脉采血及血清制备方法

二维码 14-5 鸡大肠杆菌分离培养与初步鉴定

二维码 14-6 病原菌的药物敏感性试验

二维码 14-7 琼脂扩散试验诊断传染性法氏囊病

二维码 14-8 鸡球虫卵囊检查方法

二维码 14-9 寄生虫标本观察

实训一 鸡病理剖检技术

【实训目标】鸡的病理剖检在鸡病诊治中具有重要的指导意义，初步掌握规范的病鸡剖检程序和检查方法，有利于提高综合分析病理变化的能力。

【材料准备】

1. 防护用具准备

工作服、胶靴、橡胶手套或一次性医用手套、脸盆或塑料水桶、消毒剂、肥皂、毛巾等。若需要进入鸡舍收集病鸡或病死鸡，还须准备一次性隔离服。

2. 器械准备

解剖剪子、镊子、骨钳、手术刀、托盘。

3. 尸体处理准备

大型鸡场应建尸体发酵池或购置焚尸炉，以便处理剖检后的尸体和平时鸡场出现的病鸡、病死鸡和淘汰鸡。中小型鸡场应对剖检后的尸体进行深埋或焚烧。实验室将剖检后的尸体装入医疗垃圾袋放入指定发酵池内。

【剖检程序与检查】

教师讲解示教后，学生分组操作。

(1)宰杀活鸡　对于尚未死亡的活鸡，应先将其宰杀。常用的方法有断颈法，即一手提起双翅，另一手掐住头部，将头部急剧向垂直方向的同时，快速用力向前拉扯；颈动脉放血；静脉注射安乐死的药液、二氧化碳等。

(2)浸泡消毒尸体　将病鸡、病死鸡或宰杀后的鸡用消毒药液将其尸体表面及羽毛完全浸湿，然后将其移入不锈钢托盘或其他防漏垫上准备剖检。同时多剖几只鸡，进行对比和统计分析。

(3)固定尸体　将鸡背位仰卧，在腿腹之间切开皮肤，然后两手紧握大腿股骨向下按压，直至股骨头和髋关节完全分离，两腿可平放于解剖盘上。

(4)剥离皮肤　在两侧腹股沟之间纵切皮肤和肌膜，再于胸骨后与肛门之间的软腹壁切开皮肤，即与两侧股腹之间的皮肤切口连接起来，并继续向前纵切胸颈部皮肤直至头部。这样可以将整个胸腹部、颈部皮肤和肌肉充分暴露出来，便于检查。

(5)打开胸腹腔　用剪刀在后腹中部横行切开腹壁，沿切口的两侧分别向前用骨钳或剪刀剪断胸肋骨、乌喙骨和锁骨，最后将整个胸壁翻向头部或移去胸骨，充分暴露体腔。需仔细操作，不要剪断大血管。注意胸气囊的检查，若要采集病料，应在此时进行。

(6)在不触及的情况下，应先原位检查。

(7)剥离心、肝、脾,并做相应检查。

(8)检查胰腺后,在腺胃前剪断食管,切断肠系膜,将整个胃肠道向后翻拉,横切直肠,取下胃肠道,检查肌胃、腺胃和肠管的变化。

(9)剥离卵巢和输卵管,纵向切开检查。

(10)肾和输尿管一般做原位检查。

(11)肺从肋骨间翻向外侧,再进行检查。

(12)神经系统检查　在第一肋骨基部与最后颈椎间检查臂神经丛,在腿部剥离内收肌后检查坐骨神经,用钝剥离法在骨盆腔内去除肾中叶表层部分即可检查腰荐神经丛。

(13)骨骼检查　用骨刀纵切股骨检查骨髓,切开胫骨近端骨骺,检查软骨骨化情况。

(14)脑部检查　剥离头部皮肤,在头顶骨中线做十字切开,用骨剪去除顶骨,分离脑与周围联系,注意脑膜与实质病变。

(15)法氏囊检查　位于泄殖腔背侧,将直肠后拉即可见椭圆形法氏囊,可原位切开检查。

(16)头颈部检查　剪开一侧嘴角,检查口腔,注意舌、咽、喉、上腭裂和口腔黏膜病变,从嘴侧切口沿颈部纵轴切开颈部皮肤,检查胸腺、食管和气管外观以及两侧迷走神经;纵行切开食管、嗉囊、咽喉和气管,注意内容物性状、气味、色泽和黏膜病变;在眼与鼻孔之间用骨剪横断上啄,检查鼻腔,暴露眶下窦开口前端,用灭菌剪刀沿开口做侧面纵向剪开窦外壁,检查窦内容物。头颈部检查也可以在固定尸体后进行,可根据病鸡的症状及剖检人的习惯确定。

【检查要点】

(1)外部检查　如是活鸡,先检查外观与症状,尤其头爪部是否有异常和外寄生虫。体表注意营养状况,皮肤上有否外伤、痘疹、脓痂和可视黏膜色彩等。注意羽毛有无光泽,是否整洁、紧凑、有无脱落;营养状况如何,皮肤、翅膀、腿部有无肿胀、外伤、寄生虫、冠髯颜色有无变化、是否肿胀、萎缩、有无结痂;眼鼻、口腔有无分泌物流出,脸部是否肿胀,肛门周围有无粪污污染等。

(2)体腔检查　打开胸腹腔后,先从整体上观察各脏器的位置、颜色变化、器官表面是否光滑、有无渗出物及其性状、体腔是否积液,各脏器之间有无粘连。并及时检查胸腹气囊是否增厚浑浊,有无渗出物,气囊内有无干酪样团块,团块上有无霉菌菌丝。然后再检查内脏器官。

(3)食管　注意黏膜型禽痘、霉菌斑和其他病变等。

(4)气管　纵切气管检查黏膜状况,是否有出血、黏液和干酪样物等。

(5)嗉囊　切开嗉囊,注意内容物是否硬实阻塞或异常气味,轻轻冲洗后检查是否有霉菌病变。

(6)胸腔器官　检查心、肝、脾、肺和支气管,是否有明显异常病变,如结节、小点坏死、出血等。

(7)肠道　检查肠道有无结节、肿块、肠腔内有无出血、寄生虫、黏膜溃疡和肠内容物性状等,注意盲肠内容物性状,是否出血和肠壁上有无小结节、肿块以及寄生虫等。

(8)腺胃　注意腺胃是否肿胀,乳头是否出血,是否有寄生虫,乳头间有无出血。腺胃与肌胃交界处、腺胃与食管交界处有无出血带。

(9)肌胃　注意肌胃内容物的性状,是否发绿或发黑,有无杂物堵塞。角质膜是否溃烂,剥离角质膜，注意黏膜是否溃烂和出血。

(10)生殖系统检查　注意卵巢、睾丸是否发育正常，有无肿瘤，卵泡有无出血、变形、破裂等。输卵管是否肿胀，有无黄白色分泌物。

(11)神经系统检查　主要检查坐骨神经、臂神经和小脑。注意两侧神经是否粗细均匀，横纹是否清晰，有无肿瘤，是否水肿；剖开颅腔，取出大脑和小脑，观察是否有出血和液化性坏死等。

(12)免疫器官检查　注意脾脏是否肿大，有无出血、坏死、肿瘤等变化；法氏囊是否肿大，弹性、色泽如何，囊腔中有无分泌物，囊壁有无出血等变化；盲肠扁桃体有无出血、溃疡。

(13)骨骼和关节　检查腿部长骨和关节，是否有骨骼生长障碍和关节炎等病变。

【剖检注意事项】

(1)做好防护工作　剖检人员在剖检前换上一次性工作服、胶靴，戴优质的橡胶手套、帽子、口罩、面罩等，以防吸入病鸡的组织或粪便形成的尘埃等。如果怀疑待检鸡感染的疾病可能是人兽共患病，严禁剖检。

(2)剖检前消毒　用消毒药液将病死鸡的尸体、剖检的台面、搪瓷盘或防漏垫等完全浸湿和消毒。注意剖检时，病死鸡的尸体下应垫防渗漏的材料，如搪瓷盘、塑料布或塑料袋，避免病原的传播和二次污染。

(3)剖检时效性　如果病鸡已死亡则应立即剖检，寒冷季节一般应在病鸡死后 24 h 内剖检，夏天则时间相应缩短，以防尸体腐败对剖检病理变化造成影响。

(4)剖检人员出现损伤的处理　在剖检过程中，如果剖检人员不慎割破自己的皮肤，应立即停止工作，先用清水洗净，挤出污血，涂上药物，用纱布包扎或贴上创可贴；如果剖检的液体溅入眼中，应先用清水洗净，再用 20%的硼酸冲洗。

(5)剖检后的消毒　剖检完毕，剖检用具要清洗干净，消毒后保存。剖检人员应用肥皂或洗衣粉洗手、洗脸，并用 75%的酒精消毒手部，再用清水洗净。剖检后的鸡尸体、剖检产生的废弃物、剖检人员的工作服等应进行无害化处理。剖检场地要进行彻底消毒。

【实训任务单】

任务单　鸡病理剖检技术

班　级：		姓　名：	
学　号：		组　别：	
步骤一：剖检程序			
问题 1　剖检前需要对动物进行哪些检查？ 问题 2　鸡剖检流程图。 问题 3　剖检前需要准备哪些物品？			

续表

步骤二:检查要点
问题 4 消化系统疾病重点检查哪些组织器官病理变化?
问题 5 呼吸系统疾病重点检查哪些组织器官病理变化?
问题 6 剖检后的消毒处理。

实训二 病料的采集、保存与送检

【实训目标】学会被检病料的采集、保存、包装、记录的方法。

【材料准备】

1. 器材

保温箱或保温瓶、解剖刀、剪刀、镊子、酒精灯、酒精棉、碘酊棉、注射器、针头、无菌棉拭子、胶布、不干胶标签、一次性手套、乳胶手套、无菌样品容器(小瓶、平皿、离心管及易封口样品袋、塑料包装袋)等。

2. 药品

葡萄糖、柠檬酸钠、柠檬酸、氯化钠、甘油、磷酸二氢钾、磷酸氢二钾、0.02%酚红、氯化钾、青霉素、链霉素、阿米卡星、制霉菌素、盐酸等。

【方法步骤】

一、病料的采集

1. 解剖前检查

如疑为高致病性禽流感,应立即向所在地农业农村主管部门或者动物疫病预防控制机构报告,做好防护,避免扩散,等待主管部门检查与确诊。

2. 取材时间

采取病料的最好时间,应在病禽死前或死后数小时采取,最好不超过 6 h,以免尸腐后影响诊断结果。

3. 器材

器材必须消毒,采取病料后的器材必须经过酒精灯烧灼消毒后,才能采取另种病料,必须要遵守无菌操作规程。

4. 病例选择

应选取临床表现比较明显而典型的病例。如选取流行后期症状不明显病例的病料,往往不易得出正确的结果。

5.病料采取部位

病料必须新鲜，采取病料应根据不同的疫病，采其相应的脏器或内容物。在无法估计是某种疫病时，可进行全面的采取。

(1)脓汁　用灭菌注射器无菌操作，抽取未破溃的脓肿深部的脓汁，置灭菌试管中。若为开口的化脓灶或鼻腔时，则用无菌棉签浸蘸后，放在灭菌试管中。

(2)粪便的采取　应以新鲜为佳，采取 2～10 g 放入灭菌瓶内。

(3)血液、血清采取　无菌采取全血 10 mL，立即注入盛有 5%柠檬酸钠 1 mL 的灭菌试管内。如禽已死亡，可无菌采取右心房的血液，同样置于试管内。如要分离血清，可无菌采取血液 10 mL，注入灭菌试管内，分离血清。

(4)胆汁　先用烧红的刀片或铁片烙烫胆囊表面，再用灭菌吸管或注射器刺入胆囊吸取胆汁，盛于灭菌试管中。

(5)实质器官　可选择典型病变组织连同一部分正常组织，切下 1～2 块，每块不小于 4 cm×2 cm×2 cm，供微生物学检查的放于灭菌瓶内，供病理组织学检查的放于 10%甲醛溶液或 70%～90%酒精中。

(6)肠　用烧红刀片将欲采取的肠表面烙烫后穿一小孔，持灭菌棉签插入肠内，采取肠管黏膜或内容物；也可用线扎紧一段肠道(约 6 cm)两端，将两端以外切断，置于灭菌器皿内。

(7)脑、骨髓　放入装有 50%灭菌甘油生理盐水瓶内和装有 10%甲醛溶液瓶内中各一块供用。

(8)供显微镜检查用的抹片　在剖检或采取病料时，取脓汁、血液、渗出液等病料用载玻片制作涂片；脏器等病料可用载玻片制成触片，干燥后包扎好待检。应注明号码，并另附说明。每个样本制片 2～4 张。

二、病料的记录和包装

1.采样单及标签的填写

逐项填写采样单(一式三份)、样品标签和封条。应将采样单和病史资料装在塑料包装袋中，随样品一起送到实验室。样品信息至少应包括以下内容：送检单位或送检人姓名、地址和联系电话，病料名称，被感染动物的种类、检验目的、采样日期，发病动物的主要临床症状和剖检变化、治疗情况、流行情况等，以供检验人员综合分析用。

2.送检病料的包装

每个组织样品应仔细分别包装，在样品袋或平皿外贴上标签，标签注明样品名、样品编号、采样日期等，再将各个样品放到塑料包装袋中。拭子样品、小塑料离心管应放在特定塑料盒内。血清样品装于小瓶时，在其周围应加填塞物，以避免小瓶晃动。外层包装应贴封条，有采样人签章，并注明贴封日期，标注放置方向。

三、病料的保存和运送

1.细菌检验病料

通常保存在灭菌液体石蜡、30%甘油缓冲盐水或饱和氯化钠溶液内。细菌检验的液体病料，可封存在灭菌的细玻璃管内或灭菌的试管、小瓶中运送。肠道病料，应先将肠道两端用细绳结扎，用灭菌盐水清洗肠道表面，将肠管置于盛有上述保存液的灭菌容器内运送。

2. 病毒检验病料

通常用 50%甘油缓冲盐水或加有青霉素、链霉素的磷酸缓冲盐水中或培养病毒用的维持液中保存、送检。

3. 血清学检验病料

如为固形病料(如肝、脾、肾、皮肤、小块胃肠等)，可用硼酸或食盐处理后包扎运送；液体病料(血清、渗出液)可在每毫升中加入 3%～5%石炭酸液 1～2 滴，包装好后运送。

4. 运送

样品应置于保温容器中运输，一般使用保温箱或保温瓶。保温容器外贴封条，封条有贴封人(单位)签字(盖章)，并注明贴封日期。样品应在特定的温度下运输，尽快送至检验部门，运送途中避免接触高温及日光。样品到达实验室后，应按有关规定冷藏或冷冻保存。长期保存的样品应－70 ℃超低温保存，尽量避免反复冻融。

四、常用保存剂及其配制方法

1. 30%甘油缓冲盐水溶液

纯中性甘油 30 mL，氯化钠 0.5 g，碱性磷酸钠 1.0 g，0.02%酚红 1.5 mL，中性蒸馏水加至 100 mL。混合后，在 121 ℃高压灭菌器中灭菌 30 min。

2. 50%甘油缓冲盐水溶液

氯化钠 2.5 g，酸性磷酸钠 0.46 g，碱性磷酸钠 10.74 g，纯中性甘油 150 mL，中性蒸馏水 50 mL(氯化钠、酸性磷酸钠、碱性磷酸钠溶于 100 mL 中性蒸馏水内)。混合分装后，在 121 ℃高压灭菌器内灭菌 30 min。

3. 饱和食盐水溶液

取一定量的蒸馏水加入纯氯化钠，不断搅拌至不能溶解为止，一般为 38%～39%，然后用滤纸过滤。

【实训任务单】

任务单　病理材料的采取与送检

班　级：		姓　名：	
学　号：		组　别：	
步骤一：病料采取			
问题 1　剖检前需要对动物进行哪些检查？ 问题 2　病料的最佳取材时间是什么时候？			

续表

问题 3　剖检采样应该选取什么样的病例？ 问题 4　内脏器官怎么采样？
步骤二：病料记录
问题 5　病料记录的内容有哪些？
步骤三：病料保存运送
问题 6　30%甘油缓冲盐水溶液怎么配制？ 问题 7　血清学检验病料怎样送检？
综合分析
小组讨论完成，根据实训内容写一份鸡传染病病料送检单。

实训三　鸡白痢的检疫

【实训目标】熟悉和掌握鸡白痢的平板凝集试验的检疫方法、结果判定及临床应用。鸡白痢是一种常见多发的危害养鸡业发展的垂直传播疫病，种鸡生产中通过平板凝集法能方便快捷地检测鸡体内鸡白痢的抗体存在与否，以便及时发现疫情并采取措施给予净化。

【材料准备】

鸡白痢全血凝集反应抗原、鸡白痢阴性血清、鸡白痢阳性血清、待检血清或全血、洁净玻璃板、干净纱布、干燥的灭菌试管、7＃或 9＃注射针头、75%酒精棉球、酒精灯、移液器、手电筒、灭菌牙签。

【方法步骤】

（1）将洁净玻璃板标记好，同时设阳性血清和阴性血清对照。

（2）将抗原充分振荡均匀，用移液器吸取抗原 20 μL，在待检样品、阳性对照和阴性对照处各加一滴抗原，随即用针头刺破被检鸡的翅静脉或冠尖，也可以是血清样品，用移液器吸取 20 μL，滴加在标记处，与玻璃板上的抗原液混合均匀，并将其涂布散开至直径约 2 cm 为宜。

(3)用手电筒反照玻璃板，仔细观察并判定。

【结果判定】

在对照组试验成立的情况下，即阳性血清出现凝集现象，而阴性血清未见凝集，可进行如下判定。

(1)抗原与待检血液或血清混合后，于 2 min 内出现明显颗粒或块状凝集的为阳性反应。

(2)在 2 min 内不出现凝集，或仅呈现均匀一致的微细颗粒或临干前在边缘处形成絮状物者，均判为阴性。

(3)除上述反应外，不易判定为阴性或阳性者，判为可疑反应，可以再次检验判定。

【注意事项】

(1)本抗原保存于 8～10 ℃处，用时要充分振荡均匀。

(2)本试验最好在 20 ℃以上室温中进行。

(3)本抗原适用于产蛋鸡及一年以上公鸡，幼鸡敏感性较差。种鸡场检验可用此法。

(4)操作时所用的器材必须经消毒后才能使用。

【实训任务单】

任务单　鸡白痢的检疫

班　级：		姓　名：	
学　号：		组　别：	
步骤一：方法步骤			
问题 1　图示鸡白痢检疫的方法步骤。 问题 2　鸡白痢检疫需要哪些抗原和抗体？			
步骤二：结果判定			
问题 3　鸡白痢检疫的结果如何判定？ 问题 4　如果种鸡场检测结果部分鸡是阳性鸡，请你给出处理意见。			

续表

综合分析
小组讨论完成，如果种鸡场鸡白痢检测阳性率较高，会带来哪些危害？种鸡场应该如何净化鸡白痢？

实训四　鸡毒支原体抗体检测技术

【实训目标】学会鸡毒支原体抗体检测试剂盒的使用、结果判断、临床使用。

【材料准备】

1. 设备及试剂

微量移液器及一次性吸头(0.5～10 μL、10～100 μL、100～1 000 μL、1～10 mL)、37 ℃温育设备、量筒、96 孔板酶标仪、蒸馏水或去离子水、洗瓶或洗板机。

2. 样品制备

取鸡全血，按常规方法制备血清，要求血清清亮，无溶血。

3. 洗涤液的准备

浓缩洗涤液使用前应恢复至室温，如有盐结晶，摇动使结晶的盐溶解，然后用蒸馏水或去离子水做 10 倍稀释。稀释后的洗涤液可在 4 ℃存放 1 周左右。

4. 样品的稀释

在血清稀释板中按 1∶101 的体积比稀释待检血清(如 200 μL 样品稀释液中加 2 μL 待检血清)。

注意：阴性和阳性对照不用稀释。取每个样品后都要更换吸头，准确记录每个样品在板上的位置。每个样品在加入包被板微孔前应充分混匀。

5. 鸡毒支原体抗体检测试剂盒

试剂盒的组分见表 14-1。

表 14-1　鸡毒支原体抗体检测试剂盒的组分

种类	数量	种类	数量
MG 抗原预包被板条	1 块	血清稀释板	1 块
酶结合物	12 mL	终止液	6 mL
10 倍浓缩洗涤液	50 mL	阴性对照	800 μL
底物 A 液	6 mL	阳性对照	800 μL
底物 B 液	6 mL	封板膜	2 张
样本稀释液	50 mL	说明书	1 份

【方法步骤】

1. 加样

取预包被的检测板，根据样品多少，可拆开分次使用，将稀释好的待检血清取 100 μL 加入检测板孔中。同时设阴性、阳性及空白对照各 1 孔，取阴性及阳性对照各 100 μL 分别加入反应孔中，空白对照仅加入 100 μL 样本稀释液。轻轻振匀孔中样品(勿溢出)，盖上封板膜，置 37 ℃温育 30 min。

2. 洗涤

小心揭开封板膜，甩掉板孔中的溶液，用洗涤液洗 3 次。每次用洗涤液注满板孔(约 350 μL)静置 1 min 后甩掉。洗涤 3 次后在干净吸水纸上拍干。

3. 加酶抗体

每孔加酶结合物 100 μL，盖上封板膜，置 37 ℃温育 30 min。

4. 洗涤

小心揭开封板膜，甩掉板孔中的溶液，洗涤 3 次，方法同步骤 2，切记最后在干净吸水纸上拍干。

5. 加底物

每孔先加底物 A 液 50 μL、再加底物 B 液 50 μL，混匀、盖上封板膜 37 ℃避光显色 10 min。

6. 加终止液

每孔加终止液 50 μL，使反应终止，10 min 内测定结果。

【结果判定】

以空白对照调零，用酶标仪于 450 nm(630 nm 做参比波长)读取吸光度 A 值。试验成立的条件是阳性对照孔 A_{450} 值大于或等于 0.6，阴性对照孔 A_{450} 值必须小于 0.15。如果试验无效，试验中的操作值得怀疑，应重做，并仔细检查各组分。

样品 A_{450} 值>(0.25+阴性对照孔均值)，判为阳性；样品 A_{450} 值<(0.25+阴性对照孔均值)，判为阴性；如阴性对照孔均值小于 0.05 按 0.05 计算。

【注意事项】

(1)试剂盒使用前各试剂应平衡至室温，使用前应摇匀，使用后放回 2～8 ℃环境保存。

(2)不同品种、不同批号试剂盒的试剂组分不得混用，使用试剂时应防止试剂污染。

(3)底物和终止液对皮肤和眼可能有刺激性，使用时应注意防护。

(4)TMB(底物 B 液)不要暴露于强光和避免接触氧化剂。

(5)检测板拆封后应避免受潮和沾水(未用完的抗原包被板加干燥剂放入自封袋中，并尽快置于 2～8 ℃环境保存)。

(6)所有废弃物在丢弃之前应恰当处理以免污染。

(7)严格遵守操作说明可以获得最好的结果。操作过程中移液、定时和洗涤等的全部过程必须精确。

(8)血清稀释板为一次性用品，不得重复使用；血清稀释板的最大容量为 300 μL/孔。

【实训任务单】

任务单　鸡毒支原体抗体检测技术

<table>
<tr><td>班　级：</td><td></td><td>姓　名：</td><td></td></tr>
<tr><td>学　号：</td><td></td><td>组　别：</td><td></td></tr>
<tr><td colspan="4">步骤一：方法步骤</td></tr>
<tr><td colspan="4">问题 1　鸡毒支原体抗体检测试验采用哪种血清学试验检测？

问题 2　图示鸡毒支原体抗体检测方法步骤。</td></tr>
<tr><td colspan="4">步骤二：结果判定</td></tr>
<tr><td colspan="4">问题 3　什么情况下本试验结果判定成立？

问题 4　如果送检样品为阳性结果，该鸡场又没有免疫鸡毒支原体疫苗，如果你作为鸡场兽医该如何应对？</td></tr>
<tr><td colspan="4">综合分析</td></tr>
<tr><td colspan="4">小组讨论鸡毒支原体临床症状和剖检变化有哪些？如何根据本次试验结果进行确诊？</td></tr>
</table>

实训五　禽流感病毒 RT-PCR 检测技术

【实训目标】掌握禽流感病毒 RT-PCR 检测试剂盒的使用方法和结果判定。本实训采用反转录聚合酶链反应(RT-PCR)技术检测禽组织、分泌物和排泄物中所有亚型的禽流感病毒(AIV)，适用于 AIV 监测、诊断和流行病学调查。

【原理】利用吸附柱提取 RNA 作为模板，在反转录酶的作用下，以引物为起点合成与 RNA 模板互补的 cDNA 链；然后在 DNA 聚合酶的作用下，经高温变性、低温退火和中温延伸的多次循环使特异 DNA 片段的拷贝数放大数百万倍。将扩增的 DNA 片段进行电泳、染色后，在紫外灯下，肉眼可见 DNA 片段的扩增带。

【材料准备】生理盐水、组织研磨器、眼科剪、眼科镊、一次性注射器、琼脂糖、经焦碳酸二乙酯(DEPC)处理的灭菌 1.5 mL 离心管和吸头(10 μL、20 μL、100 μL)、离心机、禽流感病毒的 RT-PCR 检测试剂盒。试剂盒组分见表 14-2。

表 14-2 禽流感病毒检测试剂盒的组分

种类	数量	种类	数量
裂解液	8 mL	吸附柱和收集管	12 套
BME	85 μL	0.2 mL 薄壁 PCR 管	15 个
异丙醇	8 mL	RT-PCR 反应液 A	150 μL
洗涤液	17 mL	RT-PCR 反应液 B	23 μL
洗脱液	500 μL	50 倍 TAE 电泳缓冲液	20 mL
阴性对照	500 μL	染色液	10 μL
阳性对照	500 μL		

提示：1. 袋内试剂(阳性对照、RT-PCR 反应液 A 和 B)－20 ℃冻存，其他室温保存。
2. 裂解液使用前请加入 77.6 μL BME，混匀后于 4 ℃保存。

【方法步骤】

1. 样品采集与处理

(1)样品采集　病死或扑杀的禽，取喉气管、脑、胸肌、心肌和肺等组织；待检活禽，用棉拭子取呼吸道分泌物或排泄物，置于 50%甘油生理盐水中，2～8 ℃保存。要求送检病料新鲜，严禁反复冻融。

(2)样品处理

①组织样品的处理　称取组织 0.1 g 于研磨器中磨碎，再加 1 mL 生理盐水继续磨至无块状物；然后将样品转至 1.5 mL 灭菌离心管中，8 000 r/min 离心 2 min，取 200 μL 上清液于 1.5 mL 灭菌离心管中。

②全血样品的处理　待血凝后取 200 μL 血清于 1.5 mL 灭菌离心管中。

③阳性对照的处理　混匀后取 200 μL 于 1.5 mL 灭菌离心管中。

④阴性对照的处理　混匀后取 200 μL 于 1.5 mL 灭菌离心管中。

2. 病毒 RNA 的提取

(1)取已处理的样品、阴性对照和阳性对照，分别加入 600 μL 裂解液，请确认已加入 BME，充分颠倒混匀，室温静置 10 min。

(2)加入 600 μL 异丙醇，颠倒混匀。

(3)将混合液分 2 次全部吸入吸附柱中(吸取液体时尽量不要吸到悬浮杂质，以免离心时堵塞吸附柱)，12 000 r/min 离心 45 s，弃去收集管中的液体，套回收集管。

(4)向吸附柱中加入 600 μL 洗涤液，12 000 r/min 离心 45 s，弃去收集管中的液体，套回收集管。

(5)重复步骤(4)一次。

(6)空柱 12 000 r/min 离心 2 min。

(7)将吸附柱移入新的无 RNA 酶的 1.5 mL 离心管中，在膜中央加入 25 μL 洗脱液，室温静置 1 min，12 000 r/min 离心 45 s，获得总 RNA。

3. RT-PCR

(1)反应体系配制每份总体积 20 μL，分别取 12.1 μL RT-PCR 反应液 A(用前混匀)、

1.9 μL RT-PCR 反应液 B(用前混匀)和 6 μL 模板 RNA,混匀。

(2)反应程序在 PCR 仪上运行程序:42 ℃ 45 min,94 ℃ 3 min;94 ℃ 30 s、57 ℃ 30 s、72 ℃ 30 s,35 个循环;72 ℃延伸 10 min。

4. 电泳

(1)制胶用 50 倍稀释的 TAE 电泳缓冲液配制 1%琼脂糖凝胶。

(2)电泳待胶凝固后,取 5 μL PCR 扩增产物加样于琼脂糖凝胶孔中,以 5 V/cm 的电压于 50 倍稀释的 TAE 电泳缓冲液中电泳。

(3)染色取 50 倍稀释的 TAE 电泳缓冲液 30 mL,加入 10 μL 染色液,混匀后将胶浸泡 30 min,于紫外灯下观察结果。

【结果判断】

阳性对照出现 332 bp 扩增带,阴性对照无此带出现(引物带除外)时,实验结果成立。被检样品出现 332 bp 扩增带为禽流感病毒阳性,否则为阴性。

【注意事项】

(1)试剂盒有效期为 6 个月,不要使用超过有效期的试剂,试剂盒之间的组分不要混用。

(2)所有试剂应在规定的温度保存,使用时拿到室温下,使用后立即放回。

(3)注意防止试剂盒组分受污染。使用前将塑料袋内试剂瞬离 15 s,使液体全部沉于管底,放于冰盒中,吸取液体时移液器吸头尽量在液体表面层吸取。

(4)严格按试剂盒说明书操作可以获得最好的结果。操作过程中移液、定时等全部过程必须精确。

(5)RNA 提取过程中,应戴口罩、勤换手套,尽量缩短操作时间。

(6)所有接触病料的物品均应合理处理,以免污染实验室。

【实训任务单】

任务单　禽流感病毒 RT-PCR 检测技术

班　级:		姓　名:	
学　号:		组　别:	
步骤一:方法步骤			
问题 1　图示 RT-PCR 检测流程。			
步骤二:结果判断			
问题 2　根据实训的检测实际情况报告结果。			

实训六　鸡大肠杆菌病的诊断

【实训目标】掌握鸡大肠杆菌病的病理剖检特征；学会鸡大肠杆菌病的病料采集及微生物学的诊断方法。

【材料准备】

1. 材料

灭菌的液体石蜡、30%甘油缓冲盐水或饱和氯化钠溶液、麦康凯琼脂平板、伊红-亚甲蓝琼脂平板、普通琼脂平板、血琼脂平板、营养肉汤培养基、葡萄糖、甘露醇、甲基红、明胶液化、枸橼酸盐培养基、革兰氏染色液等。

2. 用具

光学显微镜、剪刀、镊子、接种环、酒精灯、酒精棉球、恒温培养箱、无菌注射器等。

【方法步骤】

1. 临床综合诊断

详见模块二项目五任务三。

2. 微生物学诊断

(1)病料的采集　将送检的病鸡、新鲜死鸡进行解剖，应无菌操作采取病死鸡的肝脏、脾、心包、气囊膜、眼球液、腹水、关节渗出液及输卵管内容物等病料，放入灭菌的液体石蜡、30%甘油缓冲盐水或饱和氯化钠溶液中，或直接放入灭菌的玻璃容器中，如暂不检测，于－20 ℃保存。

(2)分离培养　将上述病料，用接种环划线接种于麦康凯琼脂平板置37 ℃培养18～24 h。如果在麦康凯琼脂上，形成粉红色或深红色、圆形隆起、光滑湿润、边缘整齐、直径为1.5～2.5 mm的小菌落，视为大肠杆菌菌落；然后挑取单个粉红色菌落接种到伊红-亚甲蓝琼脂平板、普通琼脂平板及血琼脂平板、营养肉汤培养基上，37 ℃培养18～24 h。进一步观察细菌的培养特性。

结果可见大肠杆菌在普通琼脂及血琼脂上形成圆形隆起，边缘整齐、光滑、湿润、半透明，近似灰白色、直径1.5～2.0 mm的菌落，有些大肠杆菌菌株在血琼脂平板上呈β-溶血；在营养肉汤培养基中大肠杆菌呈浑浊状态生长，有少量白色沉淀产生，伴有轻微粪臭味；在伊红-亚甲蓝琼脂上，大肠杆菌形成紫黑色、圆形、具有金属光泽、直径为2～3 mm小菌落。

(3)染色镜检　取伊红-亚甲蓝琼脂平板上紫黑色带金属光泽的单个菌落涂片，革兰氏染色后镜检，可见到革兰氏阴性、两端钝圆、长1.5～3.0 μm的短小杆菌，多单在，偶有2～3个菌体相连，无芽孢，无荚膜，视为大肠杆菌，还需要通过生化试验验证。

(4)生化试验　从麦康凯琼脂平板中挑取红色菌落接种到如下生化培养基中，置37 ℃培养24 h，根据培养基的变化进行进一步判定，生化试验结果，见表14-3。

(5)致病性试验　将分离病料的18 h肉汤培养基，接种于10日龄健康雏鸡或小白鼠5只，每只皮下注射0.2 mL，均在接种后24～72 h死亡，可证实此大肠杆菌为致病菌。即证实。

(6)结果判定　通过分离培养、染色镜检、生化特性及致病性试验，可确定样品中是否含有大肠杆菌以及是否为致病性菌株。

表 14-3　大肠杆菌生化试验培养结果

项目	结果	项目	结果	项目	结果
葡萄糖	+	乳糖	+	麦芽糖	+
甘露醇	+	阿拉伯糖	+	吲哚	+
甲基红	+	V-P	+	尿素酶	—
明胶液化	—	硝酸盐还原	+	H_2S	—
运动力	±	枸橼酸盐利用	—		

注："+"代表阳性反应,"—"代表阴性反应,"±"代表有的为阳性反应、有的为阴性反应。

【实训任务单】

任务单　鸡大肠杆菌病的诊断

班　级:		姓　名:	
学　号:		组　别:	
步骤一:方法步骤			
问题 1　图示鸡大肠杆菌病的实验室诊断流程图。 问题 2　麦康凯琼脂上形成的菌落为什么是粉红色或深红色? 问题 3　大肠杆菌在伊红-亚甲蓝琼脂平板上形成的菌落具有什么特征?			
步骤二:结果判断			
问题 4　通过分离培养和革兰氏染色镜检结果就可以确诊送检鸡患有大肠杆菌病吗?说明理由。			
综合分析			
小组讨论鸡群中大肠杆菌病在生产中是如何预防的?一旦发病该如何治疗?			

实训七 病原菌的药物敏感性试验

【实训目标】学会纸片扩散法(K-B法)药敏试验的操作方法和结果判断。

【材料准备】试管架、试管、平皿、接种环、镊子、水解酪蛋白琼脂普通培养基、水解酪蛋白肉汤培养基、各种抗生素、药敏试纸、被试细菌、棉拭子、酒精灯、游标卡尺。

【方法步骤】

1. 药敏纸片制作

(1)纸片制备　选用杭州新华1号定性滤纸,用打孔器打成直径6 mm的圆形小纸片。以每瓶100片的数量,放入干净的西林瓶中,扎紧瓶口,于121 ℃灭菌15 min,干燥备用。

(2)药敏纸片制备　抗生素药物根据《抗微生物药物敏感性试验规范》进行配制,参考表14-4,配制时选择合适pH的缓冲液对药物的抗菌活力有很大影响,如氨基糖苷类抗生素在偏碱性时其抗菌活性最强,四环素类则在偏酸性时其抗菌活力最强,青霉素G和头孢菌素类在pH小于4或大于9时很快失效;其他药物应根据其使用说明书进行配制。

以每张滤纸片饱和吸水量为0.01 mL计,每100张滤纸片加入药液1 mL,使滤纸将药液均匀吸净,一般浸泡45～60 min,然后将装有纸片的青霉素瓶置37 ℃温箱中烘干;或浸泡药液后取出纸片散开置于已干热灭菌的空平皿中,无菌室过夜,待纸片干燥后,装入灭菌西林瓶内,密封。对干燥过程中容易失效的药物应采取现场制作,即将配制好的药液用微量加样器取100 μL加入10片备用纸片浸泡,浸泡后马上用于抑菌试验。

(3)药敏纸片保存　药敏纸片长期保存应于－20 ℃,日常使用的小量纸片可放在4 ℃保存约1个月,但应置于含干燥剂的密封容器内。使用时从低温取出后,放置平衡到室温后才可打开,用完后应立即将纸片放回冰箱的密封容器内。过期纸片不能使用,青霉素G、头孢菌素类及四环素纸片可用1个月,其他抗生素纸片可用3个月。

2. 培养基的制备

选用水解酪蛋白(MH)琼脂培养基,绝大多数细菌在此培养基上生长良好,如所试细菌对营养要求较高,可在上述培养基中加入5 %血清,调整培养基pH为7.2～7.4。

制备MH琼脂平板应用直径90 mm平皿,在水平的实验台上倾注。琼脂厚为(4±1) mm(25～30 mL),琼脂凝固后塑料包装放4 ℃保存,在7 d内用完,使用前应在37 ℃培养箱蒸发平皿内表面水滴。

3. 接种菌量计算

将纯化后的检测菌4～5个菌落接种于3～5 mL的MH肉汤中,35 ℃培养5～24 h(链球菌、鸡白痢沙门氏菌等应培养过夜),再用3～5 mL生理盐水校正菌液浓度,使其达到麦氏比浊标准号,即1.5亿个/mL,相当于5×(10^7～10^8) CFU/mL。

5号麦氏比浊管配制。0.048 mol/L(1.175%)氯化钡0.5 mL,加入0.18 mol/L(1%)硫酸液99.5 mL,混匀后用530 nm波长比色调浊度,使吸收值为0.1,每半年配一次。校正好的菌悬液,应在15 min内接种完。

4. 涂布细菌

无菌棉拭子浸入调好的细菌悬液中,将多余的菌悬液在管壁挤出,在MH琼脂平皿上划线，划满整个琼脂表面，旋转平皿 60°重复划线共三次，最后在琼脂平板的边缘涂抹一圈，使菌液涂布于整块平板的每个角落。置室温 3～5 min，使琼脂吸收表面多余的水分。

5. 放置药敏纸片

用无菌镊子取药敏纸片，贴于平板表面，并用镊尖轻压一下纸片，使其贴平。每张纸片的间距不小于 24 mm，纸片的中心距平板的边缘不小于 15 mm，90 mm 直径的平板适宜贴 6 张药敏纸片。应在平板底部做好标记。

6. 孵育

放置好纸片后 15 min 内，将 MH 琼脂倒置于培养箱中，35 ℃孵育 16～18 h。但嗜血杆菌属和链球菌需要延长孵育时间，平板应放置于含有 5% CO_2 的环境进行孵育。

7. 抑菌环直径测量

用游标卡尺量取抑菌环直径，单位为 mm。将贴有纸片的 MH 平板置于黑色不反光的背景上，可以从平板的背面，利用反射光，用肉眼观测，读取最接近的值，取整数(单位：mm)。

【结果判断与分析】

1. 抑菌环

经培养一段时间之后，凡对涂布的细菌有抑制作用的抗菌药物，在其纸片周围出现一个无菌生长的圆圈，称为抑菌环。抑菌环直径越大，说明该菌对此药敏感性越大，反之越小，若无抑菌环，则说明该菌对此药有耐药性。

2. 结果判定

抑菌环以 S、I、R 为分界点，国内不论药物种类或被检菌相同与否，均以抑菌环直径大于 15 mm 者为敏感，记为 S；抑菌环直径在 10～15 mm 者为中度敏感，记为 I；抑菌环直径小于 10 mm 者为耐药，记为 R。判定标准也可参考表 14-4。

3. 报告方式

应报告敏感和耐药的抗菌药物。

4. 选药原则

敏感而价格低的药，实际的应用过程中应交叉给药，以减少耐药菌株的产生。

表 14-4　药敏纸片的含药量及抑菌环结果判定

抗菌药物	纸片含药量/μg	抑菌环直径/mm		
		耐药 R	中度敏感 I	高度敏感 S
青霉素 G	10 IU	<19	—	>28
庆大霉素	10	<12	13～14	>15
阿米卡星	30	<14	15～16	>17
红霉素	15	<13	14～17	>18
四环素类	30	<14	15～18	>19
磺胺类	250	<12	13～16	>17
增效磺胺	23.75/1.25	<10	11～15	>12

【注意事项】

(1)进行本实验时，为准确起见应该同时设置空菌株对照，设置空菌株的抑菌圈直径若在规定的允许范围内，被检菌药敏试验结果才可信。WTO推荐设置空标准菌株为：大肠杆菌ATCC25922、金黄色葡萄球菌ATCC25923、绿脓杆菌ATCC27853。

（2）抑菌圈直径应以肉眼可见明显生长区边缘（刺激生长区内缘）为测量的起点，在此边缘生长的微弱细小菌落可以忽略。

（3）抑菌圈内若生长有较大单个菌落，经涂片染色检查等，确认是被检菌时，不论抑菌圈直径有多大，都应报耐药。

（4）血液平板的抑菌圈常不易观察，应采用反射光从培养基表面测量，变形杆菌与磺胺类药物扩散慢，抑菌圈内可见细菌微量生长形成薄层菌苔，应忽略不计。

（5）MH平板上的抑菌环应呈均匀的圆形，测试菌株在平板上呈现融合生长菌苔，若出现单个菌落稀疏生长的情况，则说明接种时调制的菌液浓度过稀，需要寻找可能的原因，并重新进行一次测试。

（6）当前药敏试验中药物选择，对于肠道菌的首选药物为氨苄青霉素，庆大霉素、阿米卡星及氟喹诺酮类，次选药物为磺胺类；绿脓杆菌首选药物为羧苄青霉素、头孢菌素类、庆大霉素、阿米卡星及氟喹诺酮类；葡萄球菌首选青霉素G或氨苄青霉素、红霉素、庆大霉素及喹诺酮类；肠球菌选用青霉素G或氨苄青霉素、四环素、红霉素及氟喹诺酮类；链球菌选用青霉素、红霉素、万古霉素及氟喹诺酮类药物。

【实训任务单】

任务单　纸片扩散法的药物敏感性试验

班　级：		姓　名：	
学　号：		组　别：	
步骤一：方法步骤			
问题1　图示药敏纸片制备方法。 问题2　图示药敏纸片贴放的位置。 问题3　如何测量本次试验抑菌环直径大小？ 问题4　图示药敏试验的基本操作步骤。			

续表

步骤二:结果判断与分析
问题5　如何根据实验结果选择治疗药物?
问题6　在什么情况下需要通过药敏试验选择药物?
综合分析
小组讨论药物敏感性试验还有其他方法吗?比较几种方法的优缺点。

实训八　琼脂扩散试验诊断传染性法氏囊病

【实训目标】 掌握琼脂凝胶免疫扩散试验操作方法、结果判断及分析,主要用于传染性法氏囊病(IBD)的诊断。

【器材准备】 离心机、水浴锅、天平、量筒、三角烧瓶、微量可调移液器、无菌平板、打孔器、酒精灯、湿盒、琼脂糖、生理盐水、含青链霉素的磷酸盐缓冲溶液(PBS)、鸡传染性法氏囊病琼脂扩散阳性抗原、鸡传染性法氏囊病琼脂扩散阳性血清。

【方法步骤】

1. 待检样品处理

将病料放入组织匀浆器中捣碎,加入含青霉素(4 000 U/mL)和链霉素(4 000 μg/mL)的磷酸盐缓冲溶液(PBS)制成20%匀浆,反复冻融2~3次,10 000 r/min离心10 min,取上清作为检测材料,并做好标记。

2. 1%琼脂糖凝胶平板制备

称取琼脂糖1 g,加入1 00 mL生理盐水中。加热煮沸溶解后,自然冷却至55 ℃,倒入无菌的平皿内,厚度约为3 mm,待自然凝固后置4 ℃冰箱30 min,即可进行试验。

3. 打孔

用7孔打孔器打孔,中心1孔,周围6孔,孔径3 mm,孔距4 mm。

4. 封底

挑出孔中的琼脂糖,为防止琼脂板底部渗漏,需将琼脂板底部放在酒精灯上方微微加热,使孔底琼脂糖融化封底。

5.标记

在琼脂板底部标明样本号、检验日期及检测疾病的名称。

6.加样

中央孔加入传染性法氏囊病琼脂扩散阳性血清，上、下孔分别加入传染性法氏囊病琼脂扩散试验阳性抗原，其他孔分别加入待检样品，25 μL/孔，每个样品需更换加样头。加样完毕后，静置 5～10 min，将平皿轻轻倒置，放入有湿纱布的盒内。

7.孵育

置于 37 ℃温箱，在 24 h、48 h 各观察一次并记录结果。

【结果判定】

24 h 或 48 h 当阳性对照孔之间出现沉淀线时，结果判定有效。待检样品孔与阳性血清孔之间出现沉淀线，且与阳性抗原沉淀线末端相吻合时，待检样品判为阳性；待检样品孔与阳性血清孔之间无沉淀线出现时，待检样品判为阴性。

本试验结果（图 14-1）：2 号、4 号检测样品为阳性，1 号、3 号样品检验结果为阴性，说明 2 号、4 号病料样品中含有传染性法氏囊病毒，即确诊 2 号、4 号鸡感染了鸡传染性法氏囊病。

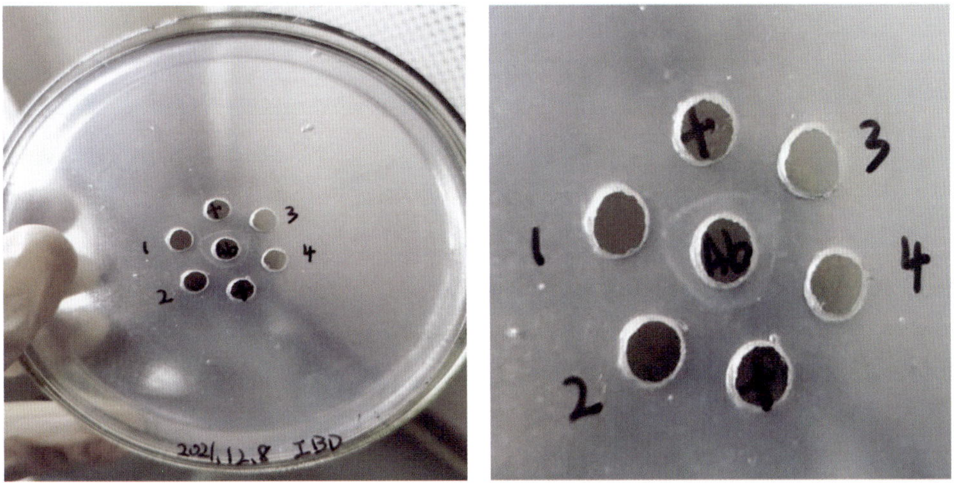

图 14-1 IBD 琼脂扩散试验结果

【注意事项】

（1）加样时，以把孔加满为度，切忌样品溢出，影响判定结果；与邻接孔连片时应作废重做。

（2）每个样品需要更换 1 个加样头，否则检测结果不成立。

（3）所有样品加样完毕后，样品应暂放冰箱内保存，待判定结果后，如无复查必要，则取出废弃。

（4）传染性法氏囊病阳性血清和阳性抗原避免反复冻融，以防降低效价而影响检出结果。

（5）剩余的试剂、检测样品、空瓶及移液器吸头不能随意丢弃，须经加热或作为医疗垃圾处理。

【实训任务单】

任务单　琼脂扩散试验诊断传染性法氏囊病

班　级：		姓　名：	
学　号：		组　别：	
步骤一：方法步骤			
问题 1　待检样品如何处理？ 问题 2　样品中为何加入青霉素和链霉素？ 问题 3　图示琼脂扩散试验流程图。			
步骤二：结果判定			
问题 4　什么情况下试验结果判定成立？ 问题 5　根据试验结果图，描述什么现象判定为阳性结果。			

实训九　鸡球虫卵囊的检查方法

【实训目标】学会粪样的采集，学会寄生虫虫卵囊的粪便检查方法与结果判定。

【材料准备】生物显微镜、离心机、天平、玻璃棒、镊子、载玻片、盖玻片、试管、试管架、吸管、烧杯、纱布、红细胞计数板、污物桶以及饱和盐水。

【方法步骤】

1. 粪样采集及保存

采集新鲜且未被污染的鸡粪，最好从直肠采取，采取的粪便应尽快检查，否则，应放在冷暗处或冰箱冷藏保存。如需要保存较长时间，可将粪样浸入5%～10%福尔马林中，待检。

2. 直接涂片法

取 50%甘油水溶液或普通水 1～2 滴放于载玻片上，取黄豆大小的被检粪便与之混匀，去掉粪渣，涂成薄膜，加盖玻片镜检。

3. 饱和盐水漂浮法

漂浮法是利用比重大于虫卵的溶液与粪便混合，使粪便中的卵囊漂浮于液体表面，此法可以提高检出率。最常用的漂浮液是饱和盐水溶液，常用于禽球虫和回肠卵的检查。

取新鲜粪便 5～10 g 置于 100～200 mL 烧杯中，先加入少量饱和盐水将粪便充分搅开，再加入约 20 倍的饱和盐水，静置 40 min，用直径 0.5～1.0 cm 的金属圈平着接触液面，提起后将液膜涂到玻片上，盖上盖玻片镜检。

4. 反复水洗沉淀法

利用虫卵的比重大于水的特性，将粪便中的虫卵相对集中浓聚于小范围内，以提高其检出率。取粪便 5～10 g 置于烧杯内，加入少量清水，将其搅拌成糊状，再加入适量清水继续搅拌，并通过粪筛或双层纱布过滤到另一个容器内；然后加 10～20 倍量水充分搅匀，静置 10～20 min，倾去上清液，再加水与沉淀均匀混合静置，如此反复水洗沉淀数次（2～3 次），直到上清液透明为止；最后，倒去上清液，用滴管吸取沉渣 1 滴于载玻片上，加盖玻片镜检。此法更适合检查较重的虫卵，如吸虫虫卵的检查。

5. 离心机沉淀法

取粪便 3 g 置于小烧杯内，加 10～20 倍量水充分搅匀，然后通过粪筛或双层纱布过滤到离心管中，以 2 000 r/min 离心 2 min，取出后去上清液，沉淀再加水搅匀离心，如此反复 2～3 次，最后去掉上清液，用吸管吸取沉淀滴于载玻片上，加盖玻片镜检。

【卵囊形态观察】

巨型艾美耳球虫卵囊呈金黄色，卵囊壁外层有时局部呈波浪状，其他球虫卵囊呈浅绿色或者无色。巨型艾美耳球虫卵囊壁光滑。柔嫩艾美耳球虫、巨型艾美耳球虫、锥形艾美耳球虫、早熟艾美耳球虫和布氏艾美耳球虫的卵囊是长椭圆形或卵圆形；和缓艾美耳球虫的卵囊是亚球形或球形。

【虫卵及卵囊计数】

虫卵计数法可以用来推断机体体内某些寄生虫的感染程度，也可用以判断药物驱虫的效果。虫卵计数的结果，常以每克粪便中虫卵数来表示（简称 EBG）。常用的计数方法如下。

1. 斯陶尔氏法

适用于吸虫、球虫、线虫等寄生虫卵囊的计数。在 56 mL 和 60 mL 处有刻度的小三角烧瓶或大试管内，先加 0.4%氢氧化钠溶液至 56 mL 刻度处，再加入 4 g 粪便，使液面上升到 60 mL 处，再放入若干玻璃珠，塞紧容器口，用力振荡，使粪便完全散开。然后，立即吸取 0.15 mL 粪便液，滴于 2～3 张载玻片上，加盖玻片，在显微镜下统计虫卵数。因 0.15 mL 粪液中实际含粪便量为 $0.15\times4/60=0.01$ (g)，因此，数得的虫卵数乘以 100，即为每克粪便中的虫卵数。

2. 麦克马斯特氏法

此法比较方便，但是仅能用于球虫卵囊和线虫卵的计数。计数时，取粪便 2 g 置于研钵中，先加入 10 mL 水搅匀，再加饱和食盐水溶液 50 mL，混匀后立即吸取粪液于虫卵计数器（即在一较窄的载玻片上刻长宽各1的方格2个，每一方格内再刻平行线数条，两载片间填上1.5 mm厚的玻片条，并以黏合剂黏合上)，使粪液充满两个1×1×0.15＝0.15 (mL)，0.15 mL内含0.15×2/(10＋50)＝0.005 (g)，两个计数室则为0.01 g，故数得的虫卵数乘以100即为每克粪便中虫卵数。

【注意事项】

(1)直接涂片法简便易行，但检出率低。在虫卵数量不多时，每次必须做3～5张片进行检查，才能收到比较好的效果。

(2)显微镜下看到球虫虫卵，鸡群未必就是感染发病，需要结合鸡群发病情况进行综合判断。

【实训任务单】

任务单　粪便中鸡球虫卵囊的检查方法

班　级：		姓　名：	
学　号：		组　别：	
步骤一：方法步骤			
问题1　图示饱和盐水漂浮法检查虫卵的流程图。 问题2　图示直接涂片法检查虫卵的流程图。			
步骤二：结果应用			
问题3　如果检测到虫卵，就可以确诊为鸡感染了球虫吗？ 问题4　画出你所观察到的鸡球虫虫卵或孢子化卵囊的形态。			
综合分析			
小组讨论鸡球虫虫卵计数的意义。球虫的虫卵和卵囊有什么区别？			

实训十 寄生虫标本观察

【实训目标】学会使用光学显微镜和大体显微镜对寄生虫标本进行观察。

【器材准备】光学显微镜、大体显微镜、寄生虫标本切片、寄生虫标本。

【方法步骤】

1. 光学显微镜观察寄生虫标本切片

首先右手握镜臂，左手托镜座将显微镜放置在身体左前方，显微镜底座与实验台边缘有一定距离，插入电源，打开开关，调节光源，将寄生虫切片放在显微镜载物台上，用压片夹固定好，调整好切片位置，调整好目镜的间距，先在低倍镜下调节粗准焦螺旋，观察找到视野中的寄生虫，后转换到高倍镜下，调节细准焦螺旋，可以在视野中看到放大的寄生虫标本。观察使用结束后将切片取下放好，下降载物台到最低处，调整镜头转换器到最低倍数的镜头位置，或者两个物镜偏到两旁，关闭光源和电源，盖上防尘罩并放回原处。

2. 大体显微镜观察寄生虫标本

大体显微镜又称连续变倍体观显微镜，放大倍数在 7～45 倍。大体显微镜不仅可以应用于生物学中的寄生虫标本观察，还可应用于植物标本、化工业材料等多领域的观察使用。

将大体显微镜放在实验台上，插入电源，打开开关，大体显微镜有上和下两个光源，这两个光源同时照在寄生虫标本上，使标本更立体化。将寄生虫标本放于载物台中央，调节好视野的高度，调整好目镜间距，目镜是 10 倍，调整的倍数旋钮显示 0.7～4.5，先从 0.7 开始，慢慢调整到 4.5，即从 7 倍到 45 倍，观察放大过程中的寄生虫标本。观察结束后，将寄生虫标本放回，关闭上下两个光源，擦拭好载物台，显微镜调至最低倍数，关闭电源，盖上防尘罩并放回原处。

【观察结果】

(1)显微镜下观察寄生虫的标本切片(图 14-2、图 14-3)。

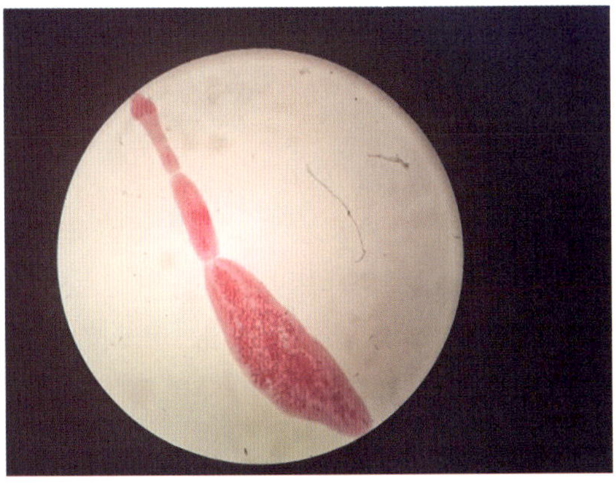

图 14-2 细粒棘球绦虫成虫

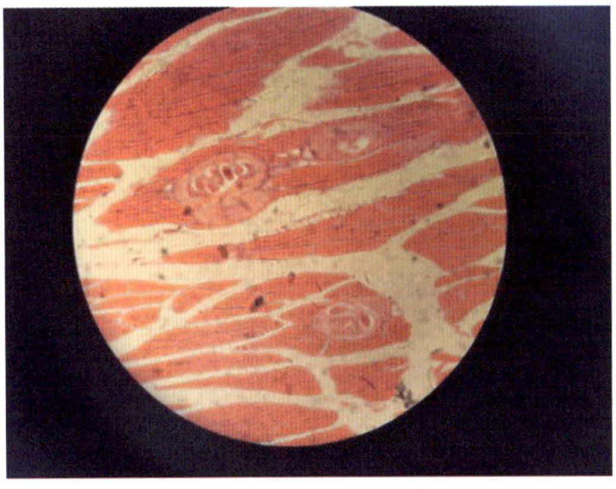

图 14-3 旋毛虫包囊

(2)大体显微镜下观察的寄生虫标本(图 14-4、图 14-5)。

图 14-4　硬蜱正面和反面

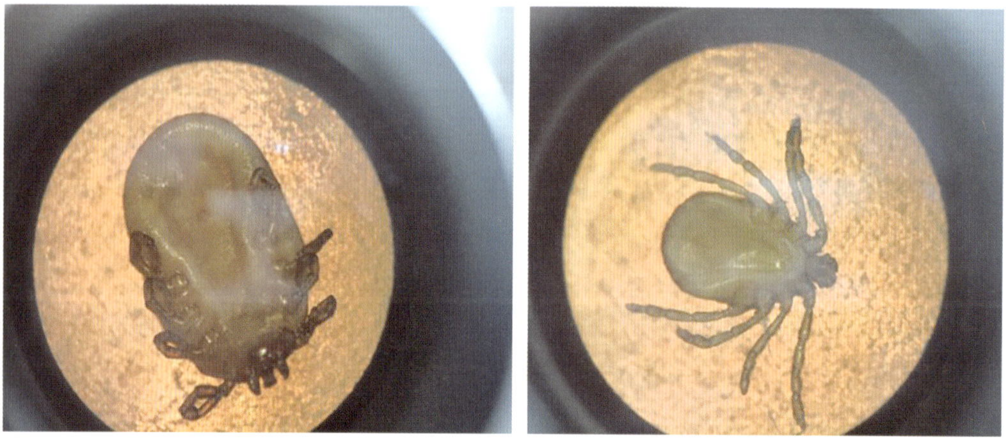

图 14-5　不同品种的硬蜱

【注意事项】

(1)必须右手握镜臂,左手托镜座,不可单手提取,拿取光学显微镜时要轻拿轻放。

(2)镜头脏时用擦镜纸进行擦拭,不得用手擦或用嘴吹镜头。

(3)保持载物台清洁干燥,不要让浸制标本的水流到载物台上。

(4)观察寄生虫标本时,下光源尽量调暗些,这样才能收到良好的效果。

(5)先用低倍镜观察,再用高倍镜观察,转换到高倍镜下时,注意观察标本切片与镜头的距离,调节细准焦螺旋进行调整视野,防止因镜头与切片距离过近将切片压碎。

(6)使用物镜的油镜时,滴加香柏油的镜头和标本切片,观察使用结束后及时用二甲苯擦拭。

(7)显微镜应存放在干燥清洁阴凉的地方,不要放在强烈日光下曝晒,不与挥发性药品或腐蚀性药品放在一起。注意防尘、防震、防潮、防霉。

【实训任务单】

任务单 寄生虫标本观察

班 级：		姓 名：	
学 号：		组 别：	
步骤一：方法步骤			
问题 1 图示寄生虫标本切片观察的流程图。 问题 2 图示大体显微镜观察寄生虫标本的流程图。			
步骤二：观察结果			
问题 3 画出你所观察到的寄生虫标本的形态。并说明其危害。			
综合分析			
小组讨论蜱在动物疫病传播中的作用。列举经蜱传播的禽病都有哪些。			

参考文献

[1] 刘金华，甘孟侯. 中国禽病学[M]. 2 版. 北京：中国农业出版社，2016.
[2] (美)B. W. 卡尔尼克. 禽病学[M]. 10 版. 高福，苏敬良，译. 北京：中国农业出版社，1999.
[3] (美)大卫・E. 斯韦恩. 禽病学[M]. 14 版. 刘胜旺，李慧昕，陈化兰，译. 沈阳：辽宁科学技术出版社，2022.
[4] 马兴树. 禽传染病实验诊断技术[M]. 北京：化学工业出版社，2006.
[5] 甘孟侯. 禽病诊断与防治[M]. 北京：中国农业大学出版社，2001.
[6] 殷震，刘景华. 动物病毒学[M]. 2 版. 北京：科学出版社，1997.
[7] 律祥君，张林，张正军，等. 鸡病诊断与防治实用技术[M]. 北京：中国农业科学技术出版社，2013.
[8] 林建坤，郭欣怡. 养禽与禽病防治[M]. 2 版. 北京：中国农业出版社，2014.
[9] 张玲. 养禽与禽病防治[M]. 北京：中国农业出版社，2019.
[10] 胡国平. 动物防疫实用技术手册[M]. 长沙：湖南科学技术出版社，2016.
[11] 周改玲，杨光勇，乔宏兴，等. 养鸡与疾病防控关键技术[M]. 郑州：中原农民出版社，2016.
[12] 黄银云，胡新岗. 禽病防制[M]. 北京：中国农业科学技术出版社，2012.
[13] 张宏伟，欧阳清芳. 动物疫病[M]. 3 版. 北京：中国农业出版社，2014.
[14] 关文怡，于凤芝. 禽病防治[M]. 北京：中国农业大学出版社，2022.
[15] 李新正，靳双星，陈理盾. 新编禽病鉴别诊断与防治彩色图谱[M]. 西安：西北大学出版社，2021.
[16] 李雪梅，文平. 养禽与禽病防治[M]. 北京：中国轻工业出版社，2016.
[17] 张志新，杨洪民. 现代养鸡疫病防治手册[M]. 北京：科学技术文献出版社，2011.
[18] 刘振湘，王晓楠. 养禽与禽病防治[M]. 北京：中国农业大学出版社，2015.
[19] 邱深本. 动物药理[M]. 3 版. 北京：化学工业出版社，2020.
[20] 罗满林. 动物传染病学[M]. 2 版. 北京：中国林业出版社，2021.
[21] 林建坤，郭欣怡. 养禽与禽病防治[M]. 2 版. 北京：中国农业出版社，2014.
[22] 魏刚才，刘保国. 肉鸡安全高效生产技术. 北京：化学工业出版社，2012.
[23] 王雅华，王永娟，那燕. 兽用生物制品技术[M]. 3 版. 北京：中国农业大学出版社，2022.
[24] 李舫，沈美艳. 动物微生物与免疫技术[M]. 3 版. 北京：中国农业出版社，2019.
[25] 孙卫东. 鸡病鉴别诊断图谱与安全用药[M]. 北京：机械工业出版社，2016.
[26] 吴艳涛. 蛋鸡常见病防制技术图册[M]. 北京：中国农业科学技术出版社，2014.
[27] 田文霞. 兽医防疫消毒技术[M]. 北京：中国农业出版社，2007.

[28] 石冬梅,周德忠. 动物普通病防治[M]. 3 版. 北京:中国农业大学出版社,2017.
[29] 辛朝安. 禽病学[M]. 2 版. 北京:中国农业出版社,2003.
[30] 陈杖榴,曾振灵. 兽医药理学[M]. 4 版. 北京:中国农业出版社,2017.
[31] 王俊东,董希德. 畜禽营养代谢与中毒病[M]. 北京:中国林业出版社,2001.
[32] 陈建红,张济培. 禽病防治彩色图谱[M]. 北京:中国农业出版社,2001.
[33] 白文彬,于康震. 动物传染病诊断学[M]. 北京:中国农业出版社,2002.
[34] 朱庆. 蛋鸡标准化规模养殖图谱[M]. 北京:中国农业出版社,2019.
[35] 黄炎坤,司玉亭. 肉鸡健康高产养殖手册[M]. 郑州:河南科学技术出版社,2010.

主要网站

[1] http://www.moa.gov.cn/gk/zcfg/fl/202104/t20210425_6366545.htm 中华人民共和国动物防疫法
[2] http://www.gov.cn/zhengce/2008-02/28/content_2602219.htm 中华人民共和国水污染防治法
[3] http://www.gov.cn/xinwen/2020-04/30/content_5507561.htm 中华人民共和国固体废物污染环境防治法
[4] http://www.moa.gov.cn/ 中华人民共和国农业农村部网站
[5] https://www.cadc.net.cn/ 中国兽医网
[6] http://www.caav.org.cn/ 中国畜牧兽医学会
[7] https://www.caas.cn/ 中国农业科学院
[8] http://www.cvda.org.cn/ 中国兽药协会网站
[9] http://www.ivdc.org.cn/ 中国兽药信息网站

附　录

附录一　中华人民共和国畜牧法
附录二　中华人民共和国动物防疫法
附录三　一、二、三类动物疫病病种名录
附录四　畜禽规模养殖污染防治条例
附录五　食品动物禁用的兽药及其他化合物清单
附录六　病死及病害动物无害化处理技术规范

中华人民共和国畜牧法

中华人民共和国动物防疫法

一、二、三类动物疫病病种名录

畜禽规模养殖污染防治条例

食品动物禁用的兽药及其他化合物清单

病死及病害动物无害化处理技术规范